U0326084

网站开发案例课堂

HTML + CSS 3 网页设计与制作案例课堂

刘玉红　编著

清华大学出版社
北　京

内 容 简 介

本书根据作者在长期教学中积累的丰富的网页设计教学经验，完整、详尽地介绍 HTML + CSS 3 网页样式与布局的技术。

本书分为 22 章，内容包括 HTML 与 CSS 3 网页设计概述、网页文档的结构、网页文本的设计、网页色彩和图像的设计、网页超链接的设计、网页表单的设计、网页表格的设计、网页音频和视频的设计、网页图形的绘制、CSS 3 网页样式核心基础、控制网页字体和段落样式、控制网页图片的显示样式、控制网页背景和边框样式、控制表格与表单样式、控制网页超链接和鼠标样式、控制网页导航菜单样式、CSS 3 的高级特性、CSS 定位与 DIV 布局核心技术、CSS + DIV 盒子的浮动与定位、网页布局剖析与制作，最后以两个综合性网站的设计为例进行讲解。通过每章的实战案例，让读者进一步巩固所学的知识，提高综合实战能力。

本书内容丰富、全面，图文并茂，步骤清晰，通俗易懂，专业性强，使读者能理解 HTML + CSS 3 网页样式与布局的技术，并能解决工作中的实际问题，真正做到“知其然，更知其所以然”。

本书涉及面广泛，几乎涵盖了 HTML + CSS 3 网页样式与布局的所有重要知识，适合所有的网页设计初学者快速入门，同时也适合想全面了解 HTML + CSS 3 网页样式与布局的设计人员阅读。

图书在版编目(CIP)数据

HTML + CSS 3 网页设计与制作案例课堂/刘玉红编著. --北京：清华大学出版社，2015(2020.1 重印)
(网站开发案例课堂)
ISBN 978-7-302-38617-9

Ⅰ. ①H…　Ⅱ. ①刘…　Ⅲ. ①超文本标记语言—程序设计 ②网页制作工具　Ⅳ. ①TP312 ②TP393.092

中国版本图书馆 CIP 数据核字(2014)第 276778 号

责任编辑：张彦青
装帧设计：杨玉兰
责任校对：马素伟
责任印制：沈　露
出版发行：清华大学出版社
　　网　　址：http://www.tup.com.cn, http://www.wqbook.com
　　地　　址：北京清华大学学研大厦 A 座　　**邮　　编**：100084
　　社 总 机：010-62770175　　**邮　　购**：010-62786544
　　投稿与读者服务：010-62776969, c-service@tup.tsinghua.edu.cn
　　质量反馈：010-62772015, zhiliang@tup.tsinghua.edu.cn
印 装 者：涿州市京南印刷厂
经　　销：全国新华书店
开　　本：190mm×260mm　　**印　张**：27.75　　**字　数**：669 千字
(附 DVD 1 张)
版　　次：2015 年 1 月第 1 版　　**印　次**：2020 年 1 月第 6 次印刷
定　　价：58.00 元

产品编号：058009-01

前　言

随着用户对页面体验要求的提高，页面前端技术日趋重要。HTML 技术成熟，在前端技术中突显优势，HTML 技术在各大浏览器厂商的支持下，将会更加盛行，因此本书致力于帮助读者完全掌握 HTML + CSS 3 技术。本书可以让读者掌握目前流行的最新前端技术，使前端从外观上变得更炫、技术上更简易。本书知识点从易到难，讲解详细且透彻，结构顺畅，非常适合没有基础的读者学习。

1. 本书特色

(1) 知识全面：知识点由浅入深，涵盖 HTML + CSS 3 的所有知识点，帮助读者由浅入深地掌握 HTML + CSS 3 知识，以及网页设计方面的技能。

(2) 图文并茂：注重操作，图文并茂，在介绍案例的过程中，每一个操作均有对应的插图。这种图文结合的方式使读者在学习过程中能够直观、清晰地看到操作的过程以及效果，便于更快地理解和掌握。

(3) 易学易用：颠覆传统“看”书的观念，变成一本能“操作”的图书。

(4) 案例丰富：把知识点融会于系统的案例实训中，并且结合经典案例进行讲解和拓展，进而达到“知其然，并知其所以然”的效果。

(5) 贴心周到：本书对读者在学习过程中可能会遇到的疑难问题以“提示”和“注意”等形式进行了说明，以免读者在学习的过程中走弯路。

(6) 超值赠送：除了本书的素材和结果外，本书还将赠送封面所述的大量的资源，读者可以全面掌握网页设计的方方面面的知识。

2. 读者对象

本书不仅适合网页设计初级读者入门学习，也可作为中、高级用户的参考手册。书中大量的示例模拟了真实的网页设计案例，对读者的工作有现实的借鉴作用。

3. 作者团队

本书作者刘玉红长期从事网站设计与开发工作；另外还有胡同夫、梁云亮、王攀登、王婷婷、陈伟光、包慧利、孙若淞、肖品、王维维和刘海松等人参与了编写工作。

本书虽然倾注了编者的不懈努力，但由于水平有限，书中难免有错漏之处，读者如果遇到问题或有意见和建议，可以与我们联系，我们将全力提供帮助。

编　者

目　录

第1章 HTML与CSS 3网页设计概述

目前，网页设计已经成为学习计算机的重要内容之一。制作网页可采用可视化编辑软件，但是无论采用哪一种网页编辑软件，都离不开 HTML 与 CSS 的相关内容，本章就来介绍 HTML 与 CSS 3 网页设计的相关概述内容。

1.1 网页与网站

打开一个网站时，首先呈现在读者面前的就是网页，网页上可以有图片、文字、音频和视频等构成网站的基本元素，网页是承载各种网站应用的平台。

1.1.1 什么是网页和网站

网页(Web Page)是一个文件，它存放在世界上某个角落的某一部计算机中，而这部计算机必须是与互联网相连的。网页是依据网址(URL，例如 www.sohu.com)来识别和访问的，当在浏览器的地址栏中输入网址后，经过一段时间内复杂而又快速的程序处理过程，网页文件会被传送到浏览者面前的计算机中，然后再通过浏览器解释网页内容，将其展现到读者的眼前。网页通常是 HTML 格式的(文件扩展名为.html 或.htm)。

网站(Website)是指在因特网上，根据一定的规则，使用 HTML 等工具制作的用于展示特定内容的相关网页的集合，例如，常见的网站有搜狐、新浪等。简单地说，网站是一种通信工具，就像布告栏一样，人们可以通过网站来发布自己想要公开的资讯信息，或者利用网站来提供相关的网络服务。衡量一个网站的性能时，通常从网站空间大小、网站位置、网站连接速度(俗称“网速”)、网站软件配置、网站提供的服务等几方面来考虑，最直接的衡量标准是这个网站的真实流量。

在一个网站中，网页按照类型不同，可以分为两种，主页和普通网页。主页(Home Page)也叫首页，是进入一个网站的开始页面，就像搜狐的首页一样，如图 1-1 所示。

图 1-1 搜狐的首页

1.1.2 网页的基本构成元素

在 Internet 发展的早期，网站只能保存单纯的文本。后来，经过一些年的发展，图像、声音、动画、视频和 3D 等技术已经在因特网上广泛应用，网站发展成如今图文并茂的样子，并且通过动态网页技术，用户可以与其他用户或者网站管理者进行交流。

网页常见的构成元素有文本、图像、超链接、表格、表单、导航栏、动画、框架等，如图 1-2 所示。

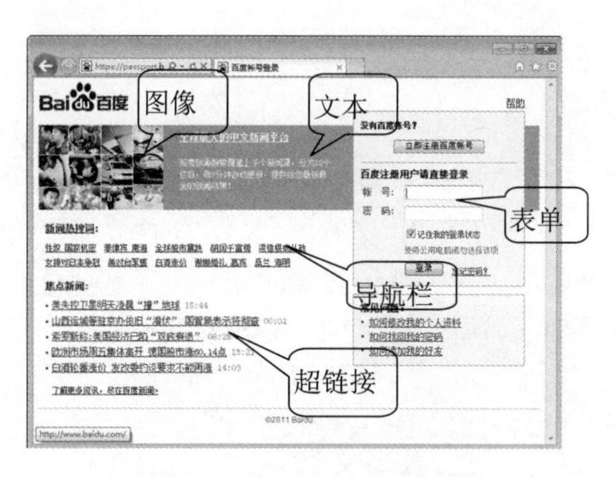

图 1-2 网页常见的构成元素

(1) 文本：网页中的信息主要以文本为主。在网页中可以通过字体、大小、颜色、底纹、边框等来设计文本的属性。

(2) 图像：有了图像，才能看到丰富多彩的网页。网页上图片为 JPG 或 GIF 格式。通常图片会被运用在 Logo、Banner 和背景图上。Logo 是代表企业形象或栏目内容的标志性图片，一般在网页的左上角。Banner 是用于宣传网站内某个栏目或活动的广告，一般要求制作成动画形式，达到宣传的效果。Banner 一般位于网页的顶部和底部。在网页页面中比较常用的图片还包括背景图，但要慎用背景图片，除非设计者确信背景图可以给网页增加不少魅力。

(3) 超链接：超链接是网站的灵魂，是从一个网页指向另一个目的端的链接。目的端通常是一个网页，但也可以是一幅图片、一个电子邮件地址、一个文件、一个程序或者是本网页中的其他位置。超链接本身可以是文字或者图片。

(4) 表格：表格是网页中展现数据的主要方式，能够以表的形式显示数据信息。表格也可以用来进行网页排版，在以往的很长一段时间内，使用表格排版是网站的首选方式。

(5) 表单：表单是用来收集站点访问者信息的集合。站点访问者填写表单的方式是输入文本、单击单选按钮和复选框，以及从下拉菜单中选择选项。在填好表单之后，站点访问者便送出所输入的数据，该数据就会根据网站设计者所设置的表单处理程序，以各种不同的方式进行处理。

(6) 导航栏：导航栏是一组超链接，一般用于网站各部分内容间相互链接的指引。导航栏可以是按钮或者文本超链接。

(7) 动画：动画是网页上最活跃的元素，包括 GIF 动画和 Flash 动画。

网页中除了这些最基本元素外，还包括横幅广告、字幕、悬停按钮、计数器、音频、视频等。

1.2 HTML 的基本概念

因特网上的信息是以网页的形式展示给用户的，因此，网页是网络信息传递的载体。

网页文件是用一种标签语言书写的，这种语言称为超文本标记语言(Hyper Text Markup Language，HTML)。

1.2.1 什么是HTML

HTML 不是一种编程语言，而是一种描述性的标记语言，用于描述超文本中的内容和结构。HTML 最基本的语法是<标记符></标记符>。标记符通常都是成对使用，有一个开头标记和一个结束标记。结束标记只是在开头标记的前面加一个斜杠“/”。当浏览器收到 HTML 文件后，就会解释里面的标记符，然后把标记符相对应的功能表达出来。

例如，在 HTML 中，用<p></p>标记符来定义一个段落，用来定义一个换行符。当浏览器遇到<p></p>标记符时，会把该标记中的内容自动形成一个段落。当遇到
标记符时，会自动换行，并且该标记符后的内容会从一个新行开始。这里的
标记符是单标记，没有结束标记，标记中的“/”符号可以省略，但为了代码的规范性，一般建议加上。

1.2.2 HTML 的发展历程

HTML 主要用于描述超文本中内容的显示方式。标记语言从诞生到今天，经历了十几年，发展过程中也有很多曲折，经历的版本及发布日期如表 1-1 所示。

表 1-1 HTML 的发展历程

版　本	发布日期	说　明
超文本标记语言(第一版)	1993 年 6 月	作为互联网工程工作小组(IETF)的工作草案发布(并非标准)
HTML 2.0	1995 年 11 月	作为 RFC1866 发布，在 RFC2854 于 2000 年 6 月发布之后被宣布已经过时
HTML 3.2	1996 年 1 月 14 日	W3C 推荐标准
HTML 4.0	1997 年 12 月 18 日	W3C 推荐标准
HTML 4.01	1999 年 12 月 24 日	微小改进，W3C 推荐标准
ISO HTML	2000 年 5 月 15 日	基于严格的 HTML 4.01 语法，是国际标准化组织和国际电工委员会的标准
XHTML 1.0	2000 年 1 月 26 日	W3C 推荐标准，后来经过修订，于 2002 年 8 月 1 日重新发布
XHTML 1.1	2001 年 5 月 31 日	较 1.0 有微小改进
XHTML 2.0 草案	没有发布	2009 年，W3C 停止了 XHTML 2.0 工作组的工作
HTML 5	2012 年 12 月 17 日	万维网联盟(W3C)正式宣布凝结了大量网络工作者心血的 HTML 5 规范已经正式定稿

1.2.3 HTML 文件的基本结构

完整的 HTML 文件包括标题、段落、列表、表格、绘制的图形以及各种嵌入对象，这些对象统称为 HTML 元素。

一个 HTML 文件的基本结构如下：

```
<html>              文件开始的标记
<head>              文档头部开始的标记
...文件头的内容
</head>             文档头部结束的标记
<body>              文件主体开始的标记
...文档主体内容
</body>             文件主体结束的标记
</html>             文件结束的标记
```

从上面的代码可以看出，在 HTML 文件中，所有的标记都是相对应的，开头标记的形式为<标记>，结束标记的形式为</标记>，在这两个标记中间，放置相应的内容。

1.3 CSS 的基本概念

一个美观大方且简约的页面以及高访问量的网站，是网页设计者的追求。然而，仅通过 HTML 实现是非常困难的，HTML 语言仅仅定义了网页的结构，对于文本样式没有过多涉及。这就需要一种技术对页面的布局、字体、颜色、背景和其他图文效果的实现提供更加精确的控制，这种技术就是 CSS。

1.3.1 什么是 CSS

CSS(Cascading Style Sheet，“层叠样式表”或“级联样式表”)是一组格式设置规则，用于控制 Web 页面的外观。

通过使用 CSS 样式设置页面的格式，可将页面的内容与表现形式分开。

CSS 最早是 1996 年由 W3C 审核通过并推荐使用的，CSS 目前最新版本为 CSS 3，是能够真正做到网页表现与内容分离的一种样式设计语言。相对于传统 HTML 的表现而言，CSS 能够对网页中的对象的位置排版进行像素级的精确控制，支持几乎所有的字体字号样式，拥有对网页对象做盒模型控制的能力，并能够进行初步的交互设计，是目前最优秀的基于文本展示表现的设计语言。

1.3.2 HTML 与 CSS 的优缺点

(1) HTML 发展到今天，存在三个主要缺点：

- HTML 代码不规范、臃肿，需要足够智能和庞大的浏览器才能够正确显示 HTML。
- 数据与表现混杂，当页面要改变显示时，就必须重新制作 HTML。
- 不利于搜索引擎搜索。

(2) HTML 也有两个显著的优点：

- 使用 Table 的表现方式不需要考虑浏览器兼容问题。
- 简单易学，易于推广。

(3) CSS 的产生恰好弥补了 HTML 的缺点，主要表现在以下几个方面。

① 表现与结构分离

CSS 2.0 从真正意义上实现了设计代码与内容的分离，它将设计部分剥离出来并放在一个独立的样式文件中，HTML 文件中只存放文本信息，这样的页面对搜索引擎更加友好。

② 提高页面浏览速度

对于同一个页面视觉效果，采用 CSS 布局的页面容量要比 Table 编码的页面文件容量小得多，前者一般只有后者的 1/2。浏览器不用去编译大量冗长的标签。

③ 易于维护和改版

开发者只要简单修改几个 CSS 文件，就可以重新设计整个网站的页面。

④ 继承性能优越(层叠处理)

CSS 代码在浏览器的解析顺序上会根据 CSS 的级别进行，它按照对同一元素定义的先后来应用多个样式。良好的 CSS 代码设计可以使代码之间产生继承关系，能够达到最大限度的代码重用，从而降低代码量及维护成本。

⑤ 易于被搜索引擎搜索

由于 CSS 代码规范整齐，且与网页内容分离，所以引擎搜索时仅分析内容部分即可。

(4) CSS 的缺点在于，需要考虑浏览器兼容性的问题，比较难学。

1.3.3 浏览器对 CSS 3 的支持

目前，CSS 3 是众多浏览器普遍支持的最完善的版本，最新的浏览器均支持该版本。使用 CSS 3 样式设计出来的网页，在众多平台及浏览器下对样式的表现最为接近，其中 IE 浏览器对 CSS 的支持相对比较全面，所以本书中的示例大多是在 IE 浏览器下运行的。

1.4 HTML 与 CSS 网页的开发环境

HTML 与 CSS 文件是纯文本格式文件，所以在编辑 HTML 和 CSS 时，就有了多种选择，可以使用一些简单的纯文本编辑工具，例如记事本等，同样可以选择专业的 CSS 3 编辑工具，例如 Dreamweaver 等。

1.4.1 记事本开发环境

单击 Windows 桌面上的“开始”按钮，选择“所有程序”→“附件”→“记事本”命令，打开记事本程序，如图 1-3 所示。

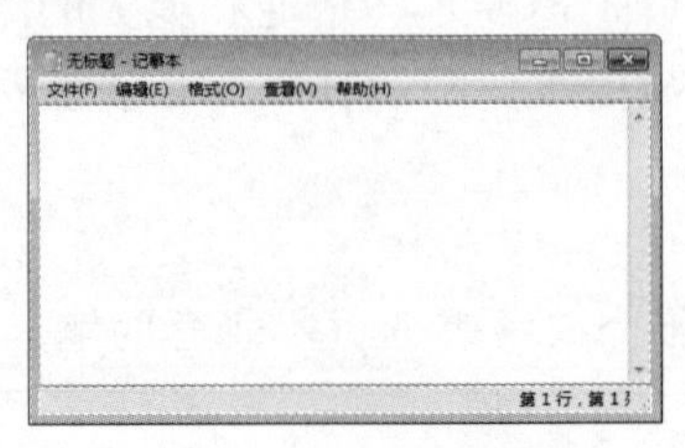

图 1-3 打开记事本程序

在记事本程序中输入相关的 HTML 和 CSS 代码，然后将记事本文件以扩展名为.html 或.htm 进行保存，并在浏览器中打开文档以查看效果。

1.4.2 Dreamweaver CS6 开发环境

使用记事本可以编写 HTML 文件，但是编写效率太低，对于语法错误及格式都没有提示，因此，很多专门制作网页的工具弥补了这种缺陷。其中，Adobe 公司的 Dreamweaver CS6 用户界面非常友好，是一款非常优秀的网页开发工具，并深受广大用户的喜爱。Dreamweaver CS6 的主界面如图 1-4 所示。

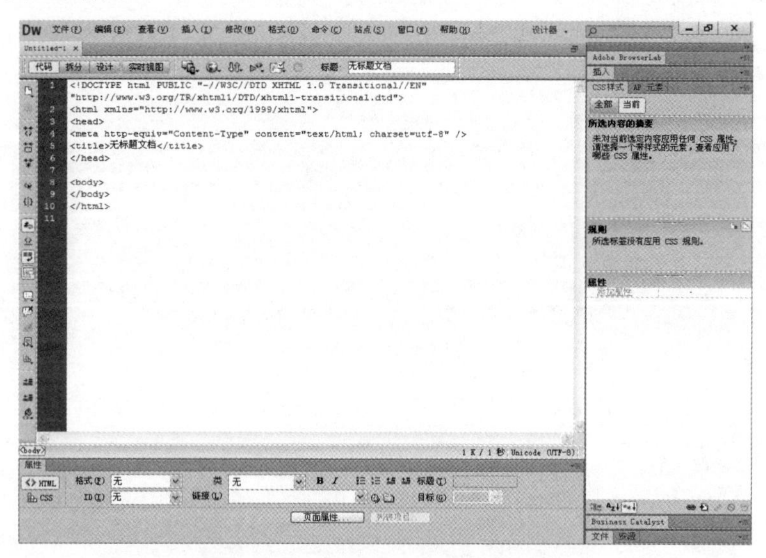

图 1-4 Dreamweaver CS6 的主界面

1.5 专 家 答 疑

疑问 1：为何使用记事本编辑的 HTML 文件无法在浏览器中预览，而是直接在记事本中打开？

很多初学者在保存文件时，没有将 HTML 文件的扩展名.html 或.htm 作为文件的后缀，导致文件还是以.txt 为扩展名，因此，无法在浏览器中查看。如果读者是通过单击鼠标右键创建记事本文件，在给文件重命名时，一定要以.html 或.htm 作为文件的后缀。特别要注意的是，当 Windows 系统的扩展名隐藏时，更容易出现这样的错误。读者可以在“文件夹选项”对话框中查看是否显示扩展名。

疑问 2：如何显示或隐藏 Dreamweaver CS6 的欢迎屏幕？

Dreamweaver CS6 欢迎屏幕可以帮助使用者快速进行打开文件、新建文件和获得相关帮助的操作。如果读者不希望显示该窗口，可以按下 Ctrl+U 组合键，在弹出的窗口中，选择左侧的“常规”页，将右侧“文档选项”部分的“显示欢迎屏幕”取消勾选。

第 2 章

网页文档的结构

一个完整的网页文档包括标题、段落、列表、表格、绘制的图形以及各种嵌入对象，这些对象统称为 HTML 元素。本章就来详细介绍 HTML 网页文档的基本结构。

2.1　HTML 文档的基本结构

在一个 HTML 文档中，必须包含<HTML></HMTL>标记，并且放在一个 HTML 文档中的开始和结束位置，即每个文档以<HTML>开始，以</HTML>结束。在<HTML></HMTL>之间，通常包含两个部分，分别是<HEAD></HEAD>和<BODY></BODY>，HEAD 标记包含 HTML 头部信息，例如文档标题、样式定义等。BODY 包含文档主体部分，即网页内容。需要注意的是，HTML 标记不区分大小写。

2.1.1　HTML 页面的整体结构

为了便于读者从整体上把握 HTML 文档结构，这里通过一个 HTML 页面来介绍 HTML 页面的整体结构，示例代码如下：

```
<HTML>
    <HEAD>
        <TITLE>网页标题</TITLE>
    </HEAD>
    <BODY>
        网页内容
    </BODY>
</HTML>
```

从上面的代码可以看出，一个基本的 HTML 网页由以下几部分构成。

(1)　<HTML></HTML>标记：说明本页面使用 HTML 语言编写，使浏览器软件能够准确无误地解释、显示。

(2)　<HEAD></HEAD>标记：是 HTML 的头部标记，头部信息不显示在网页中，此标记内可以包含一些其他标记，用于说明文件标题和整个文件的一些公用属性。可以通过<style>标记定义 CSS 样式表，通过<script>标记定义 JavaScript 脚本文件。

(3)　<TITLE></TITLE>标记：TITLE 是 HEAD 中的重要组成部分，它包含的内容显示在浏览器的窗口标题栏中。如果没有 TITLE，浏览器标题栏将显示相应页面的文件名。

(4)　<BODY></BODY>标记：BODY 包含 HTML 页面的实际内容，显示在浏览器窗口的客户区中。例如页面中的文字、图像、动画、超链接以及其他 HTML 相关的内容都是定义在 body 标记里面。

2.1.2　HTML 5 新增的结构标记

HTML 5 新增的结构标记有<footer></footer>和<header></header>标记，但是，这两个标记还没有获取大多数浏览器的支持，这里简单介绍一下。

<header>标记定义文档的页眉(介绍信息)，使用示例如下：

```
<header>
<h1>欢迎访问主页</h1>
</header>
```

<footer>标记定义 section 或 document 的页脚。在典型情况下，该元素会包含创作者的姓名、文档的创作日期或者联系信息。使用示例如下：

```
<footer>作者：元澈　联系方式：13012345678</footer>
```

2.2　HTML 5 的基本标记详解

HTML 文档最基本的结构主要包括文档类型说明、HTML 文档开始标记、元信息、主体标记和页面注释标记。

2.2.1　文档类型说明

基于 HTML 5 设计准则中的“化繁为简”原则，Web 页面的文档类型说明(DOCTYPE)被极大地简化了。

细心的读者会发现，在第 1 章中使用 Dreamweaver CS6 创建的 HTML 文档中，文档头部的类型说明代码如下：

```
<!DOCTYPE html PUBLIC "-//W3C//DTD XHTML 1.0 Transitional//EN"
  "http://www.w3.org/TR/xhtml1/DTD/xhtml1-transitional.dtd">
```

这属于 XHTML 文档类型说明，读者可以看到这段代码既麻烦又难记，HTML 5 对文档类型进行了简化，简单到 15 个字符就可以了，代码如下：

```
<!DOCTYPE html>
```

DOCTYPE 声明需要出现在 HTML 5 文件的第一行。

2.2.2　HTML 标记

HTML 标记代表文档的开始，由于 HTML 5 语言语法的松散特性，该标记可以省略，但是为了符合 Web 标准和确保文档的完整性，应当养成良好的编写习惯，这里建议不要省略该标记。

HTML 标记以<html>开头，以</html>结尾，文档的所有内容书写在开头和结尾的中间部分。语法格式如下：

```
<html>
...
</html>
```

2.2.3　头标记 head

头标记 head 用于说明文档头部的相关信息，一般包括标题信息、元信息、定义的 CSS 样式和脚本代码等。HTML 的头部信息是以<head>开始，以</head>结束，语法格式如下：

```
<head>
...
</head>
```

<head>元素的作用范围是整篇文档，定义在 HTML 语言头部的内容往往不会在网页上直接显示。

在头标记<head>与</head>之间，可以插入标题标记 title 和元信息标记 meta 等。

1. 标题标记 title

HTML 页面的标题一般用来说明页面的用途，它显示在浏览器的标题栏中。在 HTML 文档中，标题信息设置在<head>与</head>之间。标题标记以<title>开始，以</title>结束，语法格式如下：

```
<title>
...
</title>
```

在标记中间的“...”就是标题的内容，它可以帮助用户更好地识别页面。预览网页时，设置的标题在浏览器的左上方标题栏中显示，此外，在 Windows 任务栏中显示的也是这个标题，如图 2-1 所示。页面的标题只有一个，它们在 HTML 文档的头部，即<head>和</head>之间。

图 2-1　标题栏在浏览器中的显示效果

2. 元信息标记 meta

<meta>元素可提供有关页面的元信息(meta-information)，比如针对搜索引擎和更新频度的描述和关键词。<meta>标签位于文档的头部，不包含任何内容。<meta>标签的属性定义了与文档相关联的名称/值对，<meta>标签提供的属性及取值见表 2-1。

表 2-1　<meta>标记提供的属性及取值

属　性	值	描　述
charset	character encoding	定义文档的字符编码
content	some_text	定义与 http-equiv 或 name 属性相关的元信息

续表

属　性	值	描　述
http-equiv	content-type expires refresh set-cookie	把 content 属性关联到 HTTP 头部
name	author description keywords generator revised others	把 content 属性关联到一个名称

(1) 字符集 charset 属性

在 HTML 5 中，有一个新的 charset 属性，它使字符集的定义更加容易。例如，下列代码告诉浏览器，网页使用“ISO-8859-1”字符集显示，代码如下：

```
<meta charset="ISO-8859-1">
```

(2) 搜索引擎的关键字

在早期，meta keywords 关键字对搜索引擎的排名算法起到一定的作用，也是很多人进行网页优化的基础。关键字在浏览时是看不到的，使用格式如下：

```
<meta name="keywords" content="关键字,keywords" />
```

- 不同的关键词之间，应使用半角逗号(英文输入状态下)隔开，不要使用“空格”或“|”来间隔。
- 是“keywords”，不是“keyword”。
- 关键字标签中的内容应该是一个个短语，而不是一段话。

例如，定义针对搜索引擎的关键字，代码如下：

```
<meta name="keywords" content="HTML, CSS, XML, XHTML, JavaScript" />
```

关键字标签“keywords”，曾经是搜索引擎排名中很重要的因素，但现在已经被很多搜索引擎完全忽略。如果我们加上这个标签，对网页的综合表现没有坏处，不过，如果使用不恰当的话，对网页非但没有好处，还有欺诈的嫌疑。在使用关键字标签“keywords”时，要注意以下几点：

- 关键字标签中的内容要与网页核心内容相关，使用的关键字应出现在网页文本中。
- 要使用用户易于通过搜索引擎检索的关键字，过于生僻的词汇不太适合作为 meta 标签中的关键字。
- 不要重复使用关键词，否则可能会被搜索引擎惩罚。
- 一个网页的关键字标签里最多包含 3~5 个最重要的关键字，不要超过 5 个。
- 每个网页的关键字应该不一样。

由于设计者或 SEO 优化者以前对 meta keywords 关键字的滥用，导致目前它在搜索引擎排名中的作用很小。

(3) 页面描述

meta description 元标签(描述元标签)是一种 HTML 元标签，用来简略描述网页的主要内容，通常是被搜索引擎用在搜索结果页上展示给最终用户看的一段文字片段。页面描述在网页中是不显示出来的，页面描述的使用格式如下：

```
<meta name="description" content="网页的介绍" />
```

例如，定义对页面的描述，代码如下：

```
<meta name="description" content="免费的 web 技术教程。" />
```

(4) 页面定时跳转

使用<meta>标记可以使网页在经过一定时间后自动刷新，这可通过将 http-equiv 属性值设置为 refresh 来实现。content 属性值可以设置为更新时间。

在浏览网页时，经常会看到一些欢迎信息的页面，在经过一段时间后，这些页面会自动地转到其他页面，这就是网页的跳转。页面定时刷新跳转的语法格式如下：

```
<meta http-equiv="refresh" content="秒;[url=网址]" />
```

上面的[url=网址]部分是可选项，如果有这部分，页面定时刷新并跳转，如果省略该部分，页面只定时刷新，不进行跳转。

例如，实现每 5 秒刷新一次页面。将下述代码放入 head 标记部分即可：

```
<meta http-equiv="refresh" content="5" />
```

2.2.4 网页的主体标记 body

网页所要显示的内容都放在网页的主体标记内，它是 HTML 文件的重点所在。在后面章节所介绍的 HTML 标记都将放在这个标记内。然而它并不仅仅是一个形式上的标记，它本身也可以控制网页的背景颜色或背景图像，这将在后面进行介绍。主体标记以<body>开始，以</body>结束，语法格式如下：

```
<body>
...
</body>
```

在构建 HTML 结构时，标记不允许交错出现，否则会造成错误。例如，在下列代码中，<body>开始标记出现在<head>标记内：

```
<html>
   <head>
      <title>标记测试</title>
   <body>
   </head>
   </body>
</html>
```

上面代码中的第 4 行<body>的开始标记与第 5 行的</head>结束标记出现了交叉，这是错误的。HTML 中的所有代码都是不允许交错出现的。

2.2.5 页面注释标记<!-- -->

注释是在 HTML 代码中插入的描述性文本，用来解释该代码或提示其他信息。注释只出现在代码中，浏览器对注释代码不进行解释，并且在浏览器的页面中不显示。在 HTML 源代码中适当的地插入注释语句是一种非常好的习惯。对于设计者日后的代码修改、维护工作很有好处。如果将代码交给其他设计者，其他人也能很快读懂前者所撰写的内容。

注释语法如下：

```
<!--注释的内容-->
```

注释语句元素由前后两半部分组成，前半部分是一个左尖括号、一个半角感叹号和两个连字符，后半部分由两个连字符和一个右尖括号组成。例如：

```
<html>
<head>
<title>标记测试</title>
</head>
<body>
<!-- 这里是标题-->
<h1>HTML5 网页设计</h1>
</body>
</html>
```

页面注释不但可以对 HTML 中一行或多行代码进行解释说明，而且可能注释掉这些代码。如果希望某些 HTML 代码在浏览器中不显示，可以将这部分内容放在<!--和-->之间，例如，修改上述代码，如下所示：

```
<html>
<head>
<title>标记测试</title>
</head>
<body>
<!-- <h1>HTML5 网页</h1> -->
</body>
</html>
```

修改后的代码将<h1>标记作为注释内容处理了，在浏览器中将不会显示这部分内容。

2.3 HTML 5 语法的变化

为了兼容各种不统一的页面代码，HTML 5 的设计在语法方面做出以下变化。

2.3.1 标签不再区分大小写

标签不再区分大小写是 HTML 5 语法变化的重要体现，例如以下例子的代码：

```
<!DOCTYPE html>
<html>
<head>
<title>大小写标签</title>
</head>
<body>
<P>这里的标签大小写不一样</p>
</body>
</html>
```

在 IE 9 浏览器中的预览效果如图 2-2 所示。

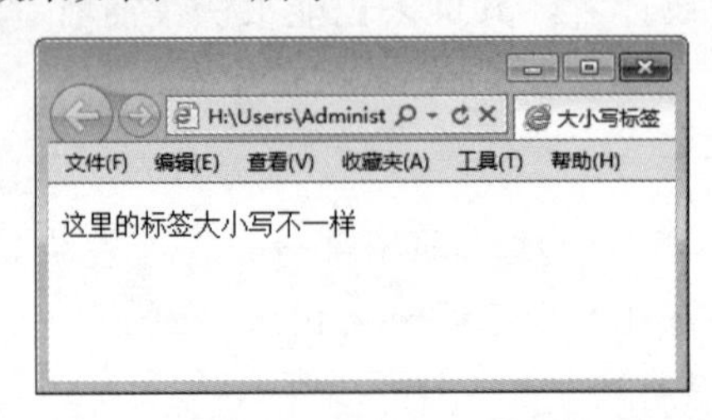

图 2-2　网页预览效果

虽然<P>这里的标签大小写不一样，即与</p>中的结束标记不匹配，但是这完全符合 HTML 5 的规范。

用户可以通过在 W3C 提供的在线验证页面中测试上面的网页，验证网址为：

```
http://validator.w3.org/
```

2.3.2　允许属性值不使用引号

在 HTML 5 中，属性值不放在引号中也是正确的。例如以下代码片段：

```
<input checked="a" type="checkbox"/>
<input readonly type="text"/>
<input disabled="a" type="text"/>
```

上述代码片段与下面的代码片段效果是一样的：

```
<input checked=a type=checkbox/>
<input readonly type=text/>
<input disabled=a type=text/>
```

尽管 HTML 5 允许属性值可以不使用引号，但是仍然建议读者加上引号。因为如果某个属性的属性值中包含空格等容易引起混淆的属性值，此时可能会引起浏览器的误解。例如以下代码：

```
<img src=mm ch02/01.jpg />
```

此时浏览器就会误以为 src 属性的值就是 mm，这样就无法解析 01.jpg 图片。如果想正确地解析到图片的位置，只有添加上引号。

2.3.3 允许部分属性值的属性省略

在 HTML 5 中，部分标志性属性的属性值可以省略。

例如，以下代码是完全符合 HTML 5 规则的：

```
<input checked type="checkbox"/>
<input readonly type="text"/>
```

其中 checked="checked"省略为 checked，readonly="readonly"省略为 readonly。

在 HTML 5 中，可以省略属性值的属性如表 2-2 所示。

表 2-2 可以省略属性值的属性

HTML 5 中的省略形式	等 价 于
checked	checked="checked"
readonly	readonly="readonly"
defer	defer="defer"
ismap	ismap="ismap"
nohref	nohref="nohref"
noshade	noshade="noshade"
nowrap	nowrap="nowrap"
selected	selected="selected"
disabled	disabled="disabled"
multiple	multiple="enabled"
noresize	noresize="disabled"

2.4 HTML 5 文件的编写方法

有两种方式来产生 HTML 文件：一种是自己写 HTML 文件，事实上这并不非常困难，也不需要特别的技巧；另一种是使用 HTML 编辑器，它可以辅助使用者来做编写工作。

2.4.1 示例 1——使用记事本手工编写 HTML 5

使用记事本编写 HTML 文件，具体操作步骤如下。

step 01 单击 Windows 桌面上的“开始”按钮，选择“所有程序”→“附件”→“记事本”命令，打开一个记事本程序，在其中输入 HTML 代码，如图 2-3 所示。

step 02 编辑完 HTML 文件后，选择“文件”→“保存”命令或按 Ctrl+S 组合键，在弹出的“另存为”对话框中，选择“保存类型”为“所有文件”，然后将文件扩展名设为.html 或.htm，如图 2-4 所示。

```
<!DOCTYPE html>
<html>
<head>
<meta charset="utf-8" />
<title>第一个网页</title>
</head>
<body>
  xx今天我编写了第一个简单网页，感觉非常高兴。
</body>
</html>
```

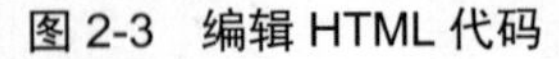

图 2-3　编辑 HTML 代码

图 2-4　“另存为”对话框

step 03 单击“保存”按钮，保存文件。打开网页文档，在浏览器中预览效果，如图 2-5 所示。

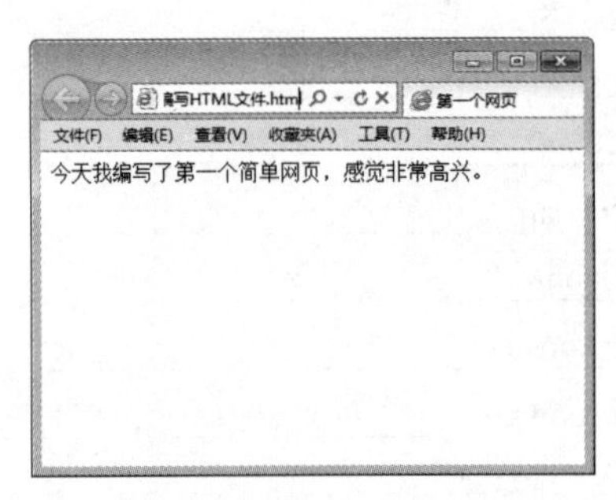

图 2-5　网页的浏览效果

2.4.2　示例 2——使用 Dreamweaver CS6 编写 HTML 文件

使用 Dreamweaver CS6 编写 HTML 文件的具体操作步骤如下。

step 01 启动 Dreamweaver CS6，如图 2-6 所示，在欢迎屏幕的“新建”栏中选择“HTML”选项。或者从菜单中选择“文件”→“新建”命令(快捷键 Ctrl+N)。

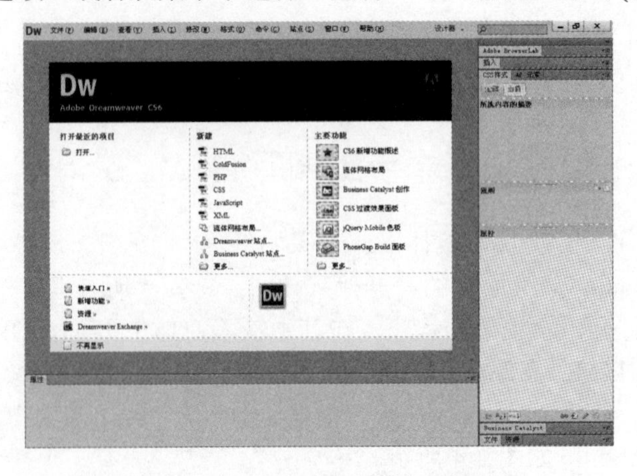

图 2-6　包含欢迎屏幕的主界面

step 02 弹出“新建文档”对话框，如图 2-7 所示，在“页面类型”选项中，选择“HTML”。

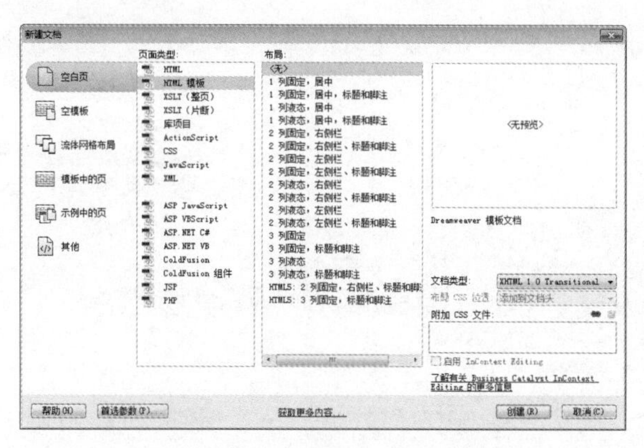

图 2-7 “新建文档”对话框

step 03 单击创建“创建”按钮，创建 HTML 文件，如图 2-8 所示。

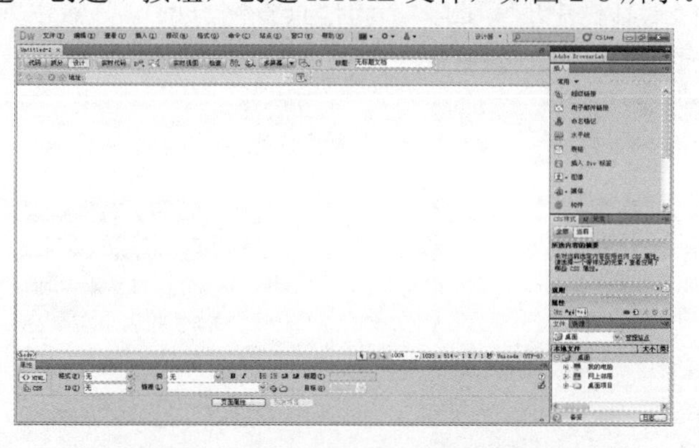

图 2-8 在设计视图下显示创建的文档

step 04 在文档工具栏中，单击“代码”按钮，切换到代码视图，如图 2-9 所示。

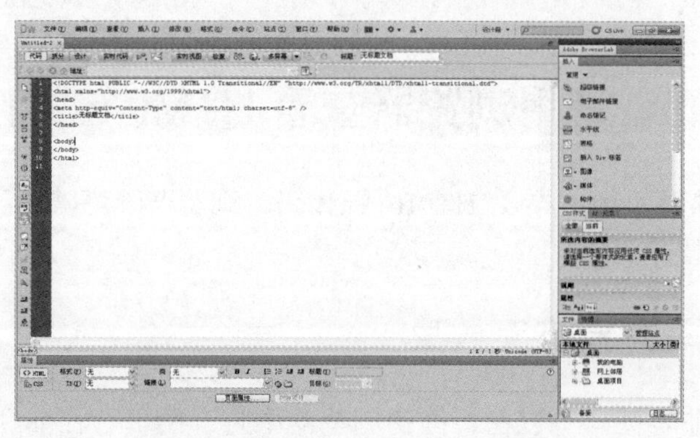

图 2-9 在代码视图下显示创建的文档

step 05 修改 HTML 文档标题，将代码中<title>标记中的“无标题文档”修改成“我的第一个网页”。然后在<body>标记中键入“今天我使用 Dreamweaver CS6 编写了第一个简单网页，感觉非常高兴。”。

完整的 HTML 代码如下所示：

```
<!DOCTYPE html PUBLIC "-//W3C//DTD XHTML 1.0 Transitional//EN"
 "http://www.w3.org/TR/xhtml1/DTD/xhtml1-transitional.dtd">
<html xmlns="http://www.w3.org/1999/xhtml">
<head>
<meta http-equiv="Content-Type" content="text/html; charset=utf-8" />
<title>第一个网页</title>
</head>
<body>
今天我使用 Dreamweaver CS6 编写了第一个简单网页，感觉非常高兴。
</body>
</html>
```

step 06 保存文件。从菜单中选择“文件”→“保存”命令或按 Ctrl+S 快捷键，弹出“另存为”对话框。在对话框中选择保存位置，并输入文件名，单击“保存”按钮，如图 2-10 所示。

step 07 单击文档工具栏中的图标，选择查看网页的浏览器，或按下功能键 F12，使用默认浏览器查看网页，预览效果如图 2-11 所示。

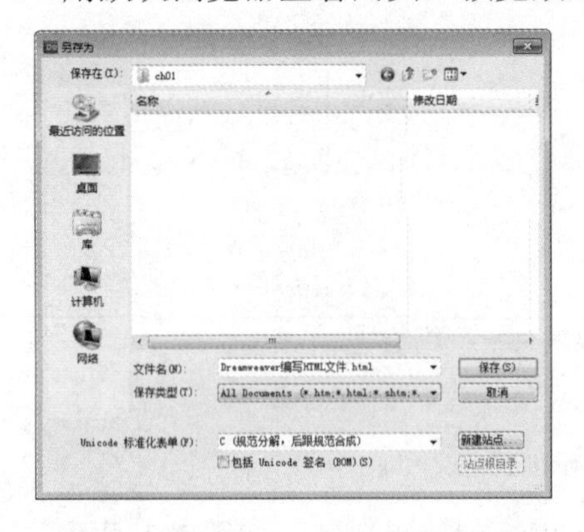

图 2-10　保存文件

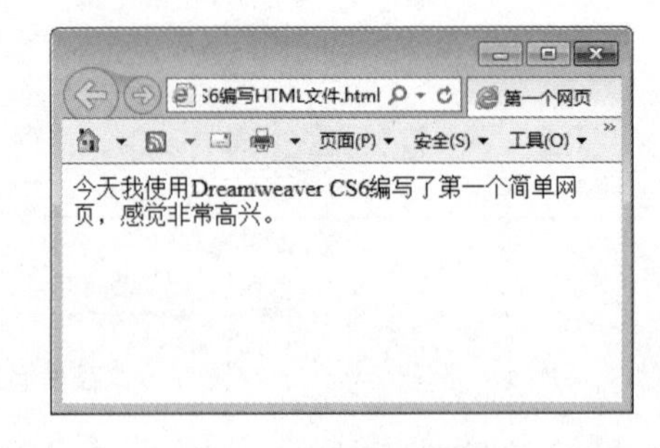

图 2-11　浏览器的预览效果

2.5　使用浏览器查看 HTML 5 文件

开发者经常需要查看页面效果及 HTML 源代码。浏览器既可以显示网页的效果，又可以直接查看 HTML 源代码。

2.5.1　示例 3——查看页面效果

为了测试网页的兼容性，可以在不同的浏览器中打开网页。在非默认浏览器中打开网页的方法有很多种，在此为读者介绍两种常用的方法。

(1) 方法一：从浏览器的菜单栏中选择“文件”→“打开”命令(有些浏览器的菜单命令为“打开文件”)，选择要打开的网页即可，如图 2-12 所示。

(2) 方法二：在 HTML 文件上右击，从弹出的快捷菜单中选择“打开方式”菜单项，单击需要的浏览器，如图 2-13 所示。如果浏览器没有出现在菜单中，可选择“选择程序(C)...”项，在计算机中查找浏览器程序。

图 2-12 “文件”菜单

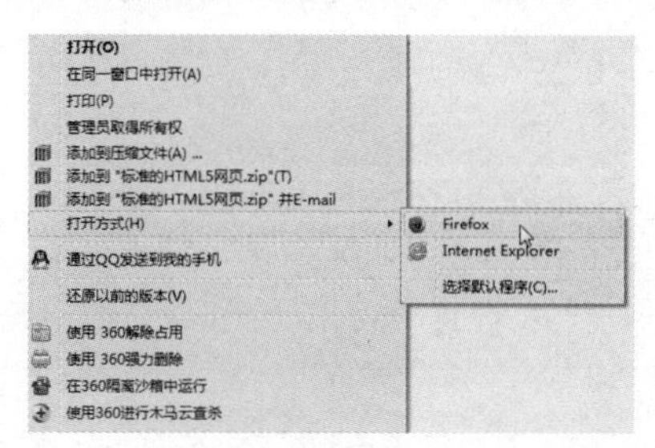

图 2-13 选择不同的浏览器打开网页

2.5.2 示例 4——查看源文件

查看网页源代码的常见方法有以下两种。

(1) 在打开的页面空白处右击，从弹出的快捷菜中选择“查看源”菜单命令，如图 2-14 所示。

(2) 在浏览器的菜单栏中选择“查看”→“源”菜单命令，可查看源文件，如图 2-15 所示。

图 2-14 选择“查看源”菜单命令

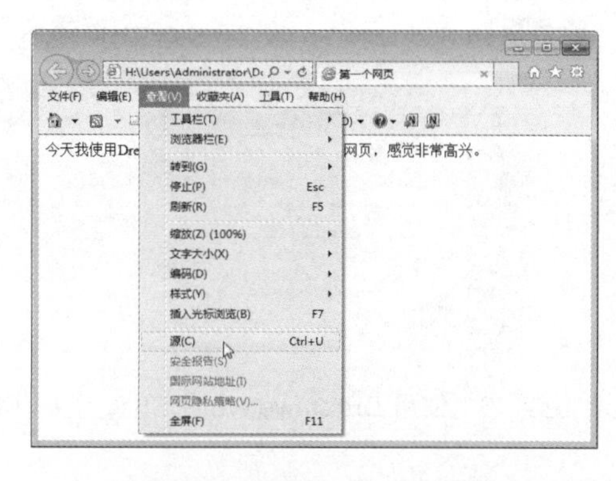

图 2-15 选择“源”菜单命令

由于浏览器的规定各不相同，有些浏览器将“查看源”命名为“查看源代码”，请读者注意，但是操作方法完全相同。

2.6 综合示例——符合 W3C 标准的 HTML 5 网页

通过本章的学习，读者了解到 HTML 5 较以前版本有了很大的改变。下面将制作一个符合 W3C 标准的 HTML 5 网页，具体操作步骤如下。

step 01 启动 Dreamweaver CS6，新建 HTML 文档，并单击文档工具栏中的“代码”视图按钮，切换至代码状态，如图 2-16 所示。

step 02 图 2-16 中的代码是 XHTML 1.0 格式的，尽管与 HTML 5 完全兼容，但是为了简化代码，将其修改成 HTML 5 规范。修改文档说明部分、<html>标记部分和<meta>元信息部分，修改后，HTML 5 的基本结构代码如下：

```
<!DOCTYPE html>
<html>
<head>
<meta charset="utf-8" />
<title>HTML5 网页设计</title>
</head>

<body>
</body>
</html>
```

step 03 在网页主体中添加内容，在 body 部分增加如下代码：

```
  <!--白居易诗-->
  <h1>续座右铭</h1>
  <P>
  千里始足下,<br>
  高山起微尘。<br>
  吾道亦如此,<br>
  行之贵日新。<br>
  </P>
```

step 04 保存网页，在 IE 9.0 中的预览效果如图 2-17 所示。

图 2-16　使用 Dreamweaver CS6 新建 HTML 文档

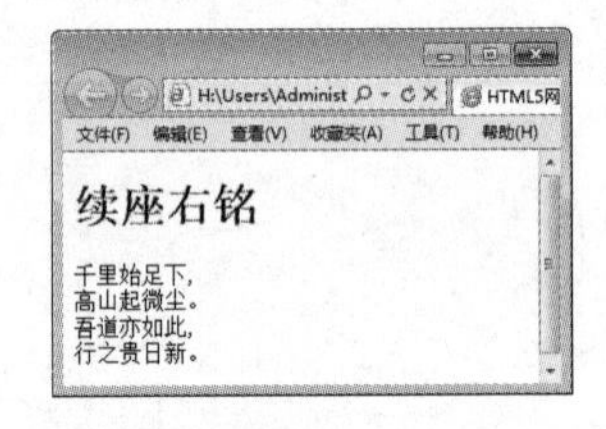

图 2-17　网页预览效果

2.7　上机练习——简单的 HTML 5 网页

下面制作一个简单的 HTML 5 网页，具体操作步骤如下。

step 01 打开记事本文件，在其中输入下述代码：

```
<!DOCTYPE html>
<html>
<head>
<title>简单的 HTML5 网页</title>
</head>
<body>
  <h1>清明</h1>
  <P>
  清明时节雨纷纷,<br>
```

```
  路上行人欲断魂。<br>
  借问酒家何处有,<br>
  牧童遥指杏花村。<br>
  </P>
<img src="qingming.jpg">
</body>
</html>
```

step 02 保存网页，在 IE 9.0 中的预览效果如图 2-18 所示。

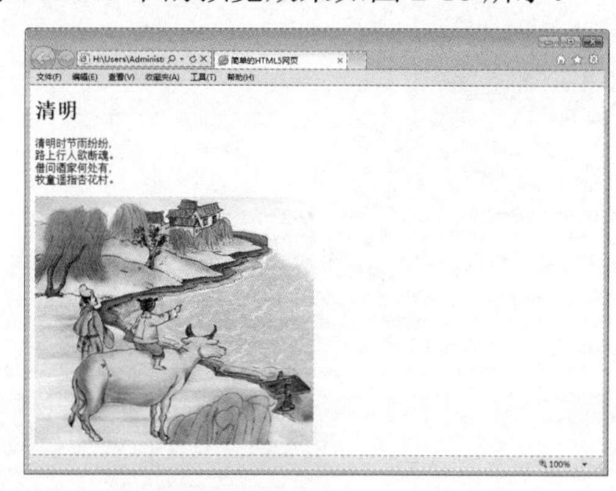

图 2-18　简单的 HTML 5 网页

2.8　专家答疑

疑问 1：在 HTML 5 网页中，语言的编码方式有哪些？

在 HTML 5 网页中，<meta>标记的 charset 属性用于设置网页的内码语系，也就是字符集的类型，国内常用的是 GB 码，对于国内，经常要显示汉字，通常设置为 gb2312(简体中文)和 UTF-8 两种。英文是 ISO-8859-1 字符集，此外还有其他的字符集，这里不再介绍。

疑问 2：在 HTML 5 网页中，基本标签是否必须成对出现？

在 HTML 5 网页中，大部分标签都成对出现，不过也有部分标签可以单独出现。例如换行标签<p />、
、<img />和<hr />等。

第3章 网页文本的设计

文本是网页中最主要、也是最常用的元素。本章主要介绍如何向网页中添加文本，并设计文本段落列表的相关格式，如建立无序列表、有序列表、设置段落格式的显示方式等。

3.1 在网页中添加文本

在网页中添加文本的方法有多种，按照文字的类型，可以分为普通文本的添加和特殊字符文本的添加两种。

3.1.1 普通文本的添加

普通文本是指汉字或者在键盘上可以直接输入的字符。读者可以在 Dreamweaver CS6 代码视图的 body 标签部分直接输入；或者在设计视图下直接输入。如图 3-1 所示为 Dreamweaver CS6 的设计视图窗口，用户可以在其中直接输入汉字或字符。

如果有现成的文本，可以使用复制、粘贴的方法把其他窗口中需要的文本复制过来。在粘贴文本的时候，如果只希望把文字粘贴过来，而不需要粘贴其他文档中的格式，可以使用 Dreamweaver CS6 的“选择性粘贴”功能。

“选择性粘贴”功能只在 Dreamweaver CS6 的设计视图中起作用，因为在代码视图中，粘贴的仅文本，不会有格式。例如，将 Word 文档表格中的文字复制到网页中，而不需要表格结构。操作方法：选择“编辑”→“选择性粘贴...”命令，或按下 Ctrl+Shift+V 快捷键，弹出“选择性粘贴”对话框，在对话框中选择“仅文本”，如图 3-2 所示。

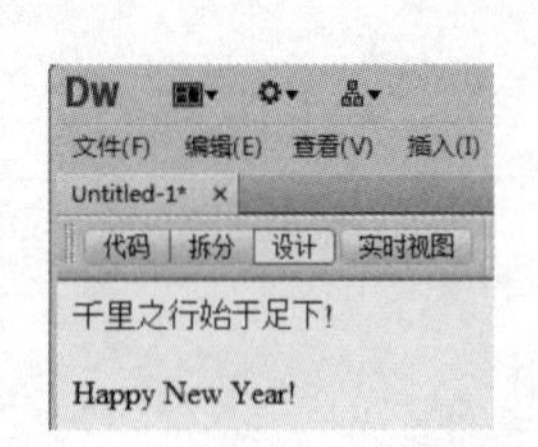

图 3-1 “设计”视图窗口

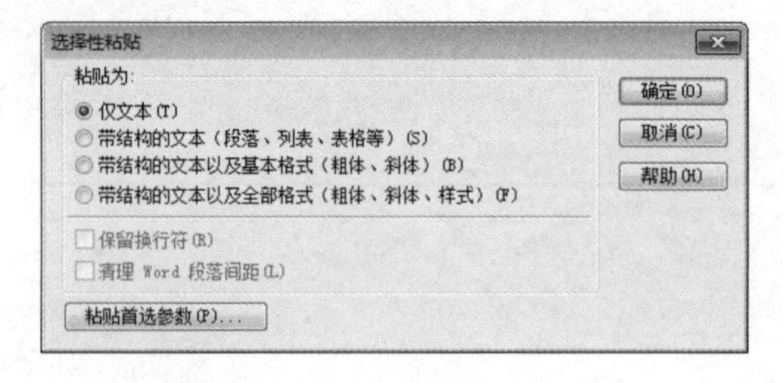

图 3-2 “选择性粘贴”对话框

3.1.2 特殊字符文本的添加

目前，很多行业上的信息都出现在网络上，每个行业都有自己的行业特性，如数学、物理和化学都有特殊的符号。那么，如何在网页中添加这些特殊的字符呢？

在 HTML 中，特殊符号以&开头，后面跟相关特殊字符。例如，尖括号用于声明标记，因此如果在 HTML 代码中需要输入“<”和“>”字符，就不能直接输入了，需要当作特殊字符进行处理。在 HTML 中，用“<”代表符号“<”，用“>”代表符号“>”。例如要输入公式 a>b，在 HTML 中需要这样表示“a>b”。

HTML 中还有大量这样的字符，例如空格、版权等，常用特殊字符如表 3-1 所示。

在编辑化学公式或物理公式时，使用特殊字符的频度非常高。如果每次输入时都去查询或者要记忆这些特殊特号的编码，工作量是相当大的。在此为读者提供一些技巧。

表 3-1 特殊字符

显 示	说 明	HTML 编码
	半角大的空白	
	全角大的空白	
	不断行的空白格	
<	小于	<
>	大于	>
&	&符号	&
"	双引号	"
©	版权	©
®	已注册商标	®
™	商标(美国)	™
×	乘号	×
÷	除号	÷

(1) 在 Dreamweaver CS6 的设计视图下输入字符，如输入 a>b 这样的表达式，可以直接输入。对于部分键盘上没有的字符，可以借助“中文输入法”的软键盘。在中文输入法的软键盘上单击鼠标右键，弹出特殊类别项，如图 3-3 所示。选择所需类型，如选择“数学符号”，弹出数学相关符号，如图 3-4 所示。单击自己需要的符号，即可输入。

P C键盘	标点符号
希腊字母	数字序号
俄文字母	数学符号
注音符号	单位符号
拼 音	制表符
日文平假名	特殊符号
日文片假名	

中 极品五笔

图 3-3 特殊符号分类

图 3-4 数学符号

(2) 文字与文字之间的空格，如果超过一个，那么从第 2 个空格开始，都会被忽略掉。快捷地输入空格的方法如下：将输入法切换成“中文输入法”，并置于“全角”(Shift+空格)状态，直接按下键盘上的空格键即可。

(3) 对于上述两种方法都无法实现的字符，可以使用 Dreamweaver CS6 的“插入”菜单来实现。选择“插入”→“HTML”→“特殊字符”菜单命令，在所需要的字符中选择，如果没有所需要的字符，可选择“其他字符...”选项，在打开的“插入其他字符”对话框中选择即可，如图 3-5 所示。

尽量不要使用多个“ ”来表示多个空格，因为多数浏览器对空格距离的实现是不一样的。

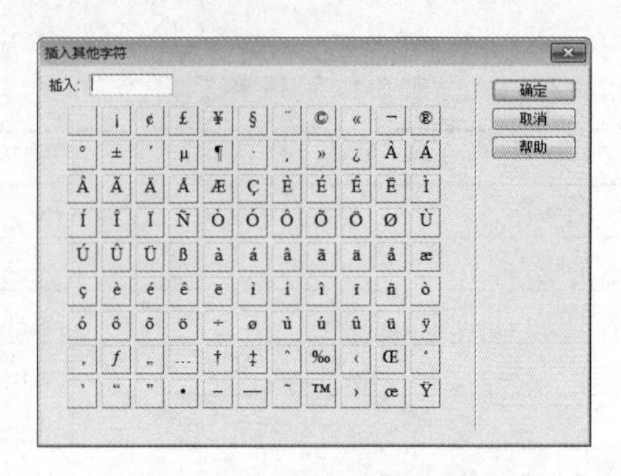

图 3-5 “插入其他字符”对话框

3.2 使用 HTML 5 标记添加特殊文本

在文档中经常出现重要文本(加粗显示)、斜体文本、上标和下标文本等。下面用 HTML 5 标记来添加特殊文本。

3.2.1 添加重要文本

重要文本通常以粗体显示、强调方式显示或加强调方式显示。HTML 中的<b>标记、<em>标记和<strong>标记分别实现了这三种显示方式。

【例 3.1】(示例文件 ch03\3.1.html)

```
<!DOCTYPE html>
<html>
<head>
<title>无标题文档</title>
</head>
<body>
<p><b>粗体文字的显示效果</b></p>
<p><em>强调文字的显示效果</em></p>
<p><strong>加强调文字的显示效果</strong></p>
</body>
</html>
```

在 IE 9.0 中的预览效果如图 3-6 所示，实现了文本的三种显示方式。

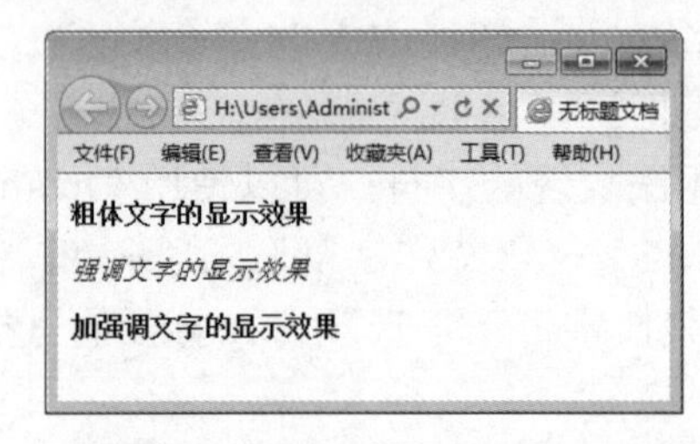

图 3-6 重要文本的预览效果

3.2.2 添加倾斜文本

HTML 中的<i>标记实现了文本的倾斜显示。放在<i></i>之间的文本将以斜体显示。

【例 3.2】(示例文件 ch03\3.2.html)

```
<!DOCTYPE html>
<html>
<head>
<title>无标题文档</title>
</head>
<body>
<i>斜体文字的显示效果</i>
</body>
</html>
```

在 IE 9.0 中的预览效果如图 3-7 所示，其中文字以斜体显示。

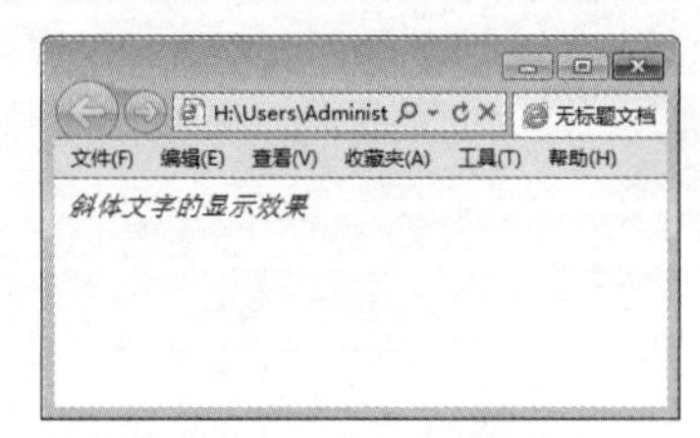

图 3-7 斜体文本的预览效果

HTML 中的重要文本和倾斜文本标记已经过时，是需要读者忘记的标记，这些标记都应该使用 CSS 样式来实现，而不应该用 HTML 来实现。随着后面学习的深入，读者会逐渐发现，即使 HTML 和 CSS 实现相同的效果，CSS 所能实现的控制也远远地比 HTML 要细致、精确得多。

3.2.3 添加上标和下标文本

在 HTML 中用<sup>标记实现上标文字，用<sub>标记实现下标文字。<sup>和</sub>都是双标记，放在开始标记和结束标记之间的文本会分别以上标或下标形式出现。

【例 3.3】(示例文件 ch03\3.3.html)

```
<!DOCTYPE html>
<html>
<head>
<title>无标题文档</title>
</head>
<body>
 <!-上标显示-->
 <p>c=a<sup>2</sup>+b<sup>2</sup></p>
 <!-下标显示-->
 <p>H<sub>2</sub>+O→H<sub>2</sub>O</p>
</body>
</html>
```

在 IE 9.0 中的预览效果如图 3-8 所示，分别实现了上标和下标文本的显示。

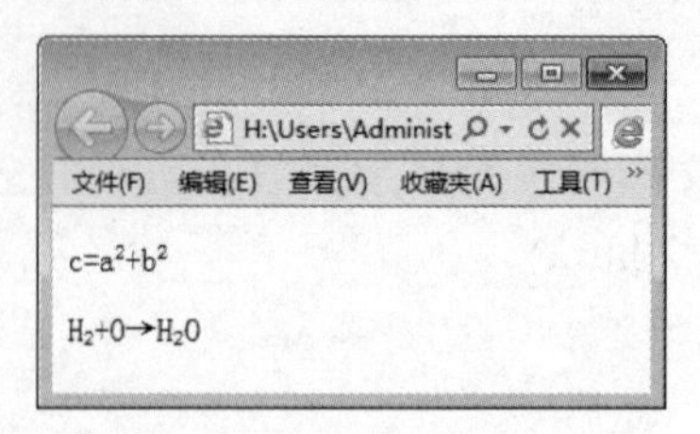

图 3-8　上标和下标的预览效果

3.2.4　设置文本旁注的文字大小

在 HTML 5 中，使用 small 标签可以定义文本旁注文字的大小。

【例 3.4】(示例文件 ch03\3.4.html)

```
<!DOCTYPE html>
<html>
<body>
<dl>
 <dt>单人间</dt>
 <dd>399 元 <small>含早餐，不含税</small></dd>
 <dt>双人间</dt>
 <dd>599 元 <small>含早餐，不含税</small></dd>
</dl>
</body>
</html>
```

在 IE 9.0 中的预览效果如图 3-9 所示，实现了文本旁注文字的大小设置。

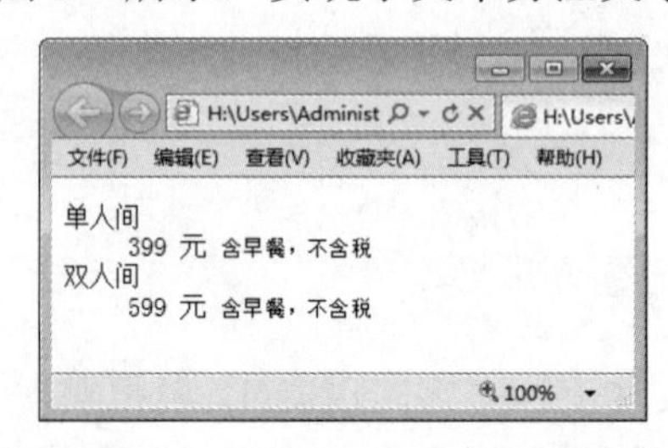

图 3-9　旁注文字的预览效果

3.2.5　设置已删除文本

使用<del>标签可以定义文档中已删除的文本。

【例 3.5】(示例文件 ch03\3.5.html)

```
<!DOCTYPE HTML>
<html>
<body>
<p>苹果的单价<del>不是一斤 6 元</del> 是每斤 8 元</p>
</body>
</html>
```

在 IE 9.0 中的预览效果如图 3-10 所示，实现了一段带有已删除部分和新插入部分的文本效果。

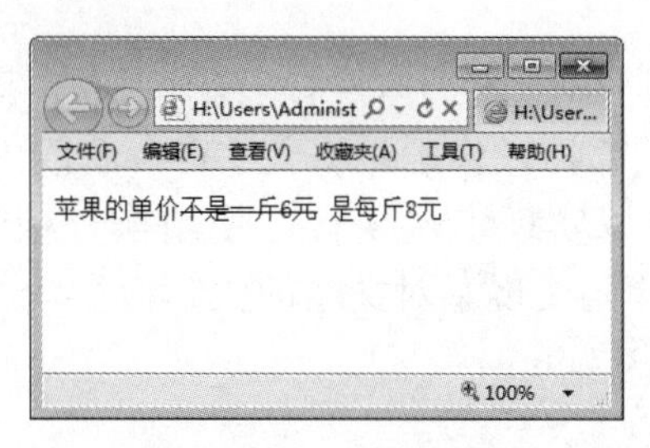

图 3-10 已删除文本的预览效果

3.2.6 定义文本的方向

在网页中，为了吸引浏览者的眼球，有时会使文字从右向左显示，这就需要 HTML 5 的<bdo>标签，不过，<bdo>标签需要与属性 dir 一起使用。其中，属性值“rtl”表示文字从右向左显示，“ltr”是从左向右显示。

【例 3.6】(示例文件 ch03\3.6.html)

```
<!DOCTYPE HTML>
<html>
<body>
<p>春眠不觉晓</p>
<bdo dir="rtl">春眠不觉晓</bdo>
<p><bdo dir="ltr">春眠不觉晓</bdo></p>
</body>
</html>
```

在 IE 9.0 中的预览效果如图 3-11 所示，从图中可以看到，第一句是正常显示，第二句是换方向显示，第三句是使用属性值“ltr”设置的效果，与第一句的显示效果一样。

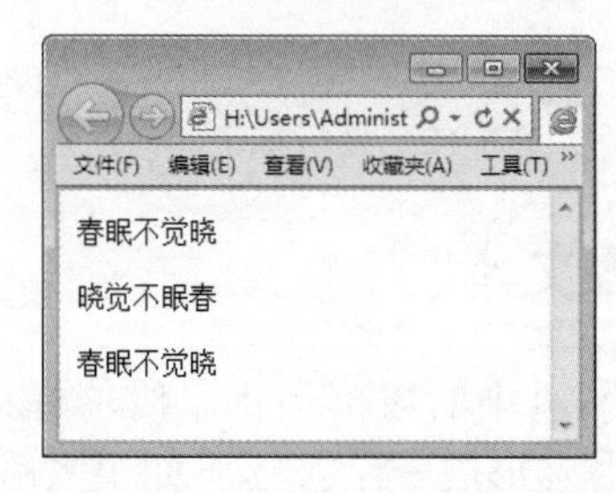

图 3-11 定义文本方向的预览效果

3.3 使用 HTML 5 标记排版网页文本

在网页中，对文字段落进行排版时，并不像文本编辑软件 Word 那样可以定义许多模式来安排文字的位置。在网页中要让某一段文字放在特定的地方，是通过 HTML 标记来完成的。其中，换行使用
标记，换段使用<p>标记。

3.3.1 网页段落文本换行

使用换行标记可以将网页段落中的文本换行显示，换行标记
是一个单标记，它没有结束标记，是英文单词 break 的缩写，作用是将文字在一个段内强制换行。一个
标记代表一个换行，连续的多个标记可以实现多次换行。使用换行标记时，在需要换行的位置添加
标记即可。例如，下面的代码实现了对文本的强制换行。

【例 3.7】(示例文件 ch03\3.7.html)

```
<!DOCTYPE html>
<html>
<head>
<title>文本段换行</title>
</head>
<body>
你见，或者不见我<br/>
我就在那里<br/>
不悲不喜<br/>
你念，或者不念我<br/>
情就在那里<br/>
不来不去
</body>
</html>
```

虽然在 HTML 源代码中，主体部分的内容在排版上没有换行，但是增加
标记后，在 IE 9.0 中的预览效果如图 3-12 所示，实现了换行效果。

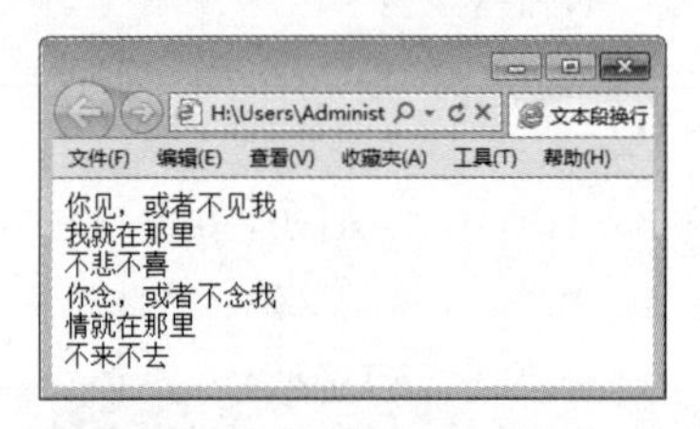

图 3-12 换行标记的使用

3.3.2 分段显示网页段落文本

使用段落标记可以分段显示网页中的段落文本。段落标记是双标记，即<p></p>，在<p>开始标记和</p>结束标记之间的内容形成一个段落。如果省略结束标记，从<p>标记开始，直到遇见下一个段落标记之前的文本，都在一段段落内。

【例 3.8】 (示例文件 ch03\3.8.html)

```
<!DOCTYPE html>
<html>
<head>
<title>段落标记的使用</title>
</head>
<body>
<p>《春》 作者：朱自清</p>
```

```
<p>盼望着，盼望着，东风来了，春天的脚步近了。</p>
<p>
一切都像刚睡醒的样子，欣欣然张开了眼。山朗润起来了，水涨起来了，太阳的脸红起来了。
</p>
<p>
小草偷偷地从土里钻出来，嫩嫩的，绿绿的。园子里，田野里，瞧去，一大片一大片满是的。坐着，躺着，打两个滚，踢几脚球，赛几趟跑，捉几回迷藏。风轻悄悄的，草软绵绵的。
</p>
<p>
桃树、杏树、梨树，你不让我，我不让你，都开满了花赶趟儿。红的像火，粉的像霞，白的像雪。花里带着甜味儿，闭了眼，树上仿佛已经满是桃儿、杏儿、梨儿。花下成千成百的蜜蜂嗡嗡地闹着，大小的蝴蝶飞来飞去。野花遍地是：杂样儿，有名字的，没名字的，散在花丛里，像眼睛，像星星，还眨呀眨的……
</p>
</body>
</html>
```

在 IE 9.0 中的预览效果如图 3-13 所示，可见<p>标记将文本分成了 4 个段落。

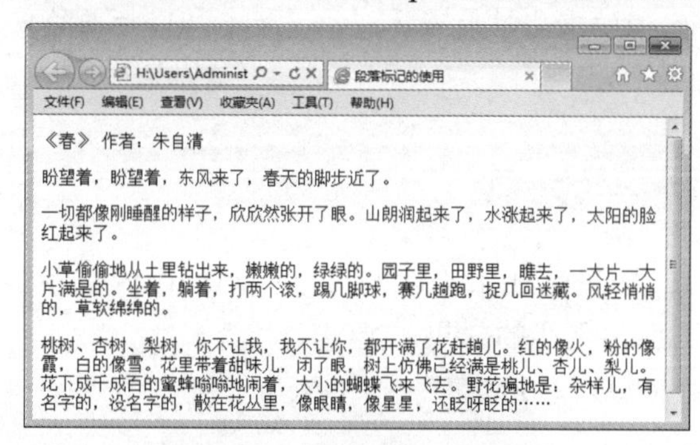

图 3-13　段落标记的使用

3.3.3　设定网页中的标题文本

在 HTML 文档中，文本的结构除了以行和段出现外，还可以作为标题存在。各种级别的标题由<h1>到<h6>元素来定义，<h1>至<h6>标题标记中的字母 h 是英文 headline(标题行)的简称。其中<h1>代表 1 级标题，级别最高，文字也最大，其他标题元素依次递减，<h6>级别最低。

【例 3.9】(示例文件 ch03\3.9.html)

```
<!DOCTYPE html>
<html>
<head>
<title>标题标记的使用</title>
</head>
<body>
<h1>卜算子·我住长江头</h1>
<h2>我住长江头，君住长江尾。</h2>
<h3>日日思君不见君，共饮长江水。</h3>
<h4>此水几时休，此恨何时已。</h4>
<h5>只愿君心似我心，定不负相思意。</h5>
<h6>作者：宋代 李之仪</h6>
```

```
</body>
</html>
```

在 IE 9.0 中的预览效果如图 3-14 所示。

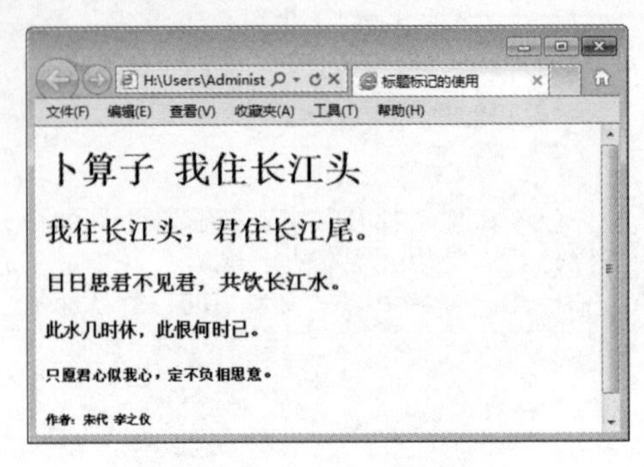

图 3-14 标题标记的使用

注意 作为标题，它们的重要性是有区别的，其中<h1>标题的重要性最高，<h6>标题的重要性的最低。

3.3.4 为网页添加水平线

在网页排版的过程中，如果添加水平线，可以让网页内容有条理地显示。使用水平线标记<hr />可以实现为网页添加水平线的效果。

【例 3.10】(示例文件 ch03\3.10.html)

```
<!DOCTYPE html>
<html>
<body>
<p>定义水平线</p>
<hr />
<p>床前明月光，疑是地上霜。</p>
<hr />
<p>抬头望明月，低头思故乡。</p>
</body>
</html>
```

在 IE 9.0 中的预览效果如图 3-15 所示。

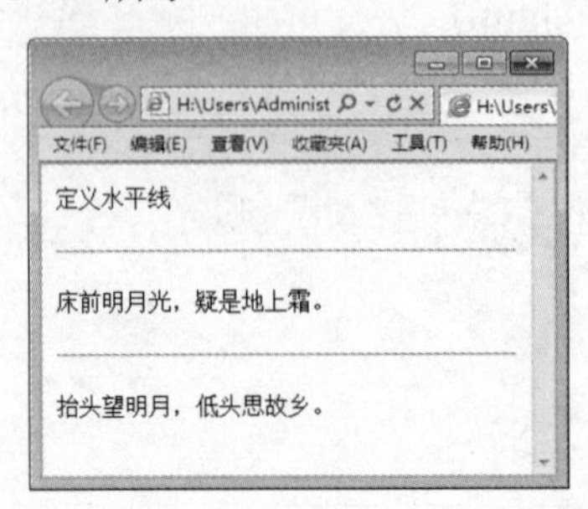

图 3-15 为网页添加水平线

3.4 文字列表

文字列表可以有序地编排一些信息资源，使其结构化和条理化，并以列表的样式显示出来，以便浏览者能更加快捷地获得相应的信息。HTML 中的文字列表如同文字编辑软件 Word 中的项目符号和自动编号。

3.4.1 建立无序列表<ul>

无序列表相当于 Word 中的项目符号，无序列表的项目排列没有顺序，只以符号作为分项标识。

无序列表使用一对<ul></ul>标记，其中每一个列表项使用<li></li>，结构如下：

```
<ul>
  <li>无序列表项</li>
  <li>无序列表项</li>
  <li>无序列表项</li>
  <li>无序列表项</li>
</ul>
```

在无序列表结构中，使用<ul></ul>标记表示这一个无序列表的开始和结束，<li>则表示一个列表项的开始。

在一个无序列表中可以包含多个列表项，并且<li>可以省略结束标记。下面的示例使用无序列表实现文本的排列显示。

【例 3.11】(示例文件 ch03\3.11.html)

```
<!DOCTYPE html>
<html>
<head>
<title>嵌套无序列表的使用</title>
</head>
<body>
<h1>网站建设流程</h1>
<ul>
    <li>项目需求</li>
    <li>系统分析
      <ul>
        <li>网站的定位</li>
        <li>内容收集</li>
        <li>栏目规划</li>
        <li>网站内容设计</li>
      </ul>
   </li>
   <li>网页草图
      <ul>
        <li>制作网页草图</li>
        <li>将草图转换为网页</li>
      </ul>
   </li>
```

```
    <li>站点建设</li>
    <li>网页布局</li>
    <li>网站测试</li>
    <li>站点的发布与站点管理</li>
</ul>
</body>
</html>
```

在 IE 9.0 中的预览效果如图 3-16 所示。读者会发现，无序列表项中，可以嵌套一个列表。如代码中的“系统分析”列表项和“网页草图”列表项中都有下级列表，因此在这对<li></li>标记间又增加了一对<ul></ul>标记。

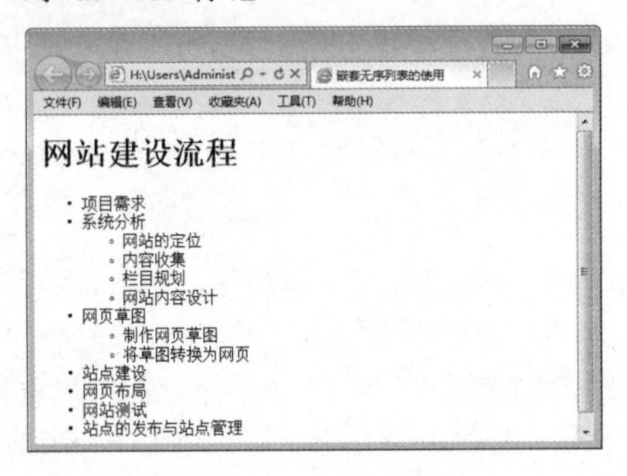

图 3-16 无序列表

3.4.2 建立有序列表<ol>

有序列表类似于 Word 中的自动编号功能，有序列表的使用方法与无序列表的使用方法基本相同，它使用<ol></ol>标记，每一个列表项前使用<li></li>。每个项目都有前后顺序之分，多数用数字表示，其结构如下：

```
<ol>
  <li>第 1 项</li>
  <li>第 2 项</li>
  <li>第 3 项</li>
</ol>
```

下面的示例使用有序列表实现文本的排列显示。

【例 3.12】(示例文件 ch03\3.12.html)

```
<!DOCTYPE html>
<html>
<head>
<title>有序列表的使用</title>
</head>
<body>
<h1>本节内容列表</h1>
<ol>
  <li>认识网页</li>
  <li>网页与 HTML 差异</li>
  <li>认识 Web 标准</li>
```

```
  <li>网页设计与开发的流程</li>
  <li>与设计相关的技术因素</li>
</ol>
</body>
</html>
```

在 IE 9.0 中的预览效果如图 3-17 所示。用户可以看到新添加的有序列表。

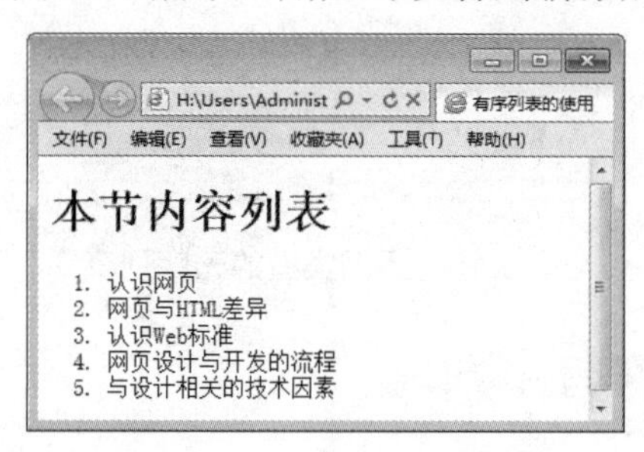

图 3-17 有序列表的效果

3.4.3 建立不同类型的无序列表

通过使用多个<ul>标签，可以建立不同类型的无序列表。

【例 3.13】(示例文件 ch03\3.13.html)

```
<!DOCTYPE html>
<html>
<body>
<h4>Disc 项目符号列表：</h4>
<ul type="disc">
 <li>苹果</li>
 <li>香蕉</li>
 <li>柠檬</li>
 <li>桔子</li>
</ul>
<h4>Circle 项目符号列表：</h4>
<ul type="circle">
 <li>苹果</li>
 <li>香蕉</li>
 <li>柠檬</li>
 <li>桔子</li>
</ul>
<h4>Square 项目符号列表：</h4>
<ul type="square">
 <li>苹果</li>
 <li>香蕉</li>
 <li>柠檬</li>
 <li>桔子</li>
</ul>
</body>
</html>
```

在 IE 9.0 中的预览效果如图 3-18 所示。

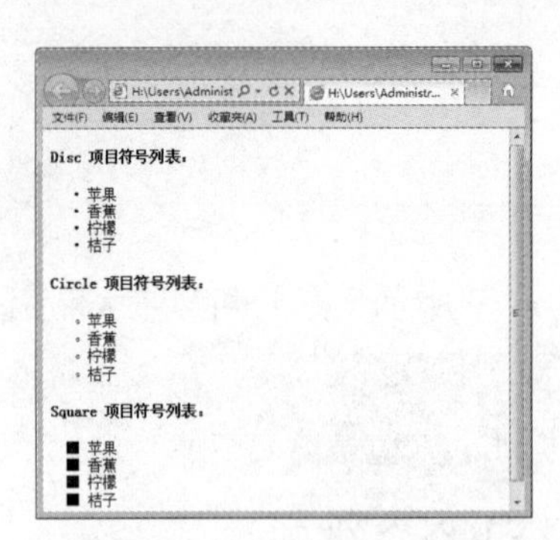

图 3-18　不同类型的无序列表

3.4.4　建立不同类型的有序列表

通过使用多个<ol>标签，可以建立不同类型的有序列表。

【例 3.14】(示例文件 ch03\3.14.html)

```
<!DOCTYPE html>
<html>
<body>
<h4>数字列表：</h4>
<ol>
 <li>苹果</li>
 <li>香蕉</li>
 <li>柠檬</li>
 <li>桔子</li>
</ol>
<h4>字母列表：</h4>
<ol type="A">
 <li>苹果</li>
 <li>香蕉</li>
 <li>柠檬</li>
 <li>桔子</li>
</ol>
</body>
</html>
```

在 IE 9.0 中的预览效果如图 3-19 所示。

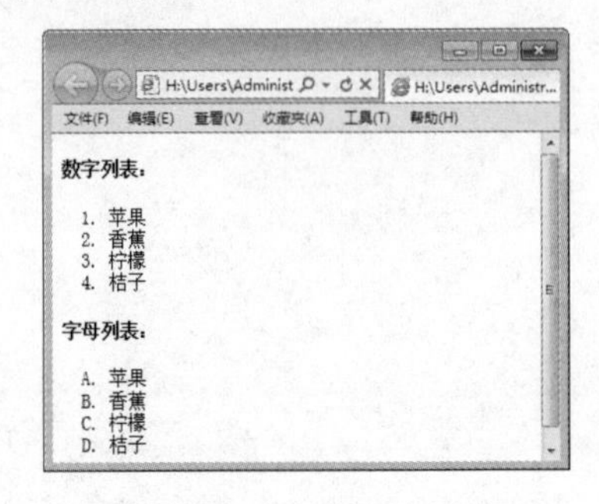

图 3-19　不同类型的有序列表

3.4.5 建立嵌套列表

嵌套列表是网页中常用的元素，使用<ul>标签可以制作网页中的嵌套列表。

【例 3.15】(示例文件 ch03\3.15.html)

```
<!DOCTYPE html>
<html>
<body>
<h4>一个嵌套列表：</h4>
<ul>
  <li>咖啡</li>
  <li>茶
    <ul>
    <li>红茶</li>
    <li>绿茶
      <ul>
      <li>中国茶</li>
      <li>非洲茶</li>
      </ul>
    </li>
    </ul>
  </li>
  <li>牛奶</li>
</ul>
</body>
</html>
```

在 IE 9.0 中的预览效果如图 3-20 所示。

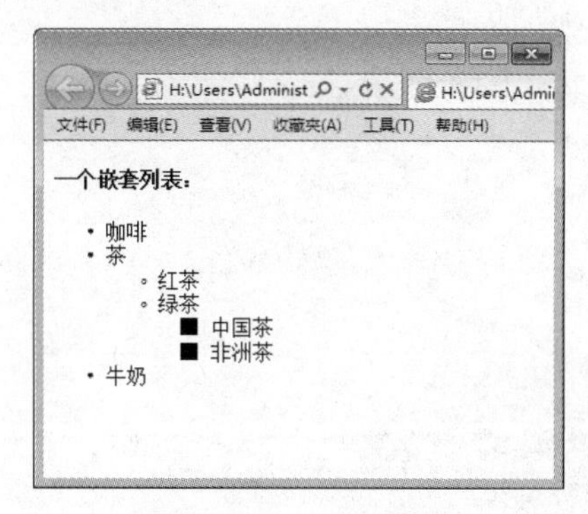

图 3-20 嵌套列表

3.4.6 自定义列表

在 HTML 5 中，还可以自定义列表。自定义列表的标签是<dl>。

【例 3.16】(示例文件 ch03\3.16.html)

```
<!DOCTYPE html>
<html>
<body>
<h2>一个定义列表：</h2>
```

```
<dl>
    <dt>电脑</dt>
    <dd>是一种能够按照程序运行的电子设备…….</dd>
    <dt>显示器</dt>
    <dd>以视觉方式显示信息的装置 ... ...</dd>
</dl>
</body>
</html>
```

在 IE 9.0 中的预览效果如图 3-21 所示。

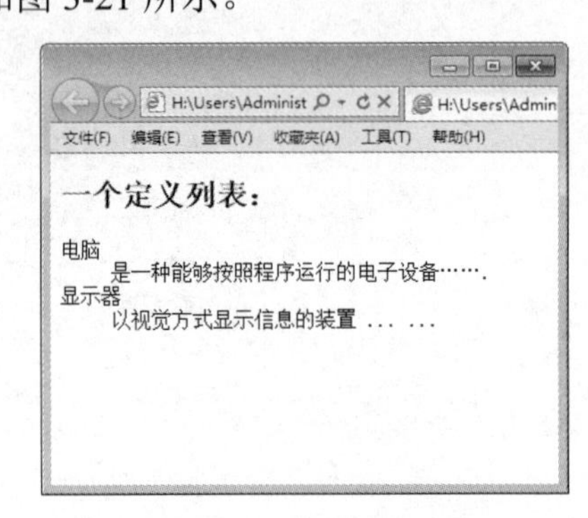

图 3-21　自定义列表

3.5　综合示例——制作简单的纯文本网页

本例将综合运用网页文本的设计方法，制作一个简单的纯文本网页，这里以天才教育网的文本页面为例，具体操作步骤如下。

step 01 打开记事本，在其中输入如下代码：

```
<!DOCTYPE html>
<html >
<head>
<title>天才教育网</title>
</head>
<body>
<p><h2>天才教育</h2></p>
<p>天才教育成立于 2003 年，是一家专业致力于学生学习能力开发和 培养、学习社区建设、课外辅导服务、家庭教育研究的新型综合教育服务机构。自成立起，一直专业致力于初高中学生的课外辅导和学习能力的培养。</p>
<h3>教学模式</h3>
<p>为学生量身定制最佳的学习方案，改善学习方法，充分挖掘学生们的智力潜能，激发学习兴趣，培养学生的自学能力，辅导老师(以一线重点在校教师为主)对学生设计适合学生的辅导教案与作业习题
</p>
<h3>教学特色</h3>
    分析学科不足制定辅导计划；<br />
    特级名师高考难点点睛；<br />
    专人陪读随时解除疑难；<br />
    专业学科导师一对一面授学科知识、解题技巧、学习方式。
</body>
</html>
```

step 02 以.html 的格式保存文件，然后使用 IE 9.0 打开文件，预览效果如图 3-22 所示。

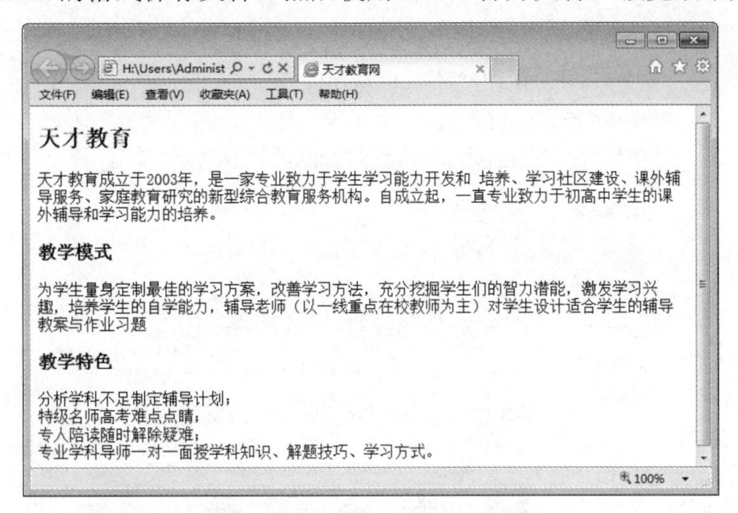

图 3-22　纯文本网页的效果

3.6　上机练习——制作旅游网网页

本实例结合前面所学的知识，来制作一个简单的旅游网网页，具体的操作步骤如下。

step 01 打开记事本文件，在其中输入如下代码：

```
<!DOCTYPE html>

<html>

<head>
<title>旅游网网页</title>
</head>

<body>
<h1>塞外江南：伊犁哈萨克自治州</h1>
<h3>地理位置重要</h3>
<p>伊犁哈萨克自治州地处祖国西北边陲，成立于 1954 年，辖塔城、阿勒泰两个地区和 10 个直属县市，是全国唯一的既辖地区、又辖县市的自治州。西部紧邻欧亚国家哈萨克斯坦，这里有中国陆路最大的通商口岸(霍尔果斯口岸)。</p>
<h3>生物资源丰富</h3>
<p>森林面积 88 万公顷，活立木总蓄积量 1.6 亿立方米，占全疆的 74%；保存着 60 多种珍稀动物，700 多种植物，是世界上少有的生物多样性天然基因库，具有很高的科学研究和开发利用价值。</p>
<h3>旅游资源独特</h3>
<p>地理、水体、生物景观和文物古迹、民俗风情、休闲健身等六大旅游资源类型一应俱全。有美丽的草原风光，浓郁的民俗风情，独特的草原文化，悠久的历史古迹，是中国西部最理想的旅游目的地。
</p>
</body>

</html>
```

step 02 以.html 的格式保存文件，然后使用 IE 9.0 打开文件，预览效果如图 3-23 所示。

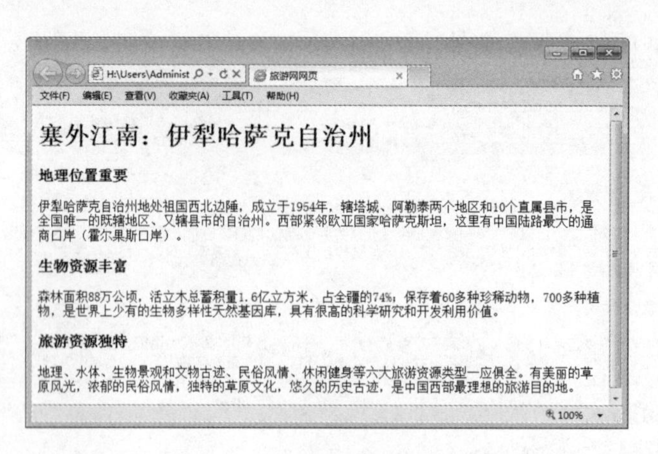

图 3-23　旅游网网页的预览效果

3.7　专家答疑

疑问 1：换行标记和段落标记有何区别？

换行标记是单标记，不能写结束标记。段落标记是双标记，可以省略结束标记，也可以不省略。默认情况下，段落之间的距离和段落内部的行间距是不同的，段落间距比较大，行间距比较小。HTML 无法调整段落间距和行间距，如果希望调整它们，就必须使用 CSS。在 Dreamweaver CS6 的设计视图下，按下回车(Enter)键可以快速换段，按下 shift+回车(Enter)键可以快速换行。

疑问 2：无序列表<ul>元素的作用是什么？

无序列表元素主要用于条理化和结构化文本信息。在实际开发中，无序列表在制作导航菜单时使用广泛。导航菜单的结构一般都使用无序列表来实现。

第 4 章 网页色彩和图像的设计

色彩与图片在网站设计中占据着相当重要的地位，无论是静态网页还是动态网页，色彩与图片永远是最重要的一环。当我们距离显示屏较远的时候，所看到的不是优美的版式，而是美丽的图片和网页的色彩。

4.1 网页色彩的应用

在任何一个设计中，色彩对视觉的刺激都起到第一信息传达的作用。网页中的色彩设计是最直接的视觉效果，不同的颜色运用，会给人以不同的感受，高明的设计师会运用颜色来表现网站的理念和内在品质。为了能更好地应用色彩来设计网页，下面先来了解一下色彩的基础知识。

4.1.1 认识色彩

自然界中有五颜六色、千变万化的色彩，比如玫瑰是红色的，大海是蓝色的，橘子是橙色的……但是最基本的色彩只有 3 种(红、黄、蓝)，其他的色彩都可以由这 3 种色彩调和而成，我们称这 3 种色彩为“三原色”。如图 4-1 所示。

人们平时所看到的白色日光，经过三棱镜折射，就可以看到，它包括红、橙、黄、绿、青、蓝、紫 7 种颜色，各颜色间过渡自然，其中红、黄、蓝是三原色，三原色通过不同比例的混合，可以得到各种其他颜色，如图 4-2 所示。

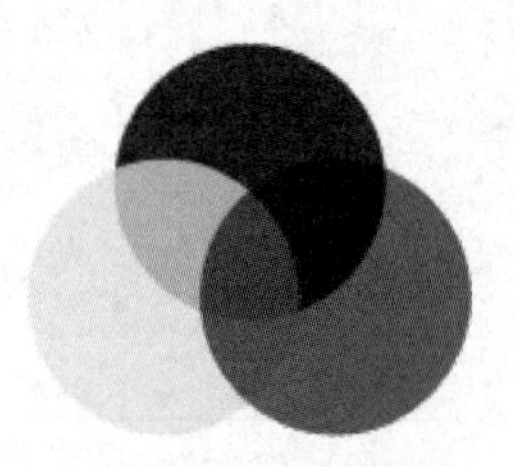

图 4-1　三原色

图 4-2　白光的色谱

现实生活中的色彩可以分为彩色和非彩色两种，其中黑、白、灰属于非彩色系列，其他的色彩都属于彩色系列。任何一种彩色都具备 3 个特征：色相、明度和饱和度，非彩色只有明度属性。

色相指的是色彩的名称，这是色彩最基本的特征，反映颜色的基本面貌，是一种色彩区别于另一种色彩的最主要的因素，比如说紫色、绿色、黄色等都代表了不同的色相。

同一色相的色彩调整一下亮度或纯度后，很容易搭配，比如深绿、暗绿、草绿、亮绿。

明度也叫亮度，指的是色彩的明暗程度，明度越大，色彩越亮。

比如一些购物、儿童类网站用的是一些鲜亮的颜色，让人感觉绚丽多姿、生机勃勃，如图 4-3 所示。

而明度越低，则颜色越暗。低明度主要用于一些游戏类网站的设计，可使网站充满神秘感，如图 4-4 所示。

图 4-3　儿童网页

图 4-4　游戏网页

饱和度也叫纯度，指色彩的鲜艳程度。饱和度高的色彩纯、鲜亮，饱和度低的色彩暗淡、含灰色。

非彩色只有明度属性，没有色相和饱和度属性。那么网页制作时用彩色还是非彩色好呢？专业研究机构的研究表明：人们对彩色的记忆效果是黑白的 3.5 倍。也就是说，在一般情况下，彩色页面比完全黑白的页面更加吸引人。通常是将主要内容(如文字)用非彩色(黑色)，边框、背景、图片用彩色。这样页面整体不单调，显得和谐统一。

4.1.2　网页中色彩的搭配

色彩在人们的生活中都是有丰富的感情和含义的，在特定的场合，同一种色彩可以代表不同的含义。色彩总的应用原则应该是“总体协调，局部对比”，就是主页的整体色彩效果是和谐的，局部、小范围的地方可以有一些强烈色彩的对比。在色彩的运用上，可以根据主页内容的需要，分别采用不同的主色调。

1. 彩色的搭配

(1) 相近色：色环中相邻的 3 种颜色。相近色的搭配给人的视觉效果很舒适、很自然，所以相近色在网站设计中极为常用。

(2) 互补色：色环中相对的两种色彩。对互补色调整一下补色的亮度，有的时候是一种很好的搭配。

(3) 暖色：跟黑色调和，可以达到很好的效果。暖色一般应用于购物类网站、电子商务网站、儿童类网站等，用以体现商品的琳琅满目以及儿童类网站的活泼、温馨等效果。

(4) 冷色：一般跟白色调和，可以达到一种很好的效果。冷色一般应用于一些高科技、游戏类网站，主要表达严肃、稳重等效果，绿色、蓝色、蓝紫色等都属于冷色系列。

(5) 色彩均衡：网站让人看上去舒适、协调，除了文字、图片等内容的合理排版外，色彩均衡也是相当重要的一个部分，比如一个网站不可能单一地运用一种颜色，所以色彩的均衡是设计者必须考虑的问题，如图 4-5 所示。

色彩的均衡包括色彩的位置，每一种色彩所占的比例、面积等，比如鲜艳明亮的色彩面积应当小一点，让人感觉舒适、不刺眼，这就是一种均衡的色彩搭配。

图 4-5　色彩的搭配

2. 非彩色的搭配

黑白是最基本和最简单的搭配，白字黑底、黑底白字都非常清晰明了。灰色是万能色，可以与任何色彩搭配，也可以帮助两种对立的色彩和谐过渡。如果实在找不出合适的色彩，那么用灰色试试，效果绝对不会太差。

4.1.3　网页元素的色彩搭配

为了让网页设计得更靓丽、更舒适，增强页面的可阅读性，必须合理、恰当地运用与搭配页面各元素间的色彩。

1. 网页导航条

网页导航条是网站的指路方向标，浏览者要在网页间跳转、了解网站的结构、查看网站的内容，都必须使用导航条。可以使用稍微具有跳跃性的色彩吸引浏览者的视线，使其感觉网站清晰明了、层次分明，如图 4-6 所示。

2. 网页链接

一个网站不可能只有一页，所以文字与图片的链接是网站中不可缺少的部分。尤其是文字链接，因为链接区别于文字，所以链接的颜色不能跟文字的颜色一样。

要让浏览者快速地找到网站链接，设置独特的链接颜色是一种驱使浏览者点击链接的好办法，如图 4-7 所示。

图 4-6　网页中的导航

图 4-7　网页中的文字链接

3. 网页文字

如果网站中使用了背景颜色，就必须考虑到背景颜色的用色与前景文字的搭配问题。一般的网站侧重的是文字，所以背景可以选择纯度或者明度较低的色彩，文字用较为突出的亮色，让人一目了然。如图 4-8 所示。

4. 网页标志

网页标志是宣传网站最重要的部分之一，所以这部分一定要在页面上突出、醒目。可以将 Logo 和 Banner 做得鲜亮一些，也就是说，在色彩方面要与网页的主题色分离开来。有时为了更突出，也可以使用与主题色相反的颜色，如图 4-9 所示。

图 4-8 网页中的文字

图 4-9 网页标志

4.1.4 网页颜色的使用风格

不同的网站有自己不同的风格，也有自己不同的颜色。网站使用的颜色大概分为以下几种类型。

1. 公司色

在现代企业中，公司的 CI 形象显得尤其重要，每一个公司的 CI 设计必然要有标准的颜色，比如新浪网的主色调是一种介于浅黄和深黄之间的颜色。同时，形象宣传、海报、广告使用的颜色都要和网站的颜色一致。如图 4-10 所示为新浪网首页。

2. 风格色

许多网站的使用颜色秉承的是公司的风格。比如，联通使用的颜色是一种中国结式的红色，既充满朝气，又不失自己的创新精神；女性网站使用粉红色的较多；大公司使用蓝色的较多……这些都是在突出自己的风格。如图 4-11 所示为女性网站的风格。

图 4-10 新浪首页

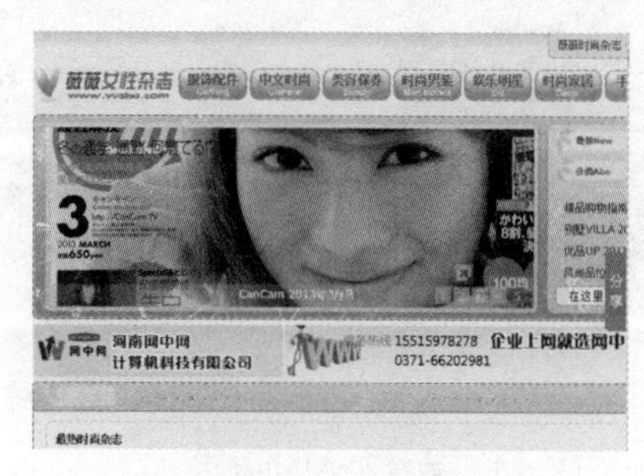

图 4-11 女性网站

3. 习惯色

这种网站使用的颜色很大一部分是凭个人爱好，以个人网站较多，比如自己喜欢红色、紫色、黑色等，在做网站的时候，就倾向于这种颜色。每一个人都有自己喜欢的颜色，因此这种类型称为习惯色。

4.1.5 精彩配色赏析

下面介绍几个配色较好的网站，可以学习和借鉴一下，以培养自己对色彩的敏感以及独到的审美能力。

(1) 大型的汽车销售网站，如图 4-12 所示。我们经常看到的此类网站通常以白色为背景，但是该网站却用灰黑色，这样的配色可以显示独特的个性，又不失大型网站的风采。

(2) 以绿色为主色调的教育网站，配以漂亮的图片，显得生机盎然，充满了互动色彩，能给人以奋发向上的感觉，如图 4-13 所示。

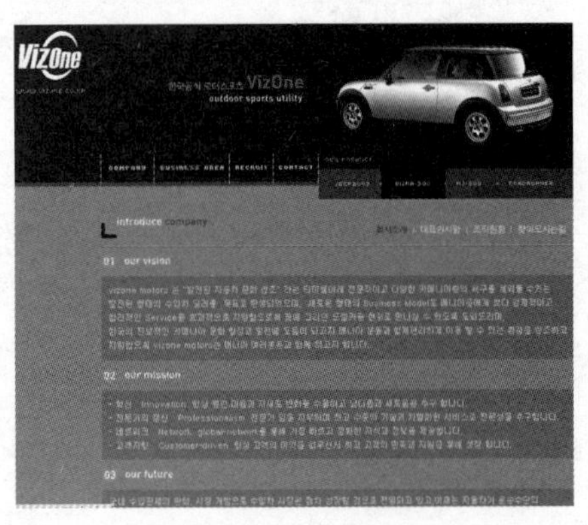

图 4-12　汽车销售网

图 4-13　教育类型的网站

(3) 下面这个网站是微软公司的网站，如图 4-14 所示。微软不仅软件做得好，连网页制作也是世界一流的，它的每一个网页都是制作的样板。从网页就可以看出微软公司的风格、作风以及雄厚的实力。

(4) 下面介绍的这个网站相对简单一些，但是它的用色也别具匠心，整体上使用的是白色，虽然简单，但颜色搭配得非常科学、合理。如图 4-15 所示。

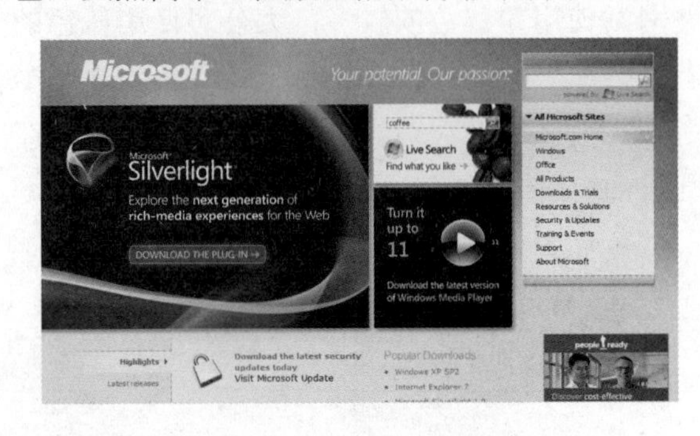

图 4-14　微软公司的网页

图 4-15　白色风格的网页

4.2 网页中的图像<img>

图片是网页中不可缺少的元素，巧妙地在网页中使用图片，可以为网页增色不少。网页支持多种图片格式，并且可以对插入的图片设置宽度和高度。

网页中使用的图像可以是 GIF、JPEG、BMP、TIFF、PNG 等格式的图像文件，其中使用最广泛的主要是 GIF 和 JPEG 两种格式。

4.2.1 在网页中插入图像

图像可以美化网页，插入图像使用单标记<img>。img 标记的属性及描述如表 4-1 所示。

表 4-1 img 标记的属性及描述

属　性	值	描　述
alt	text	定义有关图形的短的描述
src	URL	要显示的图像的 URL
height	pixels %	定义图像的高度
ismap	URL	把图像定义为服务器端的图像映射
usemap	URL	定义作为客户端图像映射的一幅图像。请参阅<map>和<area>标签，了解其工作原理
vspace	pixels	定义图像顶部和底部的空白。不支持。请使用 CSS 代替
width	pixels %	设置图像的宽度

1. 插入图像

src 属性用于指定图片源文件的路径，它是 img 标记必不可少的属性。语法格式如下：

```
<img src="图片路径">
```

下面的例子在网页中插入图片。

【例 4.1】(示例 ch04\4.1.html)

```
<!DOCTYPE html>

<html>
<head>
<title>插入图片</title>
</head>
<body>
<img src="images/美图 1.jpg">
</body>
</html>
```

在 IE 9.0 中的预览效果如图 4-16 所示。

图 4-16　插入图片

2. 从不同位置插入图像

在插入图片时，用户可以将其他文件夹或服务器的图片显示到网页中。

【例 4.2】(示例文件 ch04\4.2.html)

```
<!DOCTYPE html>
<html>
<body>
<p>
来自一个文件夹的图像：
<img src="images/美图 2.jpg" />
</p>
<p>
来自 baidu 的图像：
<img
src="http://www.baidu.com/img/shouye_b5486898c692066bd2cbaeda86d74448.gif"
/>
</p>
</body>
</html>
```

在 IE 9.0 中的预览效果如图 4-17 所示。

图 4-17　插入图片

4.2.2 设置图像的宽度和高度

在 HTML 文档中，还可以设置插入图片的显示大小，一般是按原始尺寸来显示，但也可以任意设置显示尺寸。

设置图像尺寸时，分别用属性 width(宽度)和 height(高度)。

【例 4.3】(示例文件 ch04\4.3.html)

```
<!DOCTYPE html>
<html>
<head>
<title>插入图片</title>
</head>
<body>
<img src="images/美图1.jpg">
<img src="images/美图1.jpg" width="200">
<img src="images/美图1.jpg" width="200" height="300">
</body>
</html>
```

在 IE 9.0 中的预览效果如图 4-18 所示。

图 4-18 设置图片的宽度和高度

可以看出，图片的显示尺寸是由 width(宽度)和 height(高度)控制的。当只为图片设置一个尺寸属性时，另外一个尺寸就以图片原始的长宽比例来显示。图片的尺寸单位可以选择百分比或数值。百分比为相对尺寸，数值是绝对尺寸。

由于网页中插入的图像都是位图，所以放大尺寸显示时，图像会出现马赛克，变得模糊。

在 Windows 中查看图片的尺寸，只需要找到图像文件，把鼠标指针移动到图像上，停留几秒后，就会出现一个提示框，说明图像文件的尺寸。“尺寸：”后显示的数字代表图像的宽度和高度，如 256×256。

4.2.3 设置图像的提示文字

为图像添加提示文字可以方便搜索引擎的检索，除此之外，图像提示文字的作用还有两个，说明如下：

- 当浏览网页时，如果图像下载完成，将鼠标指针放在该图像上，鼠标指针旁边会出现提示文字，为图像添加说明性文字。
- 如果图像没有成功下载，在图像的位置上就会显示提示文字。

下面的示例将为图片添加提示文字效果。

【例 4.4】(示例文件 ch04\4.4.html)

```
<!DOCTYPE html>
<html>
<head>
<title>图片文字提示</title>
</head>
<body>
<img src="images/美图 2.jpg" alt="美丽的花朵">
</body>
</html>
```

在 IE 9.0 中的预览效果如图 4-19 所示。用户将鼠标放在图片上，即可看到提示文字。

图 4-19　图片的提示文字

火狐浏览器不支持该功能。

4.2.4　将图片设置为网页背景

在插入图片时，用户可以根据需要，将某些图片设置为网页的背景。GIF 和 JPG 文件均可用作 HTML 背景。如果图像小于页面，图像会进行重复显示。

【例 4.5】(实例文件 ch04\4.5.html)

```
<!DOCTYPE html>
<html>
<body background="images/background.jpg">
<h3>图像背景</h3>
</body>
</html>
```

在 IE 9.0 中的预览效果如图 4-20 所示。

图 4-20　图片背景

4.2.5　排列图像

在网页的文字中，如果插入图片，就可以对图像进行排序。常用的排序方式为居中、底部对齐、顶部对齐。

【例 4.6】(示例文件 ch04\4.6.html)

```
<!DOCTYPE html>
<html>
<body>
<h2>未设置对齐方式的图像：</h2>
<p>图像<img src ="images/logo.gif"> 在文本中</p>
<h2>已设置对齐方式的图像：</h2>
<p>图像 <img src="images/logo.gif" align="bottom"> 在文本中</p>
<p>图像 <img src="images/logo.gif" align="middle"> 在文本中</p>
<p>图像 <img src="images/logo.gif" align="top"> 在文本中</p>
</body>
</html>
```

在 IE 9.0 中的预览效果如图 4-21 所示。

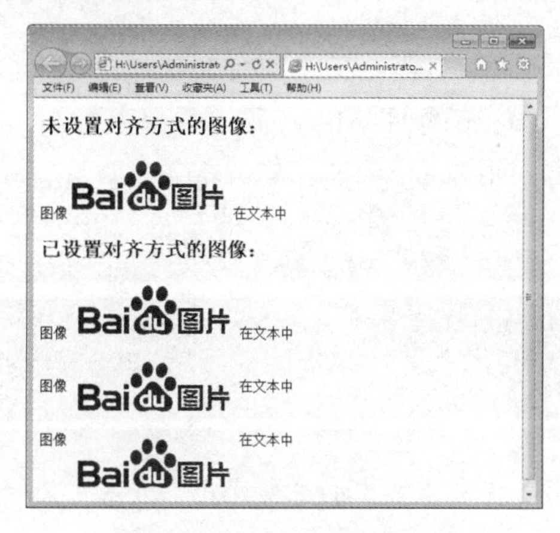

图 4-21　设置图片对齐方式

注意 bottom对齐方式是默认的对齐方式。

4.3 综合示例——图文并茂的房屋装饰装修网页

本章讲述了网页组成元素中最常用的文本和图片。本综合示例是创建一个由文本和图片构成的房屋装饰效果网页，如图4-22所示。

图4-22 房屋装饰效果网页

具体操作步骤如下。

step 01 在Dreamweaver CS6中新建HTML文档，并修改成HTML 5标准，代码如下：

```
<!DOCTYPE html>
<html>
<head>
<title>房屋装饰装修效果图</title>
</head>
<body>
</body>
</html>
```

step 02 在body部分增加如下的HTML代码，并保存页面：

```
<p><img src="images/xiyatu.jpg" width="300" height="200"/>
<img src="images/stadshem.jpg" width="300" height="200"/><br />
西雅图原生态公寓室内设计 与 Stadshem 小户型公寓设计(带阁楼)</p>
<hr/>
<p><img src="images/qingxinhuoli.jpg" width="300" height="200"/>
<img src="images/renwen.jpg" width="300" height="200"/><br />
清新活力家居与人文简约悠然家居</p>
<hr />
```

注意 <hr>标记的作用是定义内容中的主题变化，并显示为一条水平线，在HTML 5中它没有任何属性。

另外，快速插入图片及设置相关属性，可以借助 Dreamweaver CS6 的插入功能，或按下快捷键 Ctrl+Alt+I。

4.4 上机练习——在线购物网站的产品展示

本示例创建一个由文本和图片构成的在线购物网站的产品展示网页。

step 01 打开记事本文件，在其中输入下述代码：

```
<!DOCTYPE html>
<html>
<head>
<title>在线购物网站产品展示效果</title>
</head>
<body>
<p><img src="images/01.jpg" width="400" height="300"/>
<img src="images/02.jpg" width="400" height="300"/>
<img src="images/03.jpg" width="400" height="300"/><br />
康绮墨丽珍气洗发护发五件套                 
        静佳 Jplus 薰衣草茶树精油祛痘消印专家推荐 5 件套   
      JCare 葡萄籽咀嚼片 800mg×90 片三盒特惠礼包 </p>
<hr/>
<p><img src="images/04.jpg" width="400" height="300"/>
<img src="images/05.jpg" width="400" height="300"/>
<img src="images/06.jpg" width="400" height="300"/><br />
雅诗兰黛即时修护礼盒四件套                
          JUST BB 弹力保湿蜗牛系列特惠超值套装    
                      美丽加芬蜗
牛新生特惠超值礼包</p>
<hr />
</body>
</html>
```

step 02 保存网页，在 IE 9.0 中的预览效果如图 4-23 所示。

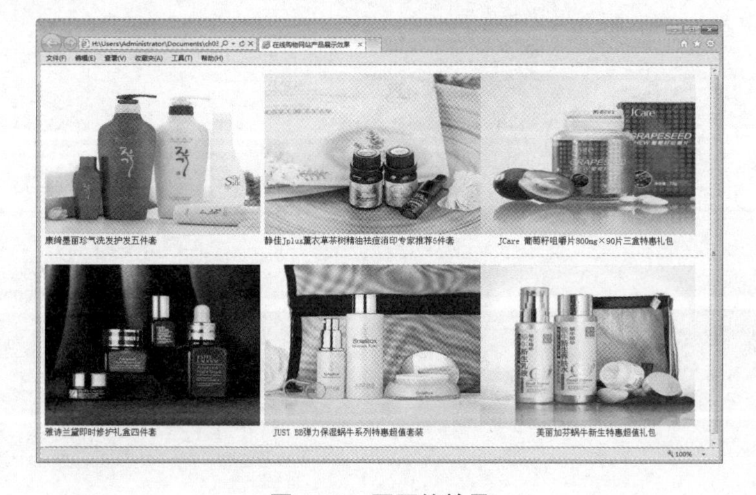

图 4-23 网页的效果

4.5 专家答疑

疑问 1：在浏览器中，图片为何有时无法显示？

图片在网页中属于嵌入对象，并不是保存在网页中，网页只是保存了指向图片的路径。浏览器在解释 HTML 文件时，会按指定的路径去寻找图片，如果在指定的位置不存在图片，就无法正常显示。为了保证图片的正常显示，制作网页时需要注意以下问题：

- 图片格式一定是网页支持的。
- 图片的路径一定要正常，并且图片文件的扩展名不能省略。
- HTML 文件位置发生改变时，图片一定要跟随着改变，即图片位置与 HTML 文件的位置始终保持相对一致。

疑问 2：网页设计中，如何使用图像？

图像内容应有一定的实际作用，切忌虚饰浮夸。图画可以弥补文字之不足，但并不能够完全取代文字。很多用户把浏览软件设定为略去图像，以求节省时间，他们只看文字。因此，制作主页时，必须注意将图像所连接的重要信息或联接其他页面的指示用文字重复表达几次，同时要注意避免使用过大的图像，如果不得不放置大的图像在网站上，应该把图像的缩小版本的预览效果显示出来，这样用户就不必浪费金钱和时间去下载他们根本不想看的大图像了。

第 5 章 网页超链接的设计

HTML 文件中最重要的应用之一就是超链接，超链接就是当鼠标单击一些文字、图片或其他网页元素时，浏览器就会根据其指示载入一个新的页面或跳转到页面的其他位置。超链接除了可链接文本外，也可链接各种媒体，如声音、图像、动画，通过它们，可享受丰富多彩的多媒体世界。

5.1 链接和路径

链接是网页中极为重要的部分，单击文档中的链接，即可跳转至相应的位置。网站中正是因为有了链接，用户才可以在不同的页面中来回跳转，从而方便地查阅各种各样的知识，享受网络带来的无穷乐趣。

5.1.1 超链接的概念

浏览不同的网页就是从一个文档跳转到另一个文档，从一个位置跳转到另一个位置，从一个网站跳转到另一个网站的过程，而这些过程都是通过链接来实现的。

利用链接，可以实现在文档间或文档中的跳转。链接由两个端点(也称锚)和一个方向构成，通常将开始位置的端点称作源端点(或源锚)，而将目标位置的端点称为目标端点(或目标锚)，链接就是由源端点到目标端点的一种跳转。例如，在如图 5-1 所示的 114 啦网址导航页面中单击“百度”超级链接，即可打开如图 5-2 所示的百度网站的首页。

图 5-1 114 啦网址导航

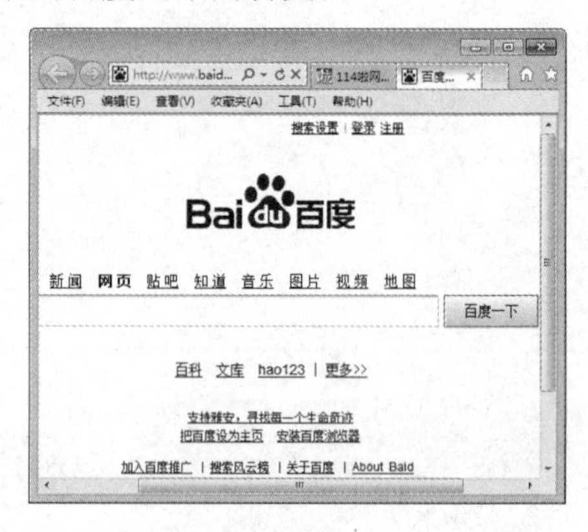

图 5-2 百度首页

目标端点可以是任意的网络资源，例如，它可以是一个页面、一幅图像、一段声音、一段程序，甚至可以是页面中的某个位置。

5.1.2 链接路径 URL

URL 是 Uniform Resource Locator 的缩写，通常翻译为“统一资源定位器”，也就是人们通常所说的“网址”，它用于指定 Internet 上的资源位置。

1. URL 的格式

网络中的计算机之间是通过 IP 地址区分的，如果希望访问网络中某台计算机中的资源，首先要定位到这台计算机。IP 地址是 32 位的(二进制)，即由 32 个 0/1 代码组成。为了方便记忆，现在计算机一般采用域名的方式来寻址，即在网络上使用一组由有意义字符组成的地址来代替IP地址，去访问网络资源。

URL由4个部分组成，即“协议”、“主机名”、“文件夹名”、“文件名”，具体如图5-3所示。

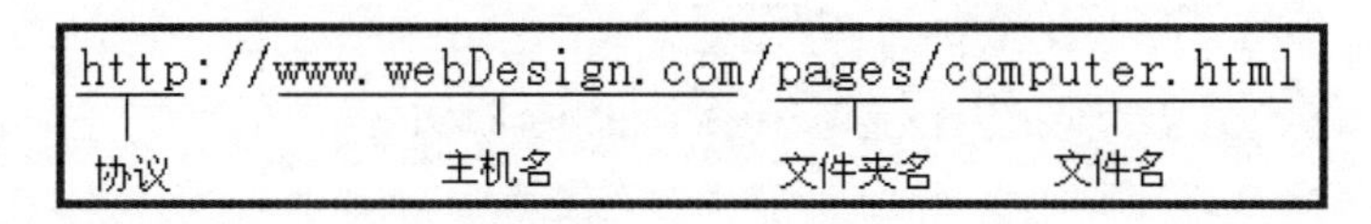

图5-3 URL组成

互联网中有各种各样的应用，如Web服务、FTP服务等。每种服务应用都有对应的协议，通常，通过浏览器浏览网页的协议都是HTTP协议，即“超文本传输协议”，因此，普通网页的地址都以“http://”开头的。

“www.baidu.com”为主机名，表示文件存在于哪台服务器中，主机名可以通过IP地址或者域名来表示，这里用的是域名。

确定主机后，还需要说明文件存在于这台服务器的哪个文件夹中，这里，文件夹可以分为多个层级。

确定文件夹后，就要定位到具体的文件，即要确定显示哪个文件，网页文件通常是以“.html”或“htm”为扩展名的。

2. URL的类型

超链接的URL可以分为两种类型，即“绝对URL”和“相对URL”：

- 绝对URL一般问于访问非同一台服务器上的资源。
- 相对URL是指访问同一台服务器上相同文件夹或不同文件夹中的资源。如果访问相同文件夹中的文件，只需要写文件名；如果访问不同文件夹中的资源，URL以服务器的根目录为起点，指明文档的相对关系，由文件夹名和文件名两部分构成。

下面的示例分别使用绝对URL和相对URL实现超链接。

【例5.1】(示例文件ch05\5.1.html)

```
<!DOCTYPE html>
<html>
<head>
<title>绝对URL和相对URL</title>
</head>
<body>
  单击<a href="http://www.webDesign.com/index.html">绝对URL</a>链接到
webDesign网站首页<br />
  单击<a href="02.html">相同文件夹的URL</a>链接到相同文件夹中的第2个页面<br />
  单击<a href="../pages/03.html">不同文件夹的URL</a>链接到不同文件夹中的第3个页面
</body>
</html>
```

在上述代码中，第1个链接使用的是绝对URL；第2个用的是服务器相对URL，也就是链接到文档所在的服务器的根目录下的02.html；第3个使用的是文档相对URL，即原文档所在文件夹的父文件夹下面的pages文件夹中的03.html文件。

在 IE 9.0 中的预览网页效果如图 5-4 所示。

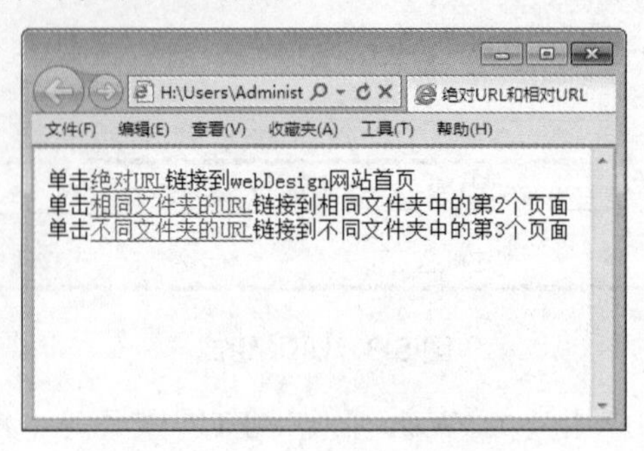

图 5-4　绝对 URL 和相对 URL

5.1.3　创建 HTTP 路径

HTTP 路径，用来链接 Web 服务器中的文档。下面列出 HTTP 路径可以使用的写法：

```
http://域名/目录/目标文件
http://域名/目录/目标文件#片段
http://域名/目录/目标文件?变量名=变量参数
```

其中，第一种链接是最普通的链接格式，不使用任何参数和变量；第二种是链接到目标文件的某个一个片段的位置上；第三种是传递某个参数，使用相应的程序来处理相关内容。

【例 5.2】(示例文件 ch05\5.2.html)

```
<!DOCTYPE html>
<html>
<head>
<title>HTTP 路径</title>
</head>
<body>
链接地址：<a href="http://www.baidu.com/index.php?tn=myppcb&bar=11">链接</a>
</body>
</html>
```

在 IE 9.0 中预览网页，当单击含有链接的文本时，显示效果如图 5-5 所示。

图 5-5　使用普通 HTTP 路径的显示效果

5.1.4　创建 FTP 路径

FTP 路径用来链接 FTP(File Transfer Protocol，文件传输协议)服务器中的文档。下面是 FTP 路径可以使用的写法：

```
<a href="ftp://...">链接文字</a>
```

其中，域名和 IP 地址其实是服务器地址的两种写法，都代表网络中唯一的标识。如果要在网页中使用 FTP 链接，应使用如下写法：

```
ftp://ftp 域名/目录
```

使用 FTP 路径时，可以在浏览器中直接输入相应的 FTP 地址，打开相应的目录或者下载相关的内容。也可以使用相关的软件，打开 FTP 地址中相应的目录或者下载相关内容。

【例 5.3】(示例文件 ch05\5.3.html)

```
<!DOCTYPE html>
<html>
<head>
<title>FTP 路径</title>
</head>
<body>
链接中使用 FTP 路径：<a href="ftp://ftp.lele.cn" target="_blank">链接内容</a>
</body>
</html>
```

在 IE 9.0 中预览网页，当单击含有链接的文本时，显示效果如图 5-6 所示。从图中可以看出，此时打开一个新的窗口，显示了此目录下的所有文件，可以使用复制、粘贴功能，或者借助下载软件来下载目录中的内容。

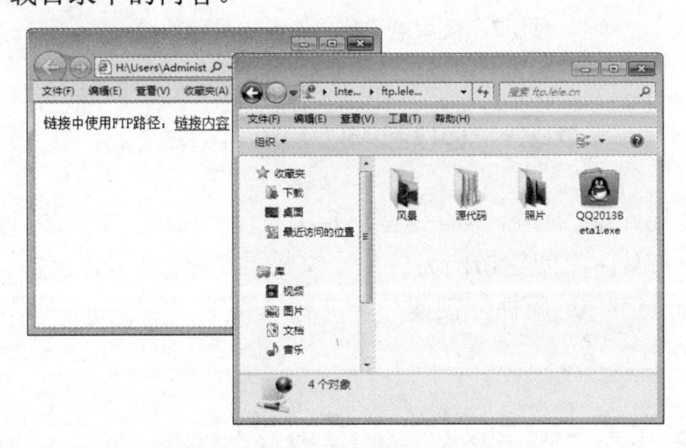

图 5-6　使用 FTP 路径的显示效果

5.1.5　创建电子邮件路径

电子邮件路径用来链接一个电子邮件的地址。下面是电子邮件路径可以使用的写法：

```
mailto:邮件地址
```

【例 5.4】(示例文件 ch05\5.4.html)

```
<!DOCTYPE html>
<html>
<head>
<title>电子邮件路径</title>
</head>
<body>
使用电子邮件路径：<a href="mailto:liule2012@163.com">链接</a>
</body>
</html>
```

代码运行后，当用户单击含有链接的文本时，会弹出一个发送邮件的对话框，显示效果如图 5-7 所示。

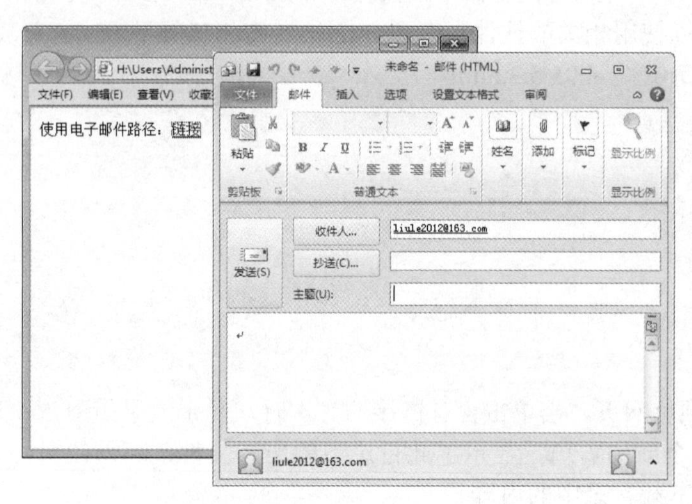

图 5-7 使用电子邮件路径的显示效果

5.2 创建网页文本链接

在 HTML 中，链接元素为<a>，<a>标签可定义锚(anchor)。锚有两种用法：

- 通过使用 href 属性，创建指向另外一个文档的链接(或超链接)。
- 通过使用 name 或 id 属性，创建一个文档内部的书签(也就是说，可以创建指向文档片段的链接)。

5.2.1 使用链接元素<a>创建文本超链接(1)

链接元素<a>用来定义一个超链接，前面使用链接时已经用到<a>元素，其实在<a>元素中不但可以包含文本内容，也可以包含图片等其他内容。

语法结构如下所示：

```
<a href="链接的路径">链接的文本</a>
```

在<a>元素中，一般要指定 href 属性，用来指向链接的目标。

【例 5.5】(示例文件 ch05\5.5.html)

```
<!DOCTYPE html>
<html>
<head>
<title>链接元素<a></title>
</head>
<body>
链接元素：<a href="http://www.baidu.com">链接内容</a>
</body>
</html>
```

运行后的效果如图 5-8 所示。单击页面中含有链接的文本时，显示效果如图 5-9 所示。

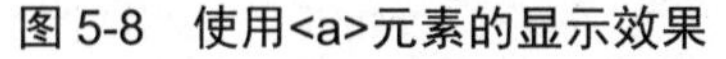
图 5-8 使用<a>元素的显示效果

图 5-9 单击链接文本后的显示效果

此时由于<a>元素中没有定义其他任何属性，所以链接的目标页面，将在<a>元素所在的页面中打开，而不会弹出新的页面。

5.2.2 使用链接元素<a>创建文本超链接(2)

指定路径属性 href 用来指定链接元素<a>的目标地址。语法结构如下：

```
<a href="链接的路径">链接的文本</a>
```

【例 5.6】(示例文件 ch05\5.6.html)

```
<!DOCTYPE html>
<html>
<head>
<title>指定路径属性 href </title>
</head>
<body>
链接元素：<a href="http://www.114la.com">链接内容</a>
</body>
</html>
```

代码运行后，显示效果如图 5-10 所示。

单击链接的文本时，显示效果如图 5-11 所示。

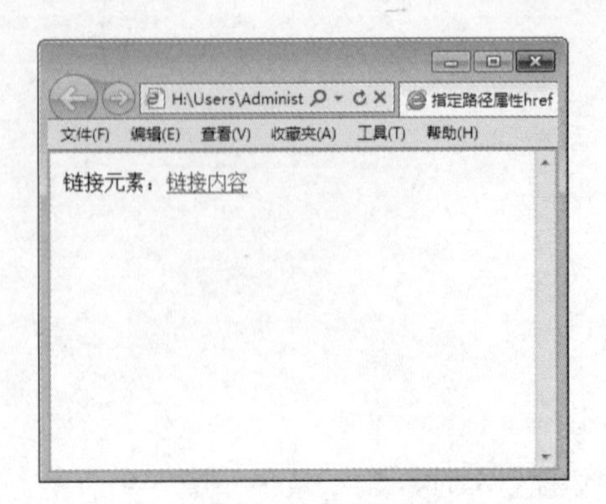

图 5-10　使用 href 属性的显示效果

图 5-11　单击链接文本后的显示效果

5.2.3　设置以新窗口显示超链接页面

默认情况下，当单击超链接时，目标页面会在当前窗口中显示，替换当前页面的内容。如果要在单击某个链接以后，打开一个新的浏览器窗口，在这个新窗口中显示目标页面，就需要使用<a>标签的 target 属性。语法结构如下所示：

```
<a href="链接的路径" target="目标窗口或指定值">链接的文本</a>
```

target 属性取值有 4 个，分别是_blank、_self、_top 和_parent。由于 HTML 5 不再支持框架，所以_top、_parent 这两个取值不常用。本小节仅为读者讲解_blank、_self 值。其中，_blank 值代表在新窗口中显示超链接页面；_self 值代表在自身窗口中显示超链接页面，当省略 target 属性时，默认取值为_self。

target 属性取值为“_self”的示例如下。

【例 5.7】(示例文件 ch05\5.7.html)

```
<!DOCTYPE html>
<html>
<head>
<title>显示链接目标属性 1</title>
</head>
<body>
链接元素：链接内容<a href="http://www.baidu.com/" target="_self">链接内容</a>
</body>
</html>
```

代码运行后，显示效果如图 5-12 所示。当单击页面中含有链接的文本时，页面跳转，显示效果如图 5-13 所示。

当 target 属性取值为“_blank”的示例如下。

【例 5.8】(示例文件 ch05\5.8.html)

```
<!DOCTYPE html>
<html>
<head>
<title>显示链接目标属性 2</title>
</head>
```

```
<body>
链接元素：链接地址<a href="http://www.baidu.com/" target="_blank">链接地址</a>
</body>
</html>
```

代码运行后，当单击含有链接的内容时，新的内容会在新的窗口中显示，而不会覆盖原窗口的内容，显示效果如图 5-14 所示。

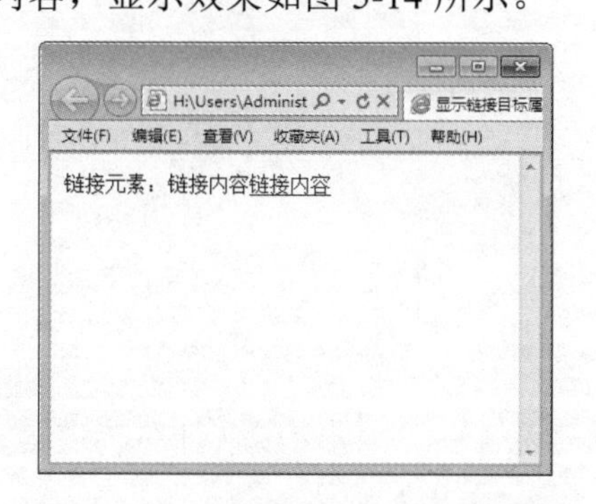

图 5-12　target 属性值为_self 的初始效果

图 5-13　单击链接文本后的显示效果

图 5-14　target 属性值为_blank 的显示效果

当 target 属性取值为“_parent”和“_top”时，其显示效果与使用“_self”值相同，均为在当前窗口中显示目标页面。

5.2.4　链接到同一页面的不同位置

在文字比较多的网页中，需要能够迅速跳转到同一页面中的不同位置，这时就需要建立同一网页内的链接。语法结构如下：

```
<a href="#链接位置">链接文字</a>
```

【例 5.9】(示例文件 ch05\5.9.html)

```
<!DOCTYPE html>
<html>
<body>
<p>
<a href="#C4">查看 第 4 章。</a>
```

```
</p>
<h2>第 1 章</h2>
<p>本章讲解图片相关知识……</p>
<h2>第 2 章</h2>
<p>本章讲解文字相关知识……</p>
<h2>第 3 章</h2>
<p>本章讲解动画相关知识……</p>
<h2><a name="C4">第 4 章</a></h2>
<p>本章讲解图形相关知识……</p>
<h2>第 5 章</h2>
<p>本章讲解列表相关知识……</p>
<h2>第 6 章</h2>
<p>本章讲解按钮相关知识……</p>
<h2>第 7 章</h2>
<p>本章讲解……</p>
<h2>第 8 章</h2>
<p>本章讲解……</p>
<h2>第 9 章</h2>
<p>本章讲解……</p>
<h2>第 10 章</h2>
<p>本章讲解……</p>
<h2>第 11 章</h2>
<p>本章讲解……</p>
<h2>第 12 章</h2>
<p>本章讲解……</p>
</body>
</html>
```

在 IE 9.0 中预览网页，效果如图 5-15 所示。单击页面中的链接，即可将“第 4 章”的内容跳转到页面顶部，如图 5-16 所示。

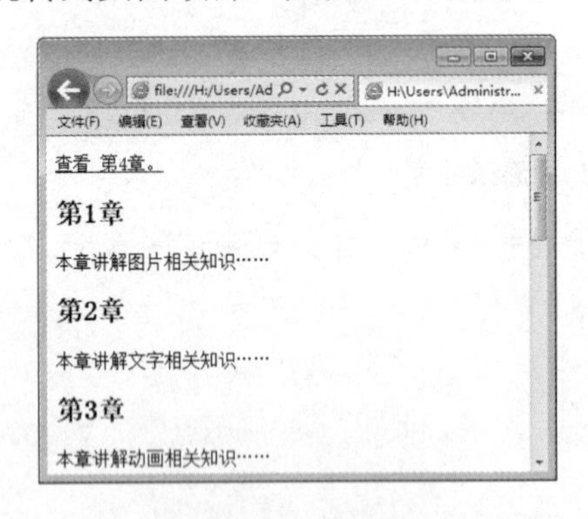

图 5-15 链接页面

图 5-16 链接到“第 4 章”

5.3 创建网页图像链接

关于网页图像链接，包括为图像元素制作链接和在图像的局部制作链接。其中在图像的局部制作链接比较复杂，将会使用到<map>、<area>等元素及其相关属性。

5.3.1　创建图像超链接

使用<a>标签为图片添加链接的代码格式如下：

```
<a href="链接目标"><img src="图片"/></a>
```

【例 5.10】(示例文件 ch05\5.10.html)

```
<!DOCTYPE html>
<html>
<head>
<title>图片链接</title>
</head>
<body>
音乐无限
<a href="mp3.html"><img src="1.jpg"/></a>
<br>
<br>
<br>
运动健身
<a href="tiyu.html"><img src="2.jpg"/></a>
</body>
</html>
```

在 IE 9.0 中预览网页，效果如图 5-17 所示。鼠标放在图片上呈现手指状，单击后可跳转到指定的网页。

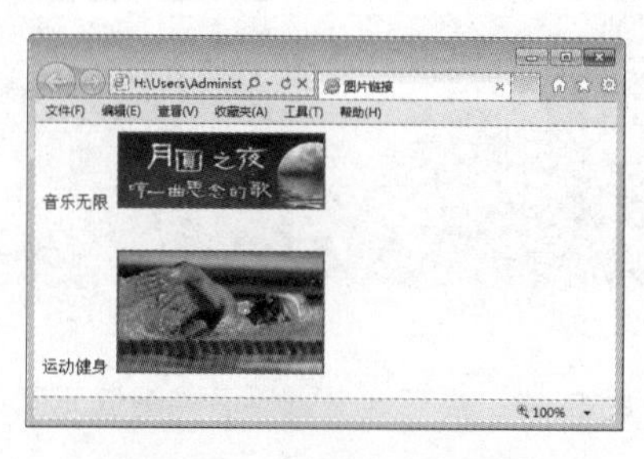

图 5-17　使用图像超级链接

5.3.2　创建图像局部链接

把<map>和<area>元素结合起来使用，可以创建图像局部链接。其中<map>元素的主要作用是标记链接区域。页面中的图像元素可以使用<map>元素标记的区域。语法结构如下：

```
<map>其他元素</map>
```

<area>元素用来定义链接区域的大小和坐标，同时可以指定每个敏感区域的链接目标。语法结构如下：

```
<map name="名称">
<area 属性="属性值" />
</map>
```

下面给出一个创建图像局部链接的示例。

【例 5.11】(示例文件 ch05\5.11.html)

```
<!DOCTYPE html>
<html>
<head>
<title>图像局部链接</title>
</head>
<body>
<img src="小花.jpg" border="0" usemap="#Map" />
<map name="Map" id="Map">
<area shape="rect" coords="27,20,132,122" href="http://www.baidu.com" />
<area shape="rect" coords="226,61,322,200" href="http://www.hao123.com" />
<area shape="circle" coords="114,235,52" href="http://www.sina.com" />
</map>
</body>
</html>
```

该示例中，在图片中定义了三个链接区域，分别链接到百度、114 啦和新浪的站点首页。在图片的局部制作链接后，对图片的显示效果并没有影响。代码运行后，显示效果如图 5-18 所示。单击图片上不同的区域，即可进入相应的不同链接页面。

图 5-18　局部定义链接后的图像元素

5.4　创建浮动框架

HTML 5 中已经不支持 frameset 框架，但是它仍然支持 iframe 浮动框架的使用。浮动框架可以自由控制窗口大小，可以配合表格随意地在网页中的任何位置插入窗口，实际上就是在窗口中再创建一个窗口。

使用 iframe 创建浮动框架的格式如下：

```
<iframe src="链接对象">
```

其中，src 表示浮动框架中显示对象的路径，可以是绝对路径，也可以是相对路径。例如，下面的代码是在浮动框架中显示百度网站。

【例 5.12】(示例文件 ch05\5.12.html)

```
<!DOCTYPE html>
```

```
<html>
<head>
<title>浮动框架中显示百度网站</title>
</head>
<body>
<iframe src="http://www.baidu.com"></iframe>
</body>
</html>
```

在 IE 9.0 中的预览效果如图 5-19 所示。

从预览结果可见，浮动框架在页面中又创建了一个窗口，默认情况下，浮动框架的宽度和高度为 220×120 像素。如果需要调整浮动框架尺寸，应使用 CSS 样式。修改上述浮动框架尺寸时，在 head 标记部分增加如下 CSS 代码：

```
<style>
iframe{
    width: 600px;   //宽度
    height: 800px;  //高度
    border: none;   //无边框
}
</style>
```

在 IE 9.0 中的预览网页效果如图 5-20 所示。

图 5-19 浮动框架效果

图 5-20 修改宽度和高度后的浮动框架

在 HTML 5 中，iframe 仅支持 src 属性，再无其他属性。

5.5 综合示例——用 Dreamweaver 精确定位热点区域

上面讲述了 HTML 创建热点区域的方法，但是最让人头痛的地方，就是坐标点的定位。对于简单的形状还可以，如果形状较多且形状复杂，确定坐标点这项工作的工作量就很大，因此，不建议使用 HTML 代码去完成。这里将为读者介绍一个快速且能精确定位热点区域的方法。在 Dreamweaver CS6 中，可以很方便地实现这个功能。

Dreamweaver CS6 创建图片热点区域的具体操作步骤如下。

step 01 创建一个 HTML 文档，插入一张图片文件，如图 5-21 所示。

图 5-21　插入图片

step 02 选择图片，在 Dreamweaver CS6 中打开“属性”面板，面板左下角有 3 个蓝色的图标按钮，依次代表矩形、圆形和多边形热点区域。单击左边的“矩形热区”工具图标，如图 5-22 所示。

图 5-22　Dreamweaver CS6 中图像的“属性”面板

step 03 将鼠标指针移动到被选中图片，以“创意平台”栏中的矩形大小为准，按下鼠标左键，从左上方向右下方拖曳鼠标，得到矩形区域，如图 5-23 所示。

step 04 绘制出来的热区呈现出半透明状态，效果如图 5-24 所示。

图 5-23　绘制矩形热点区域

图 5-24　完成矩形热点区域的绘制

step 05 如果绘制出来的矩形热区有误差，可以通过“属性”面板中的“指针热点”工具进行编辑，如图 5-25 所示。

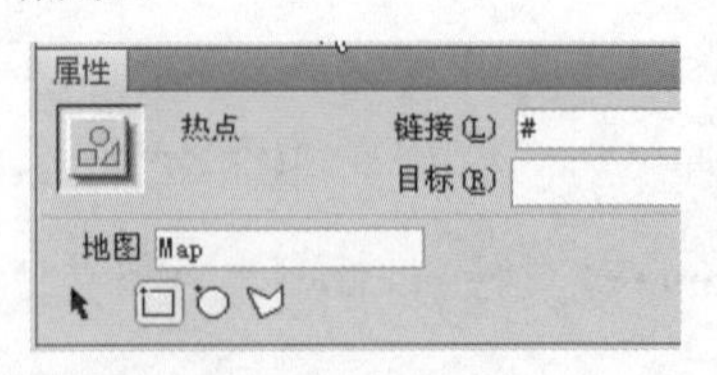

图 5-25　“指针热点”工具

step 06 完成上述操作之后，保持矩形热区被选中状态，然后在“属性”面板中的“链接”文本框中输入该热点区域链接对应的跳转目标页面。

step 07 在“目标”下拉列表框中有 4 个选项，它们决定着链接页面的弹出方式，这里如果选择了“_blank”，那么矩形热区的链接页面将在新的窗口中弹出。如果“目标”选项保持空白，就表示仍在原来的浏览器窗口中显示链接的目标页面。这样，矩形热点区域就设置好了。

step 08 接下来，继续为其他菜单项创建矩形热区域。操作方法可参阅上面的步骤，完成后的效果如图 5-26 所示。

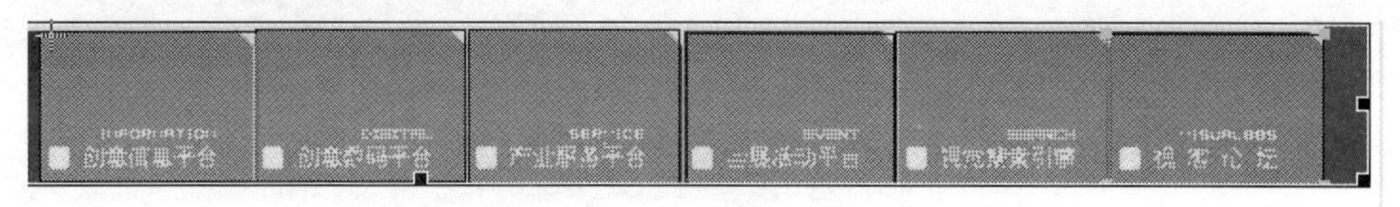

图 5-26　为其他菜单项创建矩形热点区域

step 09 完成后，保存并预览页面。可以发现，凡是绘制了热点的区域，鼠标指针移上去时就会变成手形，单击后就会跳转到相应的页面。

step 10 到此为止，网站导航热点区域的制作就完成了。查看此时页面中相应的 HTML 源代码如下：

```
<!DOCTYPE html>
<html>
<head>
<title>创建热点区域</title>
</head>
<body>
<img src="images/04.jpg" width="1001" height="87" border="0" usemap="#Map">
<map name="Map">
  <area shape="rect" coords="298,5,414,85" href="#">
  <area shape="rect" coords="412,4,524,85" href="#">
  <area shape="rect" coords="525,4,636,88" href="#">
  <area shape="rect" coords="639,6,749,86" href="#">
  <area shape="rect" coords="749,5,864,88" href="#">
  <area shape="rect" coords="861,6,976,86" href="#">
</map>
</body>
</html>
```

可以看到，Dreamweaver CS6 自动生成的 HTML 代码结构与前面介绍的是一样的，但是所有的坐标都自动计算出来了，这正是网页制作工具的快捷之处。使用这些工具本质上与手工编写 HTML 代码没有区别，只是使用这些工具可以提高工作效率。

注意　本书所讲述手工编写的 HTML 代码，在 Dreamweaver CS6 工具中几乎都有对应的可视化操作，请读者自行研究，以提高编写 HTML 代码的效率。但是，读者应注意，使用网页制作工具前，一定要明白这些 HTML 标记的作用。因为一个专业的网页设计师必须具备 HTML 方面的知识，不然再强大的工具也只是能是无根之树，无水之泉。

5.6　上机练习——创建热点区域

参照设置矩形热区的操作方法，在底图上创建圆形和多边形的热点区域。所创建的热点区域的效果如图 5-27 所示。

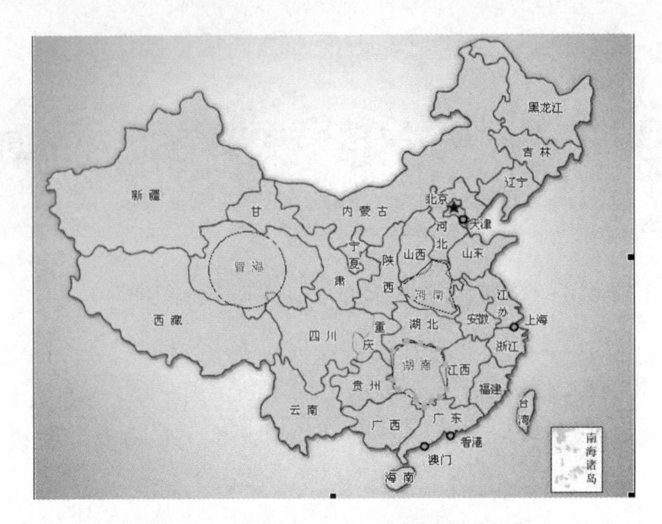

图 5-27　创建圆形和多边形热点区域

此时页面中相应的 HTML 源代码如下：

```
<!DOCTYPE html>
<html>
<head>
<title>创建圆形和多边形热点区域</title>
</head>
<body>
<img src="images/china.jpg" width="618" height="499" border="0"
 usemap="#Map">
<map name="Map">
  <area shape="circle" coords="221,261,40" href="#">
  <area shape="poly" coords="411,251,394,267,375,280,395,295,407,299,
   431,307,436,303,429,284,431,271,426,255" href="#">
  <area shape="poly" coords="385,336,371,346,370,375,376,385,394,395,403,
   403,410,397,419,393,426,385,425,359,418,343,399,337" href="#">
</map>
</body>
</html>
```

5.7 专家答疑

疑问 1：在创建超链接时，使用绝对 URL 还是相对 URL？

在创建超链接时，如果要链接的是另外一个网站中的资源，需要使用完整的绝对 URL；如果在网页中创建内部链接，一般使用相对当前文档或站点根文件夹的相对 URL。

疑问 2：链接增多后，网站如何设置目录结构以方便维护？

当一个网站的网页数量增加到一定程度以后，网站的管理与维护将变得非常繁琐，因此掌握一些网站管理与维护的技术是非常实用的，可以节省很多时间。建立适合的网站文件存储结构，可以方便网站的管理与维护。通常使用的三种网站文件组织结构方案及文件管理遵循的原则如下。

(1) 按照文件的类型进行分类管理。将不同类型的文件放在不同的文件夹中，这种存储方法适合于中小型网站，这种方法是通过文件的类型对文件进行管理的。

(2) 按照主题对文件进行分类。网站的页面按照不同的主题进行分类储存。同一主题的所有文件存放在一个文件夹中，然后再进一步细分文件的类型。这种方案适用于页面和文件数量众多、信息量大的静态网站。

(3) 对文件类型进行进一步的细分存储管理。这种方案是第一种存储方案的深化，将页面进一步细分后进行分类存储管理。这种方案适用于文件类型复杂、包含各种文件的多媒体动态网站。

第6章

网页表单的设计

在网页中，表单的作用比较重要，主要是负责采集浏览者的相关数据。例如常见的注册表、调查表和留言表等。在 HTML 5 中，表单拥有多个新的表单输入类型，这些新特性提供了更好的输入控制和验证。

6.1 表 单 概 述

表单主要用于收集网页上浏览者的相关信息。其标签为<form></form>。表单的基本语法格式如下：

```
<form action="url" method="get|post" enctype="mime">
</form>
```

其中，action="url"指定处理提交表单的格式，它可以是一个 URL 地址或一个电子邮件地址。method="get|post"指明提交表单的 HTTP 方法。enctype="mime"指明用来把表单提交给服务器的互联网媒体形式。

表单是一个能够包含表单元素的区域。通过添加不同的表单元素，将显示不同的效果。

【例 6.1】(示例文件 ch06\6.1.html)

```
<!DOCTYPE html>
<html>
<body>
<form>
下面是输入用户登录信息
<br>
用户名称
<input type="text" name="user">
<br>
用户密码
<input type="password" name="password">
<br>
<input type="submit" value="登录">
</form>
</body>
</html>
```

在 IE 9.0 中的浏览效果如图 6-1 所示，可以看到用户登录信息页面。

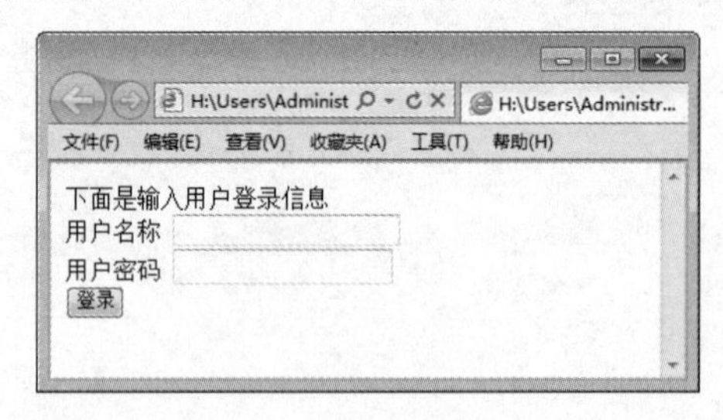

图 6-1　用户登录页面

6.2　在网页中添加基本的表单元素

表单元素是能够让用户在表单中输入信息的元素。常见的有文本框、密码框、下拉菜单、单选按钮、复选框等。本节主要讲述表单基本元素的使用方法和技巧。

6.2.1 添加单行文本输入框

文本框是一种让访问者自己输入内容的表单对象，通常被用来填写单个字或者简短的回答，例如用户姓名和地址等。代码格式如下：

```
<input type="text" name="..." size="..." maxlength="..." value="...">
```

其中，type="text"定义单行文本输入框，name 属性定义文本框的名称，要保证数据的准确采集，必须定义一个独一无二的名称；size 属性定义文本框的宽度，单位是单个字符宽度；maxlength 属性定义最多输入的字符数。value 属性定义文本框的初始值。

【例 6.2】(示例文件 ch06\6.2.html)

```
<!DOCTYPE html>
<html>
<head><title>输入用户的姓名</title></head>
<body>
<form>
请输入您的姓名：
<input type="text" name="yourname" size="20" maxlength="15">
请输入您的地址：
<input type="text" name="youradr" size="20" maxlength="15">
</form>
</body>
</html>
```

在 IE 9.0 中的浏览效果如图 6-2 所示，可以看到两个单行文本输入框。

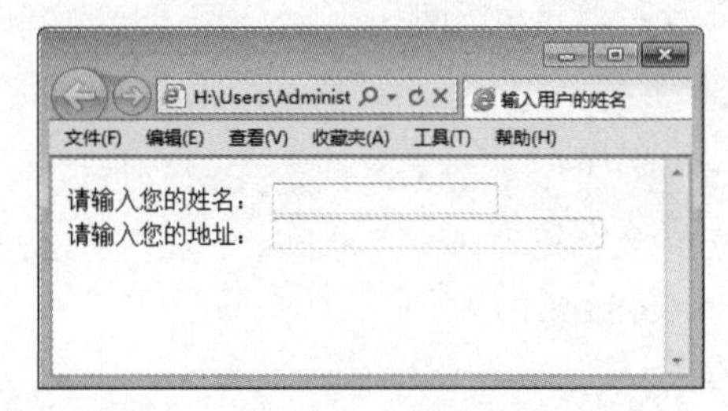

图 6-2 使用单行文本输入框

6.2.2 添加多行文本输入框

多行输入框(textarea)主要用于输入较长的文本信息。代码格式如下：

```
<textarea name="..." cols="..." rows="..." wrap="..."></textarea>
```

其中，name 属性定义多行文本框的名称，要保证数据的准确采集，必须定义一个独一无二的名称；cols 属性定义多行文本框的宽度，单位是单个字符宽度；rows 属性定义多行文本框的高度，单位是单个字符高度。wrap 属性定义输入内容大于文本域时显示的方式。

【例 6.3】(示例文件 ch06\6.3.html)

```
<!DOCTYPE html>
<html>
```

```
<head><title>多行文本输入</title></head>
<body>
<form>
请输入您最新的工作情况<br>
<textarea name="yourworks" cols ="50" rows = "5"></textarea>
<br>
<input type="submit" value="提交">
</form>
</body>
</html>
```

在 IE 9.0 中的浏览效果如图 6-3 所示，可以看到多行文本输入框。

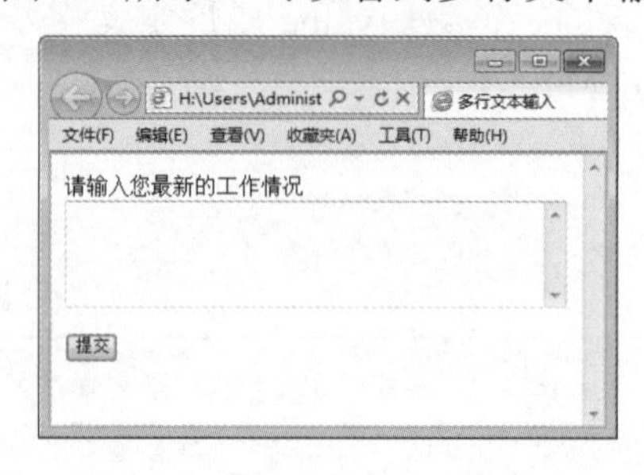

图 6-3　使用多行文本输入框

6.2.3　添加密码输入框

密码输入框是一种特殊的文本域，主要用于输入一些保密信息。当网页浏览者输入文本时，显示的是黑点或者其他符号，这样就增加了输入文本的安全性。代码格式如下：

```
<input type="password" name="..." size="..." maxlength="...">
```

其中 type="password"定义密码框；name 属性定义密码框的名称，要保证唯一性；size 属性定义密码框的宽度，单位是单个字符宽度；maxlength 属性定义最多输入的字符数。

【例 6.4】(示例文件 ch06\6.4.html)

```
<!DOCTYPE html>
<html>
<head><title>输入用户姓名和密码</title></head>
<body>
<form>
用户姓名：
<input type="text" name="yourname">
<br>
登录密码：
<input type="password" name="yourpw"><br>
</form>
</body>
</html>
```

在 IE 9.0 中的浏览效果如图 6-4 所示，输入用户名和密码时，可以看到密码以黑点的形式显示。

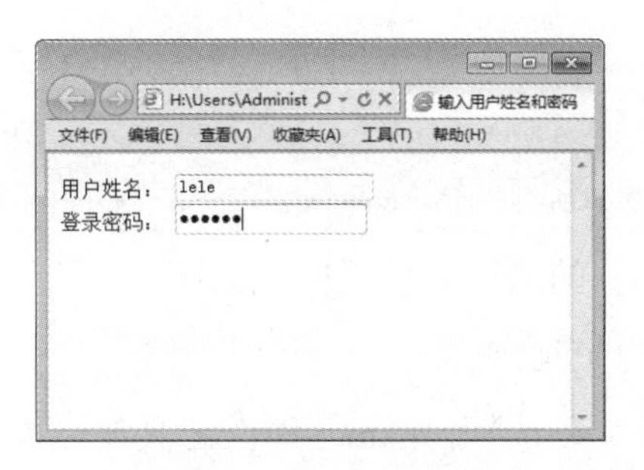

图 6-4　使用密码输入框

6.2.4　添加单选按钮

单选按钮主要是让网页浏览者在一组选项里只能选择一个。代码格式如下：

```
<input type="radio" name=" " value=" ">
```

其中，type="radio"定义单选按钮，name 属性定义单选按钮的名称，单选按钮都是以组为单位使用的，在同一组中的单选项都必须用同一个名称；value 属性定义单选按钮的值，在同一组中，它们的域值必须是不同的。

【例 6.5】(示例文件 ch06\6.5.html)

```
<!DOCTYPE html>
<html>
<head><title>选择感兴趣的图书</title></head>
<body>
<form >
请选择您感兴趣的图书类型：
<br>
<input type="radio" name="book" value = "Book1">网站编程<br>
<input type="radio" name="book" value = "Book2">办公软件<br>
<input type="radio" name="book" value = "Book3">设计软件<br>
<input type="radio" name="book" value = "Book4">网络管理<br>
<input type="radio" name="book" value = "Book5">黑客攻防<br>
</form>
</body>
</html>
```

在 IE 9.0 中的浏览效果如图 6-5 所示，可以看到 5 个单选按钮，用户只能同时选中其中一个单选按钮。

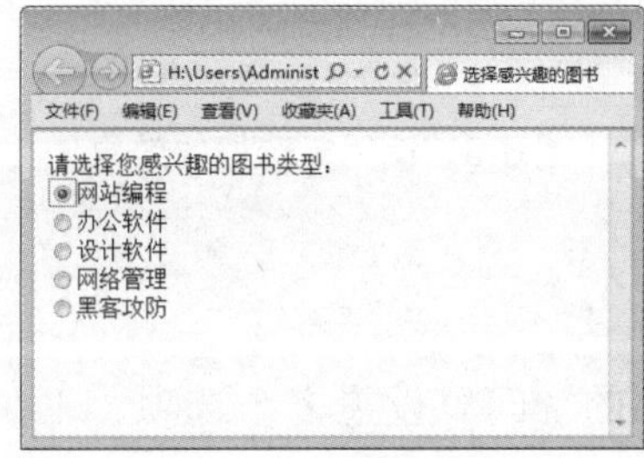

图 6-5　使用单选按钮

6.2.5　添加复选框

复选框主要是让网页浏览者在一组选项里可以同时选择多个选项。每个复选框都是一个独立的元素，都必须有一个唯一的名称。代码格式如下：

```
<input type="checkbox" name="" value="">
```

其中，type="checkbox"定义复选框；name 属性定义复选框的名称，在同一组中的复选框都必须用同一个名称；value 属性定义复选框的值。

【例 6.6】(示例文件 ch06\6.6.html)

```
<!DOCTYPE html>
<html>
<head><title>选择感兴趣的图书</title></head>
<body>
<form>
请选择您感兴趣的图书类型：<br>
<input type="checkbox" name="book" value="Book1">网站编程<br>
<input type="checkbox" name="book" value="Book2">办公软件<br>
<input type="checkbox" name="book" value="Book3">设计软件<br>
<input type="checkbox" name="book" value="Book4">网络管理<br>
<input type="checkbox" name="book" value="Book5" checked>黑客攻防<br>
</form>
</body>
</html>
```

注意　checked 属性主要是设置默认的选项。

在 IE 9.0 中的浏览效果如图 6-6 所示，可以看到 5 个复选框，其中“黑客攻防”复选框被默认选中。

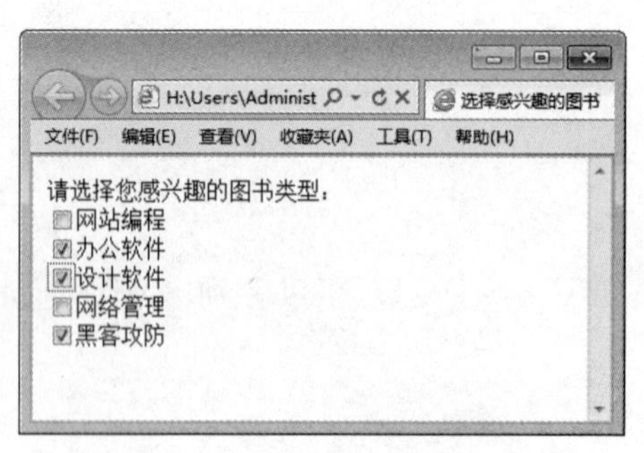

图 6-6　使用复选框的效果

6.2.6　添加下拉选择框

下拉选择框主要用于在有限的空间里设置多个选项。下拉选择框既可以用作单选，也可以用作复选。代码格式如下：

```
<select name="..." size="..." multiple>
```

```
    <option value="..." selected>
        ...
    </option>
    ...
</select>
```

其中，size 属性定义下拉选择框的行数；name 属性定义下拉选择框的名称；multiple 属性表示可以多选，如果不设置本属性，那么只能单选；value 属性定义选择项的值；selected 属性表示默认已经选中本选项。

【例 6.7】(示例文件 ch06\6.7.html)

```
<!DOCTYPE html>
<html>
<head><title>选择感兴趣的图书</title></head>
<body>
<form>
请选择您感兴趣的图书类型：<br>
<select name="fruit" size = "3" multiple>
    <option value="Book1">网站编程
    <option value="Book2">办公软件
    <option value="Book3">设计软件
    <option value="Book4">网络管理
    <option value="Book5">黑客攻防
</select>
</form>
</body>
</html>
```

在 IE 9.0 中的浏览效果如图 6-7 所示，可以看到下拉选择框，其中显示了 3 行选项，用户可以按住 Ctrl 键选中多个选项。

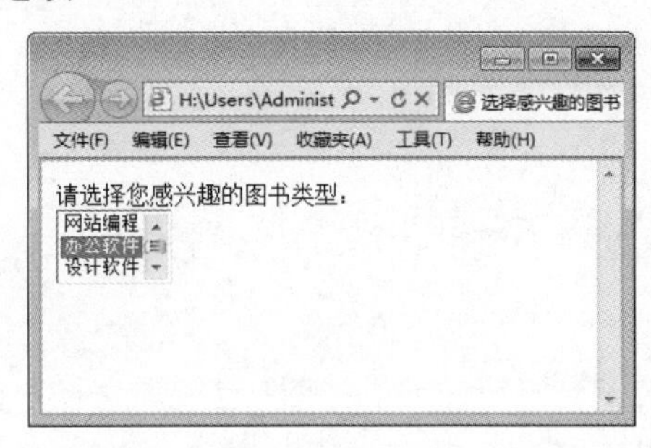

图 6-7 使用下拉选择框的效果

6.2.7 添加普通按钮

普通按钮用来控制其他定义了处理脚本的处理工作。代码格式如下：

```
<input type="button" name="..." value="..." onClick="...">
```

其中 type="button"定义普通按钮；name 属性定义普通按钮的名称；value 属性定义按钮的显示文字；onClick 属性表示单击行为，也可以是其他的事件，通过指定脚本函数来定义按钮的行为。

【例 6.8】(示例文件 ch06\6.8.html)

```
<!DOCTYPE html>
<html>
<body>
<form>
点击下面的按钮，把文本框 1 的内容拷贝到文本框 2 中：
<br/>
文本框 1: <input type="text" id="field1" value="学习 HTML5 的技巧">
<br/>
文本框 2: <input type="text" id="field2">
<br/>
<input type="button" name="..." value="单击我"
 onClick="document.getElementById('field2').value=
 document.getElementById('field1').value">
</form>
</body>
</html>
```

在 IE 9.0 中的浏览效果如图 6-8 所示，单击“单击我”按钮，即可实现将文本框 1 中的内容复制到文本框 2 中。

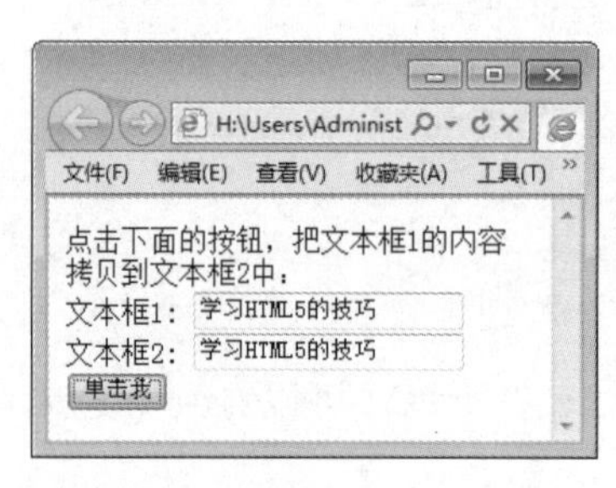

图 6-8 单击按钮后的复制效果

6.2.8 添加提交按钮

提交按钮用来将输入的信息提交到服务器。代码格式如下：

```
<input type="submit" name="..." value="...">
```

其中，type="submit"定义提交按钮；name 属性定义提交按钮的名称；value 属性定义按钮的显示文字。通过提交按钮可以将表单里的信息提交给表单里 action 所指向的文件。

【例 6.9】(示例文件 ch06\6.9.html)

```
<!DOCTYPE html>
<html>
<head><title>输入用户名信息</title></head>
<body>
<form  action="http://www.yinhangit.com/yonghu.asp" method="get">
请输入你的姓名：
<input type="text" name="yourname">
<br>
请输入你的住址：
<input type="text" name="youradr">
```

```
<br>
请输入你的单位：
<input type="text" name="yourcom">
<br>
请输入你的联系方式：
<input type="text" name="yourcom">
<br>
<input type="submit" value="提交">
</form>
</body>
</html>
```

在 IE 9.0 中的浏览效果如图 6-9 所示，输入内容后单击“提交”按钮，即可实现将表单中的数据发送到指定的文件。

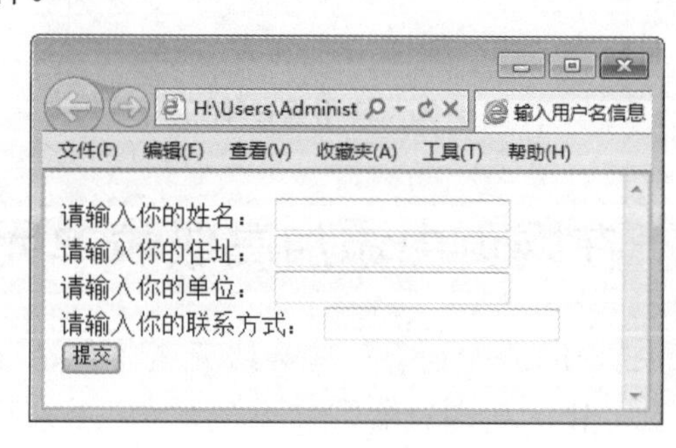

图 6-9　使用提交按钮

6.2.9　添加重置按钮

重置按钮又叫复位按钮，用来重置表单中输入的信息。代码格式如下：

```
<input type="reset" name="..." value="...">
```

其中，type="reset"定义复位按钮；name 属性定义复位按钮的名称；value 属性定义按钮的显示文字。

【例 6.10】(示例文件 ch06\6.10.html)

```
<!DOCTYPE html>
<html>
<body>
<form>
请输入用户名称：
<input type='text'>
<br/>
请输入用户密码：
<input type='password'>
<br>
<input type="submit" value="登录">
<input type="reset" value="重置">
</form>
</body>
</html>
```

在 IE 9.0 中的浏览效果如图 6-10 所示，输入内容后单击“重置”按钮，即可实现将表单中的数据清空的目的。

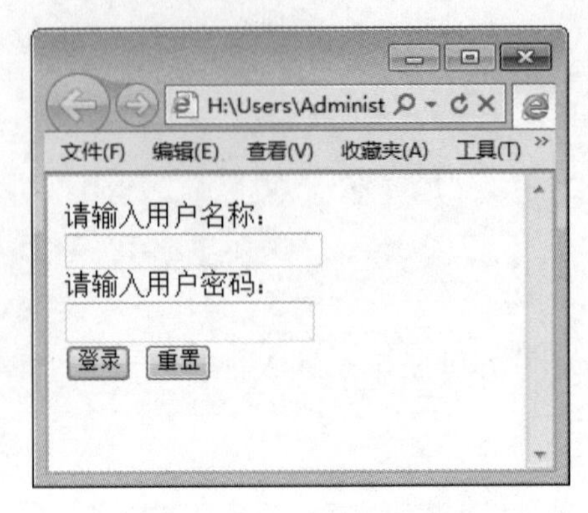

图 6-10　使用重置按钮

6.3　在网页中添加高级表单元素

除了上述基本元素外，HTML 5 中还有一些高级元素。包括 url、eamil、time、range、search 等。对于这些高级属性，IE 9.0 浏览器暂时还不支持，下面将用 Opera 11.60 浏览器来查看效果。

6.3.1　添加不能为空的网站网址输入框

使用 url 属性，可以在网页中添加网站网址输入框，在该输入框中输入 URL 地址之后，在提交表单时，会自动验证 URL 的值。代码格式如下：

```
<input type="url" name="userurl"/>
```

另外，用户可以使用普通属性设置 URL 输入框，例如可以使用 max 属性设置其最大值、min 属性设置其最小值、step 属性设置合法的数字间隔、利用 value 属性规定其默认值。对于其他高级属性中的同样设置不再重复讲述。

【例 6.11】(示例文件 ch06\6.11.html)

```
<!DOCTYPE html>
<html>
<body>
<form>
<br/>
请输入网址：
<input type="url" name="userurl"/>
</form>
</body>
</html>
```

在 Opera 11.60 中的浏览效果如图 6-11 所示，用户可输入相应的网址，来查看效果。

图 6-11　使用 url 属性

6.3.2　添加邮箱输入框

使用 email 属性，可以在网页中添加邮箱输入框，与 url 属性类似，在输入框中输入邮箱地址后，在提交表单时，会自动验证 email 域的值。email 属性的代码格式如下：

```
<input type="email" name="user_email"/>
```

【例 6.12】(示例文件 ch06\6.12.html)

```
<!DOCTYPE html>
<html>
<body>
<form>
<br/>
请输入您的邮箱地址：
<input type="email" name="user_email"/>
<br>
<input type="submit" value="提交">
</form>
</body>
</html>
```

在 Opera 11.60 中的浏览效果如图 6-12 所示，用户可以输入相应的邮箱地址。如果用户输入的邮箱地址不合法，单击“提交”按钮后，会弹出图 6-12 中的提示信息。

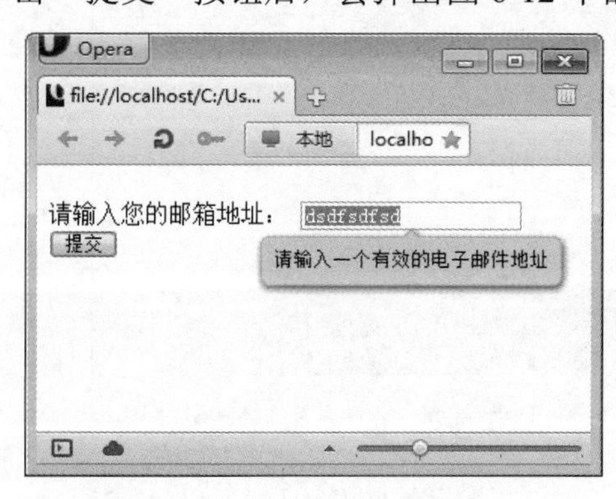

图 6-12　email 属性的效果

6.3.3 添加时间类型表单

在 HTML 5 中，新增了一些日期和时间输入类型，包括 date、datetime、datetime-local、month、week 和 time。

它们的具体含义如下。

- date：选取日、月、年。
- month：选取月、年。
- week：选取周和年。
- time：选取时间。
- datetime：选取时间、日、月、年。
- datetime-local：选取时间、日、月、年(本地时间)。

上述属性的代码格式类似，以 date 属性为例，代码格式如下：

```
<input type="date" name="user_date" />
```

【例 6.13】(示例文件 ch06\6.13.html)

```
<!DOCTYPE html>

<html>
<body>
<form>
<br/>
请选择购买商品的日期：
<br>
<input type="date" name="user_date" />
</form>
</body>
</html>
```

在 Opera 11.6 中的浏览效果如图 6-13 所示，用户单击输入框中的向下按钮，即可在弹出的窗口中选择需要的日期。

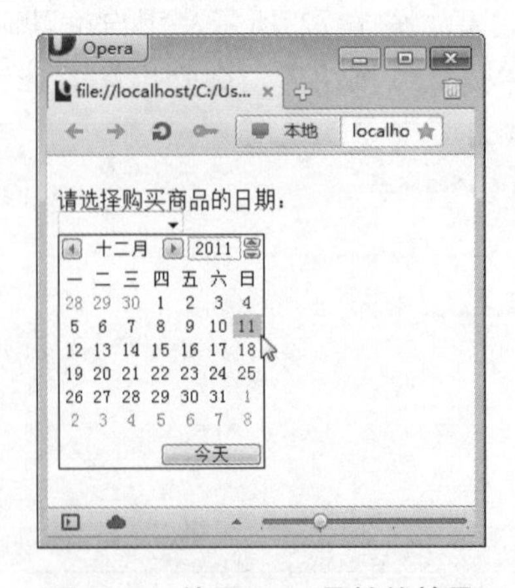

图 6-13 使用 date 属性的效果

6.3.4 添加数值输入框

使用 number 属性可以在网页中添加数值输入框，该属性提供了一个输入数值的输入类型。用户可以直接输入数值，或者通过单击微调框中的向上或者向下按钮来选择数值。代码格式如下：

```
<input type="number" name="shuzi" />
```

【例 6.14】(示例文件 ch06\6.14.html)

```
<!DOCTYPE html>
<html>
<body>
<form>
<br/>
此网站我曾经来
<input type="number" name="shuzi"/>次了哦!
</form>
</body>
</html>
```

在 Opera 11.6 中的浏览效果如图 6-14 所示，用户可以直接输入数值，也可以单击微调按钮来选择合适的数值。

图 6-14 使用 number 属性的效果

建议用户使用 min 和 max 属性来规定输入的最小值和最大值。

6.3.5 添加滚动控件

使用 Range 属性可以在网页中添加一个滚动的控件。与 number 属性一样，用户可以使用 max、min 和 step 属性控制控件的范围。代码格式如下：

```
<input type="range" name="" min="" max="" />
```

其中 min 和 max 分别控制滚动控件的最小值和最大值。

【例 6.15】(示例文件 ch06\6.15.html)

```
<!DOCTYPE html>
```

```
<html>
<body>
<form>
<br/>
英语成绩公布了！我的成绩名名次为：
<input type="range" name="ran" min="1" max="10" />
</form>
</body>
</html>
```

在 Opera 11.6 中的浏览效果如图 6-15 所示，用户可以拖曳滑块，从而选择合适的数值。

图 6-15　使用 range 属性的效果

默认情况下，滑块位于滚珠的中间位置。如果用户指定的最大值小于最小值，则允许使用反向滚动轴，目前浏览器对这一属性还不能很好地支持。

6.3.6　添加不能为空的表单元素

使用 required 属性可以规定必须在提交之前填写输入域(不能为空)。required 属性适用于以下类型的输入属性：text、search、url、email、password、date、pickers、number、checkbox 和 radio 等。

【例 6.16】(示例文件 ch06\6.16.html)

```
<!DOCTYPE html>
<html>
<body>
<form>
下面是输入用户登录信息
<br>
用户名称
<input type="text" name="user" required="required">
<br>
用户密码
<input type="password" name="password" required="required">
<br>
<input type="submit" value="登录">
</form>
</body>
</html>
```

在 Opera 11.6 中的浏览效果如图 6-16 所示，用户如果只是输入密码，然后单击“登录”按钮，将会弹出提醒信息。

图 6-16　使用 required 属性的效果

6.4　综合示例——创建用户反馈表单

本示例中，将使用一个表单内的各种元素来开发一个简单网站的用户意见反馈页面。

具体操作步骤如下。

step 01 分析需求。

反馈表单非常简单，通常包含三个部分，需要在页面上方给出标题，标题下方是正文部分，即表单元素，最下方是表单元素提交按钮。在设计这个页面时，需要把“用户注册”标题设置成 H1 大小，正文使用 p 来限制表单元素。

step 02 构建 HTML 页面，实现表单内容：

```
<!DOCTYPE html>
<html>
<head>
<title>用户反馈页面</title>
</head>
<body>
<h1 align=center>用户反馈表单</h1>
<form method="post" >
<p>姓    名：
<input type="text" class=txt size="12" maxlength="20" name="username"
/></p>
<p>性    别：
<input type="radio" value="male" />男
<input type="radio" value="female" />女</p>
<p>年    龄：
<input type="text" class=txt name="age"  /></p>
<p>联系电话：
<input type="text" class=txt name="tel" /></p>
<p>电子邮件：
<input type="text" class=txt name="email" /></p>
<p>联系地址：
<input type="text"  class=txt name="address" /></p>
<p>请输入您对网站的建议<br>
<textarea name="yourworks" cols ="50" rows = "5"></textarea>
<br>
```

```
<input type="submit" name="submit" value="提交"/>
<input type="reset" name="reset" value="清除" />
</p>
</form>
</body>
</html>
```

在 IE 9.0 中的浏览效果如图 6-17 所示，可以看到创建了一个用户反馈表单，包含“姓名”、“性别”、“年龄”、“联系电话”、“电子邮件”、“联系地址”、意见反馈等输入框和“提交”按钮等。

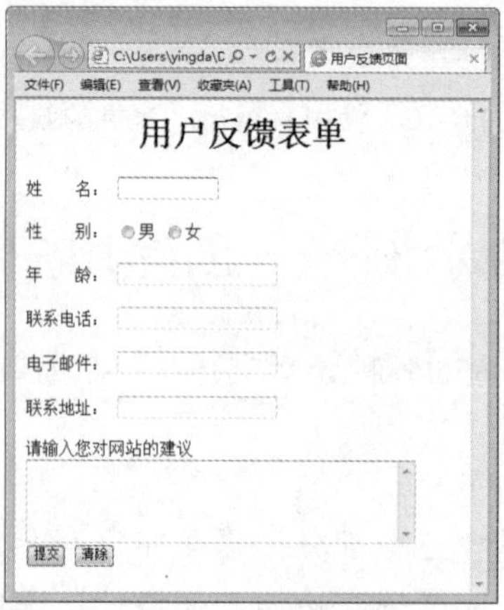

图 6-17　用户反馈页面

6.5　上机练习——制作用户注册表单

注册表单非常简单，通常包含三个部分，需要在页面上方给出标题，标题下方是正文部分，即表单元素，最下方是表单元素提交按钮。具体操作步骤如下。

step 01 打开记事本文件，在其中输入如下代码：

```
<!DOCTYPE html>
<html>
<head>
<title>注册表单</title>
</head>
<body>
<h1 align=center>用户注册</h1>
<form method="post" >
<p>姓    名:
<input type="text" class=txt size="12" maxlength="20" name="username"
/></p>
<p>性    别:
<input type="radio" value="male" />男
<input type="radio" value="female" />女</p>
<p>年    龄:
<input type="text" class=txt name="age"  /></p>
<p>联系电话:
```

```
<input type="text" class=txt name="tel" /></p>
<p>电子邮件：
<input type="text" class=txt name="email" /></p>
<p>联系地址：
<input type="text"  class=txt name="address" /></p>
<p>
<input type="submit" name="submit" value="提交" class=but />
<input type="reset" name="reset" value="清除" class=but  />
</p>
</form>
</body>
</html>
```

step 02 保存网页，在 IE 9.0 中的预览效果如图 6-18 所示。

图 6-18　网页预览效果

6.6　专家答疑

疑问 1：如何在表单中实现文件上传框？

在 HTML 5 语言中，使用 file 属性实现文件上传框。语法格式为：

```
<input type="file" name="..." size="" maxlength="">
```

其中 type="file"定义为文件上传框，name 属性为文件上传框的名称，size 属性定义文件上传框的宽度，单位是单个字符宽度；maxlength 属性定义最多输入的字符数。文件上传框的显示效果如图 6-19 所示。

图 6-19　使用文件上传框

疑问 2：制作的单选按钮为什么可以同时选中多个？

此时用户需要检查单选按钮的名称，保证同一组中的单选按钮名称必须相同，这样才能保证单选按钮只能同时选中其中一个。

第 7 章

网页表格的设计

HTML 中表格不但可以清晰地显示数据，而且可以用于页面布局。HTML 中，表格类似于 Word 软件中的表格，尤其是使用网页制作工具时，操作很相似。

HTML 制作表格的原理是使用相关标记，如表格对象 table 标记、行对象 tr 标记、单元格对象 td 标记。

7.1 表格的基本结构

使用表格显示数据，可以更直观和清晰。在 HTML 文档中，表格主要用于显示数据，虽然可以使用表格布局，但是不建议使用，它有很多弊端。表格一般由行、列和单元格组成，如图 7-1 所示。

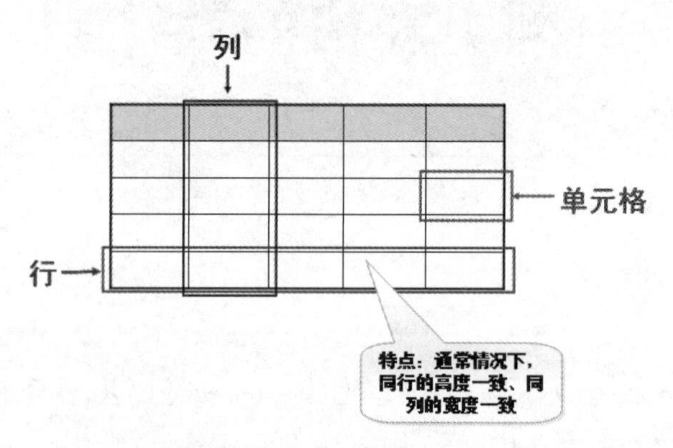

图 7-1 表格的组成

在 HTML 5 中，用于标记表格的标记如下。

- <table>：用于标识一个表格对象的开始，</table>标记标识一个表格对象的结束。一个表格中，只允许出现一对<table>标记。HTML 5 中不再支持它的任何属性。
- <tr>：用于标识表格一行的开始，</tr>标记用于标识表格一行的结束。表格内有多少对<tr></tr>标记，就表示表格中有多少行。HTML 5 中不再支持它的任何属性。
- <td>：用于标识表格某行中的一个单元格开始，</td>标记用于标识表格某行中的一个单元格结束。<td></td>标记书写在<tr></tr>标记内，一对<tr></tr>标记内有多少对<td></td>标记，就表示该行有多少个单元格。HTML 5 中它仅有 colspan 和 rowspan 两个属性。

最基本的表格必须包含一对<table></table>标记、一对或几对<tr></tr>标记以及一对或几对<td></td>标记。一对<table></table>标记定义一个表格，一对<tr></tr>标记定义一行，一对<td></td>标记定义一个单元格。

例如定义一个 4 行 3 列的表格。

【例 7.1】(示例文件 ch07\7.1.html)

```
<!DOCTYPE html>
<html>
<head>
<title>表格基本结构</title>
</head>
<body>
<table border="1">
  <tr>
    <td>A1</td>
    <td>B1</td>
```

```
    <td>C1</td>
  </tr>
  <tr>
    <td>A2</td>
    <td>B2</td>
    <td>C2</td>
  </tr>
  <tr>
    <td>A3</td>
    <td>B3</td>
    <td>C3</td>
  </tr>
  <tr>
    <td>A4</td>
    <td>B4</td>
    <td>C4</td>
  </tr>
</table>
</body>
</html>
```

在 IE 9.0 中预览，网页效果如图 7-2 所示。

图 7-2　表格的基本结构

从预览图中，读者会发现，表格没有边框，行高及列宽也无法控制。讲述上述知识时，提到 HTML 5 中除了 td 标记提供两个单元格合并属性之外，<table>和<tr>标记也没有任何属性。

7.2　创建表格

表格可以分为普通表格以及带有标题的表格，在 HTML 5 中，可以创建这两种表格。

7.2.1　创建普通表格

例如创建一列、一行三列和两行三列三个表格。

【例 7.2】(示例文件 ch07\7.2.html)

```
<!DOCTYPE html>
<html>
```

```
<body>
<h4>一列：</h4>
<table border="1">
<tr>
  <td>100</td>
</tr>
</table>
<h4>一行三列：</h4>
<table border="1">
<tr>
  <td>100</td>
  <td>200</td>
  <td>300</td>
</tr>
</table>
<h4>两行三列：</h4>
<table border="1">
<tr>
  <td>100</td>
  <td>200</td>
  <td>300</td>
</tr>
<tr>
  <td>400</td>
  <td>500</td>
  <td>600</td>
</tr>
</table>
</body>
</html>
```

在 IE 9.0 中预览，网页效果如图 7-3 所示。

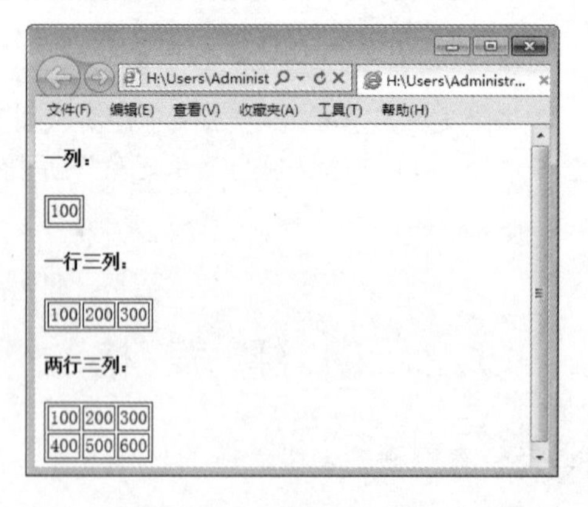

图 7-3　创建普通表格

7.2.2　创建一个带有标题的表格

有时，为了方便表格的表述，还需要在表格的上面加上标题。下面的例子创建一个带有标题的表格。

【例 7.3】(示例文件 ch07\7.3.html)

```
<!DOCTYPE html>
<html>
<body>
<h4>带有标题的表格</h4>
<table border="3">
<caption>数据统计表</caption>
<tr>
  <td>100</td>
  <td>200</td>
  <td>300</td>
</tr>
<tr>
  <td>400</td>
  <td>500</td>
  <td>600</td>
</tr>
</table>
</body>
</html>
```

在 IE 9.0 中预览，网页效果如图 7-4 所示。

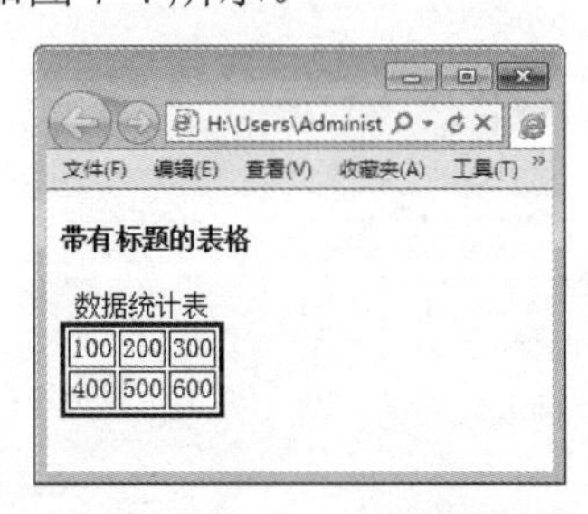

图 7-4 创建带有标题的表格

7.3 编 辑 表 格

在创建好表格之后，还可以编辑表格，包括设置表格的边框类型、设置表格的表头、合并单元等。

7.3.1 定义表格的边框类型

使用表格的 border 属性可以定义表格的边框类型，如常见的加粗边框的表格。下面的例子创建不同边框类型的表格。

【例 7.4】(示例文件 ch07\7.4.html)

```
<!DOCTYPE html>
<html>
<body>
<h4>普通边框</h4>
<table border="1">
```

```
<tr>
  <td>First</td>
  <td>Row</td>
</tr>
<tr>
  <td>Second</td>
  <td>Row</td>
</tr>
</table>
<h4>加粗边框</h4>
<table border="8">
<tr>
  <td>First</td>
  <td>Row</td>
</tr>
<tr>
  <td>Second</td>
  <td>Row</td>
</tr>
</table>
</body>
</html>
```

在 IE 9.0 中预览，网页效果如图 7-5 所示。

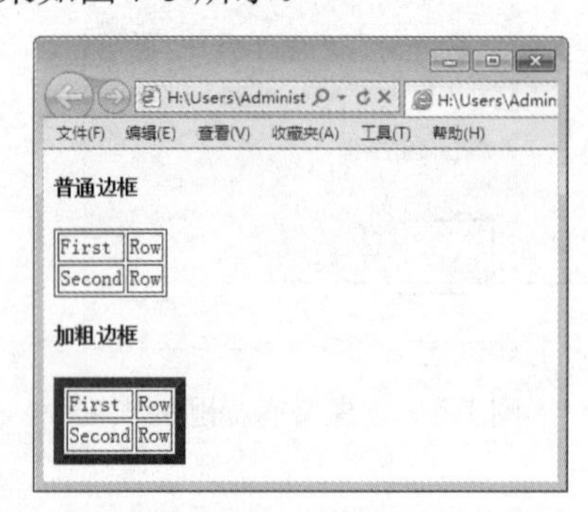

图 7-5　定义表格的边框类型

7.3.2　定义表格的表头

表格中也有存在表头的，常见的表头分为垂直和水平两种。下面的例子分别创建带有垂直和水平表头的表格。

【例 7.5】(示例文件 ch07\7.5.html)

```
<!DOCTYPE html>
<html>
<body>
<h4>水平的表头</h4>
<table border="1">
<tr>
  <th>姓名</th>
  <th>性别</th>
  <th>电话</th>
```

```
</tr>
<tr>
  <td>张三</td>
  <td>男</td>
  <td>123456</td>
</tr>
</table>
<h4>垂直的表头：</h4>
<table border="1">
<tr>
  <th>姓名</th>
  <td>小丽</td>
</tr>
<tr>
  <th>性别</th>
  <td>女</td>
</tr>
<tr>
  <th>电话</th>
  <td>123456</td>
</tr>
</table>
</body>
</html>
```

在 IE 9.0 中预览，网页效果如图 7-6 所示。

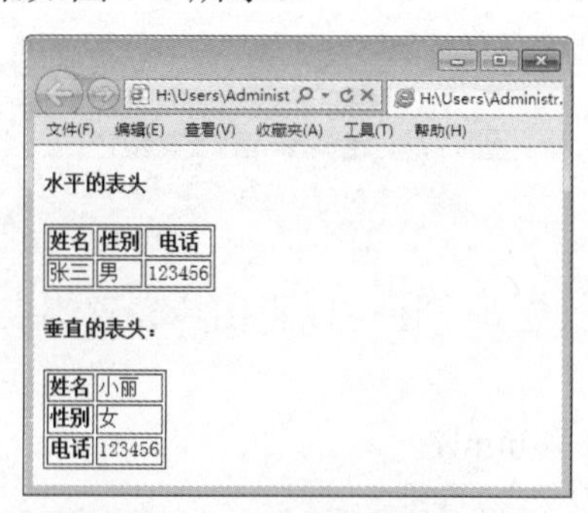

图 7-6　定义表格的表头

7.3.3　设置表格的背景

当创建好表格后，为了美观，还可以设置表格的背景。如为表格定义背景颜色、为表格定义背景图片等。

1. 定义表格背景颜色

为表格添加背景颜色是美化表格的一种方式。

下面的例子为表格添加背景颜色。

【例 7.6】(示例文件 ch07\7.6.html)

```
<!DOCTYPE html>
<html>
```

```
<body>
<h4>背景颜色：</h4>
<table border="1"
bgcolor="green">
<tr>
  <td>100</td>
  <td>200</td>
</tr>
<tr>
  <td>300</td>
  <td>400</td>
</tr>
</table>
</body>
</html>
```

在 IE 9.0 中预览，网页效果如图 7-7 所示。

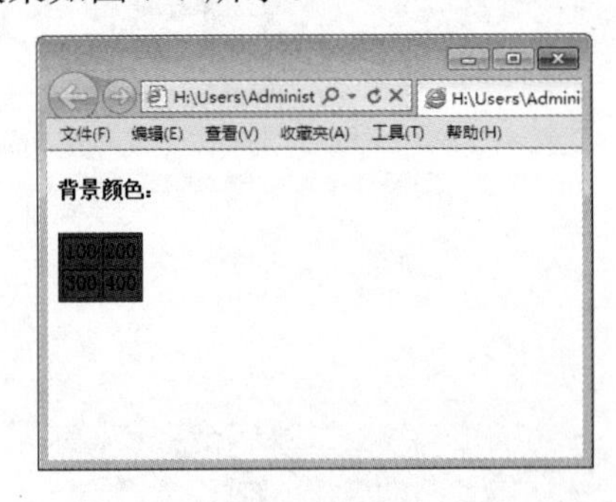

图 7-7　定义表格背景颜色

2. 定义表格背景图片

除了可以为表格添加背景颜色外，还可以将图片设置为表格的背景。下面的例子为表格添加背景图片。

【例 7.7】(示例文件 ch07\7.7.html)

```
<!DOCTYPE html>
<html>
<body>
<h4>背景图片：</h4>
<table border="1"
background="images/1.gif">
<tr>
  <td>100</td>
  <td>200</td>
</tr>
<tr>
  <td>300</td>
  <td>400</td>
</tr>
</table>
</body>
</html>
```

在 IE 9.0 中预览，网页效果如图 7-8 所示。

图 7-8 定义表格背景图片

7.3.4 设置单元格的背景

除了可以为表格设置背景外，还可以为单元格设置背景，包括添加背景颜色和背景图片两种。下面的例子为单元格添加背景。

【例 7.8】(示例文件 ch07\7.8.html)

```
<!DOCTYPE html>
<html>
<body>
<h4>单元格背景</h4>
<table border="1">
<tr>
  <td bgcolor="red">100000</td>
  <td>200000</td>
</tr>
<tr>
  <td background="images/1.gif">200000</td>
  <td>300000</td>
</tr>
</table>
</body>
</html>
```

在 IE 9.0 中预览，网页效果如图 7-9 所示。

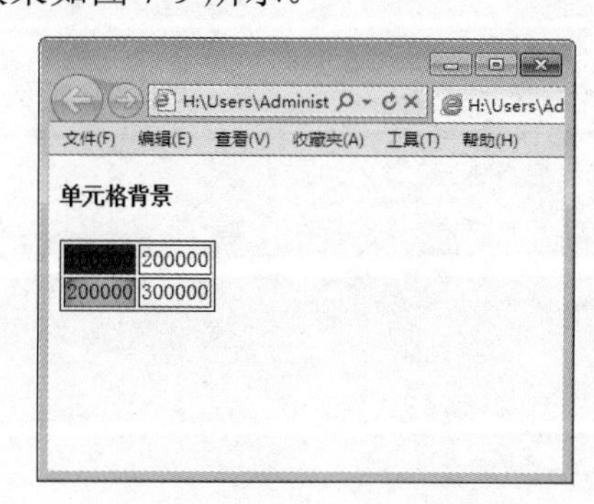

图 7-9 设置单元格的背景

7.3.5 合并单元格

在实际应用中，并非所有表格都是规范的几行几列，而是需要将某些单元格进行合并，以符合某种内容上的需要。

HTML 中，单元格合并的方向有两种，一种是上下合并，一种是左右合并，这两种合并方式只需要使用 td 标记的两个属性即可。

1. 用 colspan 属性合并左右单元格

左右单元格的合并需要使用 td 标记的 colspan 属性来完成，格式如下：

```
<td colspan="数值">单元格内容</td>
```

其中，colspan 属性的取值为数值型整数数据，代表几个单元格进行左右合并。

例如，在上面的表格的基础上，将 A1 和 B1 单元格合并成一个单元格；为第一行的第一个<td>标记增加 colspan="2"属性，并且将 B1 单元格的<td>标记删除。

【例 7.9】(示例文件 ch07\7.9.html)

```
<!DOCTYPE html>

<html>
<head>
<title>单元格左右合并</title>
</head>
<body>
<table border="1">
  <tr>
    <td colspan="2">A1 B1</td>
    <td>C1</td>
  </tr>
  <tr>
    <td>A2</td>
    <td>B2</td>
    <td>C2</td>
  </tr>
  <tr>
    <td>A3</td>
    <td>B3</td>
    <td>C3</td>
  </tr>
  <tr>
    <td>A4</td>
    <td>B4</td>
    <td>C4</td>
  </tr>
</table>
</body>
</html>
```

在 IE 9.0 中预览网页，效果如图 7-10 所示。

图 7-10 单元格左右合并

从预览图中可以看到，A1 和 B1 合并成了一个单元格，而 C1 还在原来的位置上。

注意 合并单元格后，相应的单元格标记就应该减少，例如，A1 和 B1 合并后，B1 单元格的<td></td>标记就应该丢掉，否则单元格就会多出一个，并且后面的单元格依次向右位移。

2. 用 rowspan 属性合并上下单元格

上下单元格的合并需要为<td>标记增加 rowspan 属性，格式如下：

```
<td rowspan="数值">单元格内容</td>
```

其中，rowspan 属性的取值为数值型整数数据，代表几个单元格进行上下合并。

例如，在上面的表格的基础上，将 A1 和 A2 单元格合并成一个单元格。为第一行的第一个<td>标记增加 rowspan="2"属性，并且将 A2 单元格的<td>标记删除。

【例 7.10】(示例文件 ch07\7.10.html)

```
<!DOCTYPE html>
<html>
<head>
<title>单元格左右合并</title>
</head>
<body>
<table border="1">
  <tr>
    <td rowspan="2">A1</td>
    <td>B1</td>
    <td>C1</td>
  </tr>
  <tr>
    <td>B2</td>
    <td>C2</td>
  </tr>
  <tr>
    <td>A3</td>
    <td>B3</td>
    <td>C3</td>
  </tr>
  <tr>
    <td>A4</td>
    <td>B4</td>
```

```
    <td>C4</td>
  </tr>
</table>
</body>
</html>
```

在 IE 9.0 中预览，网页效果如图 7-11 所示。

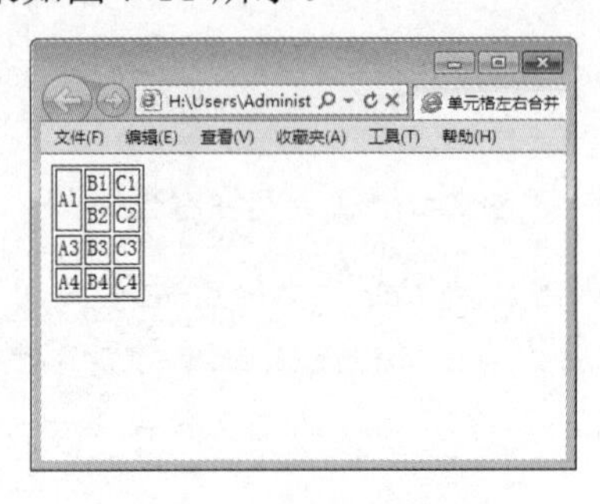

图 7-11　单元格上下合并

从预览图中可以看到，A1 和 A2 单元格合并成一个单元格。

通过上面对左右单元格合并和上下单元格合并的操作，读者会发现，合并单元格就是“丢掉”某些单元格。对于左右合并，就是以左侧为准，将右侧要合并的单元格“丢掉”；对于上下合并，就是以上侧为准，将下侧要合并的单元格“丢掉”。如果一个单元格既要向右合并，又要向下合并，该如实现呢？

【例 7.11】(示例文件 ch07\7.11.html)

```
<!DOCTYPE html>
<html>
<head>
<title>单元格左右合并</title>
</head>
<body>
<table border="1">
  <tr>
    <td colspan="2" rowspan="2">A1B1<br>A2B2</td>
    <td>C1</td>
  </tr>
  <tr>
    <td>C2</td>
  </tr>
  <tr>
    <td>A3</td>
    <td>B3</td>
    <td>C3</td>
  </tr>
  <tr>
    <td>A4</td>
    <td>B4</td>
    <td>C4</td>
  </tr>
</table>
</body>
```

```
</html>
```

在 IE 9.0 中预览，网页效果如图 7-12 所示。

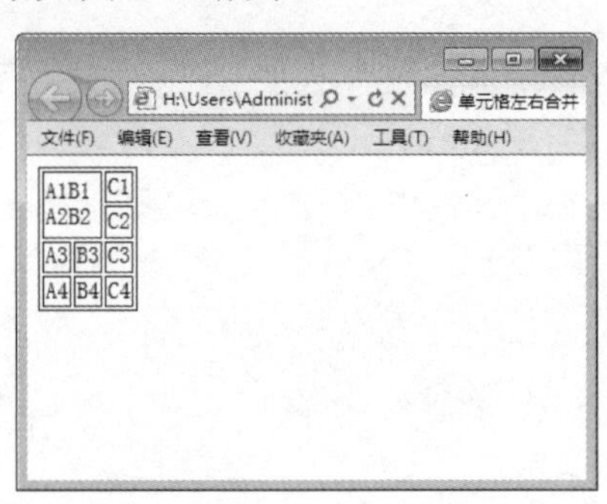

图 7-12 两个方向合并单元格

从上面的代码可以看到，A1 单元格向右合并 B1 单元格，向下合并 A2 单元格，并且 A2 单元格向右合并 B2 单元格。

3. 使用 Dreamweaver CS6 合并单元格

使用 HTML 创建表格非常麻烦，在 Dreamweaver CS6 工具中，提供了表格的快捷操作，类似于在 Word 工具中编辑表格的操作。在 Dreamweaver CS6 中创建表格时，只需要在菜单栏中选择“插入”→“表格”命令，在出现的对话框中指定表格的行数、列数、宽度和边框，即可在光标处创建一个空白表格。选择表格之后，属性面板提供了表格的常用操作，如图 7-13 所示。

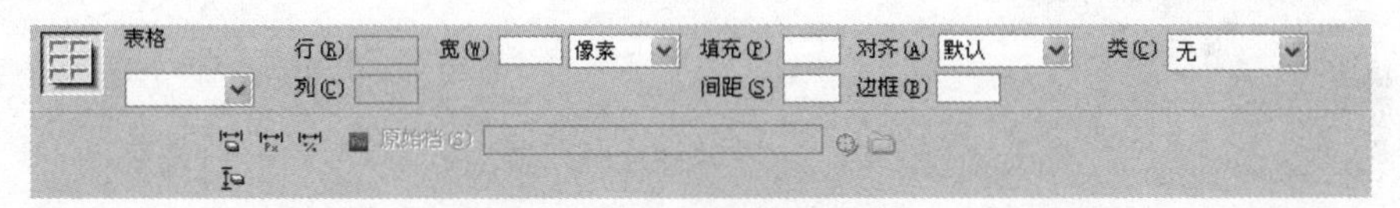

图 7-13 表格的属性面板

注意 表格属性面板中的操作，请结合前面讲述的 HTML 语言，对于按钮命令，读者可将鼠标悬停于按钮之上，数秒后，会出现命令提示。

关于表格的操作本书不再赘述，读者可自行操作，这里重点讲解如何使用 Dreamweaver CS6 合并单元格。在 Dreamweaver CS6 可视化操作界面中，提供了合并与拆分单元格两种操作。拆分单元格的操作其实还是进行的合并的操作。进行单元格合并和拆分时，应将光标置于单元格内，如果选择了一个单元格，拆分命令有效，如图 7-14 所示。如果选择了两个或两个以上单元格，合并命令有效。

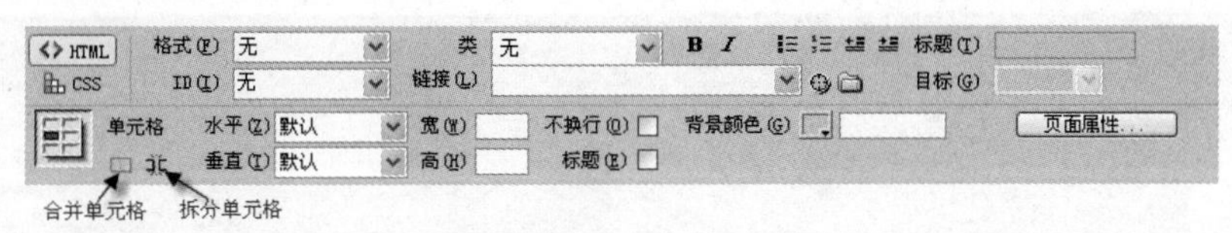

图 7-14 拆分单元格有效

7.3.6 排列单元格中的内容

使用 align 属性可以排列单元格的内容，以便创建一个美观的表格。

【例 7.12】(示例文件 ch07\7.12.html)

```
<!DOCTYPE html>
<html>
<body>
<table width="400" border="1">
 <tr>
  <th align="left">项目</th>
  <th align="right">一月</th>
  <th align="right">二月</th>
 </tr>
 <tr>
  <td align="left">衣服</td>
  <td align="right">$241.10</td>
  <td align="right">$50.20</td>
 </tr>
 <tr>
  <td align="left">化妆品</td>
  <td align="right">$30.00</td>
  <td align="right">$44.45</td>
 </tr>
 <tr>
  <td align="left">食物</td>
  <td align="right">$730.40</td>
  <td align="right">$650.00</td>
 </tr>
 <tr>
  <th align="left">总计</th>
  <th align="right">$1001.50</th>
  <th align="right">$744.65</th>
 </tr>
</table>
</body>
</html>
```

在 IE 9.0 中预览，网页效果如图 7-15 所示。

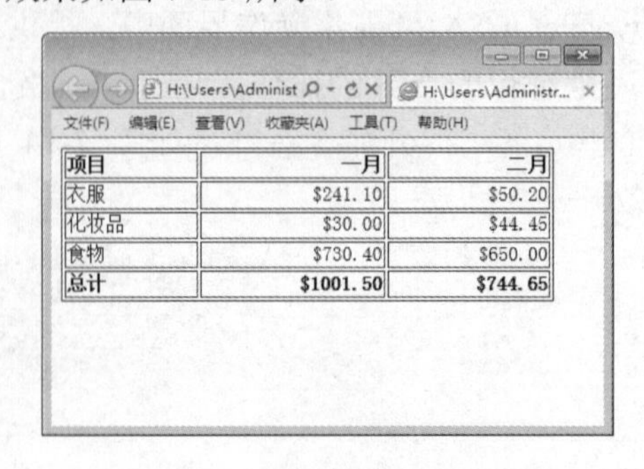

图 7-15 排列单元格的内容

7.3.7 设置单元格的行高与列宽

使用 cellpadding 来创建单元格内容与其边框之间的空白，从而调整表格的行高与列宽。

【例 7.13】(示例文件 ch07\7.13.html)

```
<!DOCTYPE html>

<html>
<body>
<h4>调整前</h4>
<table border="1">
<tr>
  <td>1000</td>
  <td>2000</td>
</tr>
<tr>
  <td>2000</td>
  <td>3000</td>
</tr>
</table>
<h4>调整后</h4>
<table border="1" cellpadding="10">
<tr>
  <td>1000</td>
  <td>2000</td>
</tr>
<tr>
  <td>2000</td>
  <td>3000</td>
</tr>
</table>
</body>
</html>
```

在 IE 9.0 中预览，网页效果如图 7-16 所示。

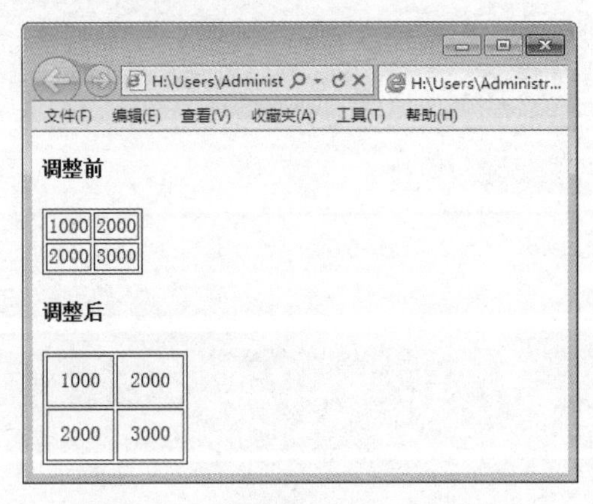

图 7-16 设置单元格的行高与列宽

7.4　完整的表格标记

上面讲述了表格中最常用(也是最基本)的三个标记<table>、<tr>和<td>，使用它们可以构建出最简单的表格。为了让表格结构更清楚，还可以配合使用 CSS 样式。此外，表格中还会出现表头、主体、脚注等。

按照表格结构，可以把表格的行分组，称为“行组”。不同的行组具有不同的意义。行组分为 3 类——“表头”、“主体”和“脚注”。三者相应的 HTML 标记依次为<thead>、<tbody>和<tfoot>。

此外，在表格中还有两个标记。标记<caption>表示表格的标题。在一行中，除了<td>标记表示一个单元格以外，还可以使用<th>表示该单元格是这一行的“行头”。

【例 7.14】(示例文件 ch07\7.14.html)

```
<!DOCTYPE html>

<html>
<head>
<title>完整表格标记</title>
<style>
tfoot{
    background-color: #FF3;
}
</style>
</head>
<body>
<table border="1">
  <caption>学生成绩单</caption>
  <thead>
    <tr>
      <th>姓名</th><th>性别</th><th>成绩</th>
    </tr>
  </thead>
   <tfoot>
    <tr>
      <td>平均分</td><td colspan="2">540</td>
    </tr>
  </tfoot>
  <tbody>
    <tr>
      <td>张三</td><td>男</td><td>560</td>
    </tr>
    <tr>
      <td>李四</td><td>男</td><td>520</td>
    </tr>
  </tbody>
</table>
</body>
</html>
```

从上面的代码可以发现，使用 caption 定义了表格标题，<thead>、<tbody>和<tfoot>标记对表格进行了分组。在<thead>部分使用<th>标记代替<td>标记定义单元格，<th>标记定义的单元格默认加粗。网页的预览效果如图 7-17 所示。

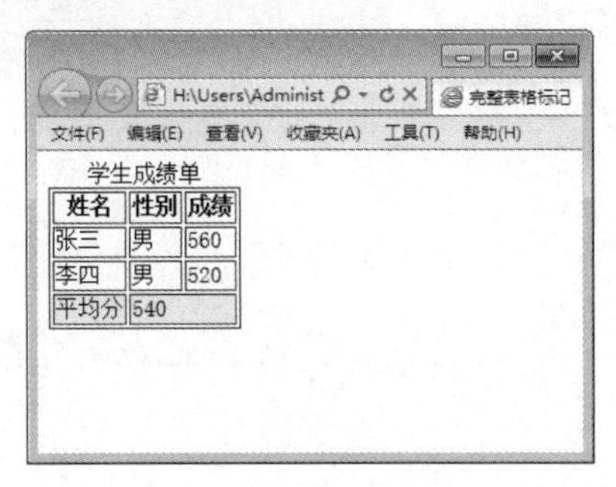

学生成绩单

姓名	性别	成绩
张三	男	560
李四	男	520
平均分	540	

图 7-17　完整的表格结构

<caption>标签必须紧随<table>标签之后。

7.5　综合示例——制作计算机报价表

利用所学的表格知识，制作如图 7-18 所示的计算机报价单。 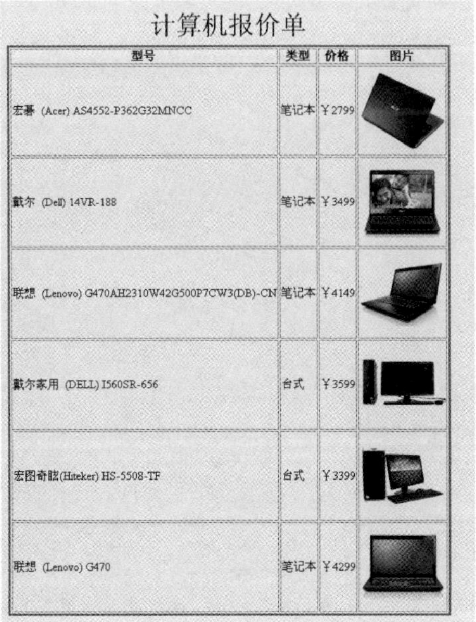

计算机报价单

型号	类型	价格	图片
宏碁 (Acer) AS4552-P362G32MNCC	笔记本	￥2799	
戴尔 (Dell) 14VR-188	笔记本	￥3499	
联想 (Lenovo) G470AH2310W42G500P7CW3(DB)-CN	笔记本	￥4149	
戴尔家用 (DELL) I560SR-656	台式	￥3599	
宏图奇眩(Hiteker) HS-5508-TF	台式	￥3399	
联想 (Lenovo) G470	笔记本	￥4299	

图 7-18　计算机报价单

具体操作步骤如下。

step 01 新建 HTML 文档，并对其简化，代码如下：

```
<!DOCTYPE html>
<html>
```

```
<head>
<meta charset="utf-8" />
<title>完整表格标记</title>
</head>
<body>
</body>
</html>
```

step 02 保存 HTML 文件，选择相应的保存位置，文件名为“综合示例—购物简易计算器.html”。

step 03 在 HTML 文档的 body 部分增加表格及内容，代码如下：

```
<table>
  <caption>计算机报价单</caption>
   <tr>
     <th>型号</th>
     <th>类型</th>
     <th>价格</th>
     <th>图片</th>
   </tr>
   <tr>
     <td>宏碁 (Acer) AS4552-P362G32MNCC</td>
     <td>笔记本</td>
     <td>￥2799</td>
     <td><img src="images/Acer.jpg" width="120" height="120"></td>
   </tr>
   <tr>
     <td>戴尔 (Dell) 14VR-188</td><td>笔记本</td>
     <td>￥3499</td>
     <td><img src="images/Dell.jpg" width="120" height="120"></td>
   </tr>
    <tr>
     <td>联想 (Lenovo) G470AH2310W42G500P7CW3(DB)-CN  </td>
     <td>笔记本</td>
     <td>￥4149</td>
     <td><img src="images/Lenovo.jpg" width="120" height="120"></td>
   </tr>
   <tr>
     <td>戴尔家用 (DELL)  I560SR-656</td>
     <td>台式</td>
     <td>￥3599</td>
     <td><img src="images/DellT.jpg" width="120" height="120"></td>
   </tr>
   <tr>
     <td>宏图奇眩(Hiteker)  HS-5508-TF</td>
     <td>台式</td>
     <td>￥3399</td>
     <td><img src="images/Hiteker.jpg" width="120" height="120"></td>
   </tr>
   <tr>
     <td>联想 (Lenovo) G470</td>
     <td>笔记本</td>
     <td>￥4299</td>
     <td><img src="images/LenovoG.jpg" width="120" height="120"></td>
```

```
    </tr>
</table>
```

利用 caption 标记制作表格的标题，<th>代替<td>作为标题行单元格。可以将图片放在单元格内，即在<td>标记内使用<img>标记。

step 04 在 HTML 文档的 head 部分增加 CSS 样式，为表格增加边框及相应的修饰，代码如下：

```
<style>
table{
    /*表格增加线宽为 3 的橙色实线边框*/
    border: 3px solid #F60;
}
caption{
    /*表格标题字号 36*/
    font-size: 36px;
}
th,td{
    /*表格单元格(th、td)增加边线*/
    border: 1px solid #F90;
}
</style>
```

step 05 保存网页后，即可查看最终效果。

7.6 上机练习——制作学生成绩表

本示例将结合前面学习的知识，创建一个学生成绩表。具体操作步骤如下。

step 01 分析需求。

首先需要建立一个表格，所有行的颜色不单独设置，统一采用表格本身的背景色。后面将通过 CSS 设置，来实现如图 7-19 所示的效果。

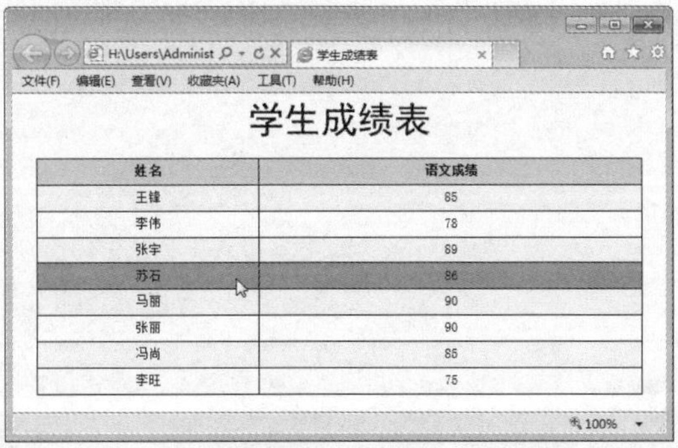

图 7-19 变色表格

step 02 创建 HTML 网页，实现 table 表格：

```
<!DOCTYPE html>
<html>
<head>
```

```
<title>学生成绩表</title>
</head>
<body>
<table border="0" cellpadding="0" cellspacing="1">
<caption>
学生成绩表
</caption>
  <tr>
   <th>姓名</th>
   <th>语文成绩</th>
  </tr>
    <tr class="hui">
      <td>王锋</td>
      <td>85</td>
    </tr>
    <tr>
      <td>李伟</td>
      <td>78</td>
    </tr>
    <tr class="hui">
      <td>张宇</td>
      <td>89</td>
    </tr>
    <tr>
      <td>苏石</td>
      <td>86</td>
    </tr>
    <tr class="hui">
      <td>马丽</td>
      <td>90</td>
    </tr>
    <tr>
      <td>张丽</td>
      <td>90</td>
    </tr>
    <tr class="hui">
      <td>冯尚</td>
      <td>85</td>
    </tr>
    <tr>
      <td >李旺</td>
      <td>75</td>
    </tr>
</table>
</body>
</html>
```

在 IE 9.0 中浏览，效果如图 7-20 所示，可以看到一个不带边框的表格显示，字体等都是默认的。

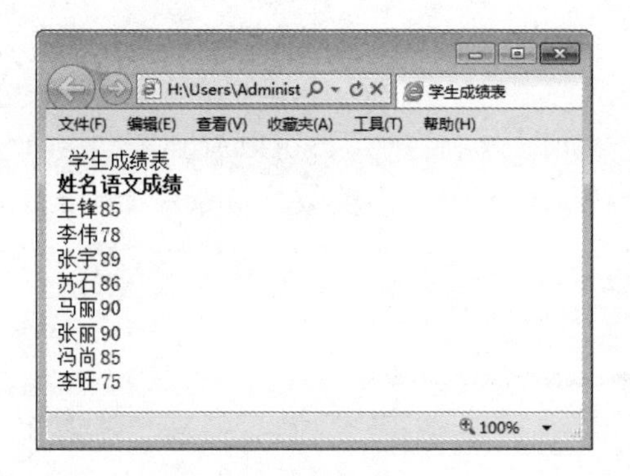

图 7-20　创建基本表格

step 03 添加 CSS 代码，修饰 table 表格和单元格：

```
<style type="text/css">
<!--
table {
    width: 600px;
    margin-top: 0px;
    margin-right: auto;
    margin-bottom: 0px;
    margin-left: auto;
    text-align: center;
    background-color: #000000;
    font-size: 9pt;
}
td {
    padding: 5px;
    background-color: #FFFFFF;
}
-->
</style>
```

在 IE 9.0 中浏览，效果如图 7-21 所示，可以看到一个表格，表格带有边框，行内字体居中显示，但列标题背景色为黑色，其中字体不能够显示。

step 04 添加 CSS 代码，修饰标题：

```
caption{
    font-size: 36px;
    font-family: "黑体", "宋体";
    padding-bottom: 15px;
}
tr{
    font-size: 13px;
    background-color: #cad9ea;
    color: #000000;
}
th{
    padding: 5px;
}
.hui td {
    background-color: #f5fafe;
}
```

上面的代码中，使用了类选择器 hui，来定义每个 td 行所显示的背景色，此时需要在表格中每个奇数行都引入该类选择器。例如<tr class="hui">，从而设置奇数行背景色。

在 IE 9.0 中浏览，效果如图 7-22 所示，可以看到表格中列标题一行背景色显示为浅蓝色，并且表格中奇数行背景色为浅灰色，而偶数行背景色显示的为默认白色。

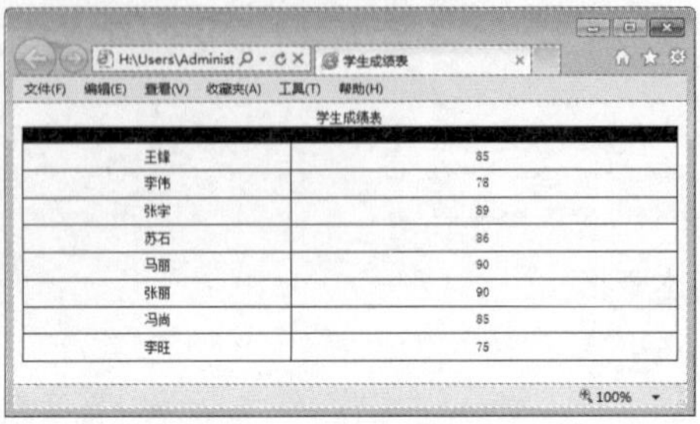

图 7-21　设置 table 样式

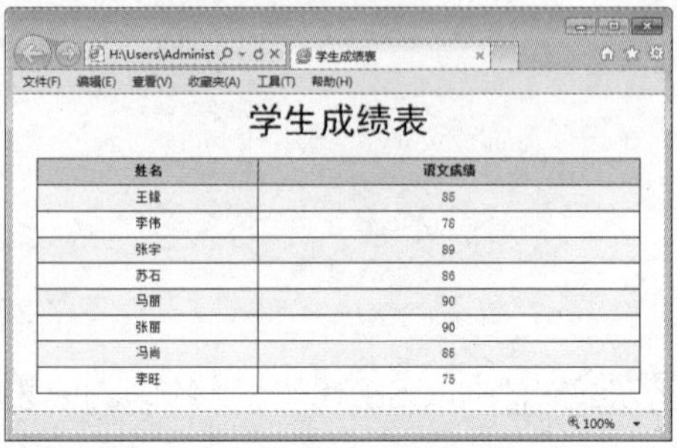

图 7-22　设置奇数行背景色

step 05 添加 CSS 代码，实现鼠标悬浮变色：

```
tr:hover td {
    background-color: #FF9900;
}
```

在 IE 9.0 中浏览，效果如图 7-23 所示，可以看到，当鼠标放到不同行上面时，将会显示不同的背景颜色。

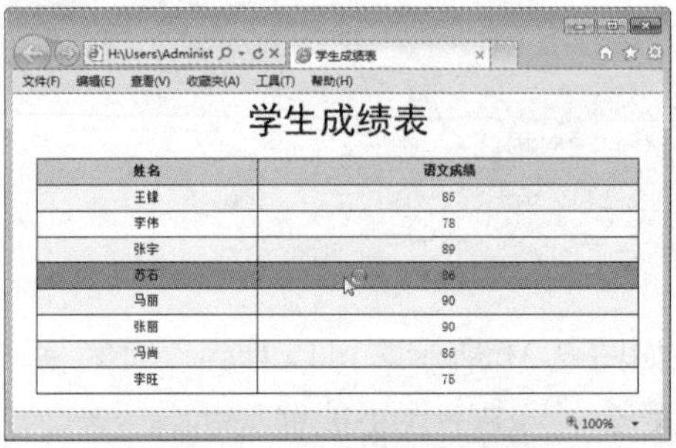

图 7-23　鼠标悬浮改变颜色

7.7　专家答疑

疑问 1：在 Dreamweaver CS 7.5 中如何选择多个单元格？

在 Dreamweaver CS 7.5 中，选择单元格的操作类似于文字处理工具 Word，按下鼠标左键拖动鼠标，经过的单元格都会被选中。按下 Ctrl 键，单击某个单元格，该单元格将会被选中，这些单元格可以是连续的，也可以是不连续的。在需要选择区域的开头单元格中单击，按下 Shift 键，在区域的末尾单元格中单击，开头和结尾单元格组成的区域内的所有单元格将会被选中。

疑问 2：表格除了显示数据，还可以进行布局，但现在一般为何不使用表格进行布局？

在互联网刚刚开始普及时，网页非常简单，形式也非常单调，当时美国设计师 David Siegel 发明了使用表格布局，进而风靡全球。在表格布局的页面中，表格不但需要显示内容，还要控制页面的外观及显示位置，导致页面代码过多，结构与内容无法分离。这样给网站的后期维护等带来了麻烦。

疑问 3：使用<thead>、<tbody>和<tfoot>标记对行进行分组的意义何在？

在 HTML 文档中增加<thead>、<tbody>和<tfoot>标记，虽然从外观上不能看出任何变化，但是它们却使文档的结构更加清晰。使用<thead>、<tbody>和<tfoot>标记，除了使文档更加清晰之外，还有一个更重要的意义，就是方便使用 CSS 样式对表格的各个部分进行修饰，从而制作出更炫的表格。

目前，在网页上没有关于音频和视频的标准，多数音频和视频都是通过插件来播放的。为此，HTML 5 新增了音频和视频的标签。本章将讲述音频和视频的基本概念、常用属性和浏览器的支持情况。

8.1　audio 标签

目前，大多数音频是通过插件来播放音频文件的，例如常见的播放插件为 Flash，这就是为什么用户在用浏览器播放音乐时，常常需要安装 Flash 插件的原因。但是，并不是所有的浏览器都拥有同样的插件。为此，与 HTML 4 相比，HTML 5 新增了 audio 标签，规定了一种包含音频的标准方法。

8.1.1　audio 标签概述

audio 标签主要是定义播放声音文件或者音频流的标准。它支持 3 种音频格式，分别为 Ogg、MP3 和 Wav。

如果需要在 HTML 5 网页中播放音频，页面代码的基本格式如下：

```
<audio src="song.mp3" controls="controls">
</audio>
```

其中 src 属性是规定要播放的音频的地址，controls 属性是供添加播放、暂停和音量控件的属性。

另外，在<audio>与</audio>之间插入的内容是供不支持 audio 元素的浏览器显示的。

【例 8.1】(示例文件 ch08\8.1.html)

```
<!DOCTYPE html>
<html>
<head>
<title>audio</title>
<head>
<body >
<audio src="song.mp3" controls="controls">
  您的浏览器不支持 audio 标签!
</audio>
</body>
</html>
```

如果用户的浏览器是 IE 9.0 以前的版本，浏览效果将如图 8-1 所示，可见 IE 9.0 以前版本的浏览器不支持 audio 标签。

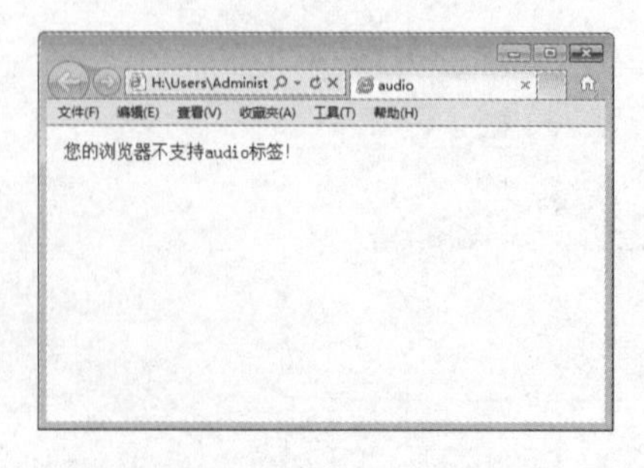

图 8-1　不支持 audio 标签的效果

在 Firefox 8.0 中浏览，效果如图 8-2 所示，可以看到加载的音频控制条，并且听到加载的音频文件的声音。

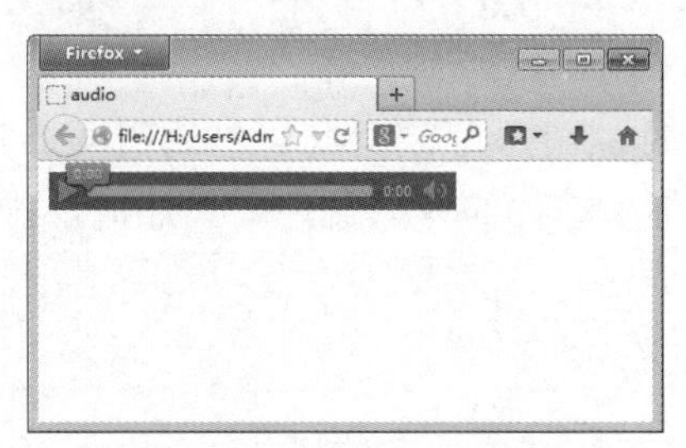

图 8-2 支持 audio 标签的效果

8.1.2 audio 标签的属性

audio 标签的常见属性和含义如表 8-1 所示。

表 8-1 audio 标签的常见属性

属 性	值	描 述
autoplay	Autoplay(自动播放)	如果出现该属性，则音频在就绪后马上播放
Controls	Controls(控制)	如果出现该属性，则向用户显示控件，比如播放按钮
loop	loop(循环)	如果出现该属性，则每当音频结束时重新开始播放
Preload	Preload(加载)	如果出现该属性，则音频在页面加载时进行加载，并预备播放。如果使用 autoplay，则忽略该属性
src	url(地址)	要播放的音频的 URL 地址

另外，audio 标签可以通过 source 属性添加多个音频文件，具体格式如下：

```
<audio controls="controls">
<source src="123.ogg" type="audio/ogg">
<source src="123.mp3" type="audio/mpeg">
</audio>
```

8.1.3 audio 标签浏览器的支持情况

目前，不同的浏览器对 audio 标签支持也不同。表 8-2 中列出了应用最为广泛的浏览器对 audio 标签的支持情况。

表 8-2 浏览器对 audio 标签的支持情况

浏览器 / 音频格式	Firefox 3.5 及更高版本	IE 9.0 及更高版本	Opera 10.5 及更高版本	Chrome 3.0 及更高版本	Safari 3.0 及更高版本
Ogg Vorbis	支持	—	支持	支持	—
MP3	—	支持	—	支持	支持
Wav	支持	—	支持	—	支持

8.2　在网页中添加音频文件

当在网页中添加音频文件时，用户可以根据自己的需要添加不同类型的音频文件，如添加自动播放的音频文件、添加带有控件的音频文件、添加循环播放的音频文件等。

8.2.1　添加自动播放音频文件

autoplay 属性规定一旦音频就绪马上就开始播放，如果设置了该属性，音频将自动播放。下面就是在网页中添加自动播放音频文件的相关代码。

【例 8.2】(示例文件 ch08\8.2.html)

```
<!DOCTYPE HTML>
<html>
<body>
<audio controls="controls" autoplay="autoplay">
  <source src="song.mp3">
</audio>
</body>
</html>
```

在 IE 9.0 中浏览，效果如图 8-3 所示，可以看到网页中加载了音频播放控制条，并开始自动播放加载的音频文件。

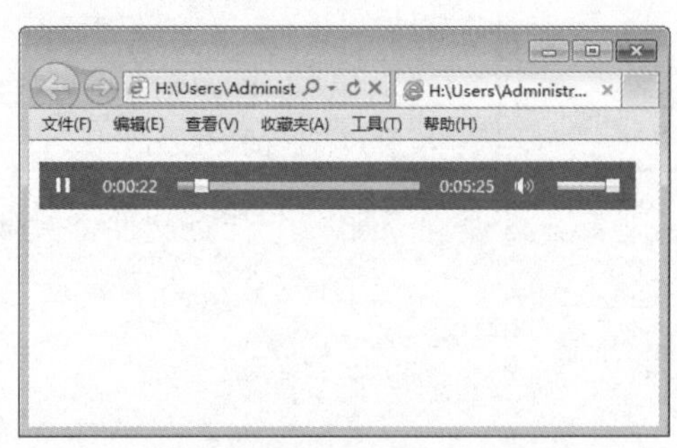

图 8-3　添加自动播放的音频文件

8.2.2　添加带有控件的音频文件

controls 属性规定浏览器应该为音频提供播放控件。如果设置了该属性，则规定不存在作者设置的脚本控件。其中浏览器控件应该包括播放、暂停、定位、音量、全屏切换等。

【例 8.3】(示例文件 ch08\8.3.html)

```
<!DOCTYPE HTML>
<html>
<body>
<audio controls="controls">
  <source src="song.mp3">
</audio>
```

```
</body>
</html>
```

在 IE 9.0 中浏览，效果如图 8-4 所示，可以看到网页中加载了音频播放控制条，这里只有单击其中的“播放”按钮，才可以播放加载的音频文件。

图 8-4　添加带有控件的音频文件

8.2.3　添加循环播放的音频文件

loop 属性规定当音频结束后将重新开始播放。如果设置该属性，则音频将循环播放。

【例 8.4】(示例文件 ch08\8.4.html)

```
<!DOCTYPE HTML>
<html>
<body>
<audio controls="controls" loop="loop">
  <source src="song.mp3">
</audio>
</body>
</html>
```

在 IE 9.0 中浏览，效果如图 8-5 所示，可以看到网页中加载了音频播放控制条，单击其中的“播放”按钮，开始播放加载的音频文件，当播放完毕后，音频文件将重新开始播放。

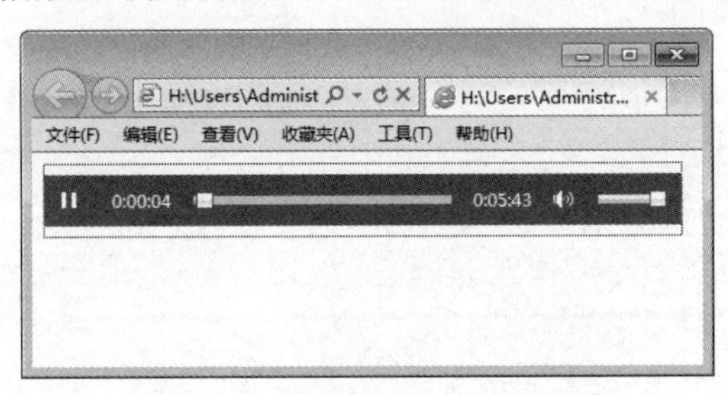

图 8-5　添加循环播放的音频文件

8.2.4　添加预播放的音频文件

preload 属性规定是否在页面加载后载入音频。如果设置了 autoplay 属性，则忽略该属性。preload 属性的值有三个，分别介绍如下。

- auto：当页面加载后载入整个音频。

- meta：当页面加载后只载入元数据。
- none：当页面加载后不载入音频。

【例 8.5】(示例文件 ch08\8.5.html)

```
<!DOCTYPE HTML>
<html>
<body>
<audio controls="controls" preload="auto">
  <source src="song.mp3">
</audio>
</body>
</html>
```

在 IE 9.0 中浏览，效果如图 8-6 所示，可以看到网页中加载了音频播放控制条。

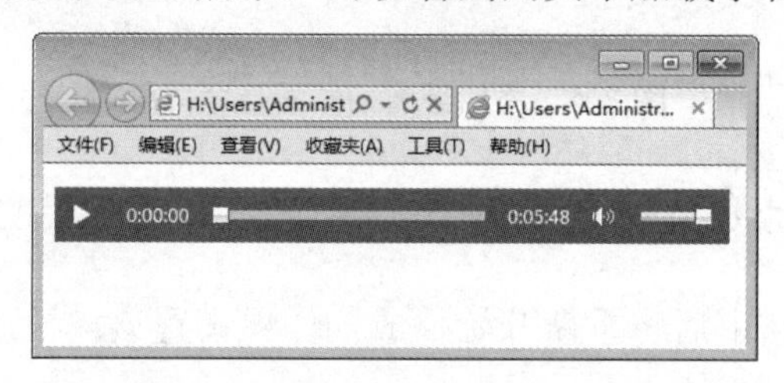

图 8-6 添加预播放的音频文件

8.3 video 标签

与音频文件播放方式一样，大多数视频文件在网页上也是通过插件来播放的，例如常见的播放插件为 Flash。由于不是所有的浏览器都拥有同样的插件，所以就需要一种统一的包含视频的标准方法。为此，与 HTML 4 相比，HTML 5 新增了 video 标签。

8.3.1 video 标签概述

video 标签主要是定义播放视频文件或者视频流的标准。支持 3 种视频格式，分别为 Ogg、WebM 和 MPEG4。

如果需要在 HTML 5 网页中播放视频，输入的基本格式如下：

```
<video src="123.mp4" controls="controls">
</video>
```

另外，在<video>与</video>之间插入的内容是供不支持 video 元素的浏览器显示的。

【例 8.6】(示例文件 ch08\8.6.html)

```
<!DOCTYPE html>
<html>
<head>
<title>video</title>
<head>
<body>
<video src="movie.mp4" controls="controls">
```

```
您的浏览器不支持 video 标签!
</video>
</body>
</html>
```

如果用户的浏览器是 IE 9.0 以前的版本，浏览效果如图 8-7 所示，可见 IE 9.0 以前的版本浏览器不支持 video 标签。

在 Firefox 8.0 中浏览，效果如图 8-8 所示，可以看到加载的视频控制条界面。单击“播放”按钮，即可查看视频的内容。

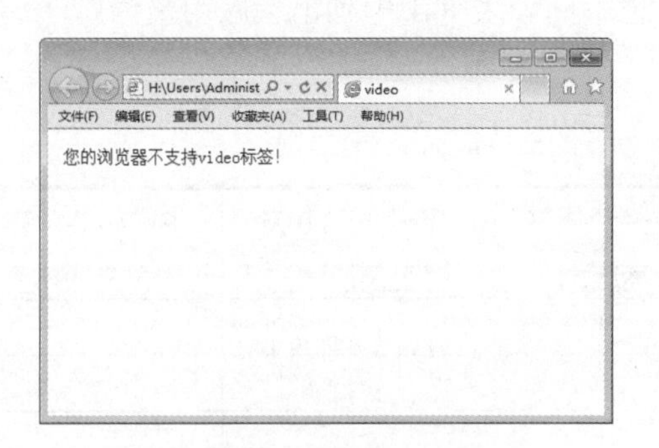

图 8-7　不支持 video 标签的效果

图 8-8　支持 video 标签的效果

8.3.2　video 标签的属性

video 标签的常见属性和含义如表 8-3 所示。

表 8-3　video 标签的常见属性和含义

属　性	值	描　述
autoplay	autoplay	如果出现该属性，则视频在就绪后马上播放
controls	controls	如果出现该属性，则向用户显示控件，比如播放按钮
loop	loop	如果出现该属性，则每当视频结束时重新开始播放
preload	preload	如果出现该属性，则视频在页面加载时进行加载，并预备播放。如果使用 autoplay，则忽略该属性
src	url	要播放的视频的 URL
width	宽度值	设置视频播放器的宽度
height	高度值	设置视频播放器的高度
poster	url	当视频未响应或缓冲不足时，该属性值链接到一个图像。该图像将以一定比例被显示出来

由表 8-3 可知，用户可以自定义视频文件显示的大小。例如，如果想让视频以 320×240 像素大小显示，可以加入 width 和 height 属性。具体格式如下：

```
<video width="320" height="240" controls src="movie.mp4">
</video>
```

另外，video 标签可以通过 source 属性添加多个视频文件，具体格式如下：

```
<video controls="controls">
<source src="123.ogg" type="video/ogg">
<source src="123.mp4" type="video/mp4">
</video>
```

8.3.3 video 标签浏览器的支持情况

目前，不同的浏览器对 video 标签的支持情况也不同。表 8-4 中列出了应用最为广泛的浏览器对 video 标签的支持情况。

表 8-4 浏览器对 video 标签的支持情况

视频格式 \ 浏览器	Firefox 4.0 及更高版本	IE 9.0 及更高版本	Opera 10.6 及更高版本	Chrome 6.0 及更高版本	Safari 3.0 及更高版本
Ogg	支持		支持	支持	
MPEG 4		支持		支持	支持
WebM	支持		支持	支持	

8.4 在网页中添加视频文件

当在网页中添加视频文件时，用户可以根据自己的需要添加不同类型的视频文件，如添加自动播放的视频文件、添加带有控件的视频文件、添加循环播放的视频文件等，另外，还可以设置视频文件的高度和宽度。

8.4.1 添加自动播放的视频文件

autoplay 属性规定一旦视频就绪马上开始播放。如果设置了该属性，视频将自动播放。

【例 8.7】(示例文件 ch08\8.7.html)

```
<!DOCTYPE HTML>
<html>
<body>
<video controls="controls" autoplay="autoplay">
  <source src="movie.mp4">
</video>
</body>
</html>
```

在 IE 9.0 中的浏览效果如图 8-9 所示，可以看到网页中加载了视频播放控件，并开始自动播放加载的视频文件。

图 8-9 添加自动播放的视频文件

8.4.2 添加带有控件的视频文件

controls 属性规定浏览器应该为视频提供播放控件。如果设置了该属性，则规定不存在设计者设置的脚本控件。其中浏览器控件应该包括播放、暂停、定位、音量、全屏切换等。

【例 8.8】(示例文件 ch08\8.8.html)

```
<!DOCTYPE HTML>
<html>
<body>
<video controls="controls" controls="controls">
  <source src="movie.mp4">
</video>
</body>
</html>
```

在 IE 9.0 中浏览，效果如图 8-10 所示，可以看到网页中加载了视频播放控件，这里只有单击其中的“播放”按钮才可以播放加载的视频文件。

图 8-10 添加带有控件的视频文件

8.4.3 添加循环播放的视频文件

loop 属性规定当视频结束后将重新开始播放。如果设置该属性，则视频将循环播放。

【例 8.9】(示例文件 ch08\8.9.html)

```
<!DOCTYPE HTML>
<html>
<body>
```

```
<video controls="controls" loop="loop">
  <source src="movie.mp4">
</video>
</body>
</html>
```

在 IE 9.0 中浏览，效果如图 8-11 所示，可以看到网页中加载了视频播放控件，单击其中的“播放”按钮，开始播放加载的视频文件，当播放完毕后，视频文件将重新开始播放。

图 8-11　添加循环播放的视频文件

8.4.4　添加预播放的视频文件

preload 属性规定是否在页面加载后载入视频。如果设置了 autoplay 属性，则忽略该属性。preload 属性的值可能有三种，分别说明如下。

- auto：当页面加载后载入整个视频。
- meta：当页面加载后只载入元数据。
- none：当页面加载后不载入视频。

【例 8.10】(示例文件 ch08\8.10.html)

```
<!DOCTYPE HTML>
<html>
<body>
<video controls="controls"  preload="auto">
  <source src="movie.mp4">
</video>
</body>
</html>
```

在 IE 9.0 中浏览，效果如图 8-12 所示，可以看到网页中加载了视频播放控件。

图 8-12　添加预播放的视频文件

8.4.5 设置视频文件的高度和宽度

使用 width 和 height 属性可以设置视频文件的显示宽度和高度，单位是像素。

【例 8.11】(示例文件 ch08\8.11.html)

```
<!DOCTYPE HTML>
<html>
<body>
<video width="200" height="160" controls="controls">
  <source src="movie.mp4">
</video>
</body>
</html>
```

在 IE 9.0 中浏览，效果如图 8-13 所示，可以看到，网页中加载了视频播放控件，视频的显示大小为 200×160(像素)。

图 8-13 设置视频文件的大小

规定视频的高度和宽度是一个好的习惯。如果设置这些属性，在页面加载时会为视频预留出空间。如果没有设置这些属性，那么浏览器就无法预先确定视频的尺寸，这样就无法为视频保留合适的空间。结果是，在页面加载的过程中，其布局也会产生变化。

不要试图通过 height 和 width 属性来压缩视频。通过 height 和 width 属性来缩小视频，用户下载的仍然是原始的视频(即使在页面上它看起来较小)。正确的方法是在网页上使用该视频前，用软件对视频进行压缩。

8.5 专家答疑

疑问 1：在 HTML 5 网页中添加所支持格式的视频，不能在 Firefox 8.0 浏览器中正常播放，为什么？

目前，HTML 5 的 video 标签对视频的支持，不仅有视频格式的限制，还有对解码器的限制。规定如下：

- 如果视频是 Ogg 格式的文件，则需要浏览器带有 Thedora 视频解码器和 Vorbis 音频解码器。

- 如果视频是 MPEG4 格式的文件，则需要浏览器带有 H.264 视频解码器和 AAC 音频解码器。
- 如果视频是 WebM 格式的文件，则需要浏览器带有 VP8 视频解码器和 Vorbis 音频解码器。

疑问 2：在 HTML 5 网页中添加 MP4 格式的视频文件，为什么在不同的浏览器中视频控件显示的外观不同？

在 HTML 5 中规定用 controls 属性来进行视频文件的播放、暂停、停止和调节音量的操作。controls 是一个布尔属性，一旦添加了此属性，等于告诉浏览器需要显示播放控件并允许用户操作。因为每一个浏览器负责内置视频控件的外观，所以在不同的浏览器中，将显示不同的视频控件外观。

第 9 章

网页图形的绘制

HTML 5 呈现了很多的新特性，其中一个最值得提及的特性就是 HTML canvas，可以从脚本对 2D 或位图进行动态渲染，还可以使用 canvas 绘制矩形区域。本章就来介绍如何使用 HTML 5 绘制图形。

9.1 添加 canvas 的步骤

canvas 标签是一个矩形区域，它包含两个属性，width 和 height，分别表示矩形区域的宽度和高度，这两个属性都是可选的，并且都可以通过 CSS 来定义，其默认值是 300px 和 150px。

canvas 在网页中的常用形式如下：

```
<canvas id="myCanvas" width="300" height="200"
  style="border:1px solid #c3c3c3;">
    ...提示信息
</canvas>
```

上面的示例代码中，id 表示画布对象的名称，width 和 height 分别表示宽度和高度；最初的画布是不可见的，此处为了观察这个矩形区域，使用了 CSS 样式，即 style 标记。style 表示画布的样式。如果浏览器不支持画布标记，会显示画布中间的提示信息。

画布 canvas 本身不具有绘制图形的功能，它只是一个容器，如果读者对于 Java 语言非常了解，就会发现 HTML 5 的画布与 Java 中的 Panel 面板非常相似，都可以在容器中绘制图形。既然 canvas 画布元素放好了，就可以使用脚本语言 JavaScript 在网页上绘制图形了。

使用 canvas 结合 JavaScript 绘制图形时，一般情况下需要下面几个步骤。

step 01 JavaScript 使用 id 来寻找 canvas 元素，即获取当前画布对象：

```
var c = document.getElementById("myCanvas");
```

step 02 创建 context 对象：

```
var cxt = c.getContext("2d");
```

getContext 方法返回一个指定 contextId 的上下文对象，如果指定的 id 不被支持，则返回 null，当前唯一被强制使用的参数必须是“2d”，也许在将来会有“3d”，注意，指定的 id 是大小写敏感的。对象 cxt 建立之后，就可以拥有多种绘制路径、矩形、圆形、字符和添加图像的方法。

step 03 绘制图形：

```
cxt.fillStyle = "#FF0000";
cxt.fillRect(0,0,150,75);
```

fillStyle 方法将其染成红色，fillRect 方法规定了形状、位置和尺寸。这两行代码用于绘制一个红色的矩形。

9.2 绘制基本形状

画布 canvas 结合 JavaScript 可以绘制简单的矩形，还可以绘制一些其他的常见图形，例如直线、圆等。

9.2.1 绘制矩形

使用 canvas 和 JavaScript 绘制一个矩形，可能会涉及到一个或多个方法，这些方法如表 9-1 所示。

表 9-1 绘制矩形的方法

方 法	功 能
fillRect	绘制一个矩形，这个矩形区域没有边框，只有填充色。这个方法有 4 个参数，前两个表示左上角的坐标位置，第 3 个参数为长度，第 4 个参数为高度
strokeRect	绘制一个带边框的矩形。该方法的 4 个参数的解释同上
clearRect	清除一个矩形区域，被清除的区域将没有任何线条。该方法的 4 个参数的解释同上

【例 9.1】(示例文件 ch09\9.1.html)

```
<!DOCTYPE html>

<html>
<body>

<canvas id="myCanvas" width="300" height="200"
  style="border:1px solid blue">
    Your browser does not support the canvas element.
</canvas>

<script type="text/javascript">
var c = document.getElementById("myCanvas");
var cxt = c.getContext("2d");
cxt.fillStyle = "rgb(0,0,200)";
cxt.fillRect(10,20,100,100);
</script>
</body>
</html>
```

上面的代码中，首先定义一个画布对象，其 id 名称为“myCanvas”，其高度和宽度都为 500 像素，并定义了画布边框显示样式。

在 JavaScript 代码中，首先获取画布对象，然后使用 getContext 获取当前 2d 的上下文对象，并使用 fillRect 绘制一个矩形。其中涉及到一个 fillStyle 属性，fillstyle 用于设定了填充的颜色、透明度等，如果设置为“rgb(200,0,0)”，则表示一个颜色，不透明；如果设为“rgba(0,0,200,0.5)”，则表示颜色为一个颜色，透明度为 50%。

在 IE 9.0 中的浏览效果如图 9-1 所示，可以看到，网页在一个蓝色边框中显示了一个蓝色的矩形。

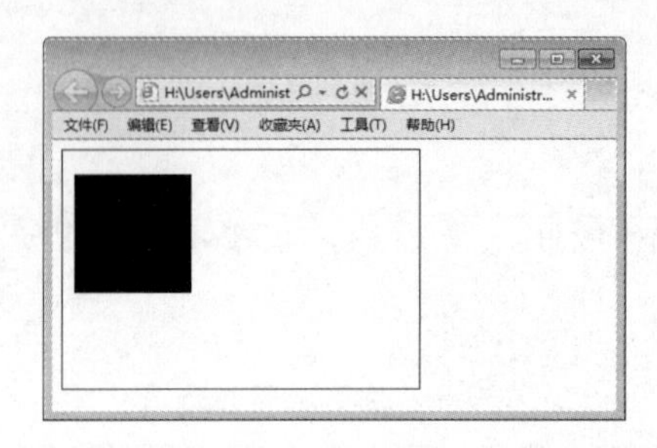

图 9-1　绘制矩形

9.2.2　绘制圆形

在画布中绘制圆形时，可能要涉及到下面几个方法，如表 9-2 所示。

表 9-2　绘制圆形的方法

方　法	功　能
beginPath()	开始绘制路径
arc(x,y,radius,startAngle, endAngle,anticlockwise)	x 和 y 定义的是圆的原点，radius 是圆的半径，startAngle 和 endAngle 是弧度，不是度数，anticlockwise 用来定义画圆的方向，值是 true 或 false
closePath()	结束路径的绘制
fill()	进行填充
stroke()	设置边框

路径是绘制自定义图形的好方法，在 canvas 中通过 beginPath()方法开始绘制路径，这个时候就可以绘制直线、曲线等，绘制完成后，调用 fill()和 stroke()完成填充和设置边框，通过 closePath()方法结束路径的绘制。

【例 9.2】(示例文件 ch09\9.2.html)

```
<!DOCTYPE html>
<html>
<body>
<canvas id="myCanvas" width="200" height="200"
  style="border:1px solid blue">
    Your browser does not support the canvas element.
</canvas>
<script type="text/javascript">
var c = document.getElementById("myCanvas");
var cxt = c.getContext("2d");
cxt.fillStyle = "#FFaa00";
cxt.beginPath();
cxt.arc(70,18,15,0,Math.PI*2,true);
cxt.closePath();
cxt.fill();
</script>
</body>
</html>
```

在上面 JavaScript 代码中，使用 beginPath 方法开启一个路径，然后绘制一个圆形，接下来关闭这个路径并填充。在 IE 9.0 中的浏览效果如图 9-2 所示，可以看到，网页在矩形边框中显示了一个黄色的圆。

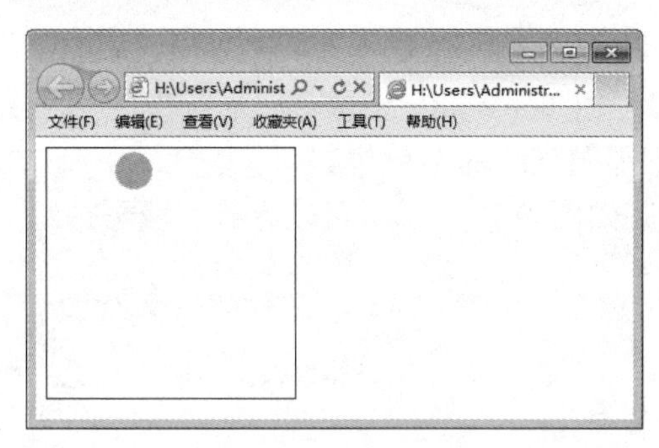

图 9-2 绘制椭圆

9.2.3 使用 moveTo 与 lineTo 绘制直线

绘制直线常用的方法是 moveTo 和 lineTo，其含义如表 9-3 所示。

表 9-3 绘制直线的方法

方法或属性	功 能
moveTo(x,y)	不绘制，只是将当前位置移动到新目标坐标(x,y)，并作为线条开始点
lineTo(x,y)	绘制线条到指定的目标坐标(x,y)，并且在两个坐标之间画一条直线。不管调用它们哪一个，都不会真正画出图形，因为还没有调用 stroke(绘制)和 fill(填充)函数。当前，只是在定义路径的位置，以便后面绘制时使用
strokeStyle	该属性是指定线条的颜色
lineWidth	该属性设置线条的粗细

【例 9.3】(示例文件 ch09\9.3.html)

```
<!DOCTYPE html>
<html>
<body>
<canvas id="myCanvas" width="200" height="200"
 style="border:1px solid blue">
   Your browser does not support the canvas element.
</canvas>
<script type="text/javascript">
var c = document.getElementById("myCanvas");
var cxt = c.getContext("2d");
cxt.beginPath();
cxt.strokeStyle = "rgb(0,182,0)";
cxt.moveTo(10,10);
cxt.lineTo(150,50);
cxt.lineTo(10,50);
cxt.lineWidth = 14;
cxt.stroke();
```

```
cxt.closePath();
</script>
</body>
</html>
```

上面的代码中，使用 moveTo 方法定义一个坐标位置为(10,10)，然后以此坐标位置为起点绘制了两个不同的直线，并使用 lineWidth 设置直线的宽度，使用 strokeStyle 设置了直线的颜色，使用 lineTo 设置了两个不同直线的结束位置。

在 IE 9.0 中浏览，效果如图 9-3 所示，可以看到，网页中绘制了两个直线，这两个直线在某一点交叉。

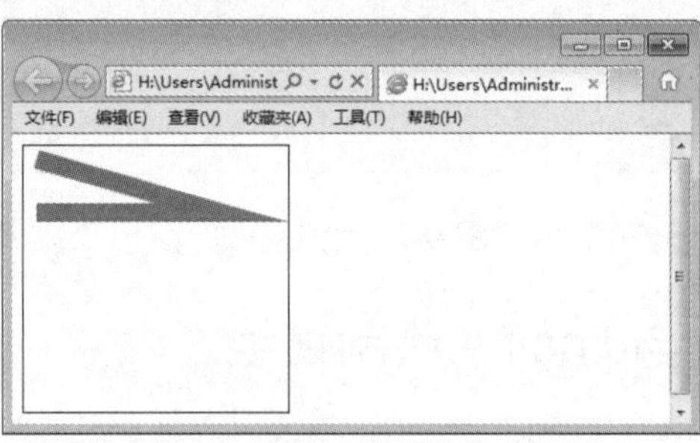

图 9-3 绘制直线

9.2.4 使用 bezierCurveTo 绘制贝塞尔曲线

在数学的数值分析领域中，贝塞尔曲线(Bézier 曲线)是电脑图形学中相当重要的参数曲线。更高维度的广泛化贝塞尔曲线就称作贝塞尔曲面，其中贝塞尔三角是一种特殊的实例。

bezierCurveTo()表示为一个画布的当前子路径添加一条三次贝塞尔曲线。这条曲线的开始点是画布的当前点，而结束点是(x, y)。两条贝塞尔曲线控制点(cpX1, cpY1)和(cpX2, cpY2)定义了曲线的形状。当这个方法返回的时候，当前的位置为(x, y)。

方法 bezierCurveTo 的具体格式如下：

```
bezierCurveTo(cpX1, cpY1, cpX2, cpY2, x, y)
```

其参数的含义如表 9-4 所示。

表 9-4 绘制贝塞尔曲线的参数

参 数	描 述
cpX1, cpY1	与曲线的开始点(当前位置)相关联的控制点的坐标
cpX2, cpY2	与曲线的结束点相关联的控制点的坐标
x, y	曲线的结束点的坐标

【例 9.4】(示例文件 ch09\9.4.html)

```
<!DOCTYPE html>
<html>
<head>
<title>贝济埃曲线</title>
<script>
    function draw(id)
```

```
    {
        var canvas = document.getElementById(id);
        if(canvas==null)
           return false;
        var context = canvas.getContext('2d');
        context.fillStyle = "#eeeeff";
        context.fillRect(0,0,400,300);
        var n = 0;
        var dx = 150;
        var dy = 150;
        var s = 100;
        context.beginPath();
        context.globalCompositeOperation = 'and';
        context.fillStyle = 'rgb(100,255,100)';
        context.strokeStyle = 'rgb(0,0,100)';
        var x = Math.sin(0);
        var y = Math.cos(0);
        var dig = Math.PI/15*11;
        for(var i=0; i<30; i++)
        {
            var x = Math.sin(i*dig);
            var y = Math.cos(i*dig);
            context.bezierCurveTo(dx+x*s, dy+y*s-100, dx+x*s+100,
                                      dy+y*s, dx+x*s, dy+y*s);
        }
        context.closePath();
        context.fill();
        context.stroke();
    }
</script>
</head>
<body onload="draw('canvas');">
<h1>绘制元素</h1>
<canvas id="canvas" width="400" height="300" />
</body>
</html>
```

上面函数 draw 的代码中，首先使用 fillRect(0,0,400,300)语句绘制了一个矩形，其大小和画布相同，其填充颜色为浅青色，接下来定义几个变量，用于设定曲线的坐标位置，在 for 循环中使用 bezierCurveTo 绘制贝塞尔曲线。在 IE 9.0 中的浏览效果如图 9-4 所示，可以看到网页中，显示了贝塞尔曲线。

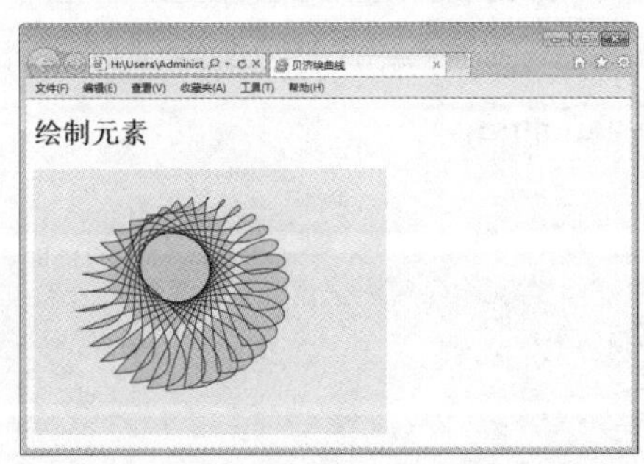

图 9-4　贝塞尔曲线

9.3 绘制渐变图形

渐变是两种或更多颜色的平滑过渡，是指在颜色集上使用逐步抽样算法，并将结果应用于描边样式和填充样式中。canvas 的绘图上下文支持两种类型的渐变：线性渐变和放射性渐变，其中放射性渐变也称为径向渐变。

9.3.1 绘制线性渐变

创建一个简单的渐变，非常容易，可能比使用 Photoshop 还要快，使用渐变需要如下三个步骤。

step 01 创建渐变对象：

```
var gradient = cxt.createLinearGradient(0,0,0,canvas.height);
```

step 02 为渐变对象设置颜色，指明过渡方式：

```
gradient.addColorStop(0,'#fff');
gradient.addColorStop(1,'#000');
```

step 03 在 context 上为填充样式或者描边样式设置渐变：

```
cxt.fillStyle = gradient;
```

要设置显示颜色，在渐变对象上使用 addColorStop 函数即可。除了可以变换成其他颜色外，还可以为颜色设置 alpha 值(例如透明)，并且 alpha 值也是可以变化的。为了达到这样的效果，需要使用颜色值的另一种表示方法，例如内置 alpha 组件的 CSSrgba 函数。绘制线性渐变，会使用到下面几个方法，如表 9-5 所示。

表 9-5 绘制线性渐变的方法

方　法	功　能
addColorStop	函数允许指定两个参数：颜色和偏移量。颜色参数是指开发人员希望在偏移位置描边或填充时所使用的颜色。偏移量是一个 0.0 到 1.0 之间的数值，代表沿着渐变线渐变的距离有多远
createLinearGradient(x0,y0,x1,x1)	沿着直线从(x0,y0)至(x1,y1)绘制渐变

【例 9.5】(示例文件 ch09\9.5.html)

```
<!DOCTYPE html>
<html>
<head>
<title>线性渐变</title>
</head>
<body>
<h1>绘制线性渐变</h1>
<canvas id="canvas" width="400" height="300" style="border:1px solid red"/>
<script type="text/javascript">
var c = document.getElementById("canvas");
```

```
var cxt = c.getContext("2d");
var gradient = cxt.createLinearGradient(0,0,0,canvas.height);
gradient.addColorStop(0,'#fff');
gradient.addColorStop(1,'#000');
cxt.fillStyle = gradient;
cxt.fillRect(0,0,400,400);
</script>
</body>
</html>
```

上面的代码使用2D环境对象产生了一个线性渐变对象，渐变的起始点是(0,0)，渐变的结束点是(0,canvas.height)，下面使用addColorStop函数设置渐变颜色，最后将渐变填充到上下文环境的样式中。

在IE 9.0中浏览，效果如图9-5所示，可以看到，网页中创建了一个垂直方向上的渐变，从上到下颜色逐渐变深。

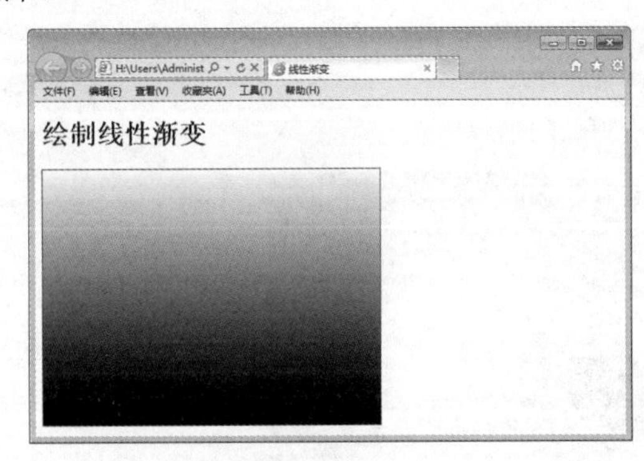

图9-5 线性渐变

9.3.2 绘制径向渐变

所谓放射性渐变，就是颜色会介于两个指定圆之间的锥形区域平滑变化。放射性渐变和线性渐变使用的颜色终止点是一样的。

如果要实现放射线渐变，即径向渐变，需要使用createRadialGradient方法。

createRadialGradient(x0,y0,r0,x1,y1,r1)方法表示沿着两个圆之间的锥面绘制渐变。其中前三个参数代表开始的圆，圆心为(x0,y0)，半径为r0。最后三个参数代表结束的圆，圆心为(x1,y1)，半径为r1。

【例9.6】(示例文件ch09\9.6.html)

```
<!DOCTYPE html>
<html>
<head>
<title>径向渐变</title>
</head>
<body>
<h1>绘制径向渐变</h1>
<canvas id="canvas" width="400" height="300" style="border:1px solid red"/>
<script type="text/javascript">
var c = document.getElementById("canvas");
```

```
var cxt = c.getContext("2d");
var gradient = cxt.createRadialGradient(canvas.width/2,canvas.height/2,0,
                canvas.width/2,canvas.height/2,150);
gradient.addColorStop(0,'#fff');
gradient.addColorStop(1,'#000');
cxt.fillStyle = gradient;
cxt.fillRect(0,0,400,400);
</script>
</body>
</html>
```

上面的代码中，首先创建渐变对象 gradient，此处使用 createRadialGradient 方法创建了一个径向渐变，然后使用 addColorStop 添加颜色，最后将渐变填充到上下文环境中。

在 IE 9.0 中浏览，效果如图 9-6 所示，可以看到，网页中从圆的中心亮点开始，向外逐步发散，形成了一个径向渐变。

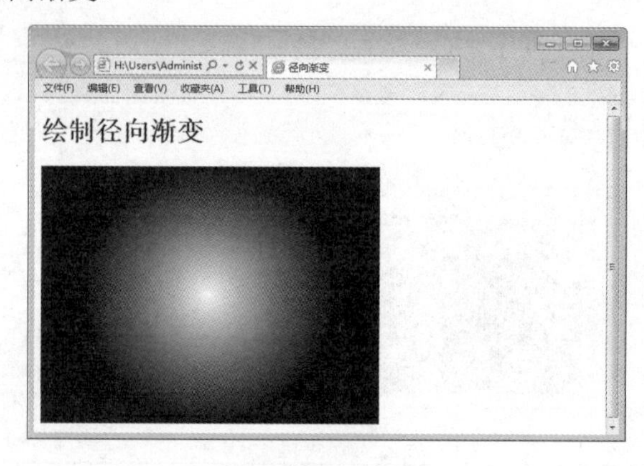

图 9-6　径向渐变

9.4　绘制变形图形

画布 canvas 不但可以使用 moveTo 这样的方法来移动画笔，绘制图形和线条，还可以使用变换来调整画笔下的画布，变换的方法包括旋转、缩放和平移等。

9.4.1　绘制平移效果的图形

如果要对图形实现平移，需要使用 translate(x,y)方法，该方法表示在平面上平移，即如果原来在(100,100)，然后 translate(1,1)，则新的坐标原点在(101,101)，而不是(1,1)。

【例 9.7】(示例文件 ch09\9.7.html)

```
<!DOCTYPE html>
<html>
<head>
<title>绘制坐标变换</title>
<script>
    function draw(id)
    {
```

```
        var canvas = document.getElementById(id);
        if(canvas==null)
            return false;
        var context = canvas.getContext('2d');
        context.fillStyle  ="#eeeeff";
        context.fillRect(0,0,400,300);
        context.translate(200,50);
        context.fillStyle = 'rgba(255,0,0,0.25)';
        for(var i=0; i<50; i++){
            context.translate(25,25);
            context.fillRect(0,0,100,50);
        }
    }
</script>
</head>
<body onload="draw('canvas');">
<h1>变换原点坐标</h1>
<canvas id="canvas" width="400" height="300" />
</body>
</html>
```

在 draw 函数中，使用 fillRect 方法绘制了一个矩形，然后使用 translate 方法平移到一个新位置，并从新位置开始，使用 for 循环，连续移动多次坐标原点，即多次绘制矩形。

在 IE 9.0 中浏览，效果如图 9-7 所示，可以看到网页中从坐标位置(200,50)开始绘制矩形，并每次以指定的平移距离绘制矩形。

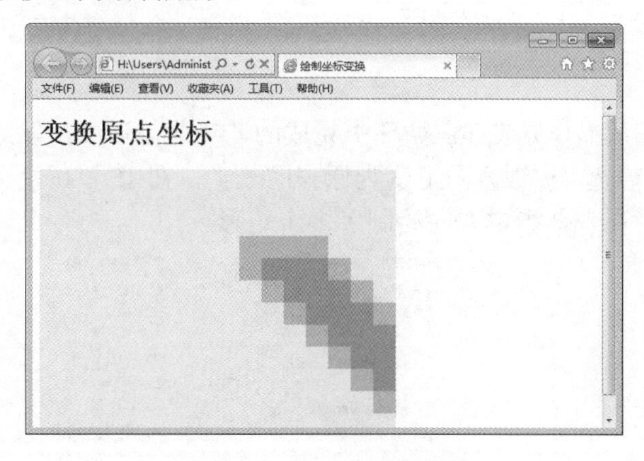

图 9-7　变换坐标原点

9.4.2　绘制缩放效果的图形

对于变形图形来说，其中最常用的方式，就是对图形进行缩放，即以原来图形为参考，放大或者缩小图形，从而增加效果。

如果要实现图形缩放，需要使用 scale(x,y)函数，该函数带有两个参数，分别代表在 x,y 两个方向上的值。每个参数在 canvas 显示图像的时候，向其传递在本方向轴上图像要放大(或者缩小)的量。如果 x 值为 2，就代表所绘制图像中全部元素都会变成两倍宽。如果 y 值为 0.5，绘制出来的图像全部元素都会变成先前的一半高。

【例 9.8】(示例文件 ch09\9.8.html)

```
<!DOCTYPE html>
<html>
<head>
<title>绘制图形缩放</title>
<script>
    function draw(id)
    {
        var canvas = document.getElementById(id);
        if(canvas==null)
           return false;
        var context = canvas.getContext('2d');
        context.fillStyle = "#eeeeff";
        context.fillRect(0,0,400,300);
        context.translate(200,50);
        context.fillStyle = 'rgba(255,0,0,0.25)';
        for(var i=0; i<50; i++){
            context.scale(3,0.5);
            context.fillRect(0,0,100,50);
        }
    }
</script>
</head>
<body onload="draw('canvas');">
<h1>图形缩放</h1>
<canvas id="canvas" width="400" height="300" />
</body>
</html>
```

上面的代码中，缩放操作是在 for 循环中完成的，在此循环中，以原来图形为参考，使其在 X 轴方向增加为 3 倍宽，y 轴方向上变为原来的一半。在 IE 9.0 中浏览，效果如图 9-8 所示，可以看到，网页中在一个指定方向绘制了多个矩形。

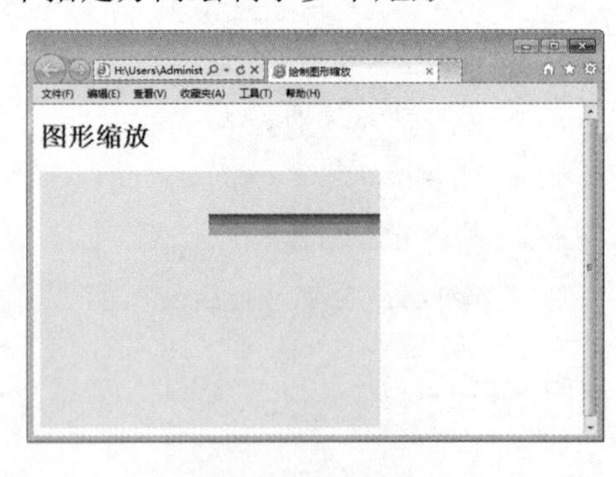

图 9-8　图形缩放

9.4.3　绘制旋转效果的图形

变换操作并不限于缩放和平移，还可以使用 context.rotate(angle)函数来旋转图像，甚至可以直接修改底层变换矩阵以完成一些高级操作，如剪裁图像的绘制路径。

rotate()方法默认地从左上端的(0,0)开始旋转，通过指定一个角度，改变画布坐标和 Web

浏览器中<canvas>元素的像素间的映射，使得任意后续绘图在画布中都显示为旋转的。

【例 9.9】(示例文件 ch09\9.9.html)

```
<!DOCTYPE html>
<html>
<head>
<title>绘制旋转图像</title>
<script>
    function draw(id)
    {
        var canvas = document.getElementById(id);
        if(canvas==null)
           return false;
        var context = canvas.getContext('2d');
        context.fillStyle = "#eeeeff";
        context.fillRect(0,0,400,300);
        context.translate(200,50);
        context.fillStyle = 'rgba(255,0,0,0.25)';
        for(var i=0; i<50; i++){
            context.rotate(Math.PI/10);
            context.fillRect(0,0,100,50);
        }
    }
</script>
</head>
<body onload="draw('canvas');">
<h1>旋转图形</h1>
<canvas id="canvas" width="400" height="300" />
</body>
</html>
```

上面的代码中，使用 rotate 方法，在 for 循环中对多个图形进行旋转，其旋转角度相同。在 IE 9.0 中浏览，效果如图 9-9 所示，多个矩形以中心弧度为原点，进行了旋转。

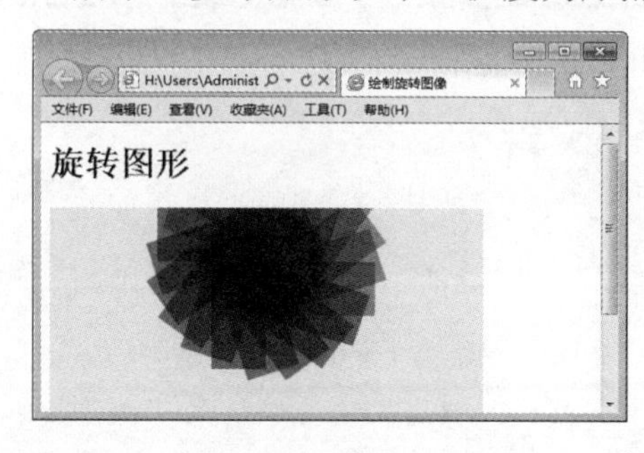

图 9-9　旋转图形

这个操作并没有旋转<canvas>元素本身。而且，旋转的角度是用弧度指定的。

9.4.4　绘制组合效果的图形

用前面介绍的知识，可以将一个图形画在另一个图形之上。但大多数情况下，这样做是不够的。例如，这样会受制于图形的绘制顺序。

不过，我们可以利用 globalCompositeOperation 属性来改变这些做法。不仅可以在已有图形后面再画新图形，还可以用来遮盖，清除(比 clearRect 方法强劲得多)某些区域。

其语法格式如下：

```
globalCompositeOperation = type;
```

表示设置不同形状的组合类型，其中 type 表示的图形是已经存在的 canvas 内容，圆的图形是新的形状，其默认值为 source-over，表示在 canvas 内容上面画新的形状。

属性值 type 具有 12 个含义，具体如表 9-6 所示。

表 9-6　type 的属性值

属 性 值	说　明
source-over	这是默认设置，新图形会覆盖在原有内容之上
destination-over	会在原有内容之下绘制新图形
source-in	新图形会仅仅出现与原有内容重叠的部分，其他区域都变成透明的
destination-in	原有内容中与新图形重叠的部分会被保留，其他区域都变成透明的
source-out	结果是只有新图形中与原有内容不重叠的部分会被绘制出来
destination-out	原有内容中与新图形不重叠的部分会被保留
source-atop	新图形中与原有内容重叠的部分会被绘制，并覆盖于原有内容之上
destination-atop	原有内容中与新内容重叠的部分会被保留，并会在原有内容之下绘制新图形
lighter	两图形中重叠部分做加色处理
darker	两图形中重叠的部分做减色处理
xor	重叠的部分会变成透明
copy	只有新图形会被保留，其他的都被清除掉

【例 9.10】(示例文件 ch09\9.10.html)

```
<!DOCTYPE html>
<html>
<head>
<title>绘制图形组合</title>
<script>
function draw(id)
{
   var canvas = document.getElementById(id);
   if(canvas == null)
      return false;
   var context = canvas.getContext('2d');
   var oprtns = new Array(
         "source-atop",
         "source-in",
         "source-out",
         "source-over",
         "destination-atop",
         "destination-in",
```

```
            "destination-out",
            "destination-over",
            "lighter",
            "copy",
            "xor"
        );
    var i = 10;
    context.fillStyle = "blue";
    context.fillRect(10,10,60,60);
    context.globalCompositeOperation = oprtns[i];
    context.beginPath();
    context.fillStyle = "red";
    context.arc(60,60,30,0,Math.PI*2,false);
    context.fill();
}
</script>
</head>
<body onload="draw('canvas');">
<h1>图形组合</h1>
<canvas id="canvas" width="400" height="300" />
</body>
</html>
```

在上面的代码中，首先创建了一个 oprtns 数组，用于存储 type 的 12 个值，然后绘制了一个矩形，并使用 content 上下文对象设置了图形的组合方式，即采用新图形显示，其他被清除的方式，最后使用 arc 绘制了一个圆。

在 IE 9.0 中的浏览效果如图 9-10 所示，在显示页面上绘制了一个矩形和圆，但矩形和圆接触的地方以空白显示。

图 9-10　图形组合

9.4.5　绘制带阴影的图形

在画布 canvas 上绘制带有阴影效果的图形非常简单，只需要设置几个属性即可。这几个属性分别为 shadowOffsetX、shadowOffsetY、shadowBlur 和 shadowColor。

其中，shadowColor 表示阴影颜色，其值与 CSS 颜色值一致。shadowBlur 表示设置阴影模糊程度，此值越大，阴影越模糊。shadowOffsetX 和 shadowOffsetY 属性表示阴影的 x 和 y 偏移量，单位是像素。

【例 9.11】(示例文件 ch09\9.11.html)

```
<!DOCTYPE html>
<html>
<head>
<title>绘制阴影效果图形</title>
</head>
<body>
<canvas id="my_canvas" width="200" height="200"
  style="border:1px solid #ff0000">
</canvas>
<script type="text/javascript">
var elem = document.getElementById("my_canvas");
if (elem && elem.getContext) {
    var context = elem.getContext("2d");
    //shadowOffsetX 和 shadowOffsetY：阴影的 x 和 y 偏移量，单位是像素
    context.shadowOffsetX = 15;
    context.shadowOffsetY = 15;
    //hadowBlur：设置阴影模糊程度。此值越大，阴影越模糊。
    //其效果与 Photoshop 的高斯模糊滤镜相同
    context.shadowBlur = 10;
    //shadowColor：阴影颜色。其值与 CSS 颜色值一致
    //context.shadowColor = 'rgba(255, 0, 0, 0.5)';  或下面的十六进制的表示方法
    context.shadowColor = '#f00';
    context.fillStyle = '#00f';
    context.fillRect(20, 20, 150, 100);
}
</script>
</body>
</html>
```

在 IE 9.0 中浏览，效果如图 9-11 所示，页面上显示了一个蓝色矩形，阴影为红色矩形。

图 9-11　带有阴影的图形

9.5　使用图像

画布 canvas 的一项功能就是可以引入图像，它可以用于图片合成或者制作背景等。而目前仅可以在图像中加入文字。只要是 Geck 支持的图像(如 PNG、GIF、JPEG 等)都可以引入到 canvas 中，而且其他的 canvas 元素也可以作为图像的来源。

9.5.1 绘制图像

要在画布 canvas 上绘制图像，需要先有一个图片。这个图片可以是已经存在的<img>元素，或者通过 JS 创建。无论采用哪种方式，都需要在绘制 canvas 之前，完全加载这张图片。浏览器通常会在页面脚本执行的同时异步加载图片。如果试图在图片未完全加载之前就将其呈现到 canvas 上，那么 canvas 将不会显示任何图片。

捕获和绘制图形完全是通过 drawImage 方法完成的，它可以接受不同的 HTML 参数，具体含义如表 9-7 所示。

表 9-7 绘制图形的方法

方 法	说 明
drawIamge(image,dx,dy)	接受一个图片，并将其画到 canvas 中。给出的坐标(dx,dy)代表图片的左上角。例如，坐标(0,0)将把图片画到 canvas 的左上角
drawIamge(image,dx,dy,dw,dh)	接受一个图片，将其缩放为宽度 dw 和高度 dh，然后把它画到 canvas 上的(dx,dy)位置
drawIamge(image,sx,sy,sw,sh,dx,dy,dw,dh)	接受一个图片，通过参数(sx,sy,sw,sh)指定图片裁剪的范围，缩放到(dw,dh)的大小，最后把它画到 canvas 上的(dx,dy)位置

【例 9.12】(示例文件 ch09\9.12.html)

```
<!DOCTYPE html>
<html>
<head><title>绘制图像</title></head>
<body>
<canvas id="canvas" width="300" height="200" style="border:1px solid blue">
 Your browser does not support the canvas element.
</canvas>
<script type="text/javascript">
window.onload=function(){
   var ctx = document.getElementById("canvas").getContext("2d");
   var img = new Image();
   img.src = "01.jpg";
   img.onload=function(){
      ctx.drawImage(img,0,0);
   }
}
</script>
</body>
</html>
```

在上面的代码中，使用窗口的 onload 加载事件，即页面被加载时执行函数。在函数中，创建上下文对象 ctx，并创建 Image 对象 img；下面使用 img 对象的 src 属性设置图片来源，最后使用 drawImage 画出当前的图像。

在 IE 9.0 中的浏览效果如图 9-12 所示，在页面中绘制了一个图像，并在画布中显示。

图 9-12 绘制图像

9.5.2 平铺图像

使用画布 canvas 绘制图像有很多种用处，其中一个用处就是将绘制的图像作为背景图片使用。在做背景图片时，如果显示图片的区域大小不能直接设定，通常将图片以平铺的方式显示。

HTML 5 的 Canvas API 支持图片平铺，对此，需要调用 createPattern 函数来替代先前的 drawImage 函数。函数 createPattern 的语法格式如下：

```
createPattern(image,type)
```

其中，image 表示要绘制的图像，type 表示平铺的类型，其具体含义如表 9-8 所示。

表 9-8 type 表示平铺的类型

参 数 值	说 明
no-repeat	不平铺
repeat-x	横方向平铺
repeat-y	纵方向平铺
repeat	全方向平铺

【例 9.13】(示例文件 ch09\9.13.html)

```
<!DOCTYPE html>
< html>
<head>
<title>绘制图像平铺</title>
</head>
<body onload="draw('canvas');">
<h1>图形平铺</h1>
<canvas id="canvas" width="800" height="600"></canvas>
<script>
function draw(id){
   var canvas = document.getElementById(id);
   if(canvas==null){
      return false;
   }
```

```
    var context = canvas.getContext('2d');
    context.fillStyle = "#eeeeff";
    context.fillRect(0,0,800,600);
    image = new Image();
    image.src = "02.jpg";
    image.onload=function(){
        var ptrn = context.createPattern(image,'repeat');
        context.fillStyle = ptrn;
        context.fillRect(0,0,800,600);
    }
}
</script>
</body>
</html>
```

上面的代码中，用 fillRect 创建了一个宽度为 800，高度为 600，左上角坐标位置为(0,0)的矩形，然后创建了一个 Image 对象，src 表示连接一个图像源，然后使用 createPattern 绘制一个图像，其方式是完全平铺，并将这个图像作为一个模式填充到矩形中。最后绘制这个矩形，此矩形大小完全覆盖原来的图形。

在 IE 9.0 中浏览，效果如图 9-13 所示，在页面上绘制了一个图像，其图像以平铺的方式充满整个矩形。

图 9-13　图像平铺

9.5.3　裁剪图像

要完成对图像的裁剪，需要用到 clip 方法。clip 方法表示给 canvas 设置一个剪辑区域，在调用 clip 方法之后的代码只对这个设定的剪辑区域有效，不会影响其他地方，这个方法在要进行局部更新时很有用。默认情况下，剪辑区域是一个左上角在(0,0)，宽和高分别等于 canvas 元素的宽和高的矩形。

【例 9.14】(示例文件 ch09\9.14.html)

```
<!DOCTYPE html>
<html>
<head>
<title>绘制图像裁剪</title>
```

```
<script type="text/javascript" src="script.js"></script>
</head>
<body onload="draw('canvas');">
<h1>图像裁剪实例</h1>
<canvas id="canvas" width="400" height="300"></canvas>
<script>
    function draw(id){
        var canvas = document.getElementById(id);
        if(canvas==null){
            return false;
        }
        var context = canvas.getContext('2d');
        var gr = context.createLinearGradient(0,400,300,0);
        gr.addColorStop(0,'rgb(255,255,0)');
        gr.addColorStop(1,'rgb(0,255,255)');
        context.fillStyle = gr;
        context.fillRect(0,0,400,300);
        image = new Image();
        image.onload=function(){
            drawImg(context,image);
        };
        image.src = "02.jpg";
    }
    function drawImg(context,image){
        create8StarClip(context);
        context.drawImage(image,-50,-150,300,300);
    }
    function create8StarClip(context){
        var n = 0;
        var dx = 100;
        var dy = 0;
        var s = 150;
        context.beginPath();
        context.translate(100,150);
        var x = Math.sin(0);
        var y = Math.cos(0);
        var dig = Math.PI/5*4;
        for(var i=0; i<8; i++){
            var x = Math.sin(i*dig);
            var y = Math.cos(i*dig);
            context.lineTo(dx+x*s,dy+y*s);
        }
        context.clip();
    }
</script>
</body>
</html>
```

上面的代码中，创建了 3 个 JavaScript 函数，其中 create8StarClip 函数完成了多边的图形创建，并以此图形作为裁剪的依据。drawImg 函数表示绘制一个图形，其图形带有裁剪区域。draw 函数完成对画布对象的获取，并定义一个线性渐变，然后创建了一个 Image 个对象。

在 IE 9.0 中浏览，效果如图 9-14 所示，在页面上绘制了一个 5 边形，图像作为 5 边形的背景显示，从而实现了对象图像的裁剪。

图 9-14 图像裁剪

9.5.4 图像的像素处理

在画布中，可以使用 ImageData 对象来保存图像像素值，它有 width、height 和 data 三个属性，其中 data 属性就是一个连续数组，图像的所有像素值其实是保存在 data 里面的。

data 属性保存像素值的方法如下：

```
imageData.data[index*4 + 0]
imageData.data[index*4 + 1]
imageData.data[index*4 + 2]
imageData.data[index*4 + 3]
```

上面取出了 data 数组中连续相邻的 4 个值，这 4 个值分别代表了图像中第 index+1 个像素的红色、绿色、蓝色和透明度值的大小。需要注意的是 index 从 0 开始，图像中总共有 width * height 个像素，数组中总共保存了 width * height * 4 个数值。

画布对象由三个方法用来创建、读取和设置 ImageData 对象，如表 9-9 所示。

表 9-9 创建画布对象的方法

方 法	说 明
createImageData(width, height)	在内存中创建一个指定大小的 ImageData 对象(即像素数组)，对象中的像素点都是黑色透明的，即 rgba(0,0,0,0)
getImageData(x, y, width, height)	返回一个 ImageData 对象，这个 IamgeData 对象中包含了指定区域的像素数组
putImageData(data, x, y)	将 ImageData 对象绘制到屏幕的指定区域上

【例 9.15】(示例文件 ch09\9.15.html)

```
<!DOCTYPE html>
<html>
<head>
<title>图像像素处理</title>
<script type="text/javascript" src="script.js"></script>
</head>
<body onload="draw('canvas');">
<h1>像素处理示例</h1>
<canvas id="canvas" width="400" height="300"></canvas>
```

```
<script>
    function draw(id){
        var canvas = document.getElementById(id);
        if(canvas==null){
            return false;
        }
        var context = canvas.getContext('2d');
        image = new Image();
        image.src = "01.jpg";
        image.onload=function(){
            context.drawImage(image,0,0);
            var imagedata =
              context.getImageData(0,0,image.width,image.height);
            for(var i=0,n=imagedata.data.length; i<n; i+=4){
                imagedata.data[i+0] = 255-imagedata.data[i+0];
                imagedata.data[i+1] = 255-imagedata.data[i+2];
                imagedata.data[i+2] = 255-imagedata.data[i+1];
            }
            context.putImageData(imagedata,0,0);
        };
    }
</script>
</body>
</html>
```

在上面的代码中，使用 getImageData 方法获取了一个 ImageData 对象，并包含相关的像素数组。在 for 循环中对像素值重新赋值，最后使用 putImageData 将处理过的图像在画布上绘制出来。

在 IE 9.0 中的浏览效果如图 9-15 所示，在显示页面上显示了一个图像，其图像明显经过像素处理，显示得没有原来清晰。

图 9-15　像素处理

9.6　绘制文字

在画布中绘制字符串(文字)的方式，与操作其他路径对象的方式相同，可以描绘文本轮廓和填充文本内部，同时，所有能够应用于其他图形的变换和样式都能用于文本。

文本绘制功能如表 9-10 所示。

表 9-10 绘制文本的方法

方 法	说 明
fillText(text,x,y,maxwidth)	绘制带 fillStyle 填充的文字，有文本参数以及用于指定文本位置的坐标参数。maxwidth 是可选参数，用于限制字体大小，它会将文本字体强制收缩到指定尺寸
strokeText(text,x,y,maxwidth)	绘制只有 strokeStyle 边框的文字，其参数含义与上一个方法相同
measureText	该函数会返回一个度量对象，包含了在当前 context 环境下指定文本的实际显示宽度

为了保证文本在各浏览器下都能正常显示，在绘制上下文里有以下字体属性。

- font：可以是 CSS 字体规则中的任何值。包括字体样式、字体变种、字体大小与粗细、行高和字体名称。
- textAlign：控制文本的对齐方式。它类似于(但不完全等同于)CSS 中的 text-align。可能的取值为 start、end、left、right 和 center。
- textBaseline：控制文本相对于起点的位置。可取值包括 top、hanging、middle、alphabetic、ideographic 和 bottom。对于简单的英文字母，可以放心地使用 top、middle 或 bottom 作为文本基线。

【例 9.16】(示例文件 ch09\9.16.html)

```
<!DOCTYPE html>
<html>
<head>
<title>Canvas</title>
</head>
<body>
<canvas id="my_canvas" width="200" height="200"
 style="border:1px solid #ff0000">
</canvas>
<script type="text/javascript">
var elem = document.getElementById("my_canvas");
if (elem && elem.getContext) {
    var context = elem.getContext("2d");
    context.fillStyle = '#00f';
    //font：文字字体，同 CSSfont-family 属性
    context.font = 'italic 30px 微软雅黑';    //斜体 30 像素 微软雅黑字体
    //textAlign：文字水平对齐方式。
    //可取属性值：start, end, left,right, center。默认值：start
    context.textAlign = 'left';
    //文字竖直对齐方式。
    //可取属性值：top, hanging, middle,alphabetic, ideographic, bottom。
    //默认值：alphabetic
    context.textBaseline = 'top';
    //要输出的文字内容，文字位置坐标，第 4 个参数为可选选项——最大宽度。
    //如果需要的话，浏览器会缩减文字以让它适应指定宽度
    context.fillText('生日快乐!', 0, 0,50);    //有填充
    context.font = 'bold 30px sans-serif';
    context.strokeText('生日快乐!', 0, 50,100);  //只有文字边框
```

```
}
</script>
</body>
</html>
```

在 IE 9.0 中的浏览效果如图 9-16 所示，在显示页面上显示了一个画布边框，画布中显示了两个不同的字符串，第一个字符串以斜体显示，其颜色为蓝色。第二个字符串字体颜色为浅黑色，加粗显示。

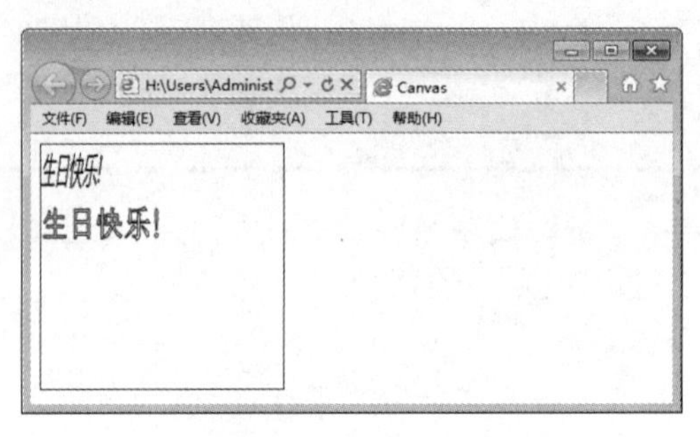

图 9-16　绘制文字

9.7　图形的保存与恢复

在画布对象绘制图形或图像时，可以将这些图形或者图形的状态进行改变，即永久保存图形或图像。

9.7.1　保存与恢复状态

在画布对象中，由两个方法管理绘制状态的当前栈，save 方法把当前状态压入栈中，而 restore 从栈顶弹出状态。绘制状态不会覆盖对画布所做的每件事情。其中 save 方法用来保存 canvas 的状态。save 之后，可以调用 canvas 的平移、缩放、旋转、裁剪等操作。restore 方法用来恢复 canvas 先前保存的状态。防止 save 后对 canvas 执行的操作对后续的绘制有影响。save 和 restore 要配对使用(restore 可以比 save 少，但不能多)，如果 restore 调用次数比 save 多，会引发 Error。

【例 9.17】(示例文件 ch09\9.17.html)

```
<!DOCTYPE html>
<html>
<head><title>保存与恢复</title></head>
<body>
<canvas id="myCanvas" width="500" height="400"
  style="border:1px solid blue">
    Your browser does not support the canvas element.
</canvas>
<script type="text/javascript">
var c = document.getElementById("myCanvas");
var ctx = c.getContext("2d");
ctx.fillStyle = "rgb(0,0,255)";
```

```
ctx.save();
ctx.fillRect(50,50,100,100);
ctx.fillStyle = "rgb(255,0,0)";
ctx.save();
ctx.fillRect(200,50,100,100);
ctx.restore()
ctx.fillRect(350,50,100,100);
ctx.restore();
ctx.fillRect(50, 200, 100, 100);
</script>
</body>
</html>
```

在上面的代码中，绘制了 4 个矩形，在第一个绘制之前，定义当前矩形的显示颜色，并将此样式加入到栈中，然后创建了一个矩形。第二个矩形绘制之前，重新定义了矩形显示的颜色，并使用 save 将此样式压入到栈中，然后创建了一个矩形。在第 3 个矩形绘制之前，使用 restore 恢复当前显示颜色，即调用栈中的最上层颜色绘制矩形。第 4 个矩形绘制之前，继续使用 restore 方法，调用最后一个栈中元素定义的矩形颜色。

在 IE 9.0 中浏览，效果如图 9-17 所示，在显示页面上绘制了 4 个矩形，第一个和第 4 个矩形显示为蓝色，第二个和第 3 个矩形显示为红色。

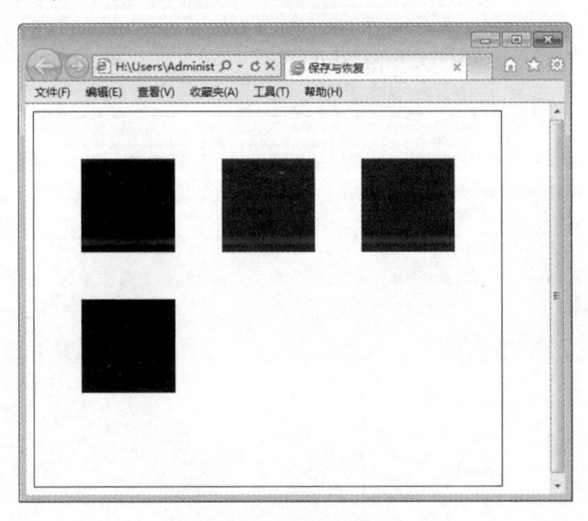

图 9-17　恢复和保存

9.7.2　保存文件

当绘制出漂亮的图形时，有时需要保存这些劳动成果。这时可以将当前的画布元素(而不是 2D 环境)的当前状态导出到数据 URL。导出很简单，可以利用 toDataURL 方法来完成，可以使用不同的图片格式。目前，PNG 格式是规范定义的格式之一，不同的浏览器还支持其他的格式。

目前 Firefox 和 Opera 浏览器只支持 PNG 格式，Safari 支持 GIF、PNG 和 JPG 格式。大多数浏览器支持读取 base64 编码内容，例如一幅图像，URL 的格式如下：

```
data:image/png;base64,iVBORw0KGgoAAAANSUhEUgAAAfQAAAH0CAYAAADL1t
```

它以一个 data 开始，然后是 mine 类型，之后是编码和 base64，最后是原始数据。这些原始数据就是画布元素所要导出的内容，并且浏览器能够将数据编码为真正的资源。

【例 9.18】(示例文件 ch09\9.18.html)

```
<!DOCTYPE html>
<html>
<body>
<canvas id="myCanvas" width="500" height="500"
  style="border:1px solid blue">
    Your browser does not support the canvas element.
</canvas>
<script type="text/javascript">
var c = document.getElementById("myCanvas");
var cxt = c.getContext("2d");
cxt.fillStyle = 'rgb(0,0,255)';
cxt.fillRect(0,0,cxt.canvas.width,cxt.canvas.height);
cxt.fillStyle = "rgb(0,255,0)";
cxt.fillRect(10,20,50,50);
window.location = cxt.canvas.toDataURL(image/png');
</script>
</body>
</html>
```

在上面的代码中，使用 canvas.toDataURL 语句将当前绘制图像保存到 URL 数据中。在 IE 9.0 中浏览，效果如图 9-18 所示，在显示页面中无任何数据显示，并且提示无法显示该页面。此时需要注意的是鼠标指向的位置，即地址栏中 URL 数据。

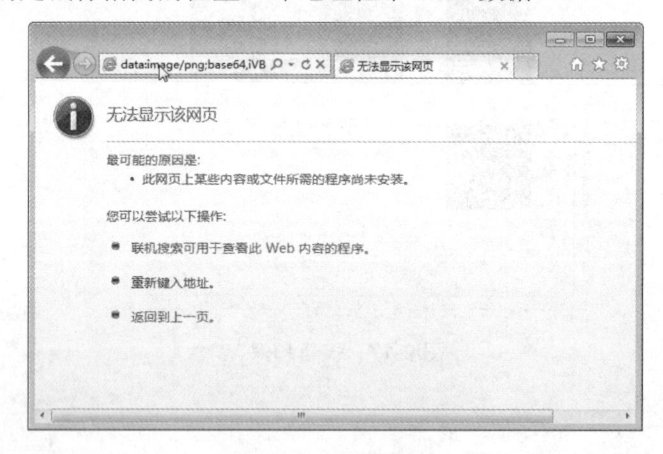

图 9-18　保存图形

9.8　综合示例——绘制火柴棒人物

漫画中最常见的一种图形，就是火柴棒人，通过简单的几个笔画，就可以绘制一个传神的动漫人物。使用 canvas 和 JavaScript 同样可以绘制一个火柴棒人物。具体步骤如下。

step 01 分析需求。

一个火柴棒人由下面几个部分组成：一个脸部，一个是身躯。脸部是一个圆形，其中包括眼睛和嘴；身躯由几条直线组成，包括手和腿等。实际上此案例就是绘制圆形和直线的组合。示例完成后，效果如图 9-19 所示。

step 02 实现 HTML 页面，定义画布 canvas：

```
<!DOCTYPE html>
<html>
<title>绘制火柴棒人</title>
<body>
<canvas id="myCanvas" width="500" height="300"
  style="border:1px solid blue">
    Your browser does not support the canvas element.
</canvas>
</body>
</html>
```

在 IE 9.0 中浏览，效果如图 9-20 所示，页面中显示了一个画布边框。

图 9-19　火柴棒人

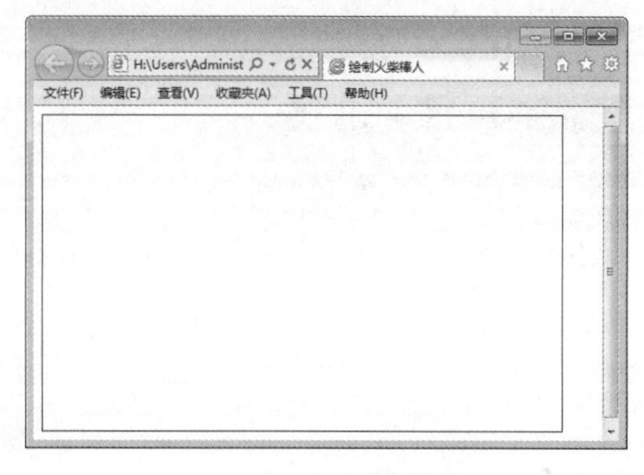

图 9-20　定义画布边框

step 03 实现头部轮廓绘制：

```
<script type="text/javascript">
var c = document.getElementById("myCanvas");
var cxt = c.getContext("2d");
cxt.beginPath();
cxt.arc(100,50,30,0,Math.PI*2,true);
cxt.fill();
</script>
```

这会产生一个实心的、填充的头部，即圆形。在 arc 函数中，x 和 y 的坐标为(100,50)，半径为 30 像素，另两个参数的弧度为弧度的开始和结束，第 6 个参数表示绘制弧形的方向，即顺时针和逆时针方向。

在 IE 9.0 中浏览，效果如图 9-21 所示，页面显示了实心圆，其颜色为黑色。

step 04 用 JS 绘制笑脸：

```
cxt.beginPath();
cxt.strokeStyle = '#c00';
cxt.lineWidth = 3;
cxt.arc(100,50,20,0,Math.PI,false);
cxt.stroke();
```

此处使用 beginPath 方法，表示重新绘制，并设定线条宽度，然后绘制了一个弧形，这个弧形是从嘴部开始的弧形。

在 IE 9.0 中浏览，效果如图 9-22 所示，页面上显示了一个漂亮的半圆式的笑脸。

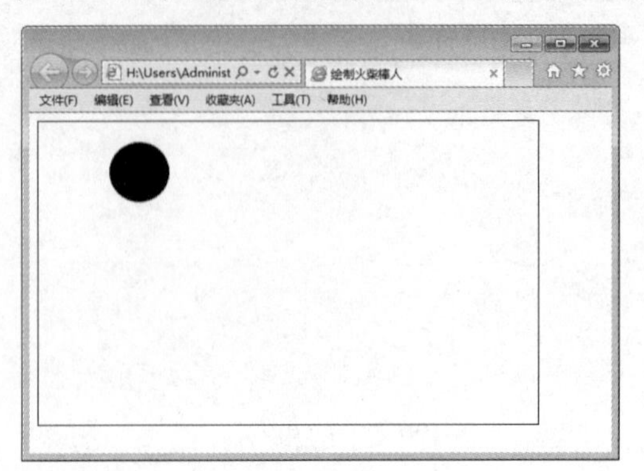

图 9-21　绘制头部轮廓

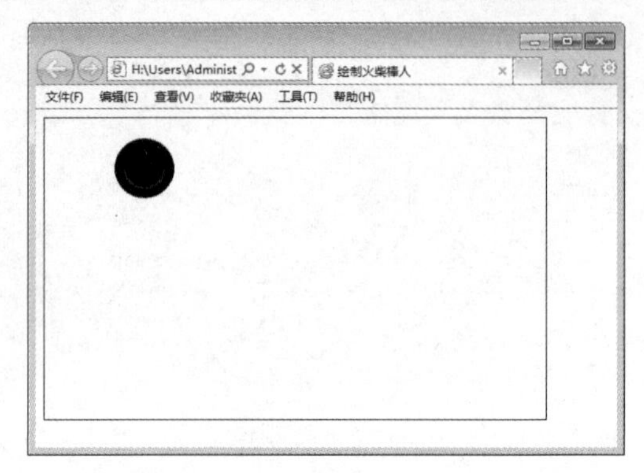

图 9-22　绘制笑脸

step 05 用 JS 绘制眼睛：

```
cxt.beginPath();
cxt.fillStyle = "#c00";
cxt.arc(90,45,3,0,Math.PI*2,true);
cxt.fill();
cxt.moveTo(113,45);
cxt.arc(110,45,3,0,Math.PI*2,true);
cxt.fill();
cxt.stroke();
```

首先填充弧线，创建了一个实体样式的眼睛，以 arc 绘制左眼，然后使用 moveTo 绘制右眼。在 IE 9.0 中浏览，效果如图 9-23 所示，页面中显示了一双眼睛。

step 06 绘制身躯：

```
cxt.moveTo(100,80);
cxt.lineTo(100,150);
cxt.moveTo(100,100),
cxt.lineTo(60,120);
cxt.moveTo(100,100);
cxt.lineTo(140,120);
cxt.moveTo(100,150);
cxt.lineTo(80,190);
cxt.moveTo(100,150);
cxt.lineTo(140,190);
cxt.stroke();
```

上面的代码以 moveTo 为开始坐标，以 lineTo 为终点，绘制不同的直线，这些直线的坐标位置需要在不同地方汇集，两只手在坐标位置(100,100)交叉，两只脚在坐标位置(100,150)交叉。

在 IE 9.0 中浏览，效果如图 9-24 所示，页面中显示了一个火柴棒人，相比较上一个图形，多了一个身躯。

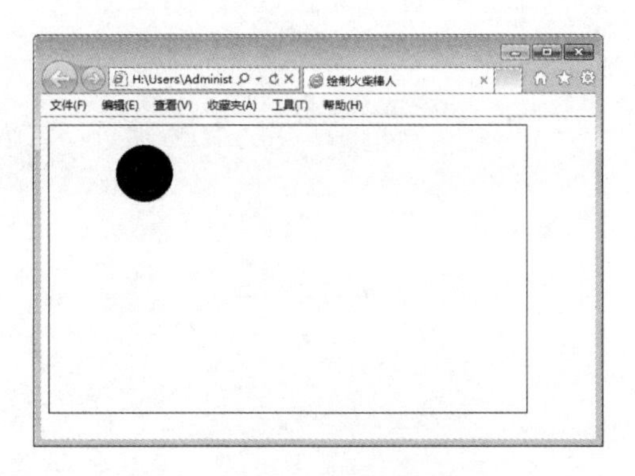

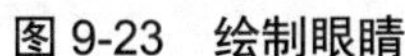
图 9-23　绘制眼睛

图 9-24　定义身躯

9.9　上机练习——绘制商标

绘制商标是 canvas 画布的用途之一，可以绘制 adidas 和 nike 商标。nike 的图标比 adidas 的复杂得多，adidas 都是直线组成的，而 nike 的多了曲线。实现本示例的步骤如下。

step 01 分析需求。

要绘制两条曲线，需要找到曲线的参考点(参考点决定了曲线的曲率)，这需要慢慢地移动，然后再看效果，反反复复。quadraticCurveTo(30,79,99,78)函数有两组坐标，第一组坐标为控制点，决定曲线的曲率，第二组坐标为终点。

step 02 构建 HTML，实现 canvas 画布：

```
<!DOCTYPE html>
<html>
<head>
<title>绘制商标</title>
</head>
<body>
<canvas id="adidas" width="375px" height="132px"
  style="border:1px solid #000;">
</canvas>
</body>
</html>
```

在 IE 9.0 中浏览，效果如图 9-25 所示，此时只显示一个画布边框，其内容还没有绘制。

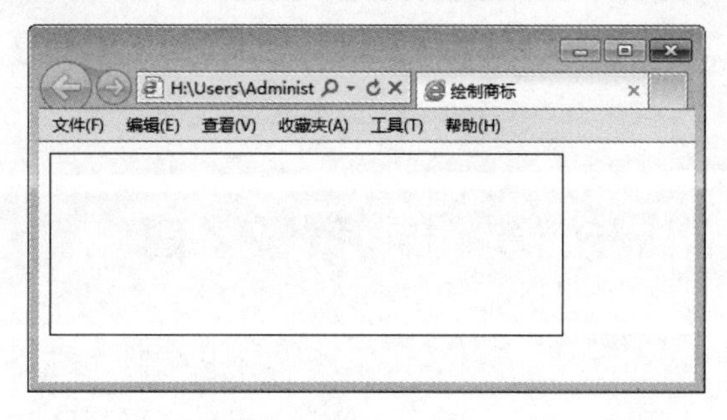

图 9-25　定义画布边框

step 03 以 JS 实现基本图形：

```
<script>
function drawAdidas(){
    //取得 convas 元素及其绘图上下文
    var canvas = document.getElementById('adidas');
    var context = canvas.getContext('2d');
    //保存当前绘图状态
    context.save();
    //开始绘制打勾的轮廓
    context.beginPath();
    context.moveTo(53,0);
    //绘制上半部分曲线，第一组坐标为控制点，决定曲线的曲率，第二组坐标为终点
    context.quadraticCurveTo(30,79,99,78);
    context.lineTo(371,2);
    context.lineTo(74,134);
    context.quadraticCurveTo(-55,124,53,0);
    //用红色填充
    context.fillStyle = "#da251c";
    context.fill();
    //用 3 像素深红线条描边
    context.lineWidth = 3;
    //连接处平滑
    context.lineJoin = 'round';
    context.strokeStyle = "#d40000";
    context.stroke();
    //恢复原有绘图状态
    context.restore();
}
window.addEventListener("load",drawAdidas,true);
</script>
```

在 IE 9.0 中浏览，效果如图 9-26 所示，显示了一个商标图案，颜色为红色。

图 9-26　绘制商标

9.10　专家答疑

疑问 1：定义 canvas 宽度和高度时，是否可以在 CSS 属性中定义？

在添加一个 canvas 标签的时候，会在 canvas 的属性里填写要初始化的 canvas 的高度和宽度：

```
<canvas width="500" height="400">Not Supported!</canvas>
```

如果把高度和宽度写在了 CSS 里面，结果会发现在绘图的时候坐标获取出现差异，canvas.width 和 canvas.height 分别是 300 和 150，与预期的不一样。这是因为 canvas 要求这两个属性必须 canvas 标记一起出现。

疑问 2：画布中 stroke 和 fill 二者的区别是什么？

HTML 5 中将图形分为两大类：第一类称作 Stroke，就是轮廓、勾勒或者线条，总之，图形是由线条组成的；第二类称作 Fill，就是填充区域。上下文对象中有两个绘制矩形的方法，可以让我们很好地理解这两大类图形的区别：一个是 strokeRect，还有一个是 fillRect。

第 10 章 CSS 3 网页样式核心基础

一个美观大方且简约的页面以及高访问量的网站，是网页设计者的追求。然而，仅通过 HTML 5 来实现是非常困难的，HTML 语言仅仅定义了网页结构，对于文本样式并没有过多涉及。这就需要一种技术对页面布局、字体、颜色、背景和其他图文效果的实现提供更加精确的控制，这种技术就是 CSS。

10.1 CSS 3 基础语法概述

使用 CSS 3 最大优势是，在后期维护中，如果一些外观样式需要修改，只需要修改相应的代码即可。

10.1.1 CSS 3 的构造规则

CSS 3 样式表是由若干条样式规则组成的，这些样式规则可以应用到不同的元素或文档来定义它们显示的外观。每一条样式规则由三部分构成：选择符(selector)、属性(property)和属性值(value)，基本格式如下：

```
selector{property: value}
```

(1) selector：选择符，可以采用多种形式，可以为文档中的 HTML 标记，例如<body>、<table>、<p>等，但是也可以是 XML 文档中的标记。

(2) property：属性，即选择符指定的标记所包含的属性。

(3) value：指定了属性的值。如果定义选择符的多个属性，则属性和属性值为一组，组与组之间用分号(;)隔开。基本格式如下：

```
selector{property1: value1; property2: value2; ... }
```

例如，下面给出一条样式规则：

```
p{color: red}
```

该样式规则中的选择符是 p，即为段落标记<p>提供样式，color 指定段落文字的颜色属性，red 为属性值。此样式表示标记<p>指定的段落文字在页面中显示为红色。

如果要为段落设置多种样式，则可以使用如下语句：

```
p{font-family:"隶书"; color:red; font-size:40px; font-weight:bold}
```

10.1.2 CSS 3 的常用单位

CSS 3 中，常用的单位包括颜色单位与长度单位两种，利用这些单位，可以完成网页元素的搭配与网页布局的设定，如网页图片颜色的搭配、网页表格长度的设定等。

1. 颜色单位

通常使用颜色来设定字体以及背景的颜色显示，在 CSS 3 中，颜色设置的方法很多，有命名颜色、RGB 颜色、十六进制颜色、网络安全色。与以前的版本相比，CSS 3 新增了 HSL 色彩模式、HSLA 色彩模式、RGBA 色彩模式。

(1) 命名颜色

CSS 3 中可以直接用英文单词命名与之相应的颜色，这种方法优点是简单、直接、容易掌握。此处预设了 16 种颜色以及这 16 种颜色的衍生色，这 16 种颜色是 CSS 3 规范推荐的，而且一些主流的浏览器都能够识别它们，如表 10-1 所示。

表 10-1　CSS 推荐颜色

颜　色	名　称	颜　色	名　称
aqua	水绿	black	黑
blue	蓝	fuchsia	紫红
gray	灰	green	绿
lime	浅绿	maroon	褐
navy	深蓝	olive	橄榄
purple	紫	red	红
silver	银	teal	深青
white	白	yellow	黄

这些颜色最初来源于基本的 Windows VGA 颜色，而且浏览器还可以识别这些颜色。

例如，在 CSS 定义字体颜色时，便可以直接使用这些颜色的名称：

```
p{color: red}
```

这种直接使颜色名称的做法简单、直接而且不容易忘记。但是，除了这 16 种颜色外，还可以使用其他 CSS 预定义颜色。多数浏览器大约能够识别 140 多种颜色名(其中包括这 16 种颜色)，例如 orange、PaleGreen 等。

在不同的浏览器中，命名颜色种类也是不同的，即使使用了相同的颜色名，它们的颜色也有可能存在差异，所以，虽然每一种浏览器都命名了大量的颜色，但是这些颜色大多数在其他浏览器上却是不能识别的，而真正通用的标准颜色只有 16 种。

(2)　RGB 颜色

如果要使用十进制表示颜色，则需要使用 RGB 颜色。十进制表示颜色的最大值为 255，最小值为 0。要使用 RGB 颜色，必须使用 rgb(R,G,B)，其中 R、G、B 分别表示红、绿、蓝的十进制值，通过这 3 个值的变化结合，便可以形成不同的颜色。例如 rgb(255,0,0)表示红色，rgb(0,255,0)表示绿色，rgb(0,0,255)则表示蓝色。黑色表示为 rbg(0,0,0)，而白色可以表示为 rgb(255,255,255)。

RGB 设置方法一般分为两种——百分比设置和直接用数值设置。例如，为 p 标记设置颜色，有两种方法：

```
p{color: rgb(123,0,25)}
p{color: rgb(45%,0%,25%)}
```

这两种方法中，都是用三个值表示“红”、“绿”和“蓝”三种颜色。这三种基本色的取值范围都是 0~255。通过定义这三种基本色分量，可以定义出各种各样的颜色。

(3)　十六进制颜色

当然，除了 CSS 预定义的颜色外，设计者为了使页面色彩更加丰富，可以使用十六进制颜色和 RGB 颜色。十六进制颜色的基本格式为#RRGGBB，其中 R 表示红色，G 表示绿色，B 表示蓝色。而 RR、GG、BB 的最大值为 FF，表示十进制中的 255，最小值为 00，表示十进制中的 0。例如，#FF0000 表示红色，#00FF00 表示绿色，#0000FF 表示蓝色。#000000 表示黑色，那么白色就是#FFFFFF，其他颜色分别是通过这三种基本色结合而成的。例如，#FFFF00 表示黄色，#FF00FF 表示紫红色。

对于浏览器不能识别的颜色名称，就可以使用颜色的十六进制值或 RGB 值。表 10-2 列出了几种常见的预定义颜色值的十六进制值和 RGB 值。

表 10-2 颜色对照表

颜 色 名	十六进制值	RGB 值
红色	#FF0000	rgb(255,0,0)
橙色	#FF6600	rgb(255,102,0)
黄色	#FFFF00	rgb(255,255,0)
绿色	#00FF00	rgb(0,255,0)
蓝色	#0000FF	rgb(0,0,255)
紫色	#800080	rgb(128,0,128)
紫红色	#FF00FF	rgb(255,0,255)
水绿色	#00FFFF	rgb(0,255,255)
灰色	#808080	rgb(128,128,128)
褐色	#800000	rgb(128,0,0)
橄榄色	#808000	rgb(128,128,0)
深蓝色	#000080	rgb(0,0,128)
银色	#C0C0C0	rgb(192,192,192)
深青色	#008080	rgb(0,128,128)
白色	#FFFFFF	rgb(255,255,255)
黑色	#000000	rgb(0,0,0)

(4) HSL 色彩模式

CSS 3 新增加了 HSL 颜色表现方式。HSL 色彩模式是业界的一种颜色标准，它通过对色调(H)、饱和度(S)、亮度(L)三个颜色通道的改变以及它们相互之间的叠加来获得各种颜色。这个标准几乎包括了人类视力可以感知的所有颜色，在屏幕上可以重现 16777216 种颜色，是目前运用最广的颜色系统之一。

在 CSS 3 中，HSL 色彩模式的表示语法如下：

```
hsl(<length>, <percentage>, <percentage>)
```

hsl()函数的三个参数如表 10-3 所示。

表 10-3 HSL 函数的参数

参数名称	说 明
length	表示色调(Hue)。Hue 衍生于色盘，取值可以为任意数值，其中 0(或 360，或-360)表示红色，60 表示黄色，120 表示绿色，180 表示青色，240 表示蓝色，300 表示洋红，当然可以设置其他数值来确定不同的颜色

续表

参数名称	说 明
percentage	表示饱和度(Saturation)，表示该色彩被使用了多少，即颜色的深浅程度和鲜艳程度。取0% ~ 100%之间的值，其中 0%表示灰度，即没有使用该颜色；100%的饱和度最高，即颜色最鲜艳
percentage	表示亮度(Lightness)。取 0% ~ 100%之间的值，其中 0%最暗，显示为黑色，50%表示均值，100%最亮，显示为白色

使用示例如下：

```
p{color: hsl(0,80%,80%);}
p{color: hsl(80,80%,80%);}
```

(5) HSLA 色彩模式

HSLA 也是 CSS 3 新增的颜色模式，HSLA 色彩模式是 HSL 色彩模式的扩展，在色相、饱和度、亮度三要素的基础上增加了不透明度参数。使用 HSLA 色彩模式，设计师能够更灵活地设计不同的透明效果。其语法格式如下：

```
hsla(<length>, <percentage>, <percentage>, <opacity>)
```

其中，前 3 个参数与 hsl()函数的参数的意义和用法相同，第 4 个参数<opacity>表示不透明度，取值在 0~1 之间。

使用示例如下：

```
p{color: hsla(0,80%,80%,0.9);}
```

(6) RGBA 色彩模式

RGBA 也是 CSS 3 新增的颜色模式，RGBA 色彩模式是 RGB 色彩模式的扩展，在红、绿、蓝三原色的基础上增加了不透明度参数。其语法格式如下：

```
rgba(r, g, b, <opacity>)
```

其中 r、g、b 分别表示红色、绿色和蓝色三种原色所占的比重。r、g、b 的值可以是正整数或者百分数，正整数值的取值范围为 0~255，百分数值的取值范围为 0.0% ~ 100.0%，超出范围的数值将被截至其最接近的取值极限。注意，并非所有浏览器都支持使用百分数值。第 4 个参数<opacity>表示不透明度，取值在 0~1 之间。

使用示例如下：

```
p{color: rgba(0,23,123,0.9);}
```

(7) 网络安全色

网络安全色由 216 种颜色组成，被认为在任何操作系统和浏览器中都是相对稳定的，也就是说，显示的颜色是相同的，因此，这 216 种颜色被称为是“网络安全色”。

2. 长度单位

为保证页面元素能够在浏览器中完全显示，又要布局合理，就需要设定元素间的间距，及元素本身的边界等，这都离不开长度单位的使用。在 CSS 3 中，长度单位可以被分为两类：绝对单位和相对单位。

(1) 绝对单位

绝对单位用于设定绝对位置。主要有下列5种绝对单位。

- 英寸(in)：英寸在中国使用得比较少，它主要是国外常用的量度单位。1英寸等于2.54厘米，而1厘米等于0.394英寸。
- 厘米(cm)：厘米是常用的长度单位，它可以用来设定距离比较大的页面元素框。
- 毫米(mm)：毫米可以用来精确地设定页面元素距离或大小。10毫米等于1厘米。
- 磅(pt)：磅一般用来设定文字的大小，它是标准的印刷量度，广泛应用于打印机、文字程序等。72磅等于1英寸，也就是等于2.54厘米。另外英寸、厘米和毫米也可以用来设定文字的大小。
- pica(pc)：pica是另一种印刷量度。1pica等于12磅，该单位也不被经常使用。

(2) 相对单位

相对单位是指在量度时需要参照其他页面元素的单位值。使用相对单位所量度的实际距离可能会随着这些单位值的改变而改变。CSS 3提供了如下三种相对单位。

① em

在CSS 3中，em用于给定字体的font-size值，例如，一个元素字体大小为12pt，那么1em就是12pt，如果该元素字体大小改为15pt，则1em就是15pt。简单地说，无论字体大小是多少，1em总是字体的大小值。em的值总是随着字体大小的变化而变化的。

例如，分别设定页面元素h1、h2和p的字体大小为20pt、15pt和10pt，各元素的左边距为1em，样式规则如下：

```
h1{font-size: 20pt}
h2{font-size: 15pt}
p{font-size: 10pt}
h1,h2,p{margin-left: 1em}
```

对于h1，1em等于20pt；对于h2，1em等于15pt；对于p，1em等于10pt，所以em的值会随着相应元素字体大小的变化而变化。

另外，em值有时还相对于其上级元素的字体大小而变化。例如，上级元素字体大小为20pt，设定其子元素字体大小为0.5em，则子元素显示出的字体大小为10pt。

② ex

ex是以给定字体的小写字母“x”高度作为基准，对于不同的字体来说，小写字母“x”高度是不同的，所有ex单位的基准也不同。

③ px

px也叫像素，这是目前使用最为广泛的一种单位，1像素也即屏幕上的一个小方格，这个方格通常是看不出来的。由于显示器有多种不同的大小，所以其每个小方格的大小是有所差异的，所以像素单位的标准也不都是一样的。CSS 3规范中是假设90px=1英寸，但是在通常的情况下，浏览器都会使用显示器的像素值来做标准。

10.1.3 CSS 3的注释

CSS注释可以帮助用户对自己写的CSS文件进行说明，如说明某段CSS代码所作用的地方、功能、样式等，以便以后维护时具有一看即懂的方便性，同时在团队开发网页的时候，合理适当的注释有利于团队看懂 CSS 样式是对应 HTML 哪里的，以便顺利、快速地开发 DIV+CSS 网页。

CSS 的注释举例如下：

```
/* body 定义 */
body{text-align:center; margin:0 auto;}
/* 头部 CSS 定义 */
#header{width:960px; height:120px;}
```

10.2 编辑 CSS 3 文件的方法

编辑 CSS 3 文件的方法主要有两种，分别是使用记事本文件和使用 Dreamweaver CS6 编辑工具。

10.2.1 手工编写 CSS 3

【例 10.1】使用记事本编写 CSS 3，首先需要打开一个记事本窗口，然后在里面输入相应的 CSS 3 代码即可。具体步骤如下。

step 01 打开记事本，输入 HTML 代码，如图 10-1 所示。

step 02 添加 CSS 代码，修饰 HTML 元素。在 head 标记中间位置添加 CSS 样式代码，如图 10-2 所示。从窗口中可以看出，在 head 标记中间，添加了一个 style 标记，即 CSS 样式标记。在 style 标记中间，对 p 样式进行了设定，设置段落居中显示并且颜色为红色。

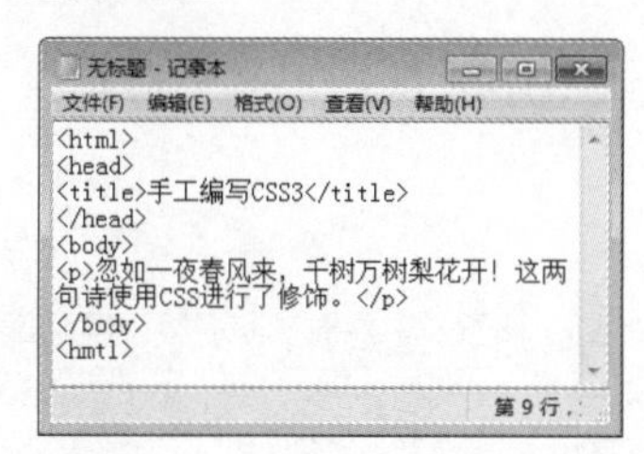

图 10-1 用记事本开发 HTML

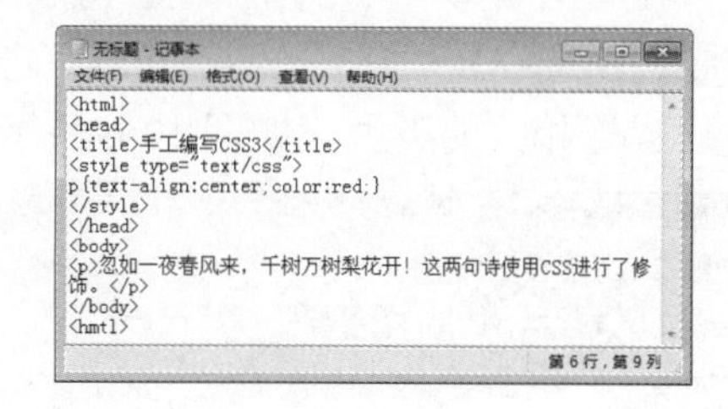

图 10-2 添加样式

step 03 运行网页文件。网页编辑完成后，使用 IE 10.0 打开，如图 10-3 所示，可以看到段落在页面中间以红色字体显示。

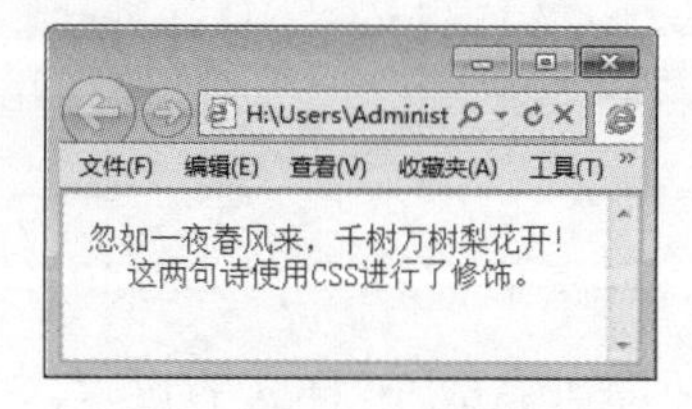

图 10-3 CSS 样式显示窗口

10.2.2 用 Dreamweaver 编写 CSS

【例 10.2】Dreamweaver CS6 具有自动编辑 CSS 的功能，深受开发人员的喜爱，使用 Dreamweaver 创建 CSS 的步骤如下。

step 01 创建 HTML 文档。使用 Dreamweaver 创建 HTML 文档，此处创建一个名称为 10.2.html 的文档，如图 10-4 所示。

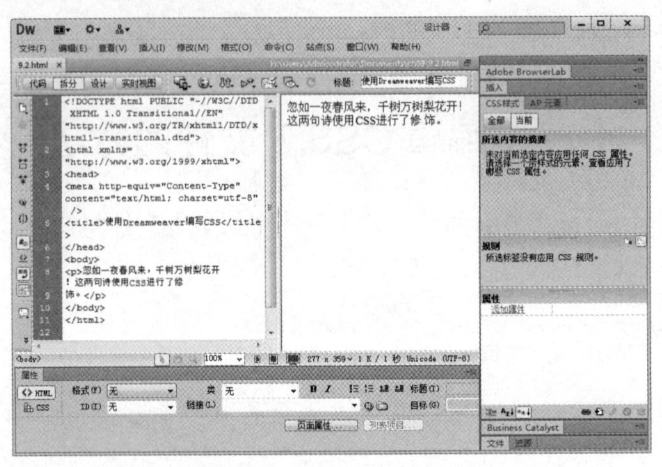

图 10-4 网页显示窗口

step 02 添加 CSS 样式。在设计模式中，选中“忽如一夜春风来……”段落后，右击并在弹出的快捷菜单中选择“CSS 样式”→“新建”命令，弹出“新建 CSS 规则”对话框，在“为 CSS 规则选择上下文选择器类型”下拉列表中，选择“标签(重新定义 HTML 元素)”选项，如图 10-5 所示。

step 03 选择完成后，单击“确定”按钮，打开“p 的 CSS 规则定义”对话框，在其中设置相关的类型，如图 10-6 所示。

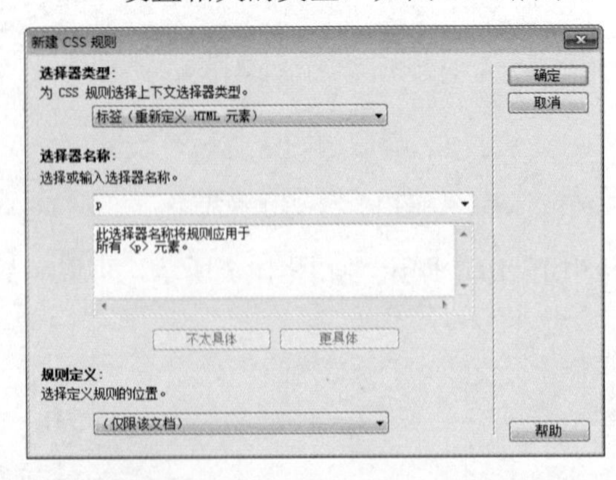

图 10-5 “新建 CSS 规则”对话框

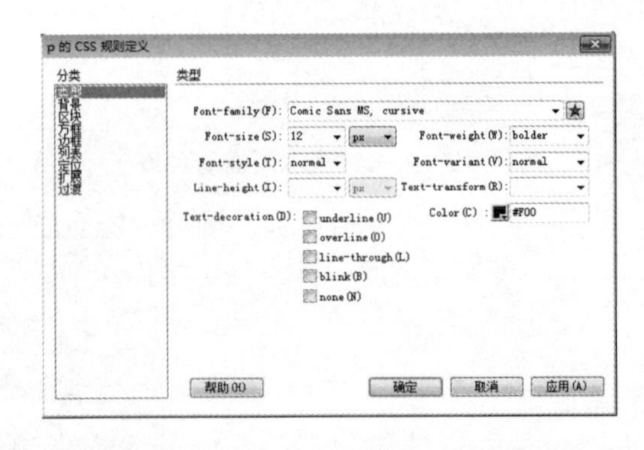

图 10-6 “p 的 CSS 规则定义”对话框

step 04 单击“确定”按钮，即可完成 p 样式的设置。设置完成后，HTML 文档内容发生了变化，如图 10-7 所示。从代码模式窗口中可以看到，在 head 标记中增加了一个 style 标记，用来放置 CSS 样式。其样式用来修饰段落 p。

step 05 运行 HTML 文档。在 IE 10.0 浏览器中预览该网页，其显示结果如图 10-8 所示，可以看到字体颜色设置为浅红色，大小为 12px，字体较粗。

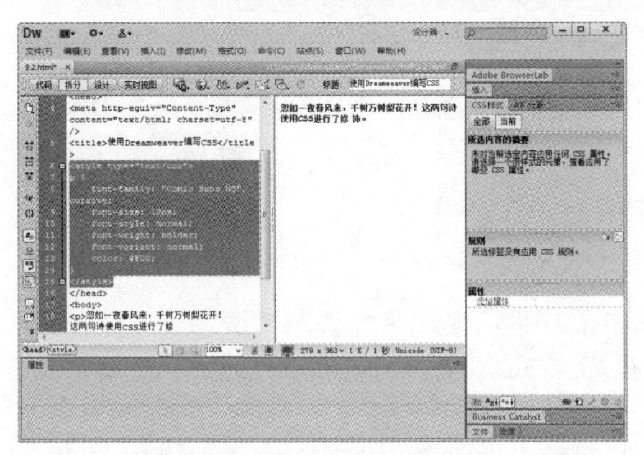

图 10-7　设置完成后的显示

图 10-8　页面效果

10.3　在 HTML 5 中使用 CSS 3 的方法

CSS 3 样式表能很好地控制页面显示，以实现分离网页内容和样式代码的目的。CSS 3 样式表控制 HTML 5 页面的方式通常包括行内样式、内嵌样式、链接样式和导入样式几种。

10.3.1　行内样式

行内样式是所有样式中比较简单、直观的方法，就是直接把 CSS 代码添加到 HTML 5 的标记中，即作为 HTML 5 标记的属性标记存在。通过这种方法，可以很简单地对某个元素单独定义样式。

使用行内样式时，直接在 HTML 5 标记中使用 style 属性，该属性的内容就是 CSS 3 的属性和值，例如：

```
<p style="color:red">段落样式</p>
```

【例 10.3】(示例文件 ch10\10.3.html)

```
<!DOCTYPE html>
<html>
<head>
<title>行内样式</title>
</head>
<body>
<p style="color:red;font-size:20px;text-decoration:underline;text-align:
  center">此段落使用行内样式修饰</p>
<p style="color:blue;font-style:italic">正文内容</p>
</body>
</html>
```

在 IE 10.0 中浏览，效果如图 10-9 所示，可以看到，两个 p 标记中都使用了 style 属性，并且设置了 CSS 样式，各个样式之间互不影响，分别显示自己的样式效果。第 1 个段落设置红色字体，居中显示，带有下划线。第二个段落设置蓝色字体，以斜体显示。

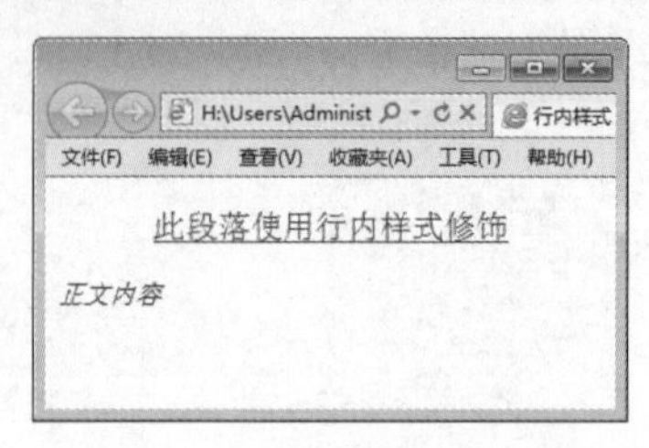

图 10-9　行内样式的显示

注意　尽管行内样式简单，但这种方法不常使用，因为这样添加无法完全发挥样式表“内容结构和样式控制代码”分离的优势。而且这种方式也不利于样式的重用，因为如果需要为每一个标记都设置 style 属性，则后期维护成本高，网页容易过胖。

10.3.2　内嵌样式

内嵌样式就是将 CSS 样式代码添加到<head>与</head>之间，并且用<style>和</style>标记进行声明。这种写法虽然没有完全实现页面内容和样式控制代码完全分离，但可以设置一些比较简单的样式，并统一页面样式。其格式如下：

```
<head>
<style type="text/css" >
p {
   color: red;
   font-size: 12px;
}
</style>
</head>
```

有些较低版本的浏览器不能识别<style>标记，因而不能正确地将样式应用到页面显示上，而是直接将标记中的内容以文本的形式显示。为了解决此类问题，可以使用 HMTL 注释将标记中的内容隐藏。如果浏览器能够识别<style>标记，则标记内被注释的 CSS 样式定义代码依旧能够发挥作用。

```
<head>
<style type="text/css">
<!--
p {
   color: red;
   font-size: 12px;
}
-->
</style>
</head>
```

【例 10.4】(示例文件 ch10\10.4.html)

```
<!DOCTYPE html>
```

```
<html>
<head>
<title>内嵌样式</title>
<style type="text/css">
p {
   color: orange;
   text-align: center;
   font-weight: bolder;
   font-size: 25px;
}
</style>
</head><body>
<p>此段落使用内嵌样式修饰</p>
<p>正文内容</p>
</body>
</html>
```

在 IE 10.0 中的浏览效果如图 10-10 所示，可以看到，两个 p 标记都被 CSS 样式修饰了，其样式保持一致，段落居中、加粗并以橙色字体显示。

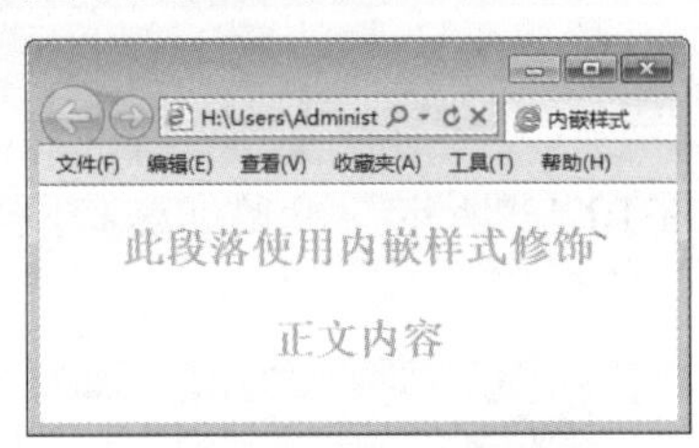

图 10-10　内嵌样式显示

在上面例子中，所有 CSS 编码都在 style 标记中，方便了后期维护，页面与行内样式相比，大大瘦身了。但如果一个网站拥有很多页面，对于不同的页面，p 标记都希望采用同样风格时，内嵌方式就显示有点麻烦。这种方法只适用于特殊页面设置单独的样式风格。

10.3.3　链接样式

链接样式是 CSS 中使用频率最高，也是最实用的方法。它很好地将“页面内容”和“样式风格代码”分离成两个文件或多个文件，实现了页面框架 HTML 5 代码和 CSS 3 代码的完全分离，使前期制作和后期维护都十分方便。

链接样式是指在外部定义 CSS 样式表并形成以.css 为扩展名的文件，然后在页面中通过<link>链接标记链接到页面中，而且该链接语句必须放在页面的<head>标记区，如下所示：

```
<link rel="stylesheet" type="text/css" href="1.css" />
```

其中：

- rel：指定链接到样式表，其值为 stylesheet。
- type：表示样式表类型为 CSS 样式表。
- href：指定了 CSS 样式表所在的位置，此处表示当前路径下名称为 1.css 的文件。

这里使用的是相对路径。如果 HTML 文档与 CSS 样式表没有在同一路径下，则需要指定样式表的绝对路径或引用位置。

【例 10.5】

(示例文件 ch10\10.5.html)

```
<!DOCTYPE html>
<html>
<head>
<title>链接样式</title>
<link rel="stylesheet" type="text/css" href="10.5.css" />
</head>
<body>
<h1>CSS3 的学习</h1>
<p>此段落使用链接样式修饰</p>
</body>
</html>
```

(示例文件 ch10\10.5.css)

```
h1{text-align:center;}
p{font-weight:29px;text-align:center;font-style:italic;}
```

在 IE 10.0 中浏览，效果如图 10-11 所示，可见标题和段落以不同样式显示，标题居中显示，段落以斜体居中显示。

图 10-11　链接样式显示

链接样式最大的优势就是将 CSS 3 代码和 HTML 5 代码完全分离，并且同一个 CSS 文件能被不同的 HTML 所链接使用。

在设计整个网站时，可以将所有页面链接到同一个 CSS 文件，使用相同的样式风格。如果整个网站需要修改样式，只修改 CSS 文件即可。

10.3.4　导入样式

导入样式和链接样式基本相同，都是创建一个单独的 CSS 文件，然后再引入到 HTML 5 文件中，只不过语法和运作方式有差别。采用导入样式的样式表，在 HTML 5 文件初始化时，会被导入到 HTML 5 文件内，作为文件的一部分，类似于内嵌效果。而链接样式是在 HTML 标记需要样式风格时才以链接方式引入。

导入外部样式表是指在内部样式表的<style>标记中，使用@import 导入一个外部样式表，例如：

```
<head>
```

```
<style type="text/css" >
<!-- @import "1.css" -->
</style>
</head>
```

导入外部样式表相当于将样式表导入到内部样式表中，其方式更有优势。导入外部样式表必须在样式表的开始部分，位于其他内部样式表上方。

【例 10.6】

(示例文件 ch10\10.6.html)

```
<!DOCTYPE html>
<html>
<head>
<title>导入样式</title>
<style>
@import "10.6.css"
</style>
</head>
<body>
<h1>CSS 学习</h1>
<p>此段落使用导入样式修饰</p>
</body>
</html>
```

(示例文件 ch10\10.6.css)

```
h1{text-align:center;color:#0000ff}
p{font-weight:bolder;text-decoration:underline;font-size:20px;}
```

在 Firefox 5.0 中浏览，效果如图 10-12 所示，可见，标题和段落以不同样式显示，标题居中显示，颜色为蓝色，段落以大小 20px 并加粗的字体显示。

图 10-12 导入样式的显示

导入样式与链接样式相比，最大的优点就是可以一次导入多个 CSS 文件，例如：

```
<style>
@import "10.6.css"
@import "test.css"
</style>
```

10.3.5 优先级问题

如果同一个页面采用了多种 CSS 使用方式，例如使用行内样式、链接样式和内嵌样式，当这几种样式共同作用于同一个标记时，就会出现优先级问题，即究竟哪种样式设置有效果。例如，内嵌设置字体为宋体，链接样式设置为红色，那么二者会同时生效。但假如都设置字体颜色，则情况就会很复杂。

1. 行内样式和内嵌样式比较

例如，有这样一种情况：

```
<style>
.p{color: red}
</style>
<p style="color:blue">段落应用样式</p>
```

在样式定义中，段落标记<p>匹配了两种样式规则，一种使用内嵌样式定义颜色为红色，一种使用 p 行内样式定义颜色为蓝色，而在页面代码中，该标记使用了类选择符。但是，标记内容最终会以哪一种样式显示呢？

【例 10.7】(示例文件 ch10\10.7.html)

```
<!DOCTYPE html>
<html>
<head>
<title>优先级比较</title>
<style>
p{color:red}
</style>
</head>
<body>
<p style = "color:blue">优先级测试</p>
</body>
</html>
```

在 IE 10.0 中浏览，效果如图 10-13 所示，段落以蓝色字体显示。可见，行内优先级大于内嵌优先级。

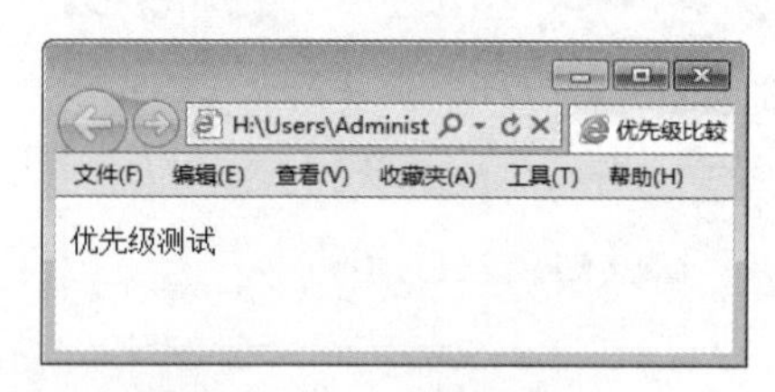

图 10-13 优先级显示

2. 内嵌样式和链接样式比较

以相同例子测试内嵌样式和链接样式的优先级，将设置颜色的样式代码单独放在一个 CSS 文件中，使用链接样式引入。

【例 10.8】

(示例文件 ch10\10.8.html)

```
<!DOCTYPE html>
<html>
<head>
<title>优先级比较</title>
```

```
<link href="10.8.css" type="text/css" rel="stylesheet">
<style>
p{color:red}
</style>
</head>
<body>
<p>优先级测试</p>
</body>
</html>
```

(示例文件 ch10\10.8.css)

```
p{color: yellow}
```

在 IE 10.0 中浏览，效果如图 10-14 所示，段落以红色字体显示。

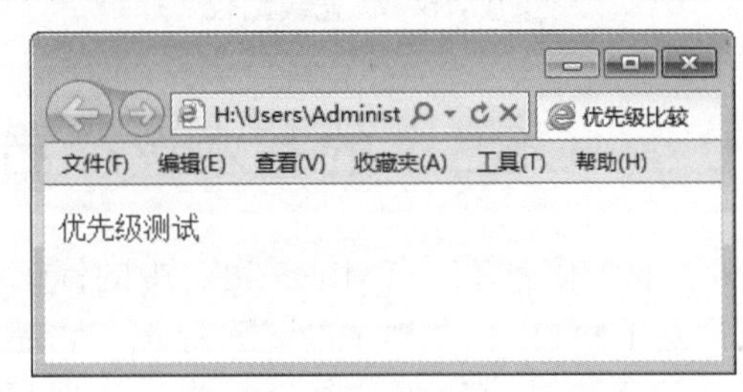

图 10-14 优先级测试

从上面代码中可以看出，内嵌样式和链接样式同时对段落 p 修饰，段落显示红色字体。可以知道，内嵌样式优先级大于链接样式。

3. 链接样式和导入样式

现在进行链接样式和导入样式测试，分别创建两个 CSS 文件，一个作为链接，一个作为导入。

【例 10.9】

(示例文件 ch10\10.9.html)

```
<!DOCTYPE html>
<html>
<head>
<title>优先级比较</title>
<style>
@import "10.9_2.css"
</style>
<link href="10.9_1.css" type="text/css" rel="stylesheet">
</head>
<body>
<p>优先级测试</p>
</body>
</html>
```

(示例文件 ch10\10.9_1.css)

```
p{color: green}
```

(示例文件 ch10\10.9_2.css)

```
p{color: purple}
```

在 IE 10.0 中浏览，效果如图 10-15 所示，段落以绿色显示。从中结果可以看出，此时链接样式的优先级大于导入样式的优先级。

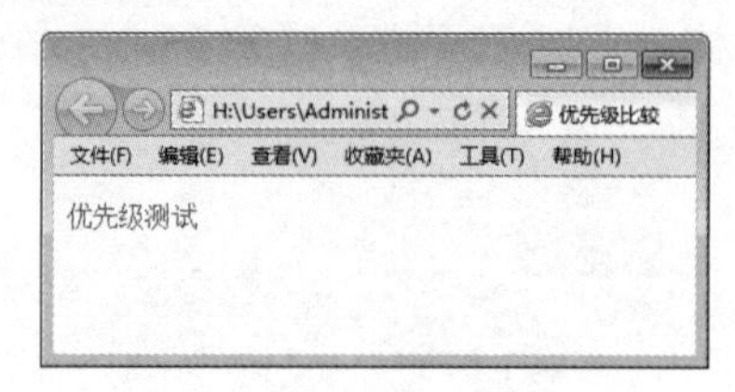

图 10-15 优先级比较

10.4 CSS 3 的基本选择器

选择器(selector)也被称为选择符，所有 HTML 5 语言中的标记都是通过不同的 CSS 3 选择器进行控制的。选择器不只是 HMTL 5 文档中的元素标记，它还可以是类、ID 或是元素的某种状态。根据 CSS 选择器的用途，可以把选择器分为标签选择器、类选择器、全局选择器、ID 选择器和伪类选择器等。

10.4.1 标签选择器

HTML 5 文档是由多个不同标记组成的，而 CSS 3 选择器就是声明哪些标记采用样式。例如 p 选择器就是用于声明页面中所有<p>标记的样式风格。同样也可以通过 h1 选择器来声明页面中所有<h1>标记的 CSS 风格。标签选择器最基本的形式如下：

```
tagName{property: value}
```

其中 tagName 表示标记名称，例如 p、h1 等 HTML 标记；property 表示 CSS 3 属性；value 表示 CSS 3 属性值。

【例 10.10】(示例文件 ch10\10.10.html)

```
<!DOCTYPE html>
<html>
<head>
<title>标签选择器</title>
<style>
p{color:blue;font-size:20px;}
</style>
</head>
<body>
<p>此处使用标签选择器控制段落样式</p>
</body>
</html>
```

在 IE 10.0 中浏览，效果如图 10-16 所示，可以看到段落以蓝色字体显示，大小为 20px。

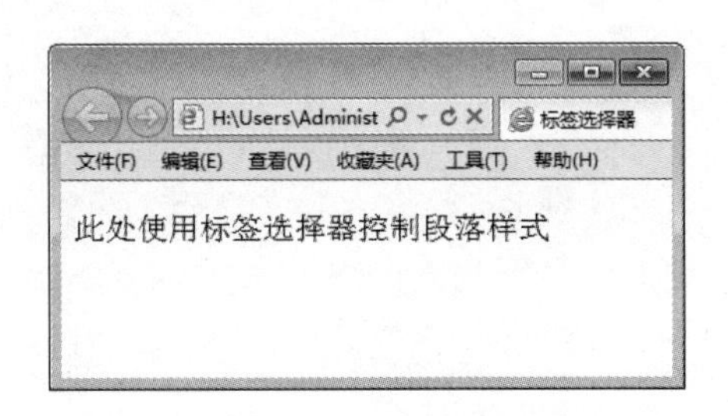

图 10-16　标签选择器的显示

如果在后期维护中需要调整段落颜色，只需要修改 color 属性值即可。

CSS 3 语言对于所有属性和值都有相对严格的要求，如果声明的属性在 CSS 3 规范中没有，或者某个属性值不符合属性要求，都不能使 CSS 语句生效。

10.4.2　类选择器

在一个页面中，使用标签选择器，会控制该页面中所有此标记的显示样式。但如果需要为页面中这种标记中的一个标记重新设定，此时仅使用标签选择器是不能达到效果的，还需要使用类(class)选择器。

类选择器用来为一系列标记定义相同的呈现方式，常用的语法格式如下：

```
.classValue{property: value}
```

classValue 是选择器的名称，具体名称由 CSS 制定者自己命名。

【例 10.11】(示例文件 ch10\10.11.html)

```
<!DOCTYPE html>
<html>
<head>
<title>类选择器</title>
<style>
.aa{
  color: blue;
  font-size: 20px;
}
.bb{
   color: red;
   font-size: 22px;
}
</style>
</head>
<body>
<h3 class=bb>学习类选择器</h3>
<p class="aa">此处使用类选择器 aa 控制段落样式</p>
<p class="bb">此处使用类选择器 bb 控制段落样式</p>
</body>
</html>
```

在 IE 10.0 中浏览，效果如图 10-17 所示，可以看到第一个段落以蓝色字体显示，大小为 20px，第二段落以红色字体显示，大小为 22px，标题同样以红色字体显示，大小为 22px。

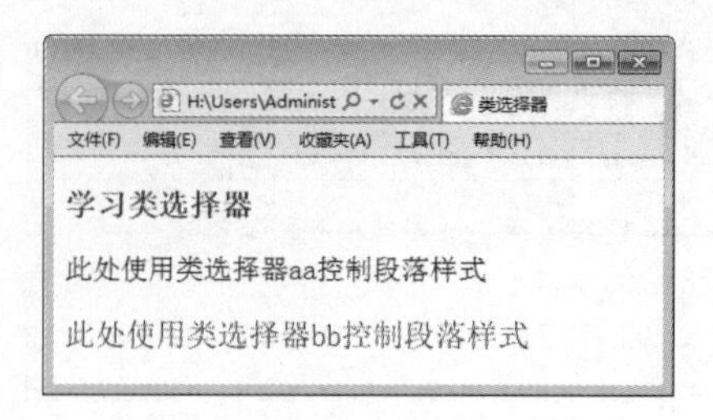

图 10-17 类选择器的显示

10.4.3 ID 选择器

ID 选择器与类选择器类似，都是针对特定属性的属性值进行匹配。ID 选择器定义的是某一个特定的 HTML 元素，一个网页文件中只能有一个元素使用某一 ID 的属性值。

定义 ID 选择器的基本语法格式如下：

```
#idValue{property: value}
```

在上述语法格式中，idValue 是选择器名称，可以由 CSS 定义者自己命名。

【例 10.12】(示例文件 ch10\10.12.html)

```
<!DOCTYPE html>
<html><head>
<title>ID 选择器</title>
<style>
#fontstyle{
  color: blue;
  font-weight: bold;
}
#textstyle{
   color: red;
   font-size: 22px;
}
</style>
</head><body>
<h3 id=textstyle>学习 ID 选择器</h3>
<p id=textstyle>此处使用 ID 选择器 aa 控制段落样式</p>
<p id=fontstyle>此处使用 ID 选择器 bb 控制段落样式</p>
</body></html>
```

在 IE 10.0 中的浏览效果如图 10-18 所示，可以看到第一个段落以红色字体显示，大小为 22px，第二个段落以红色字体显示，大小为 22px，标题同样以蓝色字体显示，大小为 20px。

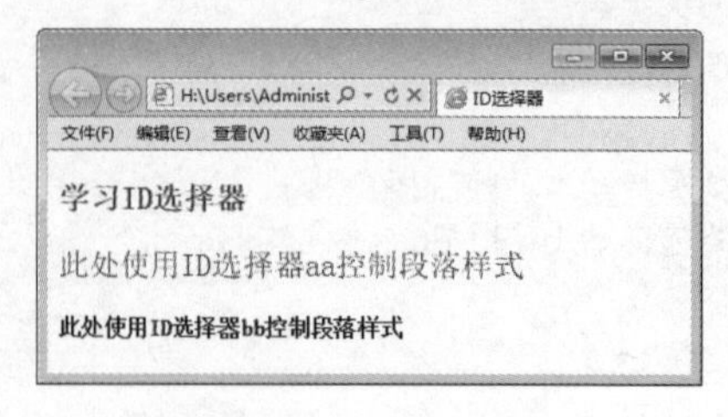

图 10-18 ID 选择器显示

10.4.4 全局选择器

如果想要一个页面中的所有 HTML 标记使用同一种样式，可以使用全局选择器。全局选择器，顾名思义就是对所有 HTML 元素起作用。其语法格式为：

```
*{property: value}
```

其中“*”表示对所有元素起作用，property 表示 CSS 3 属性名称，value 表示属性值。使用示例如下：

```
*{margin:0; padding:0;}
```

【例 10.13】(示例文件 ch10\10.13.html)

```
<!DOCTYPE html>
<html>
<head>
<title>全局选择器</title>
<style>
*{
  color: red;
  font-size: 30px
}
</style>
</head>
<body>
<p>使用全局选择器修饰</p>
<p>第一段</p>
<h1>第一段标题</h1>
</body>
</html>
```

在 IE 10.0 中浏览，效果如图 10-19 所示，可以看到两个段落和标题都是以红色字体显示，大小为 30px。

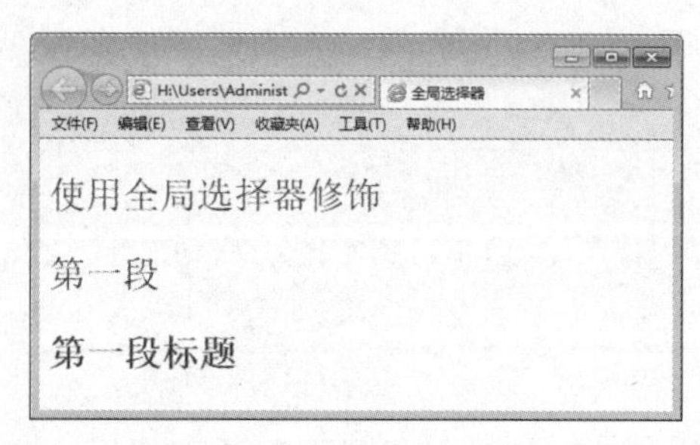

图 10-19 使用全局选择器

10.5 综合示例——制作炫彩网站 Logo

使用 CSS，可以给网页中的文字设置不同的字体样式，下面就来制作一个网站的文字 Logo。具体步骤如下。

step 01 分析需求。

本例要求简单，使用 h1 标记创建一个标题，然后用 CSS 样式对标题文字进行修饰，可以从颜色、尺寸、字体、背景、边框等方面入手。示例完成后，其效果如图 10-20 所示。

step 02 构建 HTML 页面。

创建 HTML 页面，完成基本框架并创建标题。其代码如下：

```
<html>
<head>
<title>炫彩 Logo</title>
</head>
<body>
<h1>
<span class=c1>缤</span>
<span class=c2>纷</span>
<span class=c3>夏</span>
<span class=c4>衣</span></h1>
</body>
</html>
```

在 IE 10.0 中浏览，效果如图 10-21 所示，可以看到标题 h1 在网页中没有任何修饰。

图 10-20 五彩标题显示

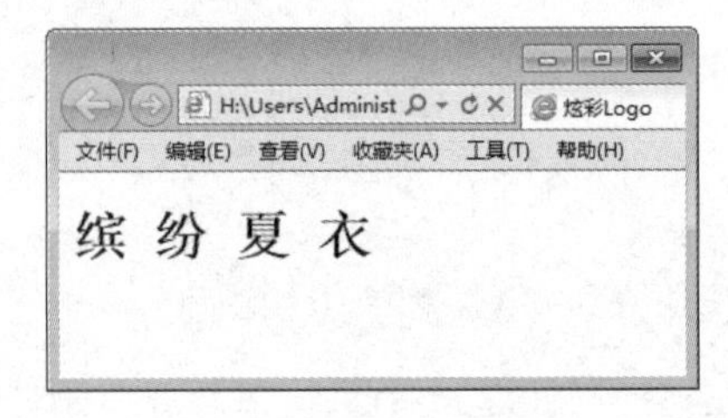

图 10-21 标题显示

step 03 使用内嵌样式。

如果要对 h1 标题修饰，需要添加 CSS，此处使用内嵌样式，在<head>标记中添加 CSS，其代码如下所示：

```
<style>
h1 {}
</style>
```

在 IE 10.0 中浏览，效果如图 10-22 所示，可以看到此时没有任何变化，只是在代码中引入了<style>标记。

step 04 改变颜色、字体和尺寸。

添加 CSS 代码，改变标题样式，其样式对颜色、字体和尺寸做设置。代码如下：

```
h1 {
font-family: Arial, sans-serif;
font-size: 50px;
color: #369;
}
```

在 IE 10.0 中浏览，效果如图 10-23 所示，可以看到，字体大小为 24 像素，颜色为浅蓝色，字形为 Arial。

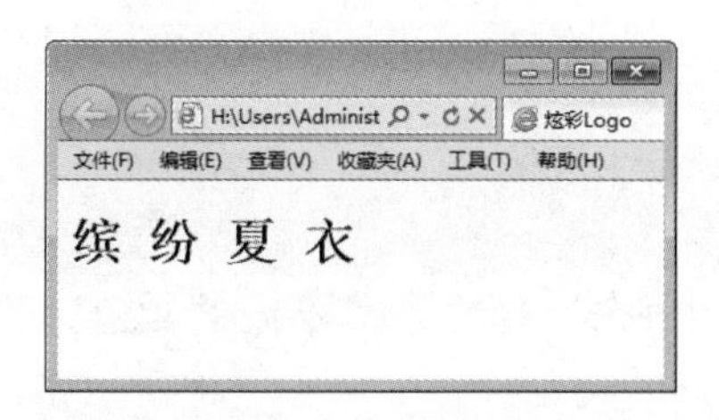

图 10-22　引入 style 标记

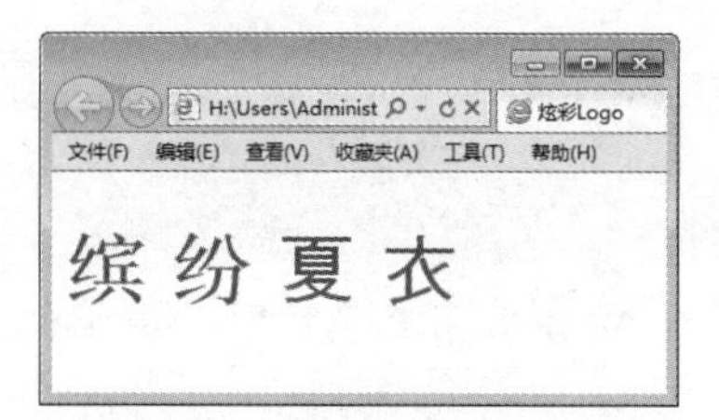

图 10-23　添加了文本修饰

step 05 加入灰色底线。

为 h1 标题加入底线，其代码如下：

```
padding-bottom: 4px;
border-bottom: 2px solid #ccc;
```

在 IE 10.0 中浏览，效果如图 10-24 所示，可以看到“美食介绍”文字下面添加一个边框，边框和文字距离是 4 像素。

step 06 增加背景图。

使用 CSS 样式为标记<h1>添加背景图片，其代码如下：

```
background: url(01.jpg) repeat-x bottom;
```

在 IE 10.0 中浏览，效果如图 10-25 所示，可以看到“缤纷夏衣”文字下面添加一个背景图片，图片在水平(X)轴方向进行了平铺。

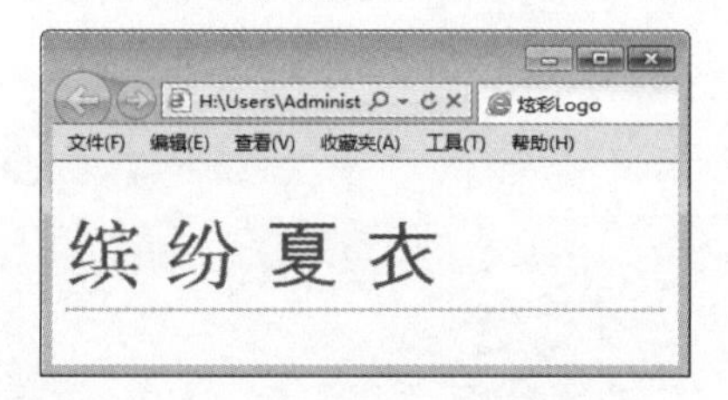

图 10-24　添加边框样式

图 10-25　添加背景

step 07 定义标题宽度。

使用 CSS 属性将标题变小，使其正好符合 4 个字体的宽度。其代码如下：

```
width: 250px;
```

在 IE 10.0 中浏览，效果如图 10-26 所示，可以看到“缤纷夏衣”文字下面背景图缩短，正好和字体宽度相同。

step 08 定义字体颜色。

在 CSS 样式中，为每个字定义颜色，其代码如下：

```
.c1{
    color: #B3EE3A;
}
.c2{
    color: #71C671;
}
.c3{
    color: #00F5FF;
```

```
}
.c4{
    color: #00EE00;
}
```

在 IE 10.0 中浏览，效果如图 10-27 所示，可以看到每个字体显示了不同的颜色。

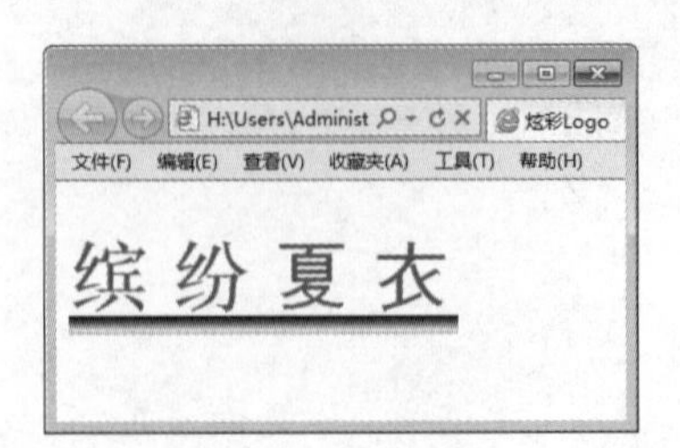

图 10-26　定义宽度

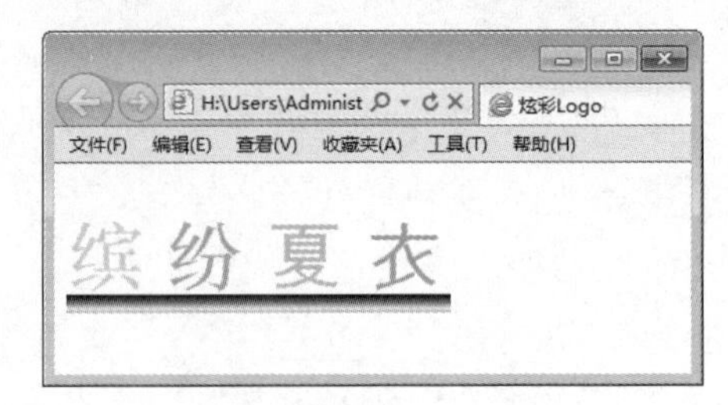

图 10-27　定义字体颜色

10.6　上机练习——制作学生信息统计表

本示例演示前面介绍的在 HTML 5 中使用 CSS 3 的不同方式的优先级问题，我们来制作一个学生统计表。具体的操作步骤如下。

step 01 打开记事本，在其中输入如下代码：

```
<!DOCTYPE HTML>

<html>
<head>
<title>学生信息统计表</title>

<style type="text/css">
<!--
#dataTb
{
    font-family:宋体, sans-serif;
    font-size:20px;
    background-color:#66CCCC;
    border-top:1px solid #000000;
    border-left:1px solid #FF00BB;
    border-bottom:1px solid #FF0000;
    border-right:1px solid #FF0000;
}
table
{
    font-family:楷体_GB2312, sans-serif;
    font-size:20px;
    background-color:#EEEEEF;
    border-top:1px solid #FFFF00;
    border-left:1px solid #FFFF00;
    border-bottom:1px solid #FFFF00;
    border-right:1px solid #FFFF00;
}
.tbStyle
```

```
{
    font-family:隶书, sans-serif;
    font-size:16px;
    background-color:#EEEEEF;
    border-top:1px solid #000FFF;
    border-left:1px solid #FF0000;
    border-bottom:1px solid #0000FF;
    border-right:1px solid #000000;
}
//-->
</style>
</head>

<body>
<form name="frmCSS" method="post" action="#">
    <table width="400" align="center" border="1" cellspacing="0"
      id="dataTb" class= "tbStyle">
        <tr>
            <th>学号</th>
            <th>姓名</th>
            <th>班级</th>
        </tr>
        <tr>
            <td>001</td>
            <td>张三</td>
            <td>信科 0401</td>
        </tr>
        <tr>
            <td>002</td>
            <td>李四</td>
            <td>电科 0402</td>
        </tr>
        <tr>
            <td>003</td>
            <td>王五</td>
            <td>计科 0405</td>
        </tr>
    </table>
</form>
</body>
</html>
```

step 02 保存网页，在 IE 10.0 中预览，效果如图 10-28 所示。

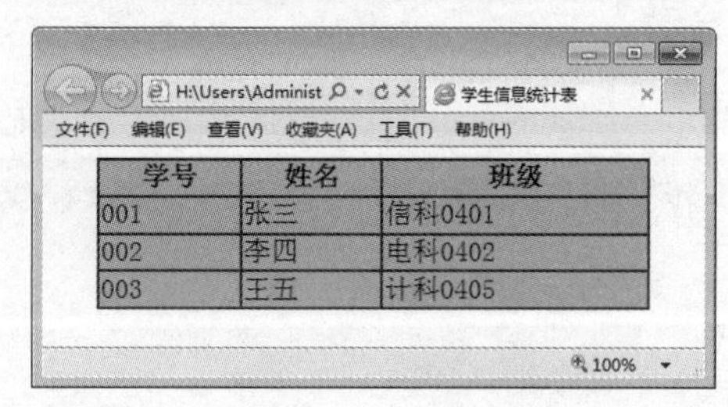

图 10-28 最终效果

10.7 专家答疑

疑问 1：CSS 定义的字体在不同浏览器中大小不一样吗？如何解决？

是的。例如，使用 font-size:14px 定义的宋体文字，在 IE 下实际高是 16px，下空白是 3px，Firefox 浏览器下实际高是 17px、上空 1px、下空 3px。其解决办法是在文字定义时设定 line-height，并确保所有文字都有默认的 line-height 值。

疑问 2：CSS 在网页制作中一般有 4 种方式的用法，具体在使用时该采用哪种用法呢？

当有多个网页要用到的 CSS 时，采用外连 CSS 文件的方式，这样网页的代码能大大减少，修改起来非常方便；对于只在单个网页中使用的 CSS，则采用嵌入文档头部的方式；而对于只在一个网页中一、两个地方才用到 CSS，应采用行内插入方式。

疑问 3：CSS 的行内样式、内嵌样式和链接样式可以在一个网页中混用吗？

三种方式可以混用，且不会造成混乱。这就是它为什么被称为“层叠样式表”的原因，浏览器在显示网页时是这样处理的：先检查有没有行内插入式 CSS，有就执行了，针对本句的其他 CSS 就不去管它了；其次检查内嵌方式的 CSS，有就执行了；在前两者都没有的情况下再检查外连文件方式的 CSS。因此可看出，三种 CSS 的执行优先级是：行内样式、内嵌样式、链接样式。

疑问 4：如何下载网页中的 CSS 文件？

选择网页上的“查看”→“源文件”菜单命令，如果有 CSS，可以直接复制下来，如果没有，可以找找有没有类似于下面的这种连接代码：

```
<link href="/index.css" rel="stylesheet" type="text/css">
```

例如针对这个 CSS 文件，就可以通过在网址后面直接加“/index.css”，然后按 Enter 键来打开和查看 CSS 源代码。

第 11 章 使用 CSS 3 控制网页字体与段落样式

常见的网站、博客都使用文字或图片来阐述发布者自己的观点，其中文字是传递信息的主要手段。而美观大方的网站或者博客需要使用 CSS 样式来修饰。设置文本样式是 CSS 技术的基本功能，通过 CSS 文本标记语言，可以设置文本的样式和粗细等。

11.1 丰富网页文字样式

在 HTML 中，CSS 字体属性用于定义文字的字体、大小、粗细、颜色等样式。常见的字体属性包括字体、字号、字体风格、字体颜色等。

11.1.1 设置文字的字体样式

font-family 属性用于指定文字的字体类型，例如宋体、黑体、隶书、Times New Roman 等，即在网页中展示不同形状的字体。具体的语法如下：

```
{font-family: name}
{font-family: cursive | fantasy | monospace | serif | sans-serif}
```

从语法格式上可以看出，font-family 有两种声明方式。第一种方式使用 name 字体名称，按优先顺序排列，以逗号隔开，如果字体名称包含空格，则应使用引号括起，在 CSS 3 中，比较常用的是第一种声明方式。第二种声明方式使用所列出的字体序列名称。如果使用 fantasy 序列，将提供默认字体序列。

【例 11.1】(示例文件 ch11\11.1.html)

```
<!DOCTYPE html>
<html>
<style type=text/css>
p{font-family: 黑体}
</style>
<body>
<p align=center>天行健，君子应自强不息。</p>
</body>
</html>
```

在 IE 9.0 中浏览，效果如图 11-1 所示，可以看到文字居中，并以黑体显示。

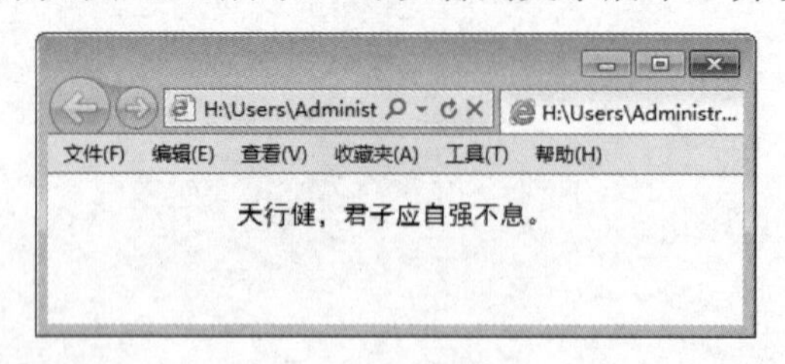

图 11-1 字型显示

在设计页面时，一定要考虑字体的显示问题，为了保证页面达到预计的效果，最好提供多种字体类型，而且最好以最基本的字体类型作为最后一个。

其样式设置如下所示：

```
p{
   font-family: 华文彩云,黑体,宋体
}
```

若 font-family 属性值中的字体类型由多个字符串和空格组成，例如 Times New Roman，该值就需要使用双引号引起来。例如 p{font-family: “Times New Roman”}。

11.1.2 设置文字的字号

在 CSS 3 新规定中，通常使用 font-size 设置文字大小。其语法格式如下：

```
{font-size: 数值 | inherit | xx-small | x-small | small | medium | large
 | x-large | xx-large | larger | smaller | length}
```

其中，通过数值来定义字体大小，例如用 font-size:10px 的方式定义字体大小为 12 个像素。此外，还可以通过 medium 之类的参数定义字体的大小，其参数含义如表 11-1 所示。

表 11-1 font-size 参数列表

参 数	说 明
xx-small	绝对字体尺寸。根据对象字体进行调整。最小
x-small	绝对字体尺寸。根据对象字体进行调整。较小
small	绝对字体尺寸。根据对象字体进行调整。小
medium	默认值。绝对字体尺寸。根据对象字体进行调整。正常
large	绝对字体尺寸。根据对象字体进行调整。大
x-large	绝对字体尺寸。根据对象字体进行调整。较大
xx-large	绝对字体尺寸。根据对象字体进行调整。最大
larger	相对字体尺寸。相对于父对象中的字体尺寸进行相对增大。使用成比例的 em 单位计算
smaller	相对字体尺寸。相对于父对象中的字体尺寸进行相对减小。使用成比例的 em 单位计算
length	百分数或由浮点数和单位标识符组成的长度值，不可为负值。其百分比取值是基于父对象中字体尺寸的

【例 11.2】(示例文件 ch11\11.2.html)

```
<!DOCTYPE html>
<html>
<body>
<div style="font-size:10pt">上级标记大小
   <p style="font-size:small">小</p>
   <p style="font-size:larger">大</p>
   <p style="font-size:x-small">小</p>
   <p style="font-size:x-larger">大</p>
   <p style="font-size:50%">子标记</p>
   <p style="font-size:25pt">子标记</p>
</div>
</body>
</html>
```

在 IE 9.0 中浏览，效果如图 11-2 所示，可以看到，网页中文字被设置成不同的大小，其设置方式采用了绝对数值、关键字和百分比等形式。

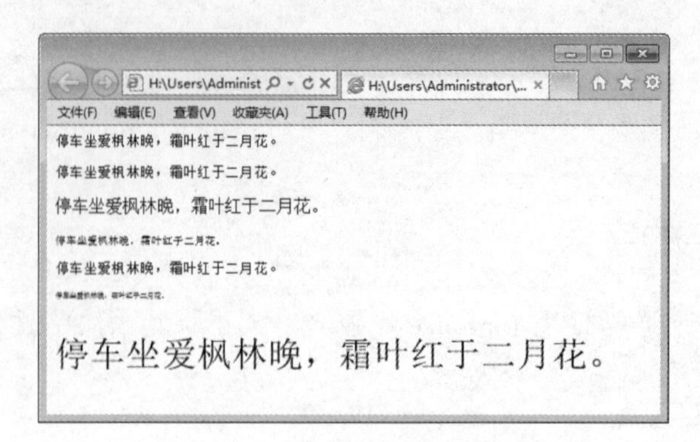

图 11-2　字体大小的显示

在上面例子中，font-size 字体大小为 50%时，其比较对象是上一级标签中的 10pt。

同样我们还可以使用 inherit 值，直接继承上级标记的字体大小。例如：

```
<div style="font-size:50pt">上级标记
  <p style="font-size: inherit">继承</p>
</div>
```

11.1.3　设置字体风格

font-style 通常用来定义字体风格，即字体的显示样式。在 CSS 3 新规定中，语法格式如下所示：

```
font-style: normal | italic | oblique |inherit
```

其属性值有 4 个，具体含义如表 11-2 所示。

表 11-2　font-style 的属性值

属 性 值	含　义
normal	默认值。浏览器显示一个标准的字体样式
italic	浏览器会显示一个斜体的字体样式
oblique	浏览器会显示一个倾斜的字体样式
inherit	规定应该从父元素继承字体样式

【例 11.3】(示例文件 ch11\11.3.html)

```
<!DOCTYPE html>
<html>
<body>
  <p style="font-style:italic">梅花香自苦寒来</p>
  <p style="font-style:normal">梅花香自苦寒来</p>
  <p style="font-style:oblique">梅花香自苦寒来</p>
</body>
</html>
```

在 IE 9.0 中的浏览效果如图 11-3 所示，可以看到文字分别显示不同的样式，例如斜体。

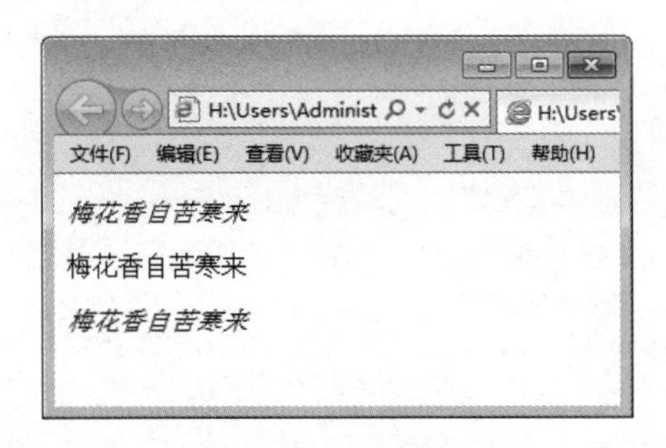

图 11-3 字体风格显示

11.1.4 设置加粗字体

通过 CSS 3 中的 font-weight 属性，可以定义字体的粗细程度，其语法格式如下：

```
{font-weight: 100-900|bold|bolder|lighter|normal;}
```

font-weight 属性有 13 个有效值，分别是 bold、bolder、lighter、normal、100~900。如果没有设置该属性，则使用其默认值 normal。属性值设置为 100~900 时，值越大，加粗的程度就越高。具体含义如表 11-3 所示。

表 11-3 font-weight 属性的含义

值	描 述
bold	定义粗体字体
bolder	定义更粗的字体，相对值
lighter	定义更细的字体，相对值
normal	默认，标准字体

浏览器默认的字体粗细是 400，另外，也可以通过参数 lighter 和 bolder 使得字体在原有基础上显得更细或更粗。

【例 11.4】(示例文件 ch11\11.4.html)

```
<!DOCTYPE html>
<html>
<body>
   <p style="font-weight:bold">梅花香自苦寒来(bold)</p>
   <p style="font-weight:bolder">梅花香自苦寒来(bolder)</p>
   <p style="font-weight:lighter">梅花香自苦寒来(lighter)</p>
   <p style="font-weight:normal">梅花香自苦寒来(normal)</p>
   <p style="font-weight:100">梅花香自苦寒来(100)</p>
   <p style="font-weight:400">梅花香自苦寒来(400)</p>
   <p style="font-weight:900">梅花香自苦寒来(900)</p>
</body>
</html>
```

在 IE 9.0 中浏览，效果如图 11-4 所示，可以看到文字居中并以不同方式加粗，其中使用了关键字加粗和数值加粗。

图 11-4　字体粗细显示

11.1.5　将小写字母转为大写字母

font-variant 属性设置大写字母的字体显示文本，这意味着所有的小写字母均会被转换为大写，但是所有使用大写字体的字母与其余文本相比，字体尺寸更小。在 CSS 3 中，其语法格式如下所示。

```
font-variant: normal | small-caps | inherit
```

可见 font-variant 有三个属性值，分别是 normal、small-caps 和 inherit。其具体含义如表 11-4 所示。

表 11-4　font-variant 属性

属 性 值	说　明
normal	默认值。浏览器会显示一个标准的字体
small-caps	浏览器会显示小型大写字母的字体
inherit	规定应该从父元素继承 font-variant 属性的值

【例 11.5】(示例文件 ch11\11.5.html)

```
<!DOCTYPE html>
<html>
<body>
<p style="font-variant:normal">Happy BirthDay to You</p>
<p style="font-variant:small-caps">Happy BirthDay to You</p>
</body>
</html>
```

在 IE 9.0 中浏览，效果如图 11-5 所示，可以看到字母以小型大写形式显示。

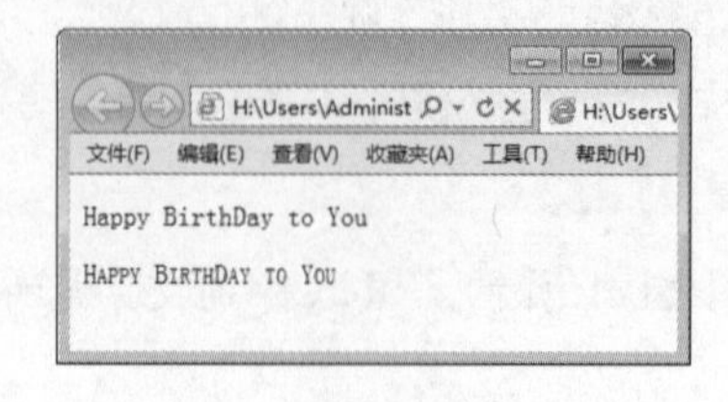

图 11-5　字母大小写转换

图中通过对两个属性值产生的效果进行比较可以看到，设置为 normal 属性值的文本以正常文本显示，而设置为 small-caps 属性值的文本中有稍大的大写字母，也有小的大写字母，也就是说，使用了 small-caps 属性值的段落文本全部变成了大写，只是大写字母的尺寸不同。

11.1.6 设置字体的复合属性

在设计网页时，为了使网页布局合理且文本规范，对字体设计需要使用多种属性，例如定义字体粗细，并定义字体大小。但是，多个属性分别书写相对比较麻烦，CSS 3 样式表提供的 font 属性解决了这一问题。

font 属性可以一次性地使用多个属性的属性值定义文本字体。其语法格式如下：

```
{font: font-style font-variant font-weight font-size font-family}
```

font 属性中的属性排列顺序是 font-style、font-variant、font-weight、font-size 和 font-family，各属性的属性值之间使用空格隔开，但是，如果 font-family 属性要定义多个属性值，则需使用逗号(,)隔开。

属性排列中，font-style、font-variant 和 font-weight 这三个属性值是可以自由调换的。而 font-size 和 font-family 则必须按照固定的顺序出现，而且还必须都出现在 font 属性中。如果这两者的顺序不对，或缺少一个，那么，整条样式规则可能就会被忽略。

【例 11.6】(示例文件 ch11\11.6.html)

```
<!DOCTYPE html>
<html>
<style type=text/css>
p{
  font: normal small-caps bolder 20pt "Cambria","Times New Roman",宋体
}
</style>
<body>
<p>
读书和学习是在别人思想和知识的帮助下，建立起自己的思想和知识。
</p>
</body>
</html>
```

在 IE 9.0 中浏览，效果如图 11-6 所示，可以看到文字被设置成宋体并加粗。

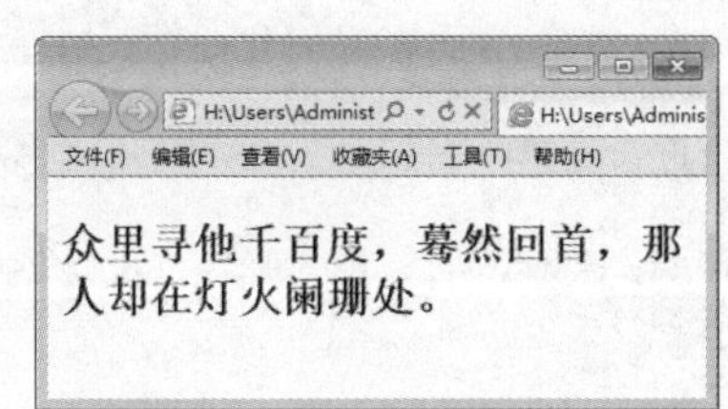

图 11-6 复合属性 font 显示

11.1.7 设置字体颜色

在 CSS 3 样式中，通常使用 color 属性来设置颜色。其属性值通常使用下面的方式来设定，如表 11-5 所示。

表 11-5 color 属性

属 性 值	说 明
color_name	规定颜色值为颜色名称的颜色(例如 red)
hex_number	规定颜色值为十六进制值的颜色(例如#ff0000)
rgb_number	规定颜色值为 RGB 代码的颜色(例如 rgb(255,0,0))
inherit	规定应该从父元素继承颜色
hsl_number	规定颜色值为 HSL 代码的颜色(例如 hsl(0,75%,50%))，是 CSS 3 新增的颜色表现方式
hsla_number	规定颜色只为 HSLA 代码的颜色(例如 hsla(120,50%,50%,1))，是 CSS 3 新增的颜色表现方式
rgba_number	规定颜色值为 RGBA 代码的颜色(例如 rgba(125,10,45,0.5))，是 CSS 3 新增的颜色表现方式

【例 11.7】(示例文件 ch11\11.7.html)

```
<!DOCTYPE html>

<html>
<head>
<style type="text/css">
body{color:red}
h1{color:#00ff00}
p.ex{color:rgb(0,0,255)}
p.hs{color:hsl(0,75%,50%)}
p.ha{color:hsla(120,50%,50%,1)}
p.ra{color:rgba(125,10,45,0.5)}
</style>
</head>
<body>
<h1>《青玉案 元夕》</h1>
<p>众里寻他千百度，蓦然回首，那人却在灯火阑珊处。
</p>
<p class="ex">众里寻他千百度，蓦然回首，那人却在灯火阑珊处。(该段落定义了
class="ex"。该段落中的文本是蓝色的。)</p>
<p class="hs">众里寻他千百度，蓦然回首，那人却在灯火阑珊处。(此处使用了 CSS3 中的新增加
的 HSL 函数，构建颜色。)</p>
<p class="ha">众里寻他千百度，蓦然回首，那人却在灯火阑珊处。(此处使用了 CSS3 中的新增加
的 HSLA 函数，构建颜色。)</p>
<p class="ra">众里寻他千百度，蓦然回首，那人却在灯火阑珊处。(此处使用了 CSS3 中的新增加
的 RGBA 函数，构建颜色。)</p>
</body>
</html>
```

在 IE 9.0 中浏览，效果如图 11-7 所示，可以看到文字以不同的颜色显示，并采用了不同的颜色取值方式。

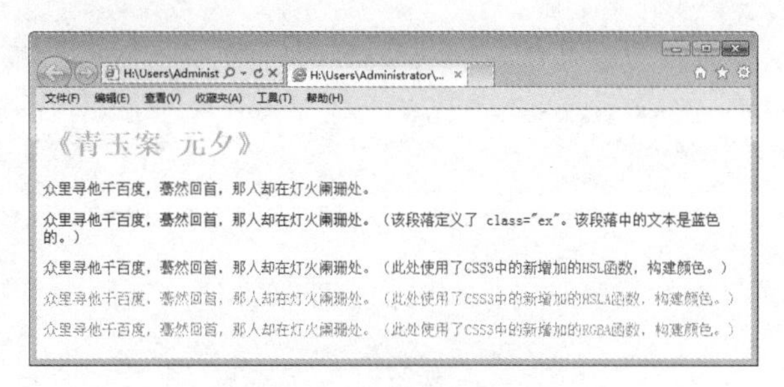

图 11-7　color 属性显示

11.2　网页文本的高级样式

对于一些特殊要求的文本，例如文字存在阴影，字体种类发生变化，如果再使用上面所介绍的 CSS 样式进行定义，其结果就不会得到正确显示，这时就需要一些特定的 CSS 标记来完成这些要求。

11.2.1　设置文本阴影效果

在显示字体时，有时根据需求，需要给出文字的阴影效果，以增强网页整体的吸引力，并且为文字阴影添加颜色。这时就需要用到 CSS 3 样式中的 text-shadow 属性，实际上，在 CSS 2.1 中，W3C 就已经定义了 text-shadow 属性，但在 CSS 3 中又重新定义了它，并增加了不透明度效果。其语法格式如下：

```
{text-shadow: none | <length> none | [<shadow>, ] * <opacity> 或 none
 | <color> [, <color> ]*}
```

其属性值如表 11-6 所示。

表 11-6　text-shadow 属性

属 性 值	说　明
<color>	指定颜色
<length>	由浮点数和单位标识符组成的长度值。可为负值。指定阴影的水平延伸距离
<opacity>	由浮点数和单位标识符组成的长度值。不可为负值。指定模糊效果的作用距离。如果仅仅需要模糊效果，应当将前两个 length 全部设定为 0

text-shadow 属性有 4 个属性值，最后两个是可选的，第一个属性值表示阴影的水平位移，可取正负值，第二值表示阴影垂直位移，可取正负值，第 3 个值表示阴影模糊半径，该值可选；第 4 个值表示阴影颜色值，该值可选。如下所示：

```
text-shadow: 阴影水平偏移值(可取正负值); 阴影垂直偏移值(可取正负值); 阴影模糊值; 阴影颜色
```

【例 11.8】(示例文件 ch11\11.8.html)

```
<!DOCTYPE html>
<html>
<body>
<p align=center style="text-shadow:0.1em 2px 6px blue;font-size:80px;">这是
TextShadow 的阴影效果</p>
</body>
</html>
```

在 Firefox 11.0 中浏览，效果如图 11-8 所示，可以看到文字居中并带有阴影。

图 11-8 阴影显示结果

通过上面的示例，可以看出阴影偏移由两个 length 值指定到文本的距离。第一个长度值指定到文本右边的水平距离，负值会把阴影放置在文本左边。第二个长度值指定到文本下边的垂直距离，负值会把阴影放置在文本上方。在阴影偏移之后，可以指定一个模糊半径。

11.2.2 设置文本溢出效果

text-overflow 属性用来定义当文本溢出时是否显示省略标记，并不具备其他的样式属性定义。要实现溢出时产生省略号的效果还须定义：强制文本在一行内显示(white-space:nowrap)及溢出内容为隐藏(overflow:hidden)，只有这样才能实现溢出文本显示省略号的效果。

text-overflow 的语法如下：

```
text-overflow: clip | ellipsis
```

其属性值的含义如表 11-7 所示。

表 11-7 text-overflow 属性

属 性 值	说 明
clip	不显示省略标记(...)，而是简单的裁切
ellipsis	当对象内文本溢出时显示省略标记(...)

【例 11.9】(示例文件 ch11\11.9.html)

```
<!DOCTYPE html>
<html>
<body>
```

```
<style type="text/css">
.test_demo_clip{text-overflow:clip; overflow:hidden; white-space:nowrap;
  width:200px; background:#ccc;}
.test_demo_ellipsis{text-overflow:ellipsis; overflow:hidden; white-
  space:nowrap; width:200px; background:#ccc;}
</style>
<h2>text-overflow : clip </h2>
  <div class="test_demo_clip">
  不显示省略标记，而是简单的裁切条
</div>
<h2>text-overflow : ellipsis </h2>
  <div class="test_demo_ellipsis">
  显示省略标记，不是简单的裁切条
</div>
</body>
</html>
```

在 Firefox 11.0 中浏览，效果如图 11-9 所示，可以看到，文字在指定位置被裁切，ellipsis 属性以省略号形式出现。在 IE 浏览器中浏览，效果也是一致的。

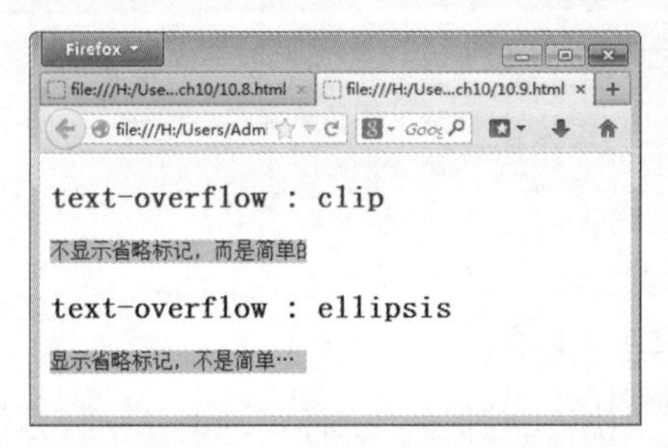

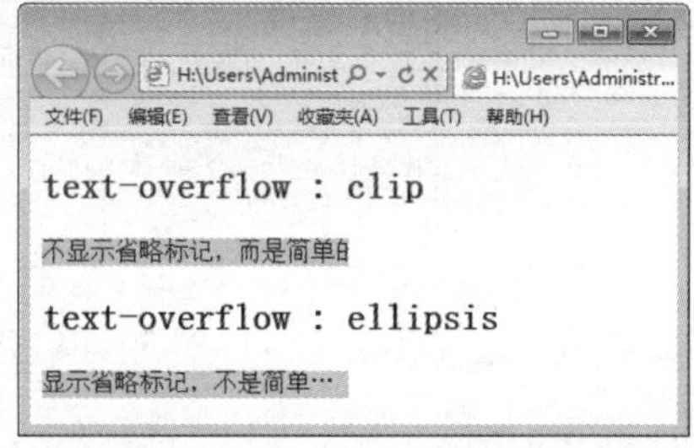

图 11-9 文本省略处理

11.2.3 设置文本的控制换行

当在一个指定区域显示一整行文字时，如果文字在一行显示不完，需要进行换行。如果不进行换行，则会超出指定区域范围，此时我们可以采用 CSS 3 中新加的 word-wrap 文本样式，来控制文本换行。

word-wrap 属性的语法格式如下：

```
word-wrap: normal | break-word
```

其属性值含义比较简单，如表 11-8 所示。

表 11-8 word-wrap 属性

属 性 值	说 明
normal	控制连续文本换行
break-word	内容将在边界内换行。如果需要，词内换行(word-break)也会发生

【例 11.10】(示例文件 ch11\11.10.html)

```
<!DOCTYPE html>
```

```
<html>
<body>
<style type="text/css">
    div{ width:300px;word-wrap:break-word;border:1px solid #999999;}
</style>
<div>wordwrapbreakwordwordwrapbreakwordwordwrapbreakwordwordwrapbreakword
</div><br>
<div>全中文的情况，全中文的情况，全中文的情况全中文的情况全中文的情况</div><br>
<div>This is all English,This is all English,This is all English,This is
all English,</div>
</body>
</html>
```

在 IE 9.0 中浏览，效果如图 11-10 所示，可以看到文字在指定位置被控制换行。

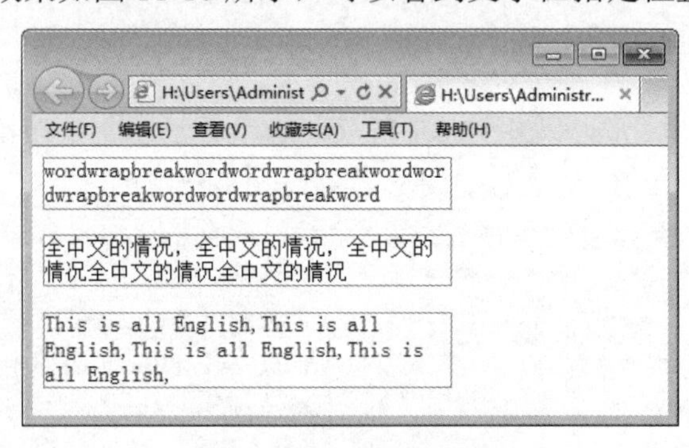

图 11-10 文本强制换行

可以看出，word-wrap 属性可以控制换行，当属性取值为 break-word 时，将强制换行，中文文本没有任何问题，英文语句也没有任何问题。但是对于长串的英文就不起作用，也就是说，break-word 属性控制是否断词，而不是断字符。

11.2.4 保持字体尺寸不变

有时候在同一行中的文字，由于所采用字体种类不一样，或者修饰样式不一样，而导致其字体尺寸，即显示大小不一样，整行文字看起来就显得杂乱。这时需要使用 CSS 3 的属性标签 font-size-adjust 来处理。

font-size-adjust 用来定义整个字体序列中所有字体的大小是否保持同一个尺寸。其语法格式如下：

```
font-size-adjust: none | number
```

其属性值的含义如表 11-9 所示。

表 11-9 font-size-adjust 属性

属 性 值	说 明
none	默认值。允许字体序列中每一字体都遵守它自己的尺寸
number	为字体序列中所有的字体强迫指定同一尺寸

【例 11.11】(示例文件 ch11\11.11.html)

```
<!DOCTYPE html>
<html>
<style>
.big { font-family: sans-serif; font-size: 40pt; }
.a { font-family: sans-serif; font-size: 15pt; font-size-adjust: 1; }
.b { font-family: sans-serif; font-size: 30pt; font-size-adjust: 0.5; }
</style>
<body>
<p class="big"><span class="b">厚德载物</span></p>
<p class="big"><span class="a">厚德载物</span></p>
</body>
</html>
```

在 IE 9.0 中浏览，效果如图 11-11 所示，可以看到同一行的字体大小相同。

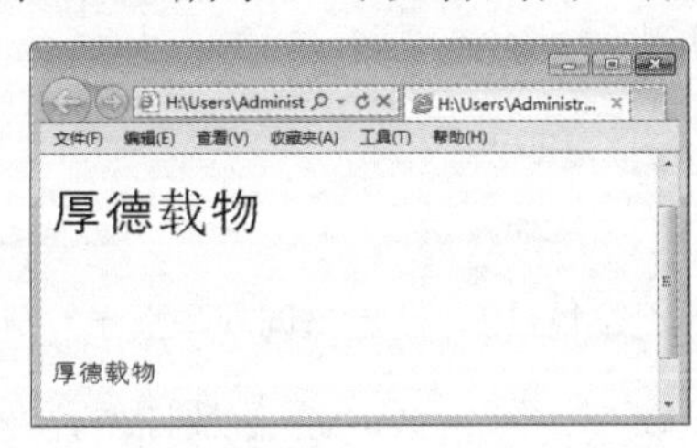

图 11-11　尺寸一致显示

11.3　丰富网页中的段落样式

网页由文字组成，而用来表达同一个意思的多个文字组合，可以称为段落。段落是文章的基本单位，同样也是网页的基本单位。段落的放置与效果的显示会直接影响到页面的布局及风格。CSS 样式表提供了文本属性来实现对页面中段落文本的控制。

11.3.1　设置单词之间的间隔

单词之间的间隔如果设置合理，一是会给整个网页布局节省空间，二是可以给人赏心悦目的感觉，提高人的阅读效果。在 CSS 中，可以使用 word-spacing 属性直接定义指定区域或者段落中字符之间的间隔。word-spacing 属性用于设定词与词之间的间距，即增加或者减少词与词之间的间隔。其语法格式如下：

```
word-spacing: normal | length
```

其中，属性值 normal 和 length 的含义如表 11-10 所示。

表 11-10　word-spacing 属性

属性值	说明
normal	默认，定义单词之间的标准间隔。
length	定义单词之间的固定宽带，可以接受正值或负值

【例 11.12】(示例文件 ch11\11.12.html)

```
<!DOCTYPE html>
<html>
<body>
<p style="word-spacing:normal">Welcome to my home</p>
<p style="word-spacing:15px">Welcome to my home</p>
<p style="word-spacing:15px">欢迎来到我家</p>
</body>
</html>
```

在 IE 9.0 中浏览，效果如图 11-12 所示，可以看到段落中单词以不同间隔显示。

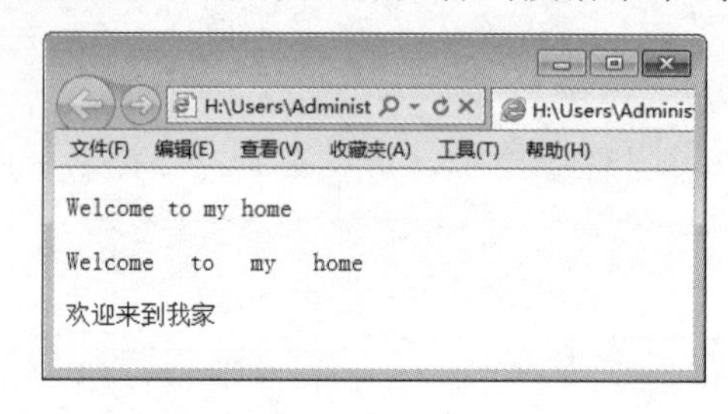

图 11-12　设定单词间隔显示

从上面显示结果可以看出，word-spacing 属性不能用于设定字符之间的间隔。

11.3.2　设置字符之间的间隔

在一个网页中，词与词之间可以通过 word-spacing 进行设置，那么字符之间使用什么来设置呢？在 CSS 3 中，可以通过 letter-spacing 来设置字符文本之间的距离。即在文本字符之间插入多少空间，这里允许使用负值，这会让字母之间更加紧凑。其语法格式如下：

```
letter-spacing: normal | length
```

其属性值含义如表 11-11 所示。

表 11-11　letter-spacing 属性

属 性 值	说　明
normal	默认间隔，即以字符之间的标准间隔显示
length	由浮点数和单位标识符组成的长度值，允许为负值

【例 11.13】(示例文件 ch11\11.13.html)

```
<!DOCTYPE html>
<html>
<body>
<p style="letter-spacing:normal">Welcome to my home</p>
<p style="letter-spacing:5px">Welcome to my home</p>
<p style="letter-spacing:1ex">这里的字间距是 1ex</p>
<p style="letter-spacing:-1ex">这里的字间距是-1ex</p>
```

```
<p style="letter-spacing:1em">这里的字间距是 1em</p>
</body>
</html>
```

在 IE 9.0 中浏览，效果如图 11-13 所示，可以看到文字间距都发生了变化。

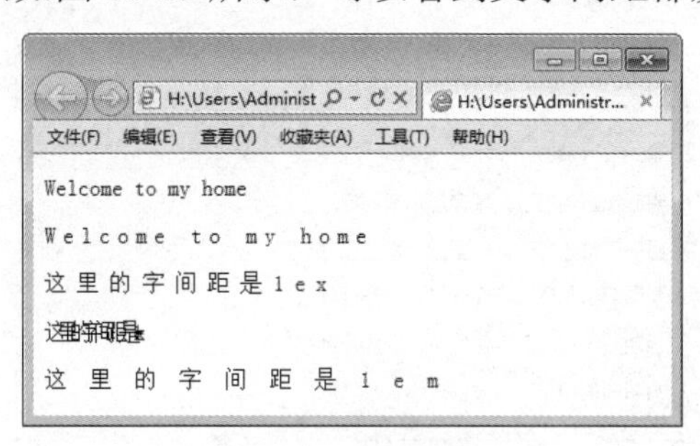

图 11-13　字间距效果

从上述代码中可以看出，通过 letter-spacing 定义了多个字间距的效果，应特别注意的是，当设置的字间距是-1ex 时，文字就会粘到一块。

11.3.3　设置文字的修饰效果

在 CSS 3 中，text-decoration 属性是文本修饰属性，该属性可以为页面提供多种文本的修饰效果，例如，下划线、删除线、闪烁等。

text-decoration 属性的语法格式如下：

```
text-decoration: none|underline|blink|overline|line-through
```

其属性值的含义如表 11-12 所示。

表 11-12　text-decoration 属性

属 性 值	描　述
none	默认值，对文本不进行任何修饰
underline	下划线
overline	上划线
line-through	删除线
blink	闪烁

【例 11.14】(示例文件 ch11\11.14.html)

```
<!DOCTYPE html>
<html>
<body>
  <p style="text-decoration:none">明明知道相思苦，偏偏对你牵肠挂肚！</p>
  <p style="text-decoration:underline">明明知道相思苦，偏偏对你牵肠挂肚！</p>
  <p style="text-decoration:overline">明明知道相思苦，偏偏对你牵肠挂肚！</p>
  <p style="text-decoration:line-through">明明知道相思苦，偏偏对你牵肠挂肚！</p>
  <p style="text-decoration:blink">明明知道相思苦，偏偏对你牵肠挂肚！</p>
```

```
</body>
</html>
```

在 IE 9.0 浏览，效果如图 11-14 所示。可以看到，段落中出现了下划线、上划线和删除线等。

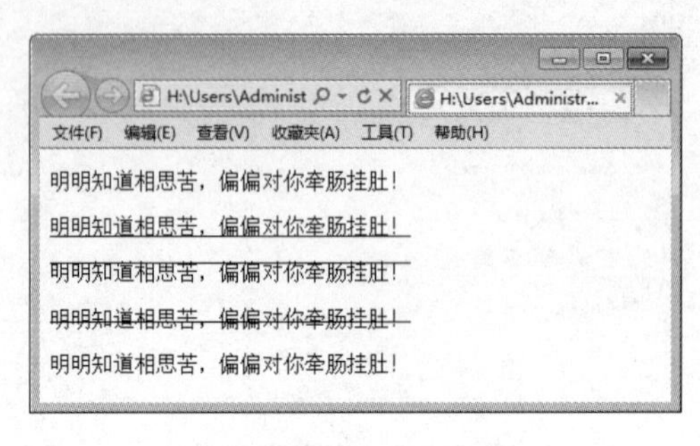

图 11-14　文本修饰显示

这里需要注意的是：blink 闪烁效果只有 Mozilla 和 Netscape 浏览器中支持，而 IE 和其他浏览器(如 Opera)都不支持该效果。

11.3.4　设置垂直对齐方式

在 CSS 中，可以直接使用 vertical-align 属性设定垂直对齐方式。该属性定义行内元素的基线相对于该元素所在行的基线的垂直对齐。允许指定负长度值和百分比值。这会使元素降低而不是升高。在表单元格中，这个属性会设置单元格框中的单元格内容的对齐方式。

vertical-align 属性的语法格式如下：

```
{vertical-align: 属性值}
```

vertical-align 属性值有 8 个预设值可使用，也可以使用百分比。这 8 个预设值如表 11-13 所示。

表 11-13　vertical-align 属性

属 性 值	说　明
baseline	默认。元素放置在父元素的基线上
sub	垂直对齐文本的下标
super	垂直对齐文本的上标
top	把元素的顶端与行中最高元素的顶端对齐
text-top	把元素的顶端与父元素字体的顶端对齐
middle	把此元素放置在父元素的中部
bottom	把元素的顶端与行中最低的元素的顶端对齐
text-bottom	把元素的底端与父元素字体的底端对齐
length	设置元素的堆叠顺序
%	使用 line-height 属性的百分比值来排列此元素。允许使用负值

【例 11.15】(示例文件 ch11\11.15.html)

```
<!DOCTYPE html>
<html>
<body>
<p>
   世界杯<b style="font-size:8pt;vertical-align:super">2014</b>!
   中国队<b style="font-size:8pt;vertical-align:sub">[注]</b>!
   加油！<img src="1.gif" style="vertical-align:baseline">
</p>
<p><img src="2.gif" style="vertical-align:middle"/>
   世界杯！中国队！加油！<img src="1.gif" style="vertical-align:top">
</p>
<hr/>
<p ><img src="2.gif" style="vertical-align:middle"/>
   世界杯！中国队！加油！<img src="1.gif" style="vertical-align:text-top">
</p>
<p><img src="2.gif" style="vertical-align:middle"/>
   世界杯！中国队！加油！<img src="1.gif" style="vertical-align:bottom">
</p>
<hr/>
<p ><img src="2.gif" style="vertical-align:middle"/>
   世界杯！中国队！加油！<img src="1.gif" style="vertical-align:text-bottom">
</p>
<p>
   世界杯<b style=" font-size:8pt;vertical-align:100%">2008</b>!
   中国队<b style="font-size: 8pt;vertical-align: -100%">[注]</b>!
   加油！<img src="1.gif" style="vertical-align: baseline">
</p>
</body>
</html>
```

在 IE 9.0 中浏览效果如图 11-15 所示，可以看到文字在垂直方向以不同的对齐方式显示。

图 11-15　垂直对齐显示

从上面示例中可以看出，上下标在页面中的数学运算或注释标号使用得比较多。顶端对齐有两种参照方式，一种是参照整个文本块，一种是参照文本。底部对齐与顶端对齐方式相同，分别参照文本块和文本块中包含的文本。

vertical-align 属性值还能使用百分比来设定垂直高度，该高度具有相对性的，它是基于行高的值来计算的。而且百分比还能使用正负号，正百分比使文本上升，负百分比使文本下降。

11.3.5 转换文本的大小写

根据需要，将小写字母转换为大写字母，或者将大写字母转换为小写，这在文本编辑中都是很常见的。在 CSS 样式中，使用 text-transform 属性可以设定文本字体的大小写转换。text-transform 属性的语法格式如下：

```
text-transform: none | capitalize | uppercase | lowercase
```

其属性值的含义如表 11-14 所示。

表 11-14 text-transform 属性

属 性 值	说 明
none	无转换发生
capitalize	将每个单词的第一个字母转换成大写，其余无转换发生
uppercase	转换成大写
lowercase	转换成小写

因为文本转换属性仅作用于字母型文本，相对来说比较简单。

【例 11.16】(示例文件 ch11\11.16.html)

```
<!DOCTYPE html>
<html>
<body style="font-size:15pt; font-weight:bold">
  <p style="text-transform:none">welcome to home</p>
  <p style="text-transform:capitalize">welcome to home</p>
  <p style="text-transform:lowercase">WELCOME TO HOME</p>
  <p style="text-transform:uppercase">welcome to home</p>
</body>
</html>
```

在 IE 9.0 中的浏览效果如图 11-16 所示。

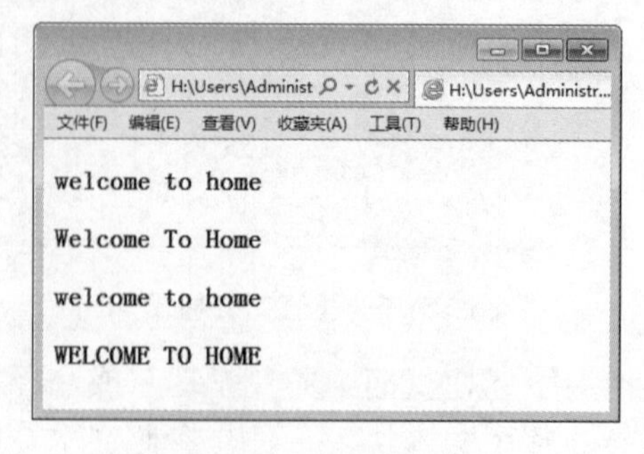

图 11-16 大小写字母转换显示

11.3.6 设置文本的水平对齐方式

一般情况下，居中对齐适用于标题类文本，其他对齐方式可以根据页面布局来选择使用。根据需要，可以设置多种对齐，例如水平方向上的居中、左对齐、右对齐或者两端对齐等。在CSS中，可以通过text-align属性进行设置。

text-align属性用于定义对象文本的对齐方式，与CSS 2.1相比，CSS 3增加了start、end和string属性值。text-align的语法格式如下：

```
{ text-align: sTextAlign }
```

其属性值的含义如表11-15所示。

表11-15 text-align属性

属性值	说明
start	文本向行的开始边缘对齐
end	文本向行的结束边缘对齐
left	文本向行的左边缘对齐。在垂直方向的文本中，文本在left-to-right模式下向开始边缘对齐
right	文本向行的右边缘对齐。在垂直方向的文本中，文本在left-to-right模式下向结束边缘对齐
center	文本在行内居中对齐
justify	文本根据text-justify的属性设置方法分散对齐。即两端对齐，均匀分布
match-parent	继承父元素的对齐方式，但有个例外：继承的start或者end值是根据父元素的direction值进行计算的，因此计算的结果可能是left或者right
string	string是一个单个的字符，否则，就忽略此设置。按指定的字符进行对齐。此属性可以跟其他关键字同时使用，如果没有设置字符，则默认值是end方式
inherit	继承父元素的对齐方式

在新增加的属性值中，start和end属性值主要是针对行内元素的，即在包含元素的头部或尾部显示；而<string>属性值主要用于表格单元格中，将根据某个指定的字符对齐。

【例11.17】(示例文件 ch11\11.17.html)

```
<!DOCTYPE html>
<html>
<body>
<h1 style="text-align:center">登幽州台歌</h1>
<h3 style="text-align:left">选自：</h3>
<h3 style="text-align:right">
  <img src="1.gif" />
  唐诗三百首</h3>
<p style="text-align:justify">
  前不见古人
  后不见来者
  (这是一个测试，这是一个测试，这是一个测试，)
```

```
</p>
<p style="text-align:start">念天地之悠悠</p>
<p style="text-align:end">独怆然而涕下</p>
</body>
</html>
```

在 IE 9.0 中浏览，效果如图 11-17 所示，可以看到，文字在水平方向上以不同的对齐方式显示。

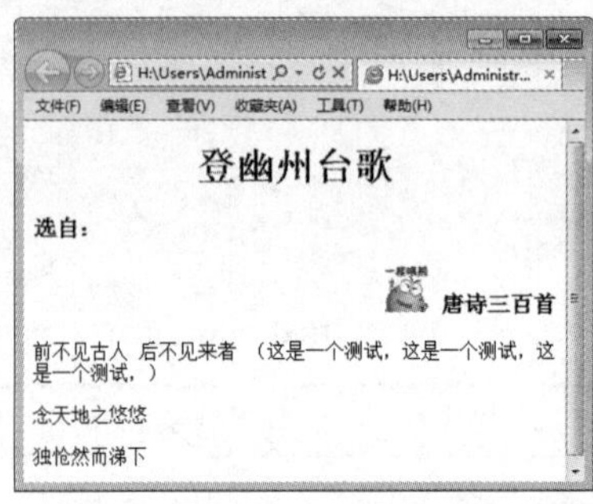

图 11-17　对齐效果

text-align 属性只能用于文本块，而不能直接应用到图像标记<img>。如果要使图像同文本一样应用对齐方式，那么就必须将图像包含在文本块中。如上面的例子中，由于向右对齐方式作用于<h3>标记定义的文本块，图像包含在文本块中，所以图像能够同文本一样向右对齐。

CSS 只能定义两端对齐方式，并按要求显示，但对于具体的两端对齐文本如何分配字体空间以实现文本左右两边均对齐，CSS 并不规定。这就需要设计者自行定义了。

11.3.7　设置文本的缩进效果

在普通段落中，通常首行缩进两个字符，用来表示这是一个段落的开始。同样，在网页的文本编辑中可以通过指定属性来控制文本缩进。CSS 的 text-indent 属性就是用来设定文本块中首行缩进的。

text-indent 属性的语法格式如下：

```
text-indent: length
```

其中，length 属性值表示由百分比数值或由浮点数和单位标识符组成的长度值，允许为负值。可以这样认为：text-indent 属性可以定义两种缩进方式，一种是直接定义缩进的长度，另一种是定义缩进百分比。使用该属性，HTML 的任何标记都可以让首行以给定的长度或百分比缩进。

【例 11.18】(示例文件 ch11\11.18.html)

```
<!DOCTYPE html>
<html>
<body>
```

```
<p style="text-indent:10mm">
    此处直接定义长度，直接缩进。
</p>
<p style="text-indent:10%">
  此处使用百分比，进行缩进。
</p>
</body>
</html>
```

在 IE 9.0 中浏览，效果如图 11-18 所示，可以看到文字以首行缩进方式显示。

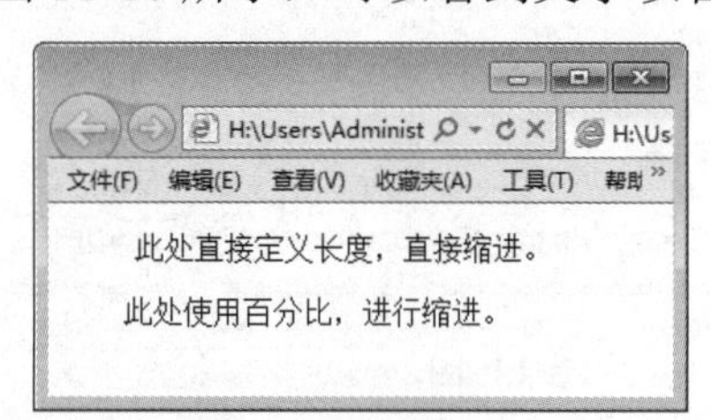

图 11-18　缩进显示

如果上级标记定义了 text-indent 属性，那么子标记可以继承其上级标记的缩进长度。

11.3.8　设置文本的行高

在 CSS 中，line-height 属性用来设置行间距，即行高。其语法格式如下：

```
line-height: normal | length
```

其属性值的具体含义如表 11-16 所示。

表 11-16　line-height 属性

属 性 值	说　明
normal	默认行高，即网页文本的标准行高
length	百分比数值或由浮点数和单位标识符组成的长度值，允许为负值。其百分比取值基于字体的高度尺寸

【例 11.19】(示例文件 ch11\11.19.html)

```
<!DOCTYPE html>
<html>
<body>
  <div style="text-indent:10mm;">
    <p style="line-height:50px">
       世界杯(World Cup,FIFA World Cup)，国际足联世界杯，世界足球锦标赛)是世界上最高
水平的足球比赛，与奥运会、F1 并称为全球三大顶级赛事。
    </p>
    <p style="line-height:50%">
       世界杯(World Cup,FIFA World Cup)，国际足联世界杯，世界足球锦标赛)是世界上最高
水平的足球比赛，与奥运会、F1 并称为全球三大顶级赛事。
    </p>
  </div>
```

```
</body>
</html>
```

在 IE 9.0 中浏览，效果如图 11-19 所示，可以看到，有一段文字重叠在一起了，即行高设置得太小。

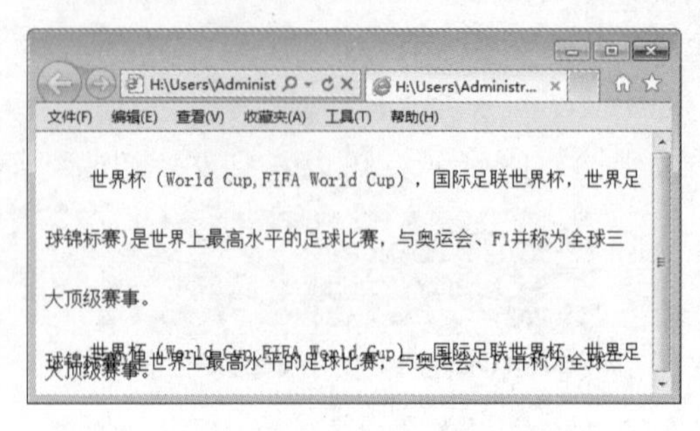

图 11-19　设定文本行高

11.3.9　文本的空白处理

在 CSS 中，white-space 属性用于设置对象内空格字符的处理方式。与 CSS 2.1 相比，CSS 3 新增了两个属性值。white-space 属性对文本的显示有重要的影响。在标记上应用 white-space 属性可以影响浏览器对字符串或文本间空白的处理方式。

white-space 属性的语法格式如下：

```
white-space: normal | pre | nowrap | pre-wrap | pre-line
```

其属性值含义如表 11-17 所示。

表 11-17　white-space 属性

属 性 值	说　明
normal	默认。空白会被浏览器忽略
pre	空白会被浏览器保留。其行为方式类似 HTML 中的<pre>标签
nowrap	文本不会换行，文本会在同一行上继续，直至遇到 标签为止
pre-wrap	保留空白符序列，但是正常地进行换行
pre-line	合并空白符序列，但是保留换行符
inherit	规定应该从父元素继承 white-space 属性的值

【例 11.20】(示例文件 ch11\11.20.html)

```
<!DOCTYPE html>
<html>
<body>
  <h1 style="color:red; text-align:center;white-space:pre">蜂 蜜 的 功 效 与
作 用! </h1>
  <div >
    <p style="white-space:nowrap;text-indent:10mm">
          蜂蜜，是昆虫蜜蜂从开花植物的花中采得的花蜜在蜂巢中酿制的蜜。<br>
蜂蜜的成分除了葡萄糖、果糖之外还含有各种维生素、矿物质和氨基酸。1 千克的蜂蜜含有 2940 卡的热量。
蜂蜜是糖的过饱和溶液，低温时会产生结晶，生成结晶的是葡萄糖，不产生结晶的部分主要是果糖。
```

```
    </p>
    <p style="white-space:pre-wrap;text-indent:10mm">
      蜂蜜的成分除了葡萄糖、果糖之外还含有各种维生素、矿物质和氨基酸。
       1千克的蜂蜜含有2940卡的热量。<br/>
      蜂蜜是糖的过饱和溶液，低温时会产生结晶，生成结晶的是葡萄糖，不产生结晶的部分主要是果糖。
    </p>
    <p style="white-space:pre-line;text-indent:10mm">
              蜂蜜的成分除了葡萄糖、果糖之外还含有各种维生素、矿物质和氨基酸。
      1千克的蜂蜜含有2940卡的热量。<br/>
     蜂蜜是糖的过饱和溶液，低温时会产生结晶，生成结晶的是葡萄糖，不产生结晶的部分主要是果糖。
    </p>
  </div>
</body>
</html>
```

在IE 9.0中浏览，效果如图11-20所示，可以看到文字处理空白的不同方式。

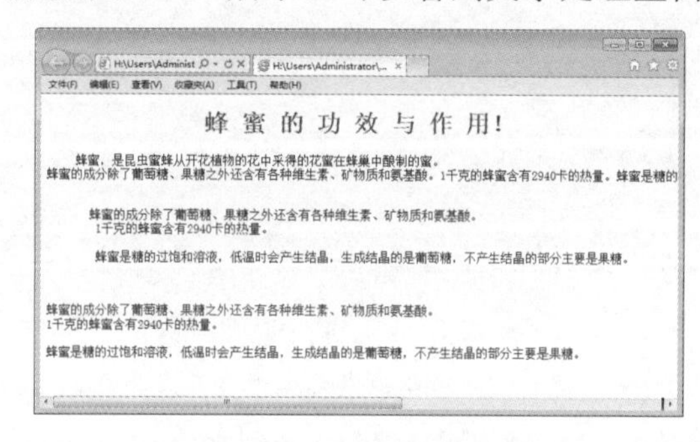

图11-20　处理空白

11.3.10　文本的反排

在网页文本编辑中，通常英语文档的基本方向是从左至右。如果文档中某一段的多个部分包含从右至左阅读的语言，则该语言的方向将正确地显示为从右至左。此时可以通过CSS提供的两个属性unicode-bidi和direction来解决这个文本反排的问题。

unicode-bidi属性的语法格式如下：

```
unicode-bidi: normal | bidi-override | embed
```

其属性值的含义如表11-18所示。

表11-18　unicode-bidi属性

属性值	说明
normal	默认值。元素不会打开一个额外的嵌入级别。对于内联元素，隐式的重新排序将跨元素边界起作用
bidi-override	与embed值相同，但有一点除外：在元素内，重新排序依照direction属性严格按顺序进行。此值替代隐式双向算法
embed	元素将打开一个额外的嵌入级别。direction属性的值指定嵌入级别。重新排序在元素内是隐式进行的

direction 属性用于设定文本流的方向，其语法格式如下：

```
direction: ltr | rtl | inherit
```

其属性值的含义如表 11-19 所示。

表 11-19　direction 属性

属 性 值	说　明
ltr	文本流从左到右
rtl	文本流从右到左
inherit	文本流的值不可继承

【例 11.21】(示例文件 ch11\11.21.html)

```
<!DOCTYPE html>
<html>
<head>
</head>
<body>
<h3>文本的反排</h3>
<div style="direction:rtl; unicode-bidi:bidi-override; text-align:left">秋
风吹不尽，总是玉关情。</div>
</body>
</html>
```

在 IE 9.0 中浏览，效果如图 11-21 所示，可以看到文字以反转形式显示。

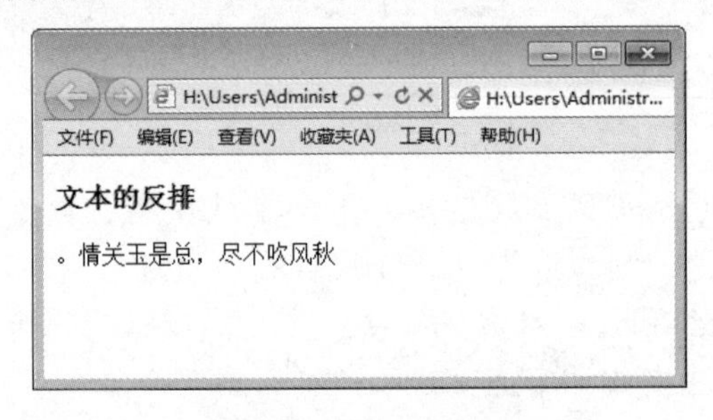

图 11-21　文本反转显示

11.4　综合示例——设置网页标题

本节创建一个网站的网页标题，主要利用了文字和段落方面的 CSS 属性。具体的操作步骤如下。

step 01 分析需求。

本综合示例要求在网页的最上方显示出标题，标题下方是正文，其中正文部分是文字段落部分。在设计这个网页标题时，需要将网页标题加粗，并将网页居中显示。用大号字体显示标题，用来与下面的正文部分区分。上述要求使用 CSS 样式属性来实现。该示例的效果如图 11-22 所示。

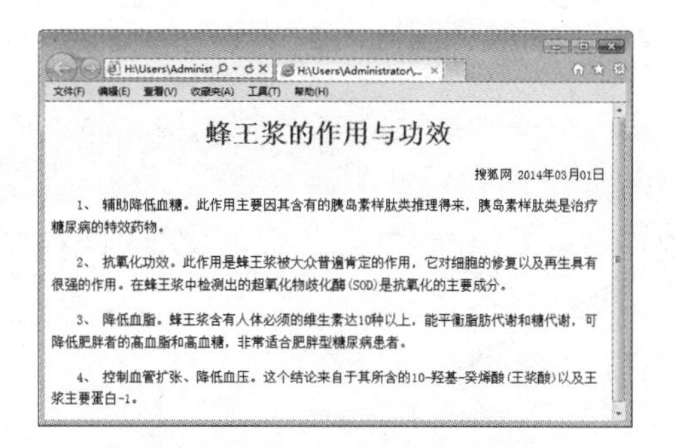

图 11-22　网页标题显示

step 02 分析布局并构建 HTML。

首先需要创建一个 HTML 页面，并用 DIV 将页面划分两个层，一个是网页标题层，一个是正文部分。

step 03 导入 CSS 文件。

在 HTML 页面中将 CSS 文件使用 link 方式导入。此 CSS 定义了这个页面的所有样式，其导入代码如下：

```
<link href="index.css" rel="stylesheet" type="text/css" />
```

step 04 完成标题样式设置。

首先设置标题的 HTML 代码，此处使用 DIV 构建，其代码如下：

```
<div>
    <h1>蜂王浆的作用与功效</h1>
    <div class="ar">搜狐网   2014 年 03 月 01 日</div>
</div>
```

step 05 使用 CSS 代码对其进行修饰，代码如下：

```
h1{text-align:center;color:red}
.ar{text-align:right;font-size:15px;}
.lr{text-align:left;font-size:15px;color:}
```

step 06 开发正文部分的代码和样式。

首先使用 HTML 代码完成网页正文部分，此处使用 DIV 构建，其代码如下：

```
<div>
<P>
1、 辅助降低血糖。此作用主要因其含有的胰岛素样肽类推理得来，胰岛素样肽类是治疗糖尿病的特效药物。</P>
<P>
2、 抗氧化功效。此作用是蜂王浆被大众普遍肯定的作用，它对细胞的修复以及再生具有很强的作用。在蜂王浆中检测出的超氧化物歧化酶(SOD)是抗氧化的主要成分。</P>
<P>
3、 降低血脂。蜂王浆含有人体必需的维生素达 10 种以上，能平衡脂肪代谢和糖代谢，可降低肥胖者的高血脂和高血糖，非常适合肥胖型糖尿病患者。</P>
<P>
4、 控制血管扩张、降低血压。这个结论来自于其所含的 11-羟基-癸烯酸(王浆酸)以及王浆主要蛋白-1。</P>
</div>
```

step 07 使用 CSS 代码进行修饰，代码如下：

```
p{text-indent:8mm;line-height:7mm;}
```

11.5 上机练习——制作新闻页面

本示例制作一个新闻页面，具体的操作步骤如下。

step 01 打开记事本，在其中输入如下代码：

```
<!DOCTYPE html>
<html>
<head>
<title>新闻页面</title>
<style type="text/css">
<!--
h1{
    font-family: 黑体;
    text-decoration: underline overline;
    text-align: center;
}
p{
    font-family: Arial, "Times New Roman";
    font-size: 20px;
    margin: 5px 0px;
    text-align: justify;
}
#p1{
    font-style: italic;
    text-transform: capitalize;
    word-spacing: 15px;
    letter-spacing: -1px;
    text-indent: 2em;
}
#p2{
    text-transform: lowercase;
    text-indent: 2em;
    line-height: 2;
}
#firstLetter{
    font-size: 3em;
    float: left;
}
h1{
    background: #678;
    color: white;
}
-->
</style>
</head>
<body>
<h1>英国现两个多世纪来最多雨冬天</h1>
<p id="p1">在 3 月的第一天，阳光“重返”英国大地，也预示着春天的到来。</p>
```

```
<p id="p2">英国气象局发言人表示："今天的阳光很充足，这才像春天的感觉。这是春天的一个非常好的开局。"前几天英国气象局发布的数据显示，刚刚过去的这个冬天是过去近 250 年来最多雨的冬天。</p>
</body>
</html>
```

step 02 保存网页，在 IE 9.0 中的预览效果如图 11-23 所示。

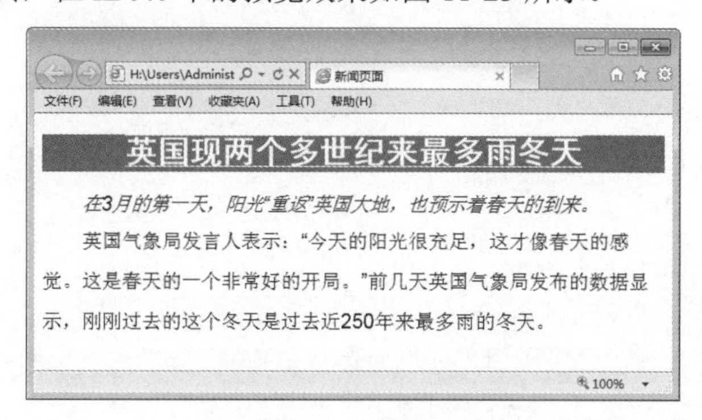

图 11-23 浏览效果

11.6 专家答疑

疑问 1：字体为什么有时在别的电脑上不显示？

楷体很漂亮，草书也不逊色于宋体。可惜不是所有人的电脑都安装有这些字体。所以在设计网页时，不要为了追求漂亮美观，而采用一些比较新奇的字体，否则往往达不到预期的效果。用最基本的字体，才是最好的选择。

不要使用难于阅读的花哨字体。当然，某些字体可以让网站精彩纷呈。不过它们容易阅读吗？网页主要目的是传递信息并让读者阅读，我们应该让读者阅读过程舒服些。不要用小字体。虽然 Firefox 有放大功能，但如果必须放大才能看清一个网站的话，那以后浏览者估计就再也不会去访问它了。

疑问 2：网页中如何进行空白处理？

注意不留空白。不要用图像、文本和不必要的动画 GIF 来充斥网页，即使有足够的空间，在设计时也应该避免使用。

疑问 3：文字和图片的导航速度哪个更快？

应该使用文字作为导航栏元素。文字导航不仅速度快，而且更稳定。例如，有些用户上网时会关闭图片。在处理文本时，不要在普通文本上添加颜色。除非特别需要，否则不要为普通文字添加下划线。用户通常需要识别哪些文本能点击，所以不应当使本不能点击的文字被误认为能够点击。

第 12 章

使用 CSS 3 控制网页图片的显示样式

一个网页中如果都是文字，时间长了会给浏览者带来枯燥的感觉，而一张恰如其分的图片，会给网页带来许多生趣。

图片是直观、形象的，一张好的图片会给网页带来很高的点击率。在 CSS 3 中定义了很多属性，用来美化和设置图片的显示样式。

12.1 缩 放 图 片

在网页上显示一张图片时，默认情况下都是以图片的原始大小显示的。如果要对网页进行排版，通常情况下，还需要对图片进行大小的重新设定。如果对图片设置不恰当，会造成图片的变形和失真，所以一定要保持宽度和高度属性的比例适中。对于图片大小的设定，可以采用三种方式来完成。

12.1.1 使用描述标记 width 和 height 缩放图片

在 HTML 标记语言中，通过 img 的描述标记 height 和 width 可以设置图片大小。width 和 height 分别表示图片的宽度和高度，二者的值可以数值或百分比，单位可以是 px。

【例 12.1】(示例文件 ch12\12.1.html)

```
<!DOCTYPE html>
<html>
<head>
<title>缩放图片</title>
</head>
<body>
<img src="01.jpg" width=200 height=120>
</body>
</html>
```

在 IE 9.0 中浏览，效果如图 12-1 所示，可以看到网页中显示了一张图片，其宽度为 200 像素，高度为 120 像素。

图 12-1　使用标记缩放图片

12.1.2 使用 CSS 3 中的 max-width 和 max-height 缩放图片

max-width 和 max-height 分别用来设置图片宽度的最大值和高度的最大值。在定义图片大小时，如果图片默认尺寸超过了定义的大小时，就以 max-width 所定义的宽度值显示，而图片高度将同比例变化，如果定义的是 max-height，以此类推。但是，如果图片的尺寸小于最大宽度或者高度，那么图片就按原尺寸大小显示。

max-width 和 max-height 的值一般是数值类型。

其语法格式如下：

```
img{
   max-height: 180px;
}
```

【例 12.2】(示例文件 ch12\12.2.html)

```
<!DOCTYPE html>
<html>
<head>
<title>缩放图片</title>
<style>
img{
   max-height: 300px;
}
</style>
</head>
<body>
<img src="01.jpg">
</body>
</html>
```

在 IE 9.0 中的浏览效果如图 12-2 所示，可以看到网页中显示了一张图片，其显示高度是 300 像素，宽度将做同比例缩放。

图 12-2　同比例缩放图片

在本例中，也可以只设置 max-width 来定义图片最大宽度，而让高度自动缩放。

12.1.3　使用 CSS 3 中的 width 和 height 缩放图片

在 CSS 3 中，可以使用属性 width 和 height 来设置图片的宽度和高度，从而实现对图片的缩放效果。

【例 12.3】(示例文件 ch12\12.3.html)

```
<!DOCTYPE html>
<html>
<head>
<title>缩放图片</title>
</head>
<body>
```

```
<img src="01.jpg" >
<img src="01.jpg" style="width:150px;height:100px">
</body>
</html>
```

在 IE 9.0 中的浏览效果如图 12-3 所示，可以看到网页显示了两张图片，第一张图片以原大小显示，第二张图片以指定大小显示。

图 12-3 以 CSS 指定图片的大小

当仅仅设置了图片的 width 属性，而没有设置 height 属性时，图片本身会自动按纵横比例缩放，如果只设定 height 属性，也是一样的道理。只有当同时设定 width 和 height 属性时，才会不等比例缩放。

12.2 网页图片与文字的对齐方式

一个凌乱的图文网页，是每一个浏览者都不喜欢看的。而一个图文并茂，排版格式整洁简约的页面更容易让网页浏览者接受。可见图片的对齐方式是非常重要的。本节将介绍如何使用 CSS 3 属性定义图文对齐方式。

12.2.1 横向对齐方式

所谓图片横向对齐，就是在水平方向上进行对齐，其对齐样式与文字对齐比较相似，都是有三种对齐方式，分别为“左”、“右”和“中”。

如果要定义图片对齐方式，不能在样式表中直接定义图片样式，需要在图片的上一个标记级别，即父标记，定义对齐方式，让图片继承父标记的对齐方式。之所以这样定义父标记对齐方式，是因为 img(图片)本身没有对齐属性，需要使用 CSS 继承父标记的 text-align 来定义对齐方式。

【例 12.4】(示例文件 ch12\12.4.html)

```
<!DOCTYPE html>

<html>
<head>
```

```
<title>图片横向对齐</title>
</head>
<body>
<p style="text-align:left"><img src="02.jpg" style="max-width:140px;">图片左
对齐
</p>
<p style="text-align:center"><img src="02.jpg" style="max-width:140px;">图
片居中对齐
</p>
<p style="text-align:right"><img src="02.jpg" style="max-width:140px;">图片
右对齐
</p>
</body>
</html>
```

在 IE 9.0 中浏览，效果如图 12-4 所示，可以看到网页上显示三张图片，大小一样，但对齐方式分别是左对齐、居中对齐和右对齐。

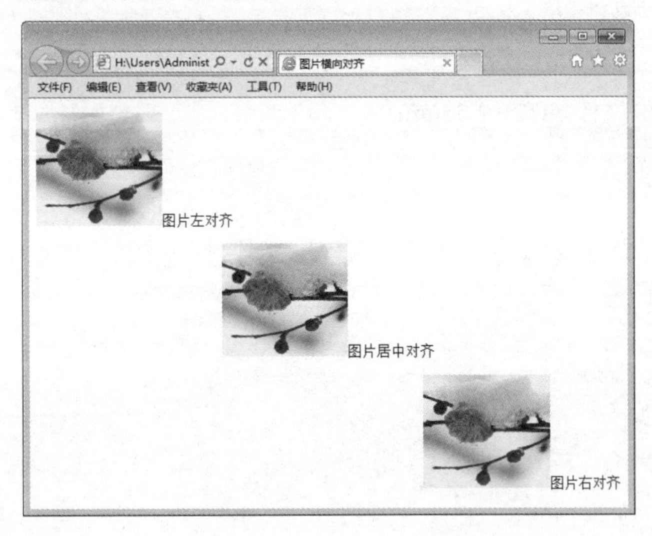

图 12-4 图片横向对齐

12.2.2 纵向对齐方式

纵向对齐就是垂直对齐，即在垂直方向上与文字进行搭配使用。通过对图片的垂直方向上的设置，可以设定图片和文字的高度一致。在 CSS 3 中，对于图片纵向设置，通常使 vertical-align 属性来定义。

vertical-align 属性设置元素的垂直对齐方式，即定义行内元素的基线相对于该元素所在行的基线的垂直对齐。允许指定负长度值和百分比值。这会使元素降低而不是升高。在表单元格中，这个属性会设置单元格框中的单元格内容的对齐方式。其语法格式为：

```
vertical-align: baseline |sub | super |top |text-top | middle | bottom
 | text-bottom | length
```

上面参数的含义如表 12-1 所示。

表 12-1 参数的含义

参数名称	说 明
baseline	支持 valign 特性的对象的内容与基线对齐
sub	垂直对齐文本的下标
super	垂直对齐文本的上标
top	将支持 valign 特性的对象的内容与对象顶端对齐
text-top	将支持 valign 特性的对象的文本与对象顶端对齐
middle	将支持 valign 特性的对象的内容与对象中部对齐
bottom	将支持 valign 特性的对象的文本与对象底端对齐
text-bottom	将支持 valign 特性的对象的文本与对象顶端对齐
length	由浮点数字和单位标识符组成的长度值或者百分数。可为负数。定义由基线算起的偏移量。基线对于数值来说为 0，对于百分数来说就是 0%

【例 12.5】(示例文件 ch12\12.5.html)

```
<!DOCTYPE html>

<html>
<head>
<title>图片纵向对齐</title>
<style>
img{max-width: 100px;}
</style>
</head>
<body>
<p>纵向对齐方式:baseline<img src=02.jpg style="vertical-align:baseline">
</p>
<p>纵向对齐方式:bottom<img src=02.jpg style="vertical-align:bottom">
</p>
<p>纵向对齐方式:middle<img src=02.jpg style="vertical-align:middle">
</p>
<p>纵向对齐方式:sub<img src=02.jpg style="vertical-align:sub">
</p>
<p>纵向对齐方式:super<img src=02.jpg style="vertical-align:super">
</p>
<p>纵向对齐方式:数值定义<img src=02.jpg style="vertical-align:20px">
</p>
</body>
</html>
```

在 IE 9.0 中浏览，效果如图 12-5 所示，可以看到，网页显示了 6 张图片，垂直方向上分别是 baseline、bottom、middle、sub、super 和数值对齐。

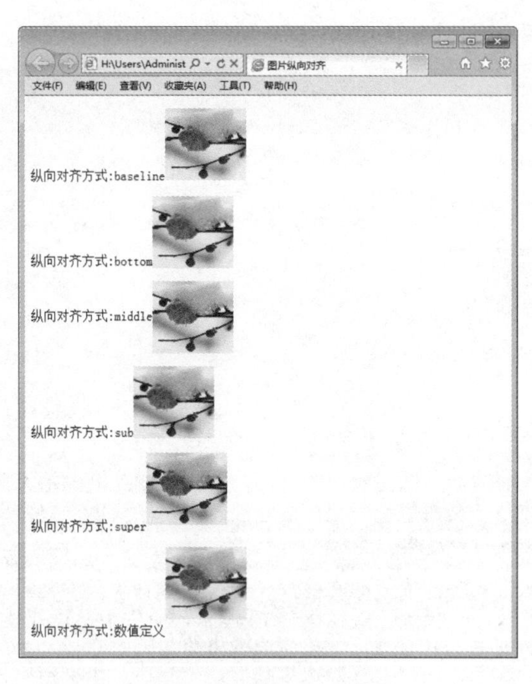

图 12-5 图片纵向对齐

读者仔细观察图片和文字的不同对齐方式，即可深刻理解各种纵向对齐的不同之处。

12.3 图文混排样式

一个普通的网页，最常见的方式就是图文混排。文字说明主题，图像显示新闻情境，二者结合起来相得益彰。本节将介绍图片和文字的排版方式。

12.3.1 设置文字环绕效果

在网页中进行排版时，可以将文字设置成环绕图片的形式，即文字环绕。文字环绕应用非常广泛，如果再配合背景，就可以实现非常绚丽的效果。

在 CSS 3 中，可以使用 float 属性定义该效果。float 属性主要定义元素在哪个方向浮动。一般情况下这个属性总应用于图像，使文本围绕在图像周围，有时它也可以定义其他元素浮动。浮动元素会生成一个块级框，而不论它本身是何种元素。

float 的语法格式如下：

```
float: none | left | right
```

其中，none 表示默认值，即对象不漂浮，left 表示文本流向对象的右边，right 表示文本流向对象的左边。

【例 12.6】(示例文件 ch12\12.6.html)

```
<!DOCTYPE html>
<html>
<head>
<title>文字环绕</title>
<style>
img{
   max-width: 120px;
   float: left;
}
</style>
</head>
<body>
<p>
可爱的向日葵。
<img src="03.jpg">
向日葵，别名太阳花，是菊科向日葵属的植物。因花序随太阳转动而得名。一年生植物，高 1~3 米，
茎直立，粗壮，圆形多棱角，被白色粗硬毛，性喜温暖，耐旱，能产果实葵花籽。原产北美洲，主要分
布在我国东北、西北和华北地区，世界各地均有栽培！
向日葵，1 年生草本，高 1.0~3.5 米，对于杂交品种也有半米高的。茎直立，粗壮，圆形多棱角，为
白色粗硬毛。叶通常互生，心状卵形或卵圆形，先端锐突或渐尖，有基出 3 脉，边缘具粗锯齿，两面粗
糙，被毛，有长柄。头状花序，极大，直径 10~30 厘米，单生于茎顶或枝端，常下倾。总苞片多层，
叶质，覆瓦状排列，被长硬毛，夏季开花，花序边缘生黄色的舌状花，不结实。花序中部为两性的管状
花，棕色或紫色，结实。瘦果，倒卵形或卵状长圆形，稍扁压，果皮木质化，灰色或黑色，俗称葵花
籽。性喜温暖，耐旱。
</p>
</body>
</html>
```

在 IE 9.0 中浏览，效果如图 12-6 所示，可以看到图片被文字所环绕，并在文字的左方显示。如果将 float 属性的值设置为 right，其图片会在文字右方显示并环绕。

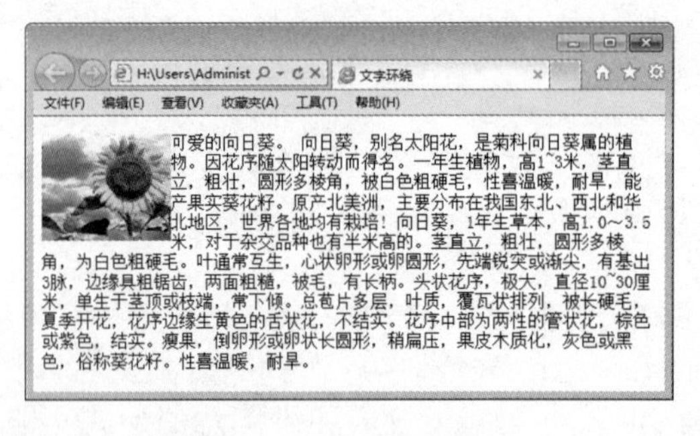

图 12-6　文字环绕效果

12.3.2　设置图片与文字的间距

如果需要设置图片和文字之间的距离，即文字之间存在一定间距，不是紧紧地环绕，可以使用 CSS 3 中的属性 padding 来设置。

padding 属性主要用来在一个声明中设置所有内边距属性，即可以设置元素所有内边距的宽度，或者设置各边上内边距的宽度。如果一个元素既有内边距又有背景，从视觉上看，可能会延伸到其他行，有可能还会与其他内容重叠。元素的背景会延伸穿过内边距。不允许指定负边距值。

其语法格式如下：

```
padding: padding-top | padding-right | padding-bottom | padding-left
```

参数值 padding-top 用来设置距离顶部的内边距；padding-right 用来设置距离右部的内边距；padding-bottom 用来设置距离底部的内边距；padding-left 用来设置距离左部的内边距。

【例 12.7】(示例文件 ch12\12.7.html)

```
<!DOCTYPE html>
<html>
<head>
<title>文字环绕</title>
<style>
img{
   max-width: 120px;
   float: left;
   padding-top: 10px;
   padding-right: 50px;
   padding-bottom: 10px;
}
</style>
</head>
<body>
<p>
可爱的向日葵。
<img src="03.jpg">
向日葵，别名太阳花，是菊科向日葵属的植物。因花序随太阳转动而得名。一年生植物，高 1~3 米，
茎直立，粗壮，圆形多棱角，被白色粗硬毛，性喜温暖，耐旱，能产果实葵花籽。原产北美洲，主要分
布在我国东北、西北和华北地区，世界各地均有栽培！
向日葵，1 年生草本，高 1.0~3.5 米，对于杂交品种也有半米高的。茎直立，粗壮，圆形多棱角，为
白色粗硬毛。叶通常互生，心状卵形或卵圆形，先端锐突或渐尖，有基出 3 脉，边缘具粗锯齿，两面粗
糙，被毛，有长柄。头状花序，极大，直径 10~30 厘米，单生于茎顶或枝端，常下倾。总苞片多层，
叶质，覆瓦状排列，被长硬毛，夏季开花，花序边缘生黄色的舌状花，不结实。花序中部为两性的管状
花，棕色或紫色，结实。瘦果，倒卵形或卵状长圆形，稍扁压，果皮木质化，灰色或黑色，俗称葵花
籽。性喜温暖，耐旱。
</p>
</body>
</html>
```

在 IE 9.0 中浏览，效果如图 12-7 所示，可以看到图片被文字所环绕，并且文字和图片右边间距为 50 像素，上下各为 10 像素。

图 12-7　设置图片和文字的边距

12.4 综合示例——制作学校宣传单

每年暑假，高校招收学生的宣传页到处都是，本节就来制作一个学校宣传页，从而巩固图文混排的相关 CSS 知识。具体步骤如下。

step 01 分析需求。

本示例包含两个部分，一部分是图片信息，介绍学校场景，一个部分是段落信息，介绍学校历史和理念。这两部分都放在一个 div 中。

示例完成后，效果如图 12-8 所示。

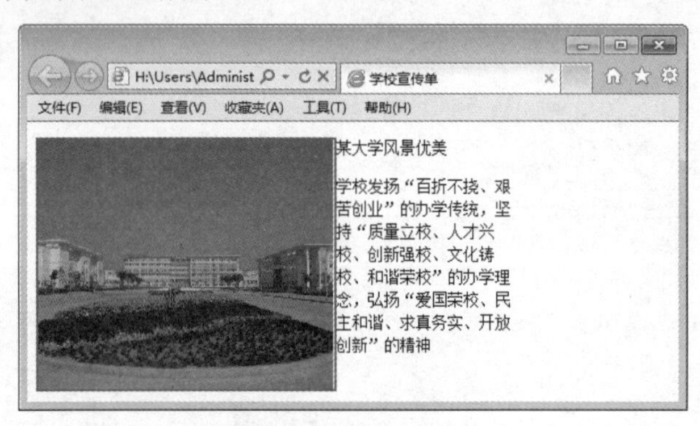

图 12-8 宣传页的效果

step 02 构建 HTML 网页。

创建 HTML 页面，页面中包含一个 div，div 中包含图片和两个段落信息。代码如下：

```
<html>
<head>
<title>学校宣传单</title>
</head>
<body>
<div>
    <img src="04.jpg" /><p>某大学风景优美</p><p>学校发扬“百折不挠、艰苦创业”的办学传统，坚持“质量立校、人才兴校、创新强校、文化铸校、和谐荣校”的办学理念，弘扬“爱国荣校、民主和谐、求真务实、开放创新”的精神</p>
</div>
</body>
</html>
```

在 IE 9.0 中浏览，效果如图 12-9 所示，可以看到网页中标题和内容被一条虚线隔开。

step 03 添加 CSS 代码，修饰 div：

```
<style>
.big{
   width: 430px;
}
</style>
```

在 HTML 代码中，将 big 引用到 div 中，代码如下：

```
<div class="big">
    <img src="xuexiao.jpg" /><p>某大学风景优美</p><p> 学校发扬“百折不挠、艰苦创业”的办学传统，坚持“质量立校、人才兴校、创新强校、文化铸校、和谐荣校”的办学理念，弘扬“爱国荣校、民主和谐、求真务实、开放创新”的精神</p>
</div>
```

在 IE 9.0 中浏览，效果如图 12-10 所示，可以看到，在网页中，段落以块的形式显示。

图 12-9　HTML 页面显示

图 12-10　修饰 div 层

step 04 添加 CSS 代码，修饰图片：

```
img{
    width: 260px;
    height: 220px;
    border: #009900 2px solid;
    float: left;
    padding-right: 0.5px;
}
```

在 IE 9.0 中浏览，效果如图 12-11 所示，可以看到在网页中图片以指定大小显示，并且带有边框，并浮动到左面。

step 05 添加 CSS 代码，修饰段落：

```
p{
    font-family: "宋体";
    font-size: 14px;
    line-height: 20px;
}
```

在 IE 9.0 中浏览，效果如图 12-12 所示，可以看到在网页中段落以宋体显示，大小为 14 像素，行高为 20 像素。

图 12-11　修饰图片

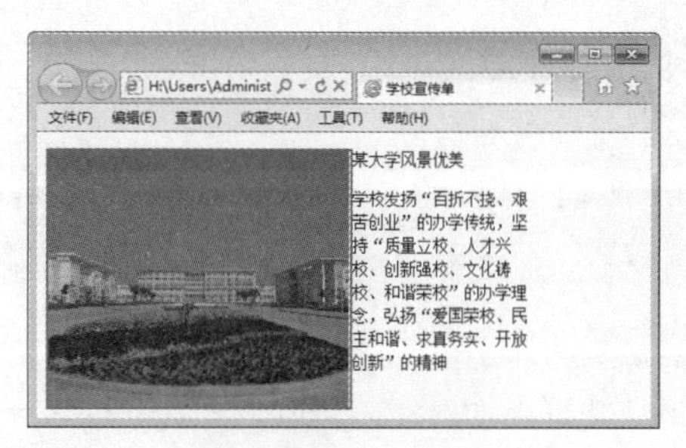

图 12-12　修饰段落

12.5　上机练习——制作简单的图文混排网页

在一个网页中，出现最多就是文字和图片，二者放在一起，图文并茂，能够生动地表达新闻主题。本示例创建一个图片与文字的简单混排。具体步骤如下。

step 01 分析需求。

本综合示例的要求是在网页的最上方显示出标题，标题下方是正文，在正文显示部分显示图片。这里要求使用 CSS 样式属性来实现。该例的效果如图 12-13 所示。

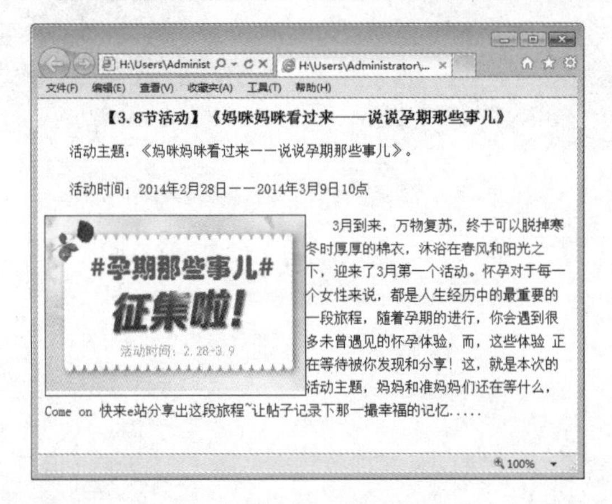

图 12-13　图文混排显示

step 02 分析布局并构建 HTML。

首先需要创建一个 HTML 页面，并用 DIV 将页面划分两个层，一个是网页标题层，一个是正文部分。

step 03 导入 CSS 文件。

在 HTML 页面中，将 CSS 文件用 link 方式导入到 HTML 页面中。此 CSS 定义了这个页面的所有样式，导入代码如下：

```
<link href="CSS.css" rel="stylesheet" type="text/css" />
```

step 04 完成标题部分。

首先设置网页标题部分，创建一个 div，用来放置标题。其 HTML 代码如下：

```
<div>
<h1>【3.8 节活动】《妈咪妈咪看过来——说说孕期那些事儿》</h1>
</div>
```

在 CSS 样式文件中，修饰 HTML 元素，代码如下：

```
h1{text-align:center;text-shadow:0.1em 2px 6px blue;font-size:18px;}
```

step 05 完成正文和图片部分。

下面设置网页正文部分，正文中包含了一个图片。其 HTML 代码如下：

```
<div>
<p>活动主题：《妈咪妈咪看过来——说说孕期那些事儿》。</p>
```

```
<p>活动时间：2014 年 2 月 28 日——2014 年 3 月 9 日 10 点</p>
<DIV class="im">
<img src="8.jpg"  width="300" height="200"/>
</DIV>
<p>3 月到来，万物复苏，终于可以脱掉寒冬时厚厚的棉衣，沐浴在春风和阳光之下，迎来了 3 月第一个活动。怀孕对于每一个女性来说，都是人生经历中的最重要的一段旅程，随着孕期的进行，你会遇到很多未曾遇见的怀孕体验，而，这些体验 正在等待被你发现和分享！这，就是本次的活动主题，妈妈和准妈妈们还在等什么，Come on 快来 e 站分享出这段旅程~让帖子记录下那一撮幸福的记忆.....
</p>
</div>
```

CSS 样式代码如下：

```
p{text-indent:8mm;line-height:7mm;}
.im{width:300px; float:left; border:#000000 solid 1px;}
```

12.6 专家答疑

疑问 1：对网页进行图文排版时，哪些是必须做的？

在进行图文排版时，通常有如下 5 个方面需要网页设计者考虑。

(1) 首行缩进：段落的开头应该空两格，HTML 中空格键起不了作用。当然，可以用 来代替一个空格，但这不是理想的方式，可以用 CSS 3 中的首行缩进，大小为 2em。

(2) 图文混排：在 CSS 3 中，可以用 float 让文字在没有完成图片浮动的时候，显示在图片以外的空白处。

(3) 设置背景色：设置网页背景，增加效果。此内容会在后面介绍。

(4) 文字居中：可以通过 CSS 的 text-align 属性设置文字居中。

(5) 显示边框：通过 border 为图片添加一个边框。

疑问 2：设置文字环绕时，float 元素为什么有时会失去作用？

很多浏览器在显示未指定 width 的 float 元素时会有错误。所以不管 float 元素的内容如何，一定要为其指定 width 属性。

第 13 章

使用 CSS 3 控制网页背景与边框的样式

打开任何一个页面时，首先映入眼帘的就是网页的背景色和基调，不同类型的网站有不同的背景和基调。因此页面中的背景设计通常是网站设计时一个重要的步骤。对于单个 HTML 元素，可以通过 CSS 3 属性设置元素边框样式，包括宽度、显示风格和颜色等。本章将重点介绍网页背景设置和 HTML 元素的边框样式。

13.1 使用 CSS 3 美化背景

背景是网页设计时的重要因素之一，一个背景优美的网页，总能吸引不少访问者。例如，喜庆类网站都是火红背景为主题，CSS 的强大表现功能在背景方面同样发挥得淋漓尽致。

13.1.1 设置背景颜色

background-color 属性用于设定网页的背景色，与设置前景色的 color 属性一样，background-color 属性接受任何有效的颜色值，而对于没有设定背景色的标记，默认背景色为透明(transparent)。其语法格式为：

```
{background-color: transparent | color}
```

关键字 transparent 是个默认值，表示透明。背景颜色 color 的设定方法可以采用英文单词、十六进制、RGB、HSL、HSLA 和 GRBA。

【例 13.1】(示例文件 ch13\13.1.html)

```
<!DOCTYPE html>
<html>
<head>
<title>背景色设置</title>
<head>
<body style="background-color:PaleGreen; color:Blue">
  <p>
    background-color 属性设置背景色，color 属性设置字体颜色。
  </p>
</body>
</html>
```

在 IE 9.0 中浏览，效果如图 13-1 所示，可以看到，网页背景色显示为浅绿色，而字体颜色为蓝色。注意，在网页设计中，其背景色不要使用太艳的颜色，否则会给人一种喧宾夺主的感觉。

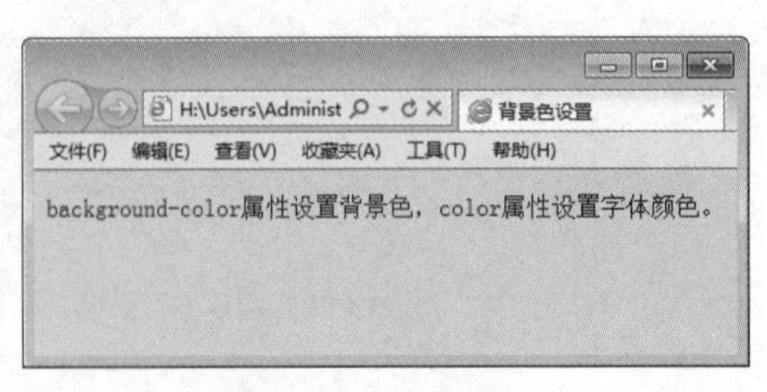

图 13-1 设置背景色

background-color 不仅可以设置整个网页的背景颜色，同样还可以设置指定 HTML 元素的背景色，例如设置 h1 标题的背景色，设置段落 p 的背景色。可以想象，在一个网页中，可以根据需要，设置不同 HTML 元素的背景色。

【例 13.2】(示例文件 ch13\13.2.html)

```
<!DOCTYPE html>
<html>
<head>
<title>背景色设置</title>
<style>
h1 {
    background-color: red;
    color: black;
    text-align: center;
}
p{
    background-color: gray;
    color: blue;
    text-indent: 2em;
}
</style>
<head>
<body >
    <h1>颜色设置</h1>
    <p>
    background-color 属性设置背景色，color 属性设置字体颜色。
    </p>
</body>
</html>
```

在 IE 9.0 中浏览，效果如图 13-2 所示，可以看到网页中标题区域背景色为红色，段落区域背景色为灰色，并且分别为字体设置了不同的前景色。

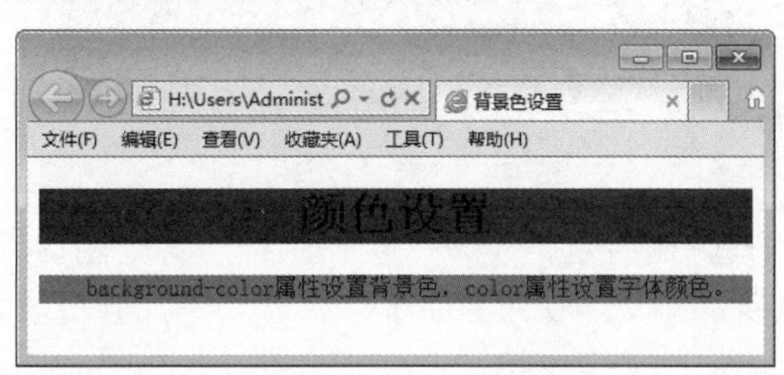

图 13-2 设置 HTML 元素的背景色

13.1.2 设置背景图片

网页中不但可以使用背景色来填充网页背景，同样也可以使用背景图片来填充网页。通过 CSS 3 的属性，可以对背景图片进行精确定位。background-image 属性用于设定标记的背景图片，通常情况下，在标记<body>中应用，将图片用于整个主体中。

background-image 属性的语法格式如下：

```
background-image: none | url (url)
```

其默认属性是无背景图，当需要使用背景图时，可以用 url 进行导入，url 可以使用绝对路径，也可以使用相对路径。

【例 13.3】(示例文件 ch13\13.3.html)

```
<!DOCTYPE html>
<html>
<head>
<title>背景色设置</title>
<style>
body{
   background-image: url(01.jpg)
}
</style>
<head>
<body>
<p>夕阳无限好，只是近黄昏！</p>
</body>
</html>
```

在 IE 9.0 中浏览，效果如图 13-3 所示，可以看到网页中显示了背景图，但如果图片大小小于整个网页大小，则图片为了填充网页背景，会重复出现，并铺满整个网页。

图 13-3　设置背景图片

在设定背景图片时，最好同时也设定背景色，这样当背景图片因某种原因无法正常显示时，可以使用背景色来代替。当然，如果正常显示，背景图片会覆盖背景色的。

13.1.3　背景图片重复

在进行网页设计时，通常都是一个网页使用一张背景图片，如果图片大小小于背景图片时，会直接重复铺满整个网页，但这种方式并不适用于大多数页面。在 CSS 中，可以通过 background-repeat 属性设置图片的重复方式，包括水平重复、垂直重复和不重复等。

background-repeat 属性的说明如表 13-1 所示。

表 13-1　background-repeat 属性

属 性 值	描　述
repeat	背景图片水平和垂直方向都重复平铺
repeat-x	背景图片水平方向重复平铺

续表

属性值	描　述
repeat-y	背景图片垂直方向重复平铺
no-repeat	背景图片不重复平铺

background-repeat 属性重复背景图片，是从元素的左上角开始平铺，直到水平、垂直或全部页面都被背景图片覆盖。

【例 13.4】(示例文件 ch13\13.4.html)

```
<!DOCTYPE html>
<html>
<head>
<title>背景图片重复</title>
<style>
body{
    background-image: url(01.jpg);
    background-repeat: no-repeat;
}
</style>
<head>
<body>
<p>夕阳无限好，只是近黄昏！</p>
</body>
</html>
```

在 IE 9.0 中浏览，效果如图 13-4 所示，可以看到网页中显示背景图，但图片以默认大小显示，而没有对整个网页背景进行填充。这是因为代码中设置了背景图不重复平铺。

同样可以在上面的代码中，设置 background-repeat 的属性值为其他值，例如可以设置值为 repeat-x，表示图片在水平方向平铺。此时，在 IE 9.0 中，效果如图 13-5 所示。

图 13-4　背景图不重复

图 13-5　水平方向平铺

13.1.4　背景图片显示

对于一个文本较多，一屏显示不了的页面来说，如果使用的背景图片不足以覆盖整个页面，而且只将背景图片应用在页面的一个位置上，那么在浏览页面时，肯定会出现看不到背

景图片的情况；再者，还可能出现背景图片初始可见，而随着页面的滚动又不可见的情况。也就是说，背景图片不能时刻地随着页面的滚动而显示。

要解决上述问题，就要使用 background-attachment 属性，该属性用来设定背景图片是否随文档一起滚动。该属性包含两个属性值：scroll 和 fixed，并适用于所有元素，如表 13-2 所示。

表 13-2 background-attachment 属性

属性值	描述
scroll	默认值，当页面滚动时，背景图片随页面一起滚动
fixed	背景图片固定在页面的可见区域里

使用 background-attachment 属性，可以使背景图片始终处于视野范围内，以避免出现因页面滚动而消失的情况。

【例 13.5】(示例文件 ch13\13.5.html)

```
<!DOCTYPE html>
<html>
<head>
<title>背景显示方式</title>
<style>
body{
    background-image:url(01.jpg);
    background-repeat:no-repeat;
    background-attachment:fixed;
}
p{
    text-indent:2em;
    line-height:30px;
}
h1{
    text-align:center;
}
</style>
<head>
<body >
<h1>兰亭序</h1>
<p>
永和九年，岁在癸(guǐ)丑，暮春之初，会于会稽(kuài jī)山阴之兰亭，修禊(xì)事也。群贤毕至，少长咸集。此地有崇山峻岭，茂林修竹， 又有清流激湍(tuān)，映带左右。引以为流觞(shāng)曲( qū)水，列坐其次，虽无丝竹管弦之盛，一觞(shang)一咏，亦足以畅叙幽情。
</p>
<p>是日也，天朗气清，惠风和畅。仰观宇宙之大，俯察品类之盛，所以游目骋(chěng)怀，足以极视听之娱，信可乐也。</p>
<p> 夫人之相与，俯仰一世。或取诸怀抱，晤言一室之内；或因寄所托，放浪形骸(hái)之外。虽趣(qǔ)舍万殊，静躁不同，当其欣于所遇，暂得于己，怏然自足，不知老之将至。及其所之既倦，情随事迁，感慨系(xì)之矣。向之所欣，俯仰之间，已为陈迹，犹不能不以之兴怀。况修短随化，终期于尽。古人云："死生亦大矣。"岂不痛哉！</p>
<p>每览昔人兴感之由，若合一契，未尝不临文嗟(jiē)悼，不能喻之于怀。固知一死生为虚诞，齐彭殇(shāng)为妄作。后之视今，亦犹今之视昔，悲夫！故列叙时人，录其所述。虽世殊事异，所以兴怀，其致一也。后之览者，亦将有感于斯文。</p>
```

```
</body>
</html>
```

在 IE 9.0 中浏览，效果如图 13-6 所示，可以看到网页 background-attachment 属性的值为 fixed 时，背景图片的位置固定，并不是相对于页面的，而是相对于页面的可视范围。

图 13-6 设置图片显示方式

13.1.5 背景图片位置

我们知道，背景图片位置都是从设置了 background 属性的标记(例如 body 标记)的左上角开始出现的，但在实际网页设计中，可以根据需要，直接指定背景图片出现的位置。在 CSS 3 中，可以通过 background-position 属性轻松地调整背景图片的位置。

background-position 属性用于指定背景图片在页面中所处的位置。该属性值可以分为 4 类：绝对定义位置(length)、百分比定义位置(percentage)、垂直对齐值和水平对齐值。其中垂直对齐值包括 top、center 和 bottom，水平对齐值包括 left、center 和 right，如表 13-3 所示。

表 13-3 background-position 属性

属 性 值	描 述
length	设置图片边缘与水平、与垂直方向的距离长度，后跟长度单位(cm、mm、px 等)
percentage	以页面元素框的宽度或高度的百分比放置图片
top	背景图片顶部居中显示
center	背景图片居中显示
bottom	背景图片底部居中显示
left	背景图片左部居中显示
right	背景图片右部居中显示

垂直对齐值还可以与水平对齐值一起使用，从而决定图片的垂直位置和水平位置。

【例 13.6】(示例文件 ch13\13.6.html)

```
<!DOCTYPE html>
<html>
<head>
```

```
<title>背景位置设定</title>
<style>
body{
    background-image: url(01.jpg);
    background-repeat: no-repeat;
    background-position: top right;
}
</style>
<head>
<body>
</body>
</html>
```

在 IE 9.0 中的浏览效果如图 13-7 所示，可以看到网页中显示背景，其背景是从顶部和右边开始的。

使用垂直对齐值和水平对齐值只能格式化地放置图片，如果在页面中要自由地定义图片的位置，则需要使用确定数值或百分比。此时可将 background-position: top right;修改为：

```
background-position: 20px 30px
```

在 IE 9.0 中的浏览效果如图 13-8 所示，可以看到网页中显示了背景，其背景是从左上角开始的，但并不是从(0,0)坐标位置开始，而是从(20,30)坐标位置开始。

图 13-7　设置背景位置

图 13-8　指定背景位置

13.1.6　背景图片大小

在以前的网页设计中，背景图片的大小是不可以控制的，如果想要图片填充整个背景，则需要事先设计一个较大的背景图片，要么只能让背景图片以平铺的方式来填充页面元素。在 CSS 3 中，新增了一个 background-size 属性，用来控制背景图片的大小，从而可以降低网页设计的开发成本。

background-size 属性的语法格式如下：

```
background-size: [<length> | <percentage> | auto ]{1,2} | cover | contain
```

参数值的含义如表 13-4 所示。

表 13-4　background-size 属性的参数

参 数 值	说　明
<length>	由浮点数和单位标识符组成的长度值。不可为负值
<percentage>	取 0%～100%之间的值。不可为负值
cover	保持背景图像本身的宽高比，将图片缩放到正好完全覆盖所定义的背景区域
contain	保持图像本身的宽高比，将图片缩放到宽度或高度正好适应所定义的背景区域

【例 13.7】(示例文件 ch13\13.7.html)

```
<!DOCTYPE html>
<html>
<head>
<title>背景大小设定</title>
<style>
body{
   background-image: url(01.jpg);
   background-repeat: no-repeat;
   background-size: cover;
}
</style>
<head>
<body>
</body>
</html>
```

在 IE 9.0 中浏览效果如图 13-9 所示，可以看到网页中背景，图片填充了整个页面。

图 13-9　设定背景大小

同样也可以用像素或百分比指定背景显示大小。当指定为百分比时，大小会由所在区域的宽度、高度，以及 background-origin 的位置决定。使用示例如下：

```
background-size: 900 800;
```

此时 background-size 属性可以设置 1 个或 2 个值，一个为必填，另一个为选填。其中第 1 个值用于指定图片的宽度，第 2 个值用于指定图片的高度，如果只设定一个值，则第 2 个值默认为 auto。

13.1.7 背景显示区域

在网页设计中，如果能改善背景图片的定位方式，使设计师能够更灵活地决定背景图应该显示的位置，会大大减少设计成本。在 CSS 3 中，新增了一个 background-origin 属性，用来完成背景图片的定位。

默认情况下，background-position 属性总是以元素左上角原点作为背景图像定位，使用 background-origin 属性可以改变这种定位方式：

```
background-origin: border | padding | content
```

其参数的含义如表 13-5 所示。

表 13-5 background-origin 的参数值

参 数 值	说 明
border	从 border 区域开始显示背景
padding	从 padding 区域开始显示背景
content	从 content 区域开始显示背景

【例 13.8】(示例文件 ch13\13.8.html)

```
<!DOCTYPE html>
<html>
<head>
<title>背景显示区域设定</title>
<style>
div{
    text-align: center;
    height: 500px;
    width: 416px;
    border: solid 1px red;
    padding: 32px 2em 0;
    background-image: url(02.jpg);
    background-origin: padding;
}
div h1{
    font-size: 18px;
    font-family: "幼圆";
}
div  p{
    text-indent: 2em;
    line-height: 2em;
    font-family: "楷体";
}
</style>
<head>
<body>
<div>
<h1>神笔马良的故事</h1>
<p>
```

```
从前，有个孩子名字叫马良。父亲母亲早就死了，靠他自己打柴、割草过日子。他从小喜欢学画，可是，他连一支笔也没有啊！
</p>
<p>
一天，他走过一个学馆门口，看见学馆里的教师，拿着一支笔，正在画画。他不自觉地走了进去，对教师说：“我很想学画，借给我一支笔可以吗？”教师瞪了他一眼，“呸！”一口唾沫啐在他脸上，骂道：“穷娃子想拿笔，还想学画？做梦啦！”说完，就将他撵出大门来。马良是个有志气的孩子，他说：“偏不相信，怎么穷孩子连画也不能学了！”。
</p>
</div>
</body>
</html>
```

在 IE 9.0 中浏览，效果如图 13-10 所示，可以看到，背景图片以指定大小在网页左侧显示，背景图片上显示了相应的段落信息。

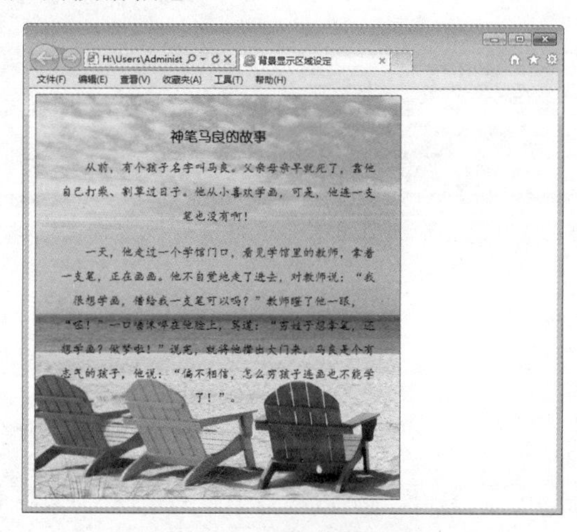

图 13-10　设置背景显示区域

13.1.8　背景图像裁剪区域

在 CSS 3 中，新增了一个 background-clip 属性，用来定义背景图片的裁剪区域。background-clip 属性和 background-origin 属性有几分相似，通俗地说，background-clip 属性用来判断背景是否包含边框区域，而 background-origin 属性用来决定 background-position 属性定位的参考位置。

background-clip 的语法格式如下：

```
background-clip: border-box | padding-box | content-box | no-clip
```

其参数值的含义如表 13-6 所示。

表 13-6　background-clip 的参数值

参 数 值	说　明
border	从 border 区域开始显示背景
padding	从 padding 区域开始显示背景

续表

参 数 值	说 明
content	从 content 区域开始显示背景
no-clip	从边框区域外裁剪背景

【例 13.9】(示例文件 ch13\13.9.html)

```
<!DOCTYPE html>
<html>
<head>
<title>背景裁剪</title>
<style>
div{
   height: 150px;
   width: 200px;
   border: dotted 50px red;
   padding: 50px;
   background-image: url(02.jpg);
   background-repeat: no-repeat;
   background-clip: content;
}
</style>
<head>
<body>
<div>
</div>
</body>
</html>
```

在 IE 9.0 中浏览，效果如图 13-11 所示，可以看到，背景图像仅在内容区域内显示。

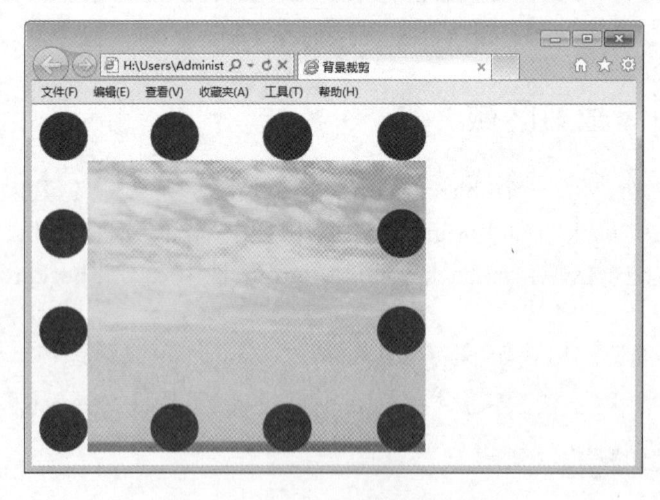

图 13-11　以内容边缘裁剪背景图

13.1.9　背景复合属性

在 CSS 3 中，background 属性依然保持了以前的用法，即综合了以上所有与背景有关的

属性(即以 back-ground-开头的属性)，可以一次性地设定背景样式。格式如下：

```
background: [background-color] [background-image] [background-repeat]
  [background-attachment] [background-position]
  [background-size] [background-clip] [background-origin]
```

其中的属性顺序可以自由调换，并且可以选择设定。对于没有设定的属性，系统会自行为该属性添加默认值。

【例 13.10】(示例文件 ch13\13.10.html)

```
<!DOCTYPE html>
<html>
<head>
<title>背景的复合属性</title>
<style>
body
{
   background-color: Black;
   background-image: url(01.jpg);
   background-position: center;
   background-repeat: repeat-x;
   background-attachment: fixed;
   background-size: 900 800;
   background-origin: padding;
   background-clip: content;
}
</style>
<head>
<body>
</body>
</html>
```

在 IE 9.0 中浏览，效果如图 13-12 所示，可以看到，网页中背景以复合方式显示。

图 13-12　设置背景的复合属性

13.2　使用 CSS 3 美化边框

边框就是将元素内容及间隙包含在其中的边线，类似于表格的外边线。每一个页面元素的边框可以从三个方面来描述：宽度、样式和颜色，这三个方面决定了边框所显示出来的外观。CSS 3 中，分别使用 border-style、border-width 和 border-color 这三个属性来设定边框的三个方面。

13.2.1 设置边框的样式

border-style 属性用于设定边框的样式，也就是风格。设定边框格式是边框最重要的部分，它主要用于为页面元素添加边框。其语法格式如下：

```
border-style: none | hidden | dotted | dashed | solid | double | groove
  | ridge | inset | outset
```

可见，CSS 3 设定了 9 种边框样式，如表 13-7 所示。

表 13-7 边框样式(border-style 属性)

属 性 值	描 述
none	无边框，无论边框宽度设为多大
dotted	点线式边框
dashed	破折线式边框
solid	直线式边框
double	双线式边框
groove	槽线式边框
ridge	脊线式边框
inset	内嵌效果的边框
outset	突起效果的边框

【例 13.11】(示例文件 ch13\13.11.html)

```
<!DOCTYPE html>
<html>
<head>
<title>边框样式</title>
<style>
h1 {
   border-style: dotted;
   color: black;
   text-align: center;
}
p{
   border-style: double;
   text-indent: 2em;
}
</style>
<head>
<body >
   <h1>带有边框的标题</h1>
   <p>带有边框的段落</p>
</body>
</html>
```

在 IE 9.0 中的浏览效果如图 13-13 所示，可以看到，网页中，标题 h1 显示的时候带有边框，其边框样式为点线式边框；同样段落也带有边框，其边框样式为双线式边框。

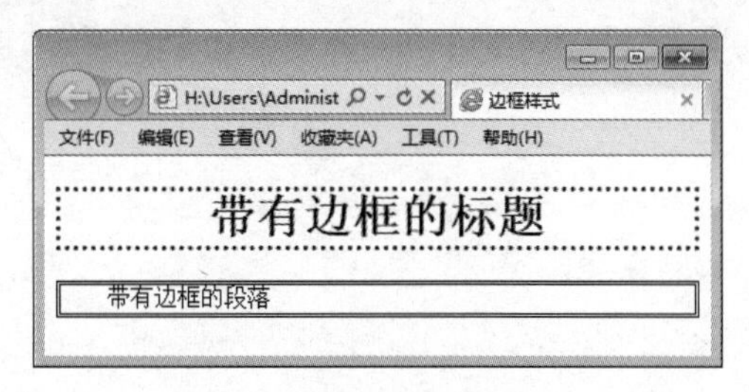

图 13-13 设置边框

在没有设定边框颜色的情况下，groove、ridge、inset 和 outset 边框默认的颜色是灰色。dotted、dashed、solid 和 double 这四种边框的颜色基于页面元素的 color 值。

其实，这几种边框样式还可以分别定义在一个边框中，从上边框开始按照顺时针的方向分别定义边框的上、右、下、左边框样式，从而形成多样式边框。

例如，有下面一条样式规则：

```
p{border-style: dotted solid dashed groove}
```

另外，如果需要单独地定义边框的一条边的样式，则可以使用如表 13-8 所列的属性来定义。

表 13-8 各边的样式属性

属 性	描 述
border-top-style	设定上边框的样式
border-right-style	设定右边框的样式
border-bottom-style	设定下边框的样式
border-left-style	设定左边框的样式

13.2.2 设置边框的颜色

border-color 属性用于设定边框颜色，如果不想与页面元素的颜色相同，则可以使用该属性为边框定义其他颜色。border-color 属性的语法格式如下：

```
border-color: color
```

color 表示指定颜色，其颜色值通过十六进制和 RGB 等方式获取。同边框样式属性一样，border-color 属性可以为边框设定一种颜色，也可以同时设定四个边的颜色。

【例 13.12】(示例文件 ch13\13.12.html)

```
<!DOCTYPE html>
<html>
<head>
<title>设置边框颜色</title>
```

```
<style>
p{
   border-style: double;
   border-color: red;
   text-indent: 2em;
}
</style>
<head>
<body >
   <p>边框颜色设置</p>
   <p style="border-style:solid; border-color:red blue yellow green">
   分别定义边框颜色
 </p>
</body>
</html>
```

在 IE 9.0 中浏览，效果如图 13-14 所示，可以看到，网页中，第一个段落的边框颜色设置为红色，第二个段落的边框颜色分别设置为红、蓝、黄和绿。

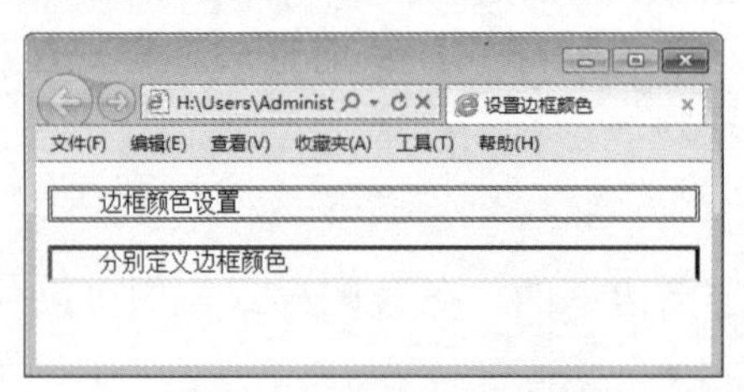

图 13-14　设置边框颜色

除了上面设置 4 个边框颜色的方法之外，还可以使用表 13-9 列出的属性，单独为相应的边框设定颜色。

表 13-9　各边的颜色属性

属　性	描　述
border-top-color	设定上边框颜色
border-right-color	设定右边框颜色
border-bottom-color	设定下边框颜色
border-left-color	设定左边框颜色

13.2.3　设置边框的线宽

在 CSS 3 中，可以通过设定边框宽度，来增强边框效果。border-width 属性就是用来设定边框宽度的，其语法格式如下：

```
border-width: medium | thin | thick | length
```

其中预设了三种属性值：medium、thin 和 thick，另外还可以自行设置宽度(length)，如表 13-10 所示。

表 13-10 border-width 属性

属性值	描 述
medium	默认值，中等宽度
thin	比 medium 细
thick	比 medium 粗
length	自定义宽度

【例 13.13】(示例文件 ch13\13.13.html)

```
<!DOCTYPE html>

<html>
<head>
<title>设置边框宽度</title>
<head>
<body>
   <p style="border-style:dotted; border-width:medium;">边框颜色设置</p>
   <p style="border-style:dashed;border-width:thin;">边框颜色设置</p>
   <p style="border-style:solid; border-width:12px;">
   分别定义边框颜色
   </p>
</body>
</html>
```

在 IE 9.0 中浏览，效果如图 13-15 所示，可以看到，网页中，三个段落边框以不同的粗细显示。

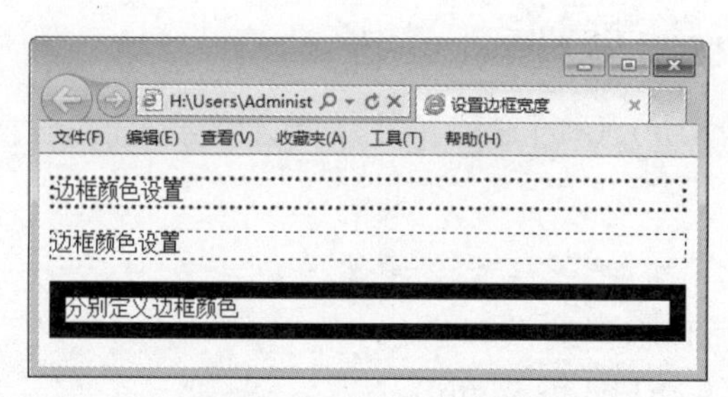

图 13-15 设置边框宽度

border-width 属性其实是 border-top-width、border-right-width、border-bottom-width 和 border-left-width 这 4 个属性的综合属性，分别用于设定上边框、右边框、下边框、左边框的宽度。

【例 13.14】(示例文件 ch13\13.14.html)

```
<!DOCTYPE html>

<html>
<head>
<title>边框宽度设置</title>
<style>
p{
```

```
    border-style: solid;
    border-color: #ff00ee;
    border-top-width: medium;
    border-right-width: thin;
    bottom-width: thick;
    border-left-width: 15px;
}
</style>
<head>

<body>
    <p>边框宽度设置</p>
</body>
</html>
```

在 IE 9.0 中浏览，效果如图 13-16 所示，可以看到，网页中，段落的 4 个边框以不同的宽度显示。

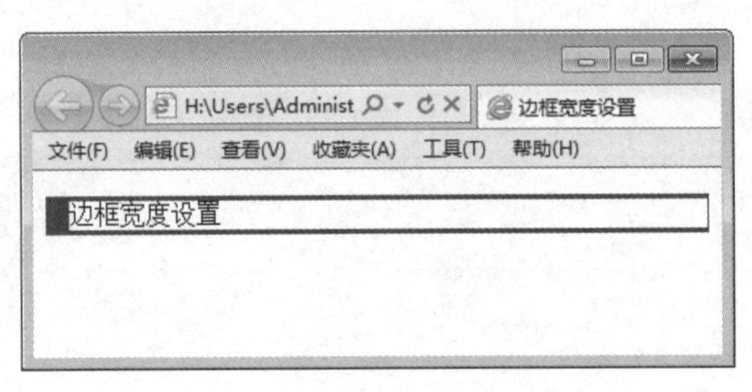

图 13-16 分别设置 4 个边框的宽度

13.2.4 设置边框的复合属性

border 属性集合了上面所介绍的三种属性，为页面元素设定边框的宽度、样式和颜色。语法格式如下：

```
border: border-width | border-style | border-color
```

其中，三个属性顺序可以自由调换。

【例 13.15】(示例文件 ch13\13.15.html)

```
<!DOCTYPE html>

<html>
<head>
<title>边框复合属性设置</title>
<head>
<body>
    <p style="border:dashed  red 12px">边框复合属性设置</p>
</body>
</html>
```

在 IE 9.0 中浏览，效果如图 13-17 所示，可以看到，网页中，段落边框样式以破折线显示、颜色为红色、宽度为 12 像素。

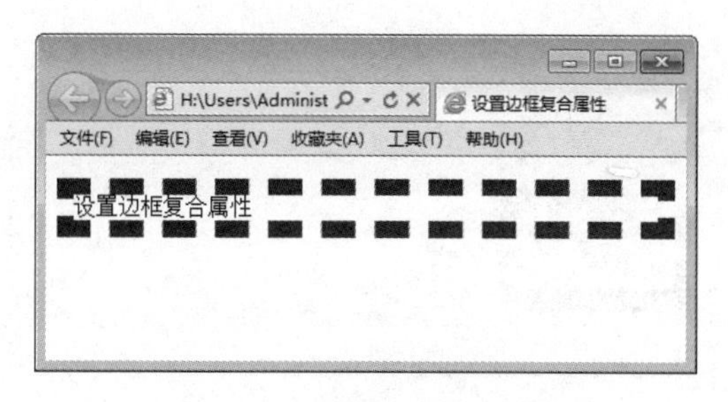

图 13-17　设置边框的复合属性

13.3　设置边框的圆角效果

在 CSS 3 标准没有指定之前，如果想要实现圆角效果，需要花费很大的精力，但在 CSS 3 标准推出之后，网页设计者可以使用 border-radius 轻松实现圆角效果。

13.3.1　设置圆角边框

在 CSS 3 中，可以使用 border-radius 属性定义边框的圆角效果，从而大大降低了圆角开发成本。border-radius 的语法格式如下：

```
border-radius: none | <length>{1,4} [ / <length>{1,4} ]
```

其中，none 为默认值，表示元素没有圆角。<length>表示由浮点数和单位标识符组成的长度值，不可为负值。

【例 13.16】(示例文件 ch13\13.16.html)

```
<!DOCTYPE html>
<html>
<head>
<title>圆角边框设置</title>
<style>
p{
   text-align: center;
   border: 15px solid red;
   width: 100px;
   height: 50px;
   border-radius: 10px;
}
</style>
<head>
<body >
   <p>这是一个圆角边框</p>
</body>
</html>
```

在 IE 9.0 中浏览，效果如图 13-18 所示，可以看到，网页中，段落边框以圆角显示，其半径为 10 像素。

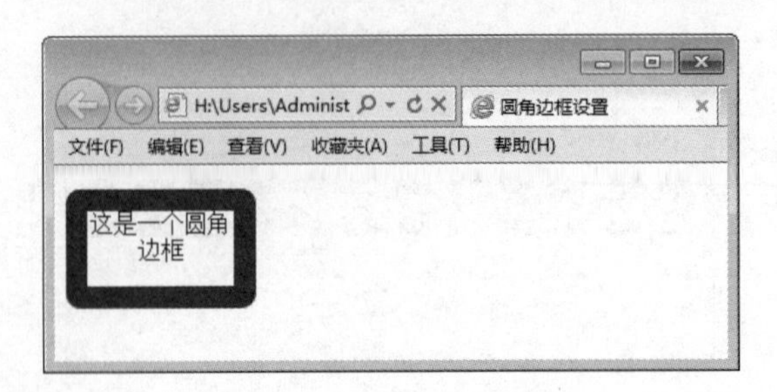

图 13-18 定义圆角边框

13.3.2 指定两个圆角半径

border-radius 属性可以包含两个参数值：第一个参数表示圆角的水平半径，第二个参数表示圆角的垂直半径，两个参数通过斜线(/)隔开。

如果仅含一个参数值，则第二个值与第一个值相同，表示的是一个 1/4 的圆。如果参数值中包含 0，则这个值就是矩形，不会显示为圆角。

【例 13.17】(示例文件 ch13\13.17.html)

```
<!DOCTYPE html>

<html>
<head>
<title>圆角边框设置</title>
<style>
.p1{
   text-align: center;
   border: 15px solid red;
   width: 100px;
   height: 50px;
   border-radius: 5px/50px;
}
.p2{
   text-align: center;
   border: 15px solid red;
   width: 100px;
   height: 50px;
   border-radius: 50px/5px;
}
</style>
<head>

<body>
   <p class=p1>这是一个圆角边框 A</p>
   <p class=p2>这也是一个圆角边框 B</p>
</body>
</html>
```

在 IE 9.0 中浏览，效果如图 13-19 所示，可以看到，网页中显示了两个圆角边框，第一个段落的圆角半径为 5px/50px，第二个段落的圆角半径为 50px/5px。

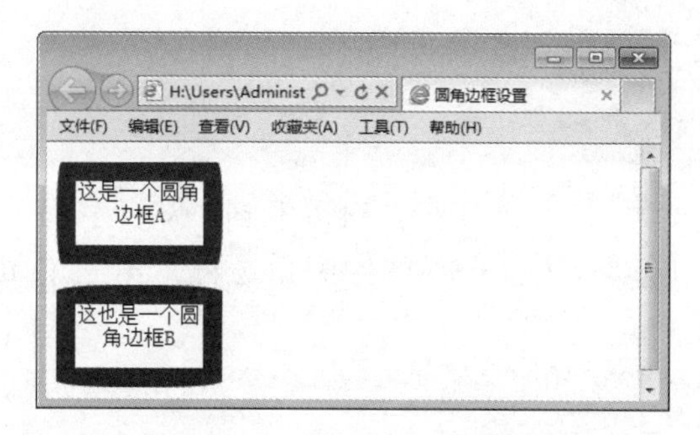

图 13-19　定义不同半径的圆角边框

13.3.3　绘制四个不同圆角边框

在 CSS 3 中，实现 4 个不同的圆角边框，其方法有两种：一种是使用 border-radius 属性，另一种是使用 border-radius 衍生属性。

1. border-radius 属性

利用 border-radius 属性可以绘制 4 个不同圆角的边框，如果直接给 border-radius 属性赋 4 个值，这 4 个值将按照 top-left、top-right、bottom-right、bottom-left 的顺序来设置。如果 bottom-left 值省略，其圆角效果与 top-right 效果相同；如果 bottom-right 值省略，其圆角效果与 top-left 效果相同；如果 top-right 的值省略，其圆角效果与 top-left 效果相同。如果为 border-radius 属性设置 4 个值的集合参数，则每个值表示每个角的圆角半径。

【例 13.18】(示例文件 ch13\13.18.html)

```
<!DOCTYPE html>
<html>
<head>
<title>设置圆角边框</title>
<style>
.div1{
   border: 15px solid blue;
   height: 100px;
   border-radius: 10px 30px 50px 70px;
}
.div2{
   border: 15px solid blue;
   height: 100px;
   border-radius: 10px 50px 70px;
}
.div3{
   border: 15px solid blue;
   height: 100px;
   border-radius: 10px 50px;
}
</style>
<head>
<body>
<div class=div1></div><br>
```

```
<div class=div2></div><br>
<div class=div3></div>
</body>
</html>
```

在 IE 9.0 中的浏览效果如图 13-20 所示，可以看到，网页中第一个 div 层设置了 4 个不同的圆角边框，第二个 div 层设置了三个不同的圆角边框，第三个 div 层设置了两个不同的圆角边框。

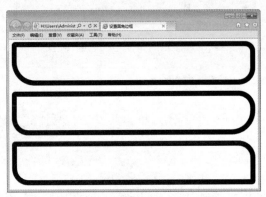

图 13-20　设置 4 个圆角边框

2. border-radius 的衍生属性

除了上面设置圆角边框的方法之外，还可以使用表 13-11 列出的属性单独为相应的边框设置圆角。

表 13-11　定义不同的圆角

属　性	描　述
border-top-right-radius	定义右上角圆角
border-bottom-right-radius	定义右下角圆角
border-bottom-left-radius	定义左下角圆角
border-top-left-radius	定义左上角圆角

【例 13.19】(示例文件 ch13\13.19.html)

```
<!DOCTYPE html>
<html>
<head>
<title>圆角边框设置</title>
<style>
.div{
   border: 15px solid blue;
   height: 100px;
   border-top-left-radius: 70px;
   border-bottom-right-radius: 40px;
</style>
<head>
<body>
```

```
<div class=div></div><br>
</body>
</html>
```

在 IE 9.0 中浏览，效果如图 13-21 所示，可以看到，网页中设置了两个圆角边框，分别使用 border-top-left-radius 和 border-bottom-right-radius 来指定。

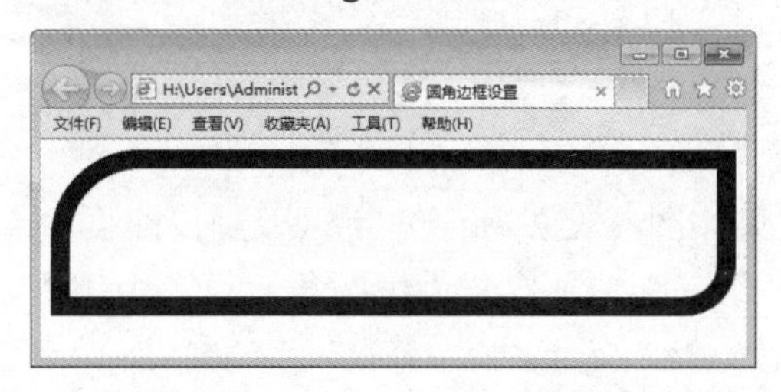

图 13-21 绘制指定的圆角边框

13.3.4 绘制不同种类的边框

border-radius 属性可以根据不同的半径值，来绘制不同的圆角边框。同样，也可以利用 border-radius 来定义边框内部的圆角，即内圆角。需要注意的是，外部圆角边框的半径称为外半径，内边半径等于外边半径减去对应边的宽度，即将边框内部的圆的半径称为内半径。

通过外半径和边框宽度的不同设置，可以绘制出不同形状的内边框。例如绘制内直角、小内圆角、大内圆角和圆。

【例 13.20】(示例文件 ch13\13.20.html)

```
<!DOCTYPE html>
<html>
<head>
<title>圆角边框设置</title>
<style>
.div1{
   border: 70px solid blue;
   height: 50px;
   border-radius: 40px;
}
.div2{
   border: 30px solid blue;
   height: 50px;
   border-radius: 40px;
}
.div3{
   border: 10px solid blue;
   height: 50px;
   border-radius: 60px;
}
.div4{
   border: 1px solid blue;
   height: 100px;
   width: 100px;
   border-radius: 50px;
```

```
}
</style>
<head>
<body>
<div class=div1></div><br>
<div class=div2></div><br>
<div class=div3></div><br>
<div class=div4></div><br>
</body>
</html>
```

在 IE 9.0 中浏览，效果如图 13-22 所示，可以看到，网页中，第一个边框内角为直角、第二个边框内角为小圆角，第三个边框内角为大圆角，第三个边框为圆。

图 13-22　绘制不同种类的边框

当边框宽度设置大于圆角外半径，即内半径为 0 时，会显示内直角，而不是圆直角，所以内外边曲线的圆心必然是一致的，见例 13.20 中的第一种边框设置。如果边框宽度小于圆角半径，则内半径小于 0，则会显示小幅圆角效果，见例 13.20 中的第二个边框设置。如果边框宽度设置远远小于圆角半径，则内半径远远大于 0，则会显示大幅圆角效果，见例 13.20 中的第三个边框设置。如果设置元素相同，同时设置圆角半径为元素大小的一半，则会显示圆，见例 13.20 中的第 4 个边框设置。

13.4　综合示例——制作简单的公司主页

打开各种类型的商业网站，最先映入眼帘的就是首页，也称为主页。作为一个网站的门户，主页一般要求版面整洁，美观大方。结合前面学习的背景和边框知识，我们创建一个简单的商业网站。具体步骤如下。

step 01 分析需求。

在本示例中，主页包括了三个部分，一部分是网站 Logo，一部分是导航栏，最后一部分是主页显示内容。网站 Logo 此处使用了一个背景图来代替，导航栏使用表格来实现，内容列表使用无序列表来实现。示例完成后，效果如图 13-23 所示。

step 02 构建基本 HTML。

为了划分不同的区域，HTML 页面需要包含不同的 div 层，每一层代表一个内容。一个 div 包含背景图，一个 div 包含导航栏，一个 div 包含整体内容，内容又可以划分两个不同的层。其代码如下：

```
<!DOCTYPE html>
<html>
<head>
<title>公司主页</title>
</head>
<body>
<center>
<div>
<div class="div1" align=center></div>
<div class=div2>
<table width=99%><tr align=center><td>首页</td><td>最新消息</td><td>产品展示
</td><td>销售网络</td><td>人才招聘</td><td>客户服务</td></tr></table>
</div>
<div class=div3>
<div class=div4>
<ul>最新消息
<li>公司举办 2014 科技辩论大赛</li>
<li>企业安全知识大比武</li>
<li>优秀员工评比活动规则</li>
<li>人才招聘信息</li>
</ul>
</div>
<div class=div5>
<ul>成功案例
<li>上海装修建材公司</li>
<li>美衣服饰有限公司</li>
<li>天力科技有限公司</li>
<li>美方豆制品有限公司</li>
</ul>
</div>
</div>
</div>
</center>
</body>
</html>
```

在 IE 9.0 中浏览，效果如图 13-24 所示，即网页中显示了导航栏和两个列表信息。

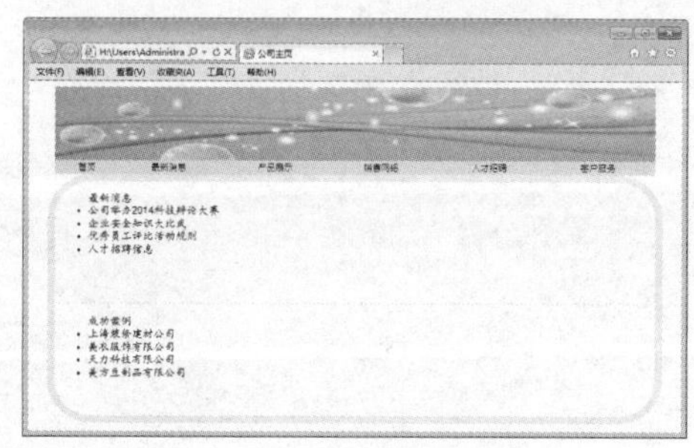

图 13-23　商业网站主页

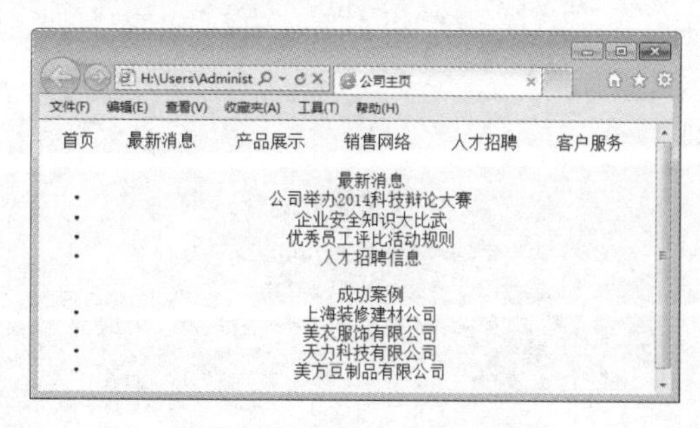

图 13-24　基本 HTML 结构

step 03 添加 CSS 代码，设置背景 Logo：

```
<style>
.div1{
    height: 100px;
    width: 820px;
    background-image: url(03.jpg);
    background-repeat: no-repeat;
    background-position: center;
    background-size: cover;
}
</style>
```

在 IE 9.0 中的浏览效果如图 13-25 所示，可以看到，在网页顶部显示了一个背景图，此背景覆盖整个 div 层，并不重复。并且背景图片居中显示。

step 04 添加 CSS 代码，设置导航栏：

```
.div2{
    width: 820px;
    background-color: #d2e7ff;
}
table{
    font-size: 12px;
    font-family: "幼圆";
}
```

在 IE 9.0 中浏览，效果如图 13-26 所示，可以看到，在网页中，导航栏的背景色为浅蓝色，表格中字体大小为 12 像素，字体类型是幼圆。

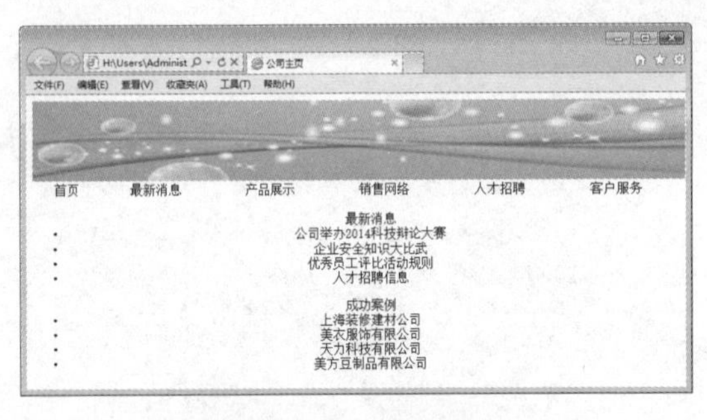

图 13-25　设置背景图

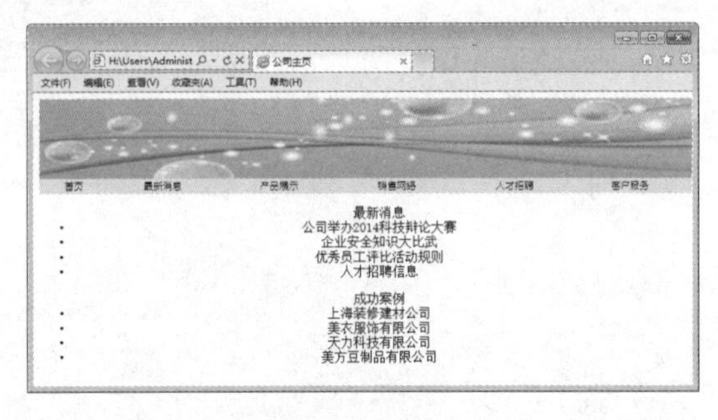

图 13-26　设置导航栏

step 05 添加 CSS 代码，设置内容样式：

```
.div3{
    width: 820px;
    height: 320px;
    border-style: solid;
    border-color: #ffeedd;
    border-width: 10px;
    border-radius: 60px;
}
.div4{
    width: 810px;
    height: 150px;
```

```
    text-align: left;
    border-bottom-width: 2px;
    border-bottom-style: dotted;
    border-bottom-color: #ffeedd;
}
.div5{
    width: 810px;
    height: 150px;
    text-align: left;
}
```

在 IE 9.0 中浏览，效果如图 13-27 所示，可以看到，在网页中，内容显示在一个圆角边框中，两个不同的内容块中间使用虚线隔开。

step 06 添加 CSS 代码，设置列表样式：

```
ul{
    font-size: 15px;
    font-family: "楷体";
}
```

在 IE 9.0 中浏览，效果如图 13-28 所示，可以看到在网页中列表字体大小为 15 像素，字形为楷体。

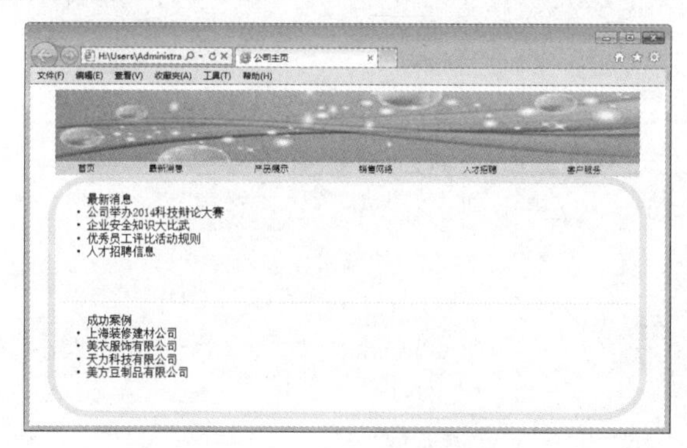

图 13-27　CSS 修饰边框

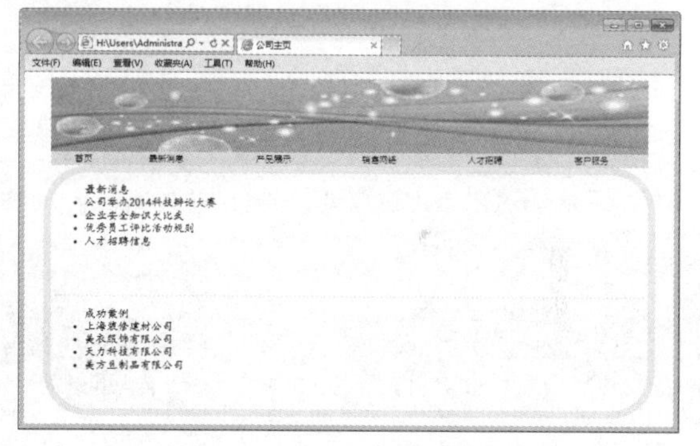

图 13-28　美化列表信息

13.5　上机练习——制作简单的生活资讯主页

本示例制作一个简单的生活资讯主页。具体操作步骤如下。

step 01 打开记事本文件，在其中输入如下代码：

```
<html>
<head>
<title>生活资讯</title>
<style>
.da{border: #0033FF 1px solid;}
.title{color:blue;font-size:25px;text-align:center}
.xtitle{
    text-align: center;
    font-size: 13px;
    color: gray;
```

```
}
img{
   border-top-style: solid;
   border-right-style: dashed;
   border-bottom- style: solid;
   border-left-style: dashed;
}
.xiao{border-bottom: #CCCCCC 1px dashed;}
</style>
</head>
<body>
<div class=da>
<div class=xiao>
<p class=title>做一碗喷香的煲仔饭，锅巴是它的灵魂</p>
<p class=xtitle>2014-01-25 09:38 来源：生活网</p>
</div>
<div>
<p align=center>
<img src=04.jpg border=1 width="200" height="150"/>
<p>
<p style="text-indent:10mm;font-size:15px;">
首先，把米泡好，然后在砂锅里抹上一层油，不要抹多，因为之后还要放。香喷喷的土猪油最好，没有
的话尽量用味道不大的油比如葵花籽油，色拉油什么的，如果用橄榄油花生油之类的话会有一股味道，
这个看个人接受能力了。之后就跟知友说的一样，放米放水。水一定不能多放。因为米已经吸饱了水。
具体放多少水看个人喜好了，如果不清楚的话就多做几次。总会成功的。</p>
<p>
<p style="text-indent:10mm;font-size:15px;">
然后盖上锅盖，大火，水开了之后换中火。等锅里的水变成类似于稀饭一样粘稠，没剩多少(请尽量少
开几次锅盖，这个也需要经验)的时候，放一勺油，这一勺油的用处是让米饭更香更亮更好吃，最重要
的一点是这样能！出！锅！巴！</p>
<p>
<p style="text-indent:10mm;font-size:15px;">
最后把配菜啥的放进去(青菜我习惯用水焯一遍就直接放到做好的饭里)，淋上酱汁。然后火稍微调小
一点，盖上盖子再闷一会，等菜快熟了的时候关火，不开盖，闷 5 分钟左右，就搞定了。
</p>
</div>
</div>
</body>
</html>
```

step 02 保存网页，在 IE 9.0 中预览，效果如图 13-29 所示。

图 13-29　网页效果

13.6 专家答疑

疑问1：我的背景图片不显示，是不是路径有问题呢？

在一般情况下，设置图片路径的代码如下：

```
background-image: url(logo.jpg);
background-image: url(../logo.jpg);
background-image: url(../images/logo.jpg);
```

对于第一种情况，“url(logo.jpg)”，要看此图片是不是与CSS文件在同一目录中。

对于第二与第三种情况，是尽量不推荐使用的，因为网页文件可能存在于多级目录中，不同级目录的文件位置注定了相对路径是不一样的。而这样就把问题复杂化了，很可能图片在这个文件中显示正常，换了一级目标，图片就找不到影子了。

有一种方法可以轻松地解决这一问题：建立一个公共文件目录，来存放一些公用图片文件，例如“image”，将图片文件也直接存于该目录中，在CSS文件中可以使用下列方式：

```
url(images/logo.jpg)
```

疑问2：用小图片进行背景平铺好吗？

不要使用过小的图片做背景平铺。这是因为宽高1px的图片平铺出一个宽高200px的区域，需要进行200×200=40000次，非常占用资源。

疑问3：边框样式border:0会占用资源么？

推荐的写法是border:none，虽然border:0只是定义边框宽度为零，但边框样式、颜色还是会被浏览器解析的，这就会占用资源。

第 14 章
使用 CSS 3 控制
表格和表单样式

表格和表单是网页中常见的元素，表格通常用来显示二维关系数据和排版，从而达到页面整齐和美观的效果。而表单是作为客户端与服务器交流的窗口，可以获取客户端信息，并反馈服务器端信息。

本章将介绍如何使用 CSS 3 来美化表格和表单。

14.1 美化表格的样式

在传统网页设计中，表格一直占有比较重要的地位，使用表格排版网页，可以使网页更美观，条理更清晰，更易于维护和更新。

14.1.1 设置表格边框的样式

在显示表格数据时，通常都带有表格边框，用来界定不同单元格的数据。当 table 表格的描述标记 border 值大于 0 时，显示边框，如果 border 值为 0，则不显示边框。边框显示之后，可以使用 CSS 3 的 border-collapse 属性对边框进行修饰。其语法格式为：

```
border-collapse: separate | collapse
```

其中，separate 是默认值，表示边框会被分开。不会忽略 border-spacing 和 empty-cells 属性。而 collapse 属性表示边框会合并为一个单一的边框。会忽略 border-spacing 和 empty-cells 属性。

【例 14.1】(示例文件 ch14\14.1.html)

```
<!DOCTYPE html>
<html>
<head>
<title>家庭季度支出表</title>
<style>
<!--
.tabelist{
   border: 1px solid #429fff;   /* 表格边框 */
   font-family: "楷体";
   border-collapse: collapse;   /* 边框重叠 */
}
.tabelist caption{
   padding-top: 3px;
   padding-bottom: 2px;
   font-weight: bolder;
   font-size: 15px;
   font-family: "幼圆";
   border: 2px solid #429fff;   /* 表格标题边框 */
}
.tabelist th{
   font-weight: bold;
   text-align: center;
}
.tabelist td{
   border: 1px solid #429fff;   /* 单元格边框 */
   text-align: right;
   padding: 4px;
}
-->
</style>
</head>
```

```
<body>
<table class="tabelist">
    <caption class="tabelist">
    2013季度 07-09
    </caption>
    <tr>
         <th>月份</th>
        <th>07 月</th>
        <th>08 月</th>
        <th>09 月</th>
    </tr>
    <tr>
        <td>收入</td>
        <td>8000</td>
        <td>9000</td>
        <td>7500</td>
    </tr>
    <tr>
        <td>吃饭</td>
        <td>600</td>
        <td>570</td>
        <td>650</td>
    </tr>
    <tr>
        <td>购物</td>
        <td>1000</td>
        <td>800</td>
        <td>900</td>
    </tr>
    <tr>
        <td>买衣服</td>
        <td>300</td>
        <td>500</td>
        <td>200</td>
    </tr>
    <tr>
        <td>看电影</td>
        <td>85</td>
        <td>100</td>
        <td>120</td>
    </tr>
    <tr>
        <td>买书</td>
        <td>120</td>
        <td>67</td>
        <td>90</td>
    </tr>
</table>
</body>
</html>
```

在 IE 9.0 中浏览，效果如图 14-1 所示，可以看到表格带有边框显示，其边框宽度为 1 像素，直线显示，并且对边框进行合并。表格标题“2011 季度 07-09”也带有边框显示，字体大小为 150 个像素，字形是幼圆并加粗显示。表格中每个单元格斗以 1 像素、直线的方式显示边框，并将显示对象右对齐。

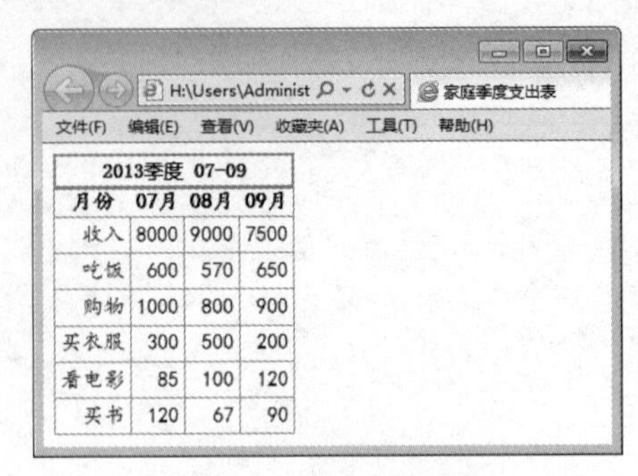

图 14-1　表格样式修饰

14.1.2　设置表格边框的宽度

在 CSS 3 中，用户可以使用 border-width 属性来设置表格边框的宽度，从而来美化边框宽度。如果需要单独设置某一个边框的宽度，可以使用 border-width 的衍生属性设置，例如 border-top-width 和 border-left-width 等。

【例 14.2】(示例文件 ch14\14.2.html)

```
<!DOCTYPE html>
<html>
<head>
<title>表格边框宽度</title>
<style>
table{
    text-align: center;
    width: 500px;
    border-width: 6px;
    border-style: double;
    color: blue;
}
td{
    border-width: 3px;
    border-style: dashed;
}
</style>
</head>
<body>
<table border=1 cellspacing="3" cellpadding="0">
  <tr>
    <td>姓名</td>
    <td class=tds>性别</td>
    <td>年龄</td>
  </tr>
  <tr>
    <td>张三</td>
    <td>男</td>
    <td>31</td>
  </tr>
```

```
  <tr>
    <td>李四</td>
    <td>男</td>
    <td>18</td>
  </tr>
</table>
</body>
</html>
```

在 IE 9.0 中浏览，效果如图 14-2 所示，可以看到，表格带有边框，宽度为 6 像素，双线显示，表格中字体颜色为蓝色。单元格边框宽度为 3 像素，显示样式是破折线。

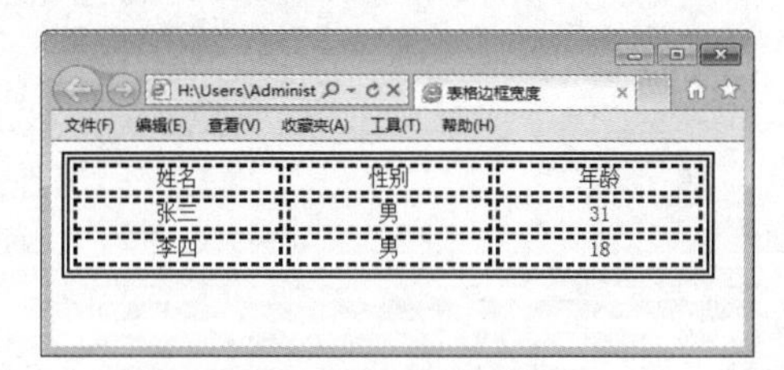

图 14-2　设置表格的宽度

14.1.3　设置表格边框的颜色

表格颜色设置非常简单，通常使用 CSS 3 的 color 属性来设置表格中文本的颜色，使用 background-color 设置表格背景色。如果为了突出表格中的某一个单元格，还可以使用 background-color 设置某一个单元格的颜色。

【例 14.3】(示例文件 ch14\14.3.html)

```
<!DOCTYPE html>
<html>
<head>
<title>设置表格边框颜色</title>
<style>
*{
   padding: 0px;
   margin: 0px;
}
body{
   font-family: "黑体";
   font-size: 20px;
}
table{
   background-color: yellow;
   text-align: center;
   width: 500px;
   border: 1px solid green;
}
td{
   border: 1px solid green;
   height: 30px;
   line-height: 30px;
}
```

```
.tds{
   background-color: blue;
}
</style>
</head>
<body>
<table cellspacing="3" cellpadding="0">
  <tr>
    <td>姓名</td>
    <td class=tds>性别</td>
    <td>年龄</td>
  </tr>
  <tr>
    <td>张三</td>
    <td>男</td>
    <td>32</td>
  </tr>
  <tr>
    <td>小丽</td>
    <td>女</td>
    <td>28</td>
  </tr>
</table>
</body>
</html>
```

在 IE 9.0 中浏览，效果如图 14-3 所示，可以看到表格带有边框，边框样式显示为绿色，表格背景色为黄色，其中一个单元格背景色为蓝色。

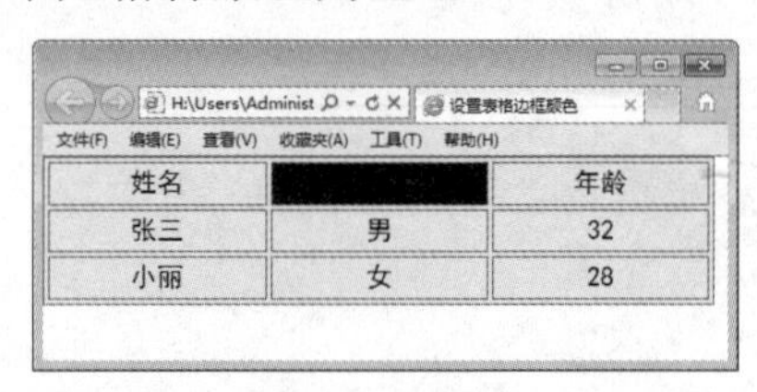

图 14-3　设置边框的背景色

14.2　美化表单样式

表单可以用来向 Web 服务器发送数据，特别是经常被用在主页面——用户输入信息，然后发送到服务器中，实际用在 HTML 中的标记有 form、input、textarea、select 和 option。

14.2.1　美化表单中的元素

在网页中，表单元素的背景色默认都是白色的，这样的背景色不能美化网页，所以可以使用颜色属性定义表单元素的背景色。定义表单元素背景色可以使用 background-color 属性定义，这样可以使表单元素不那么单调。使用示例如下：

```
input{background-color: #ADD8E6;}
```

上面的代码设置了 input 表单元素的背景色，都是统一的颜色。

【例 14.4】(示例文件 ch14\14.4.html)

```
<!DOCTYPE html>
<HTML>
<head>
<style>
<!--
input{                                /* 所有 input 标记 */
   color: #cad9ea;
}
input.txt{                            /* 文本框单独设置 */
   border: 1px inset #cad9ea;
   background-color: #ADD8E6;
}
input.btn{                            /* 按钮单独设置 */
   color: #00008B;
   background-color: #ADD8E6;
   border: 1px outset #cad9ea;
   padding: 1px 2px 1px 2px;
}
select{
   width: 80px;
   color: #00008B;
   background-color: #ADD8E6;
   border: 1px solid #cad9ea;
}
textarea{
   width: 200px;
   height: 40px;
   color: #00008B;
   background-color: #ADD8E6;
   border: 1px inset #cad9ea;
}
-->
</style>
</head>
<BODY>
<h3>注册页面</h3>
<table border="1" width="45%">
<form method="post">
<tr><td width="30%">昵称:</td><td><input class=txt>1－20 个字符<div id="qq">
</div></td></tr>
<tr><td>密码:</td><td><input type="password" >长度为 6~16 位</td></tr>
<tr><td>确认密码:</td><td><input type="password" ></td></tr>
<tr><td>真实姓名: </td><td><input name="username1"></td></tr>
<tr><td>性别:</td><td><select><option>男</option><option>女
</option></select></td></tr>
<tr><td>E-mail 地址:</td><td><input value="sohu@sohu.com"></td></tr>
<tr><td>备注:</td><td><textarea cols=35 rows=10></textarea></td></tr>
<tr><td><input type="button" value="提交" class=btn /></td><td>
<input type="reset" value="重填"/></td></tr>
</form>
</table>
```

```
</BODY>
</HTML>
```

在 IE 9.0 中浏览，效果如图 14-4 所示，可以看到表单中，“昵称”输入框、“性别”下拉列表框和“备注”文本框中都显示了指定的背景颜色。

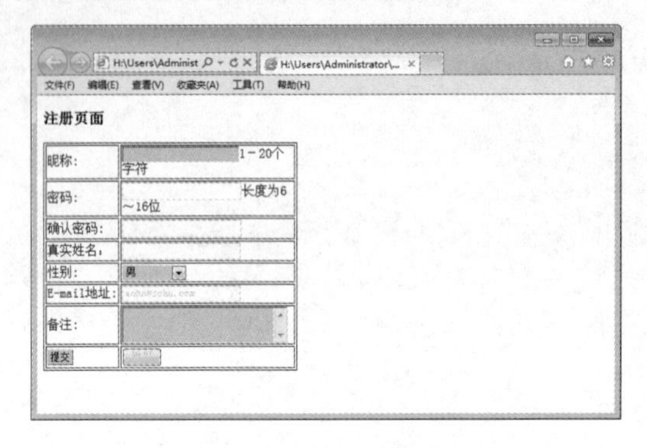

图 14-4　美化表单元素

在上面的代码中，首先使用 input 标记选择符定义了 input 表单元素的字体输入颜色，然后分别定义了两个类 txt 和 btn，txt 用来修饰输入框样式，btn 用来修饰按钮样式。最好分别定义了 select 和 textarean 的样式，其样式定义主要涉及边框和背景色。

14.2.2　美化提交按钮

通过对表单元素背景色的设置，可以在一定程度上起到美化提交按钮的效果，例如可以使用 background-color 属性，将其值设置为 transparent(透明色)，就是最常见的一种美化提交按钮的方式。使用示例如下：

```
background-color: transparent;     /* 背景色透明 */
```

【例 14.5】(示例文件 ch14\14.5.html)

```
<!DOCTYPE html>
<html>
<head>
<title>美化提交按钮</title>
<style>
<!--
form{
    margin: 0px;
   padding: 0px;
   font-size: 14px;
}
input{
   font-size: 14px;
   font-family: "幼圆";
}
.t{
    border-bottom: 1px solid #005aa7;       /* 下划线效果 */
    color: #005aa7;
    border-top: 0px; border-left: 0px;
```

```
    border-right:0px;
    background-color:transparent;       /* 背景色透明 */
}
.n{
    background-color:transparent;       /* 背景色透明 */
    border:0px;                         /* 边框取消 */
}
-->
</style>
  </head>
<body>
<center>
<h1>签名页</h1>
<form method="post">
    值班主任：<input  id="name" class="t">
    <input type="submit" value="提交上一级签名>>" class="n">
</form>
</center>
</body>
</html>
```

在 IE 9.0 中浏览，效果如图 14-5 所示，可以看到输入框只剩下一个下边框显示，其他边框被去掉了，提交按钮只剩下显示文字了，而且常见矩形形式，被去掉了。

图 14-5　表单元素的边框设置

14.2.3　美化下拉菜单

在网页设计中，有时为了突出效果，会对文字进行加粗、添加颜色等设定。同样也可以对表单元素中的文字进行这样的修饰。使用 CSS 3 的 font 相关属性就可以美化下拉菜单文字。例如 font-size、font-weight 等。

对于颜色的设置，可以采用 color 和 background-color 属性。

【例 14.6】(实例文件 ch14\14.6.html)

```
<!DOCTYPE html>
<html>
<head>
<title>美化下拉菜单</title>
<style>
<!--
.blue{
   background-color: #7598FB;
   color: #000000;
   font-size: 15px;
```

```
    font-weight: bolder;
    font-family: "幼圆";
}
.red{
    background-color: #E20A0A;
    color: #ffffff;
    font-size: 15px;
    font-weight: bolder;
    font-family: "幼圆";
}
.yellow{
    background-color: #FFFF6F;
    color: #000000;
    font-size: 15px;
    font-weight: bolder;
    font-family: "幼圆";
}
.orange{
    background-color: orange;
    color: #000000;
    font-size: 15px;
    font-weight: bolder;
    font-family: "幼圆";
}
-->
</style>
</head>
<body>
<form method="post">
    <p><label for="color">选择暴雪预警信号级别:</label>
    <select name="color" id="color">
        <option value="">请选择</option>
        <option value="blue" class="blue">暴雪蓝色预警信号</option>
        <option value="yellow" class="yellow">暴雪黄色预警信号</option>
        <option value="orange" class="orange">暴雪橙色预警信号</option>
        <option value="red" class="red">暴雪红色预警信号</option>
     </select></p>
     <p><input type="submit" value="提交"></p>
</form>
</body>
</html>
```

在 IE 9.0 中浏览，效果如图 14-6 所示，可以看到，下拉菜单中，每个菜单项显示不同的背景色，用以与其他菜单项区分。

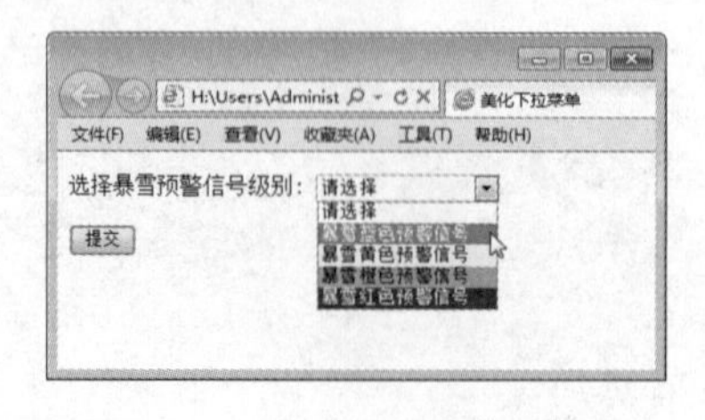

图 14-6 设置下拉菜单的样式

14.3 综合示例——制作用户登录页面

本示例将结合前面学习的知识，创建一个简单的登录表单，具体操作步骤如下。

step 01 分析需求。

创建一个登录表单，需要包含三个表单元素，一个名称输入框，一个密码输入框和两个按钮。然后添加一些 CSS 代码，对表单元素进行修饰即可。示例完成后，其实际效果如图 14-7 所示。

step 02 创建 HTML 网页，实现表单：

```
<!DOCTYPE html>
<html>
<head>
<title>用户登录</title>
<body>
<div>
<h1>用户登录</h1>
<form action="" method="post">
姓名：<input type="text" id=name />
密码：<input type="password" id=password name="ps" />
<input type=submit value="提交" class=button>
<input type=reset value="重置" class=button>
</form>
</div>
</body>
</html>
```

在上面的代码中，创建了一个 div 层，用来包含表单及其元素。在 IE 9.0 中浏览，效果如图 14-8 所示，可以看到显示了一个表单，其中包含两个输入框和两个按钮，输入框用来获取名称和密码，按钮分别为一个提交按钮和一个重置按钮。

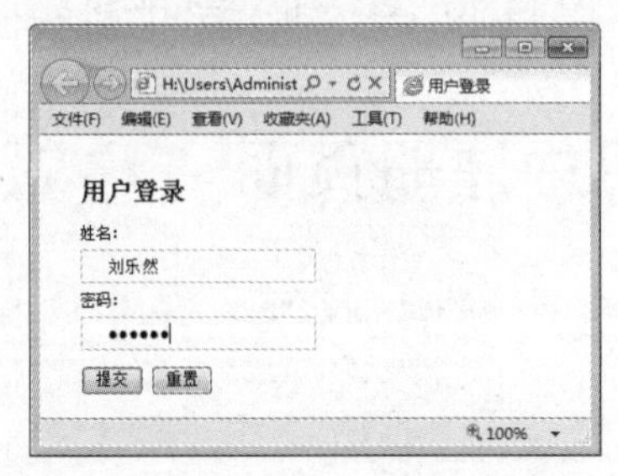

图 14-7 登录表单

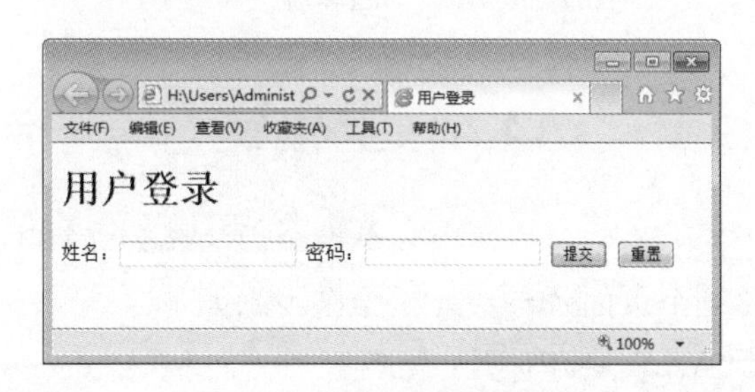

图 14-8 创建登录表单

step 03 添加 CSS 代码，修饰标题和层：

```
<style>
h1{
   font-size: 20px;
}
div{
   width: 200px;
   padding: 1em 2em 0 2em;
```

```
    font-size: 12px;
}
</style>
```

上面代码中，设置了标题大小为20像素，div层宽度为200像素，层中字体大小为12像素。在IE 9.0中浏览，效果如图14-9所示，可以看到标题变小，并且密码输入框换行显示，布局更加美观合理。

step 04 添加CSS代码，修饰输入框和按钮：

```
#name,#password{
    border: 1px solid #ccc;
    width: 160px;
    height: 22px;
    padding-left: 20px;
    margin: 6px 0;
    line-height: 20px;
}
.button{margin: 6px 0;}
```

在IE 9.0中浏览，效果如图14-10所示，可以看到输入框长度变短，输入框边框变小，并且表单元素之间距离增大，页面布局更加合理。

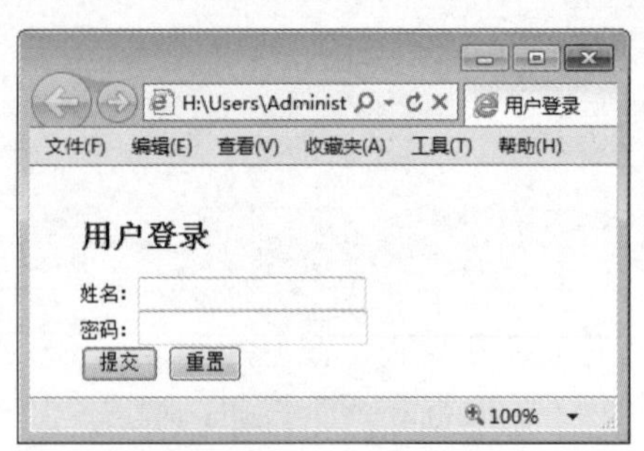

图14-9 修饰标题和层

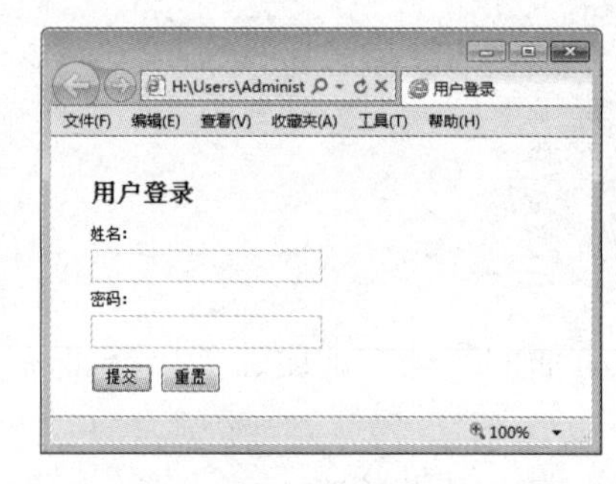

图14-10 修饰输入框和按钮

14.4 上机练习——制作用户注册页面

本次上机练习将使用一个表单内的各种元素来开发一个网站的注册页面，并用CSS样式来美化这个页面效果。具体操作步骤如下。

step 01 分析需求。

注册表单非常简单，通常包含三个部分，需要在页面上方给出标题，标题下方是正文部分，即表单元素，最下方是表单元素提交按钮。在设计这个页面时，需要把“用户注册”标题设置成h1大小，正文使用p来限制表单元素。示例完成后，实际效果如图14-11所示。

step 02 构建HTML页面，实现基本表单：

```
<!DOCTYPE html>
<html>
<head>
<title>注册页面</title>
</head>
```

```
<body>
<h1 align=center>用户注册</h1>
<form method="post">
<p>姓    名:
<input type="text" class=txt size="12" maxlength="20" name="username"
/></p>
<p>性    别:
<input type="radio" value="male" />男
<input type="radio" value="female" />女</p>
<p>年    龄:
<input type="text" class=txt name="age" /></p>
<p>联系电话:
<input type="text" class=txt name="tel" /></p>
<p>电子邮件:
<input type="text" class=txt name="email" /></p>
<p>联系地址:
<input type="text"  class=txt name="address" /></p>
<p>
<input type="submit" name="submit" value="提交" class="but" />
<input type="reset" name="reset" value="清除" class="but" />
</p>
</form>
</body>
</html>
```

在 IE 9.0 中浏览，效果如图 14-12 所示，可以看到创建了一个注册表单，包含一个标题“用户注册”，以及“姓名”、“性别”、“年龄”、“联系方式”、“电子邮件”、“地址”等输入框和“提交”按钮等。显示样式为默认样式。

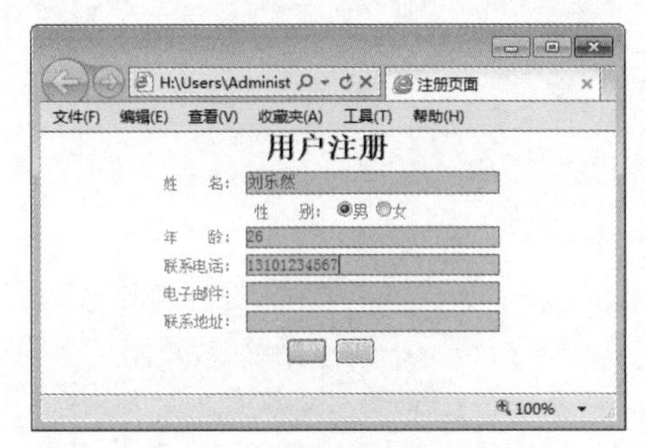

图 14-11　注册页面

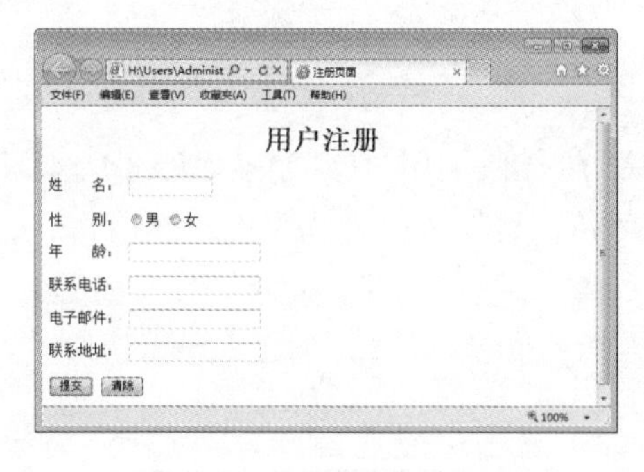

图 14-12　实现基本表单

step 03 添加 CSS 代码，修饰全局样式和表单样式：

```
<style>
*{
   padding: 0px;
   margin: 0px;
}
body{
   font-family: "宋体";
   font-size: 12px;
}
form{
   width: 300px;
```

```
    margin: 0 auto 0 auto;
    font-size: 12px;
    color: #999;
}
</style>
```

在 IE 14.0 中浏览，效果如图 14-13 所示，可以看到页面中字体变小，表单元素之间距离变小。

step 04 添加 CSS 代码，修饰段落、输入框和按钮：

```
form p {
    margin: 5px 0 0 5px;
    text-align: center;
}
.txt{
    width: 200px;
    background-color: #CCCCFF;
    border: #6666FF 1px solid;
    color: #0066FF;
}
.but{
    border: 0px#93bee2solid;
    border-bottom: #93bee21pxsolid;
    border-left: #93bee21pxsolid;
    border-right: #93bee21pxsolid;
    border-top: #93bee21pxsolid;*/
    background-color: #3399CC;
    cursor: hand;
    font-style: normal;
    color: #cad9ea;
}
```

在 IE 14.0 中浏览，效果如图 14-14 所示，可以看到表单元素带有背景色，其输入字体颜色为蓝色，边框颜色为浅蓝色。按钮带有边框，按钮上字体的颜色为浅色。

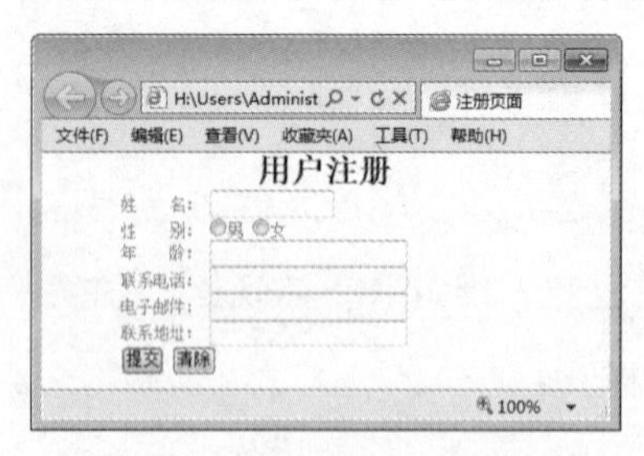

图 14-13 CSS 修饰表单的样式

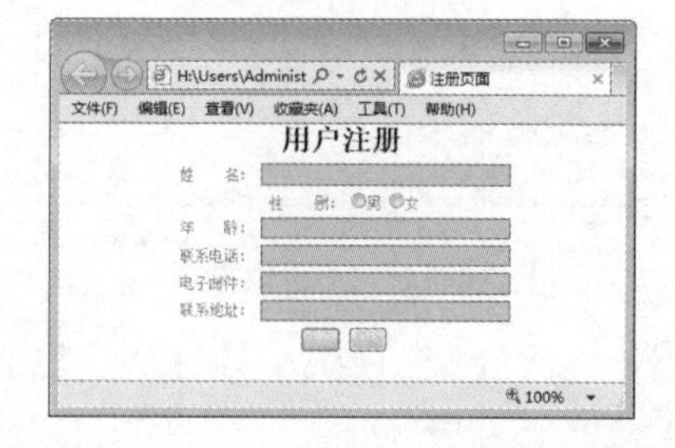

图 14-14 设置输入框和按钮的样式

14.5 专家答疑

疑问 1：构建一个表格需要注意哪些方面？

在 HTML 页面中构建表格框架时，应该尽量遵循表格的标准标记，养成良好的编写习

惯，并适当地利用 Tab、空格和空行来提高代码的可读性，从而降低后期维护成本。特别是使用 table 表格来布局一个较大的页面时，需要在关键位置加上注释。

疑问 2：在使用表格时，会发生一些变形，这是什么原因引起的呢？

其中一个原因是表格排列设置在不同分辨率下所出现的错位。例如在 800×600 的分辨率下一切正常，而到了 1024×800 时，则多个表格或者有的居中，有的却左排列或右排列。

表格有左、中、右三种排列方式，如果没特别设置，则默认为居左排列。在 800×600 的分辨率下，表格恰好就有编辑区域那么宽，不容易察觉，而到了 1024×800 的时候，就出现了变化。解决的办法比较简单，即都设置为居中，或左或右。

疑问 3：使用 CSS 修饰表单元素时，采用默认值会存在什么问题？

各种浏览器之间存在显示的差异，其中一个原因就是各种浏览器对部分 CSS 属性的默认值不同导致的，通常的解决办法就是指定该值，而不让浏览器使用默认值。

第 15 章 使用 CSS 3 控制网页超链接和鼠标的样式

超链接是网页的灵魂，各个网页都是通过超链接进行相互访问的，超链接完成了页面的跳转。通过 CSS 3 属性定义，可以设置出美观大方、具有不同外观和样式的超链接，从而增加网页样式特效。

15.1 使用 CSS 3 丰富超链接样式

一般情况下，超级链接是由<a></a>标记组成的，超级链接可以是文字或图片。添加了超级链接的文字具有自己的样式，从而与其他文字区别，其中默认链接样式为蓝色文字，有下划线。不过，通过 CSS 3 属性，可以修饰超级链接，从而达到美观的效果。

15.1.1 改变超链接的基本样式

通过 CSS 3 的伪类，可以改变超级链接的基本样式，使用伪类最大的用处，是在不同状态下可以对超级链接定义不同的样式效果，是 CSS 本身定义的一种类。

对于超级链接伪类，其详细信息如表 15-1 所示。

表 15-1 超级链接伪类

伪 类	用 途
a:link	定义 a 对象在未被访问前的样式
a:hover	定义 a 对象在其鼠标悬停时的样式
a:active	定义 a 对象被用户激活时的样式(在鼠标单击与释放之间发生的事件)
a:visited	定义 a 对象在其链接地址已被访问过时的样式

如果要定义未被访问的超级链接的样式，可以通过 a:link 来实现，如果要设置被访问过的超级链接的样式，可以定义 a:visited 来实现。其他要定义悬浮和激活时的样式，也能按表 15-1 用 hover 和 active 来实现。

【例 15.1】(示例文件 ch15\15.1.html)

```
<!DOCTYPE html>
<html>
<head>
<title>超级链接样式</title>
<style>
a{
    color: #545454;
    text-decoration: none;
}
a:link{
    color: #545454;
    text-decoration: none;
}
a:hover{
    color: #f60;
    text-decoration: underline;
}
a:active{
    color: #FF6633;
    text-decoration: none;
```

```
}
</style>
</head>
<body>
<center>
<a href=#>返回首页</a>|<a href=#>成功案例</a>
<center>
</body>
</html>
```

在 IE 9.0 中浏览，效果如图 15-1 所示，可以看到两个超级链接，当鼠标停留在第一个超级链接上方时，显示颜色为黄色，并带有下划线。另一个超级链接没有被访问，不带有下划线，颜色显示为灰色。

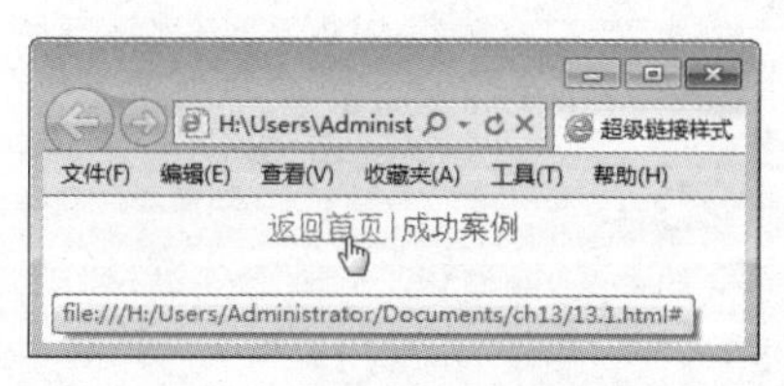

图 15-1 伪类修饰超级链接

从上面可以知道，伪类只是提供一种途径，用来修饰超级链接，而对超级链接真正起作用的，还是文本、背景和边框等属性。

15.1.2 设置带有提示信息的超链接

在网页显示的时候，有时一个超级链接并不能说明这个链接背后的含义，通常还要为这个链接加上一些介绍性信息，即提示信息。此时可以通过超级链接 a 提供描述标记 title，达到这个效果。title 属性的值即为提示内容，当浏览器的光标停留在超级链接上时，会出现提示内容，并且不会影响页面排版的整洁。

【例 15.2】(示例文件 ch15\15.2.html)

```
<!DOCTYPE html>
<html>
<head>
<title>超级链接样式</title>
<style>
a{
   color: #005799;
   text-decoration: none;
}
a:link{
   color: #545454;
   text-decoration: none;
}
a:hover{
   color: #f60;
   text-decoration: underline;
}
```

```
a:active{
    color: #FF6633;
    text-decoration: none;
}
</style>
</head>
<body>
<a href="" title="这是一个优秀的团队">了解我们</a>
</body>
</html>
```

在 IE 9.0 中浏览，效果如图 15-2 所示，可以看到，当鼠标停留在超级链接上方时，显示颜色为黄色，带有下划线，并且有一个提示信息“这是一个优秀的团队”。

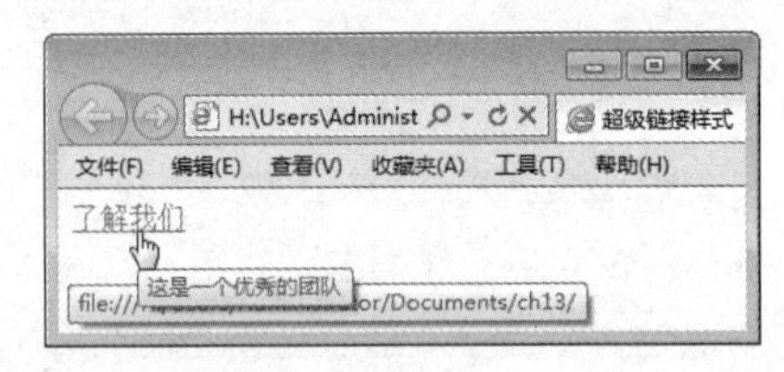

图 15-2　超级链接提示信息

15.1.3　设置超链接的背景图

一个普通超级链接，要么是文本显示，要么是图片显示，显示方式很单一。此时可以将图片作为背景图添加到超级链接里，这样超级链接会具有更加精美的效果。超级链接如果要添加背景图片，通常使用 background-image 来完成。

【例 15.3】(示例文件 ch15\15.3.html)

```
<!DOCTYPE html>
<html>
<head>
<title>设置超级链接的背景图</title>
<style>
a{
    background-image: url(01.jpg);
    width: 90px;
    height: 30px;
    color: #005799;
    text-decoration: none;
}
a:hover{
    background-image: url(02.jpg);
    color: #006600;
    text-decoration: underline;
}
</style>
</head>
<body>
<a href="#">品牌特卖</a>
<a href="#">服饰精选</a>
<a href="#">食品保健</a>
```

```
</body>
</html>
```

在 IE 9.0 中浏览，效果如图 15-3 所示，可以看到，显示了三个超级链接，当鼠标停留在一个超级链接上时，其背景图就会显示蓝色并且文本带有下划线，而当鼠标不在超级链接上时，背景图显示浅蓝色，并且文本不带有下划线。这样就实现了超级链接的动态效果。

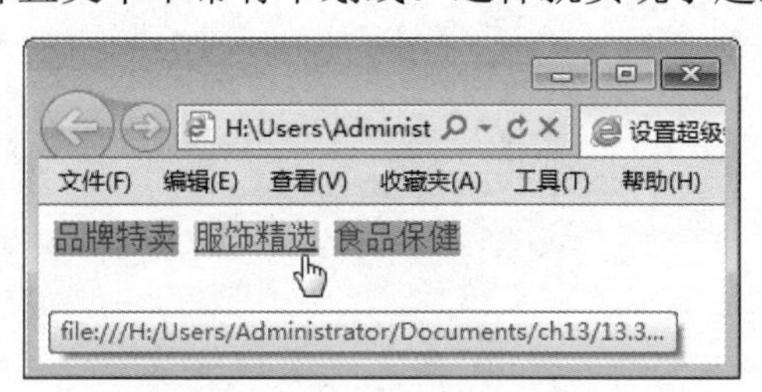

图 15-3 图片背景超级链接

在上面代码中，使用 background-image 引入背景图，text-decoration 设置超级链接是否具有下划线。

15.1.4 设置超链接的按钮效果

有时为了增强超级链接的效果，会将超级链接模拟成表单按钮，即当鼠标指针移到一个超级链接上的时候，超级链接的文字或图片就会像被按下一样，有一种凹陷的效果。实现方式通常是利用 CSS 中的 a:hover，当鼠标经过链接时，将链接向下、向右各移一个像素，这时候显示效果就像按钮被按下的效果。

【例 15.4】(示例文件 ch15\15.4.html)

```
<!DOCTYPE html>
<html>
<head>
<title>设置超级链接的按钮效果</title>
<style>
a{
   font-family: "幼圆";
   font-size: 2em;
   text-align: center;
   margin: 3px;
}
a:link,a:visited{
   color: #ac2300;
   padding: 4px 10px 4px 10px;
   background-color: #ccd8db;
   text-decoration: none;
   border-top: 1px solid #EEEEEE;
   border-left: 1px solid #EEEEEE;
   border-bottom: 1px solid #717171;
   border-right: 1px solid #717171;
}
a:hover{
```

```
    color: #821818;
    padding: 5px 8px 3px 12px;
    background-color: #e2c4c9;
    border-top: 1px solid #717171;
    border-left: 1px solid #717171;
    border-bottom: 1px solid #EEEEEE;
    border-right: 1px solid #EEEEEE;
}
</style>
</head>
<body>
<a href="#">首页</a>
<a href="#">团购</a>
<a href="#">品牌特卖</a>
<a href="#">服饰精选</a>
<a href="#">食品保健</a>
</body>
</html>
```

在 IE 9.0 中的浏览效果如图 15-4 所示，可以看到显示了 5 个超级链接，当鼠标停留在一个超级链接上时，其背景色显示黄色并具有凹陷的感觉，而当鼠标不在超级链接上时，背景图显示浅灰色。

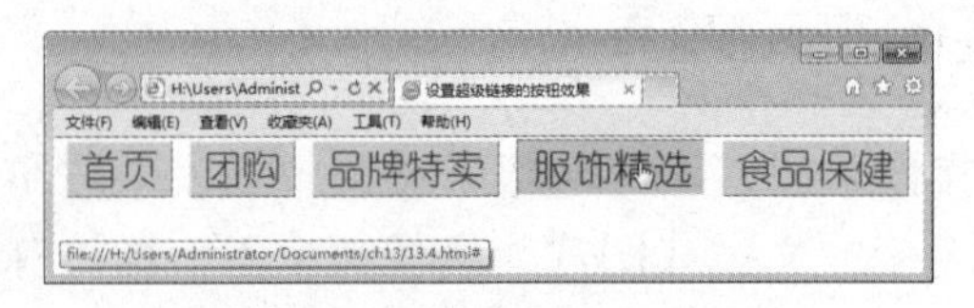

图 15-4　超级链接的按钮效果

上面的 CSS 代码中，需要对 a 标记进行整体控制，同时加入 CSS 的两个伪类属性。对于普通超链接和单击过的超链接采用同样的样式，并且边框的样式模拟按钮效果。而对于鼠标指针经过时的超级链接，相应地改变文字颜色、背景色、位置和边框，从而模拟按下的效果。

15.2　使用 CSS 3 丰富鼠标样式

对于经常操作计算机的人们来说，当鼠标移动到不同地方，或执行不同的操作时，鼠标样式是不同的，这些就是鼠标特效，例如，当需要伸缩窗口时，将鼠标放置在窗口边沿处，鼠标会变成双向箭头状；当系统繁忙时，鼠标会变成漏斗状。如果要在网页上实现这种效果，可以通过 CSS 属性定义来实现。

15.2.1　使用 CSS 3 控制鼠标箭头

在 CSS 3 中，鼠标的箭头样式可以通过 cursor 属性来实现。cursor 属性包含有 17 个属性值，对应鼠标的 17 个样式，而且还能够通过 url 链接地址自定义鼠标指针，如表 15-2 所示。

表 15-2　鼠标样式(cursor 属性)

属性值	说明
auto	自动，按照默认状态自行改变
crosshair	精确定位十字
default	默认鼠标指针
hand	手形
move	移动
help	帮助
wait	等待
text	文本
n-resize	箭头朝上双向
s-resize	箭头朝下双向
w-resize	箭头朝左双向
e-resize	箭头朝右双向
ne-resize	箭头右上双向
se-resize	箭头右下双向
nw-resize	箭头左上双向
sw-resize	箭头左下双向
pointer	指示
url(url)	自定义鼠标指针

【例 15.5】(示例文件 ch15\15.5.html)

```
<!DOCTYPE html>
<html>
<head>
<title>鼠标特效</title>
</head>
<body>
   <h2>CSS 控制鼠标箭头</h2>
   <div style="font-size:10pt;color:DarkBlue">
      <p style="cursor:hand">手形</p>
      <p style="cursor:move">移动</p>
      <p style="cursor:help">帮助</p>
      <p style="cursor:n-resize">箭头朝上双向</p>
      <p style="cursor:ne-resize">箭头右上双向</p>
      <p style="cursor:wait">等待</p>
   </div>
</body>
</html>
```

在 IE 9.0 中浏览，效果如图 15-5 所示，可以看到多个鼠标样式提示信息，当鼠标放到一个“帮助”文字上时，鼠标会以问号“？”显示，从而达到提示作用。读者可以将鼠标放在不同的文字上，查看不同的鼠标样式。

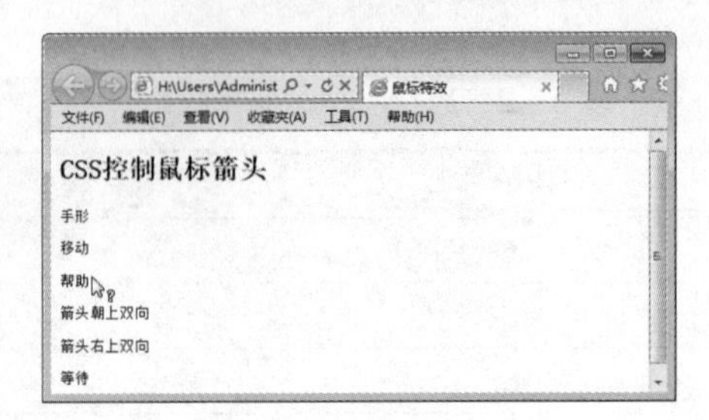

图 15-5 设置鼠标样式

15.2.2 设置鼠标变幻式超链接

知道了如何控制鼠标样式，就可以轻松制作出鼠标指针样式变幻的超级链接效果了，即鼠标放到超级链接上，可以看到超级链接颜色、背景图片发生变化，并且鼠标样式也发生变化。

【例 15.6】(示例文件 ch15\15.6.html)

```
<!DOCTYPE html>
<html>
<head>
<title>鼠标手势</title>
<style>
a{
    display: block;
    background-image: url(03.jpg);
    background-repeat: no-repeat;
    width: 100px;
    height: 30px;
    line-height: 30px;
    text-align: center;
    color: #FFFFFF;
    text-decoration: none;
}
a:hover{
    background-image: url(02.jpg);
    color: #FF0000;
    text-decoration: none;
}
.help{
    cursor: help;
}
.text{cursor: text;}
</style>
</head>
<body>
<a href="#" class="help">帮助我们</a>
<a href="#" class="text">招聘信息</a>
</body>
</html>
```

在 IE 9.0 中浏览，效果如图 15-6 所示，可以看到，当鼠标放到一个“帮助我们”工具栏上时，其鼠标样式以问号显示，字体颜色显示为红色，背景色为蓝天白云。当鼠标不放到工具栏上时，背景图片为绿色，字体颜色为白色。

图 15-6　鼠标变换效果

15.2.3　设置网页的页面滚动条

当一个网页内容较多的时候，浏览器窗口不能在一屏内完全显示，就会给浏览者提供滚动条，方便浏览相关的内容。对于 IE 浏览器，可以单独设置滚动条样式，从而满足网站整体样式设计。滚动条主要由 3d-light、highlight、face、arrow、shadow、dark-shadow 和 base 几个部分组成。具体含义如表 15-3 所示。

表 15-3　滚动条属性设置

属　性	CSS 版本	兼 容 性	简　介
scrollbar-3d-light-color	IE 专有属性	IE 5.5+	设置或检索滚动条 3D 界面的亮边(ThreedHighlight)颜色
scrollbar-highlight-color	IE 专有属性	IE 5.5+	设置或检索滚动条亮边框颜色
scrollbar-face-color	IE 专有属性	IE 5.5+	设置或检索滚动条 3D 表面(ThreedFace)的颜色
scrollbar-arrow-color	IE 专有属性	IE 5.5+	设置或检索滚动条方向箭头的颜色
scrollbar-shadow-color	IE 专有属性	IE 5.5+	设置或检索滚动条 3D 界面的暗边(ThreedShadow)颜色
scrollbar-dark-shadow-color	IE 专有属性	IE 5.5+	设置或检索滚动条暗边框(ThreedDarkShadow)颜色
scrollbar-base-color	IE 专有属性	IE 5.5+	设置或检索滚动条基准颜色。其他界面颜色将据此自动调整

【例 15.7】(示例文件 ch15\15.7.html)

```
<!DOCTYPE html>
<html>
<head>
<title>设置滚动条</title>
<style>
body{
    overFlow-x: hidden;
    overFlow-y: scroll;
    scrollBar-face-color: green;
    scrollBar-hightLight-color: red;
```

```
    scrollBar-3dLight-color: orange;
    scrollBar-darkshadow-color: blue;
    scrollBar-shadow-color: yellow;
    scrollBar-arrow-color: purple;
    scrollBar-track-color: black;
    scrollBar-base-color: pink;
}
p{
    text-indent: 2em;
}
</style>
</head>
<body>
<h1 align=center>岳阳楼记</h1>
<p>庆历四年春，滕子京谪守巴陵郡。越明年，政通人和，百废具兴。乃重修岳阳楼，增其旧制，刻唐贤今人诗赋于其上。属(zhǔ)予作文以记之。</p>
<p>予观夫巴陵胜状，在洞庭一湖。衔远山，吞长江，浩浩汤汤(shāngshāng)，横无际涯。朝晖夕阴，气象万千。此则岳阳楼之大观也，前人之述备矣。然则北通巫峡，南极潇湘，迁客骚人，多会于此，览物之情，得无异乎？</p>
<p>若夫霪雨霏霏，连月不开，阴风怒号，浊浪排空。日星隐曜，山岳潜形。商旅不行，樯倾楫摧。薄暮冥冥，虎啸猿啼。登斯楼也，则有去国怀乡，忧谗畏讥，满目萧然，感极而悲者矣。</p>
<p>至若春和景明，波澜不惊，上下天光，一碧万顷。沙鸥翔集，锦鳞游泳。岸芷汀(tīng)兰，郁郁青青。而或长烟一空，皓月千里，浮光跃金，静影沉璧，渔歌互答，此乐何极！登斯楼也，则有心旷神怡，宠辱偕忘，把酒临风，其喜洋洋者矣。 </p>
<p>嗟夫！予尝求古仁人之心，或异二者之为。何哉？不以物喜，不以己悲；居庙堂之高，则忧其民，处江湖之远，则忧其君。是进亦忧，退亦忧。然则何时而乐耶？其必曰“先天下之忧而忧，后天下之乐而乐”乎？噫！微斯人，吾谁与归？</p>
<p>时六年九月十五日。</p>
</body>
<html>
```

在 IE 9.0 中浏览，效果如图 15-7 所示，可以看到页面显示了一个绿色滚动条，滚动条边框显示黄色，箭头显示为紫色。

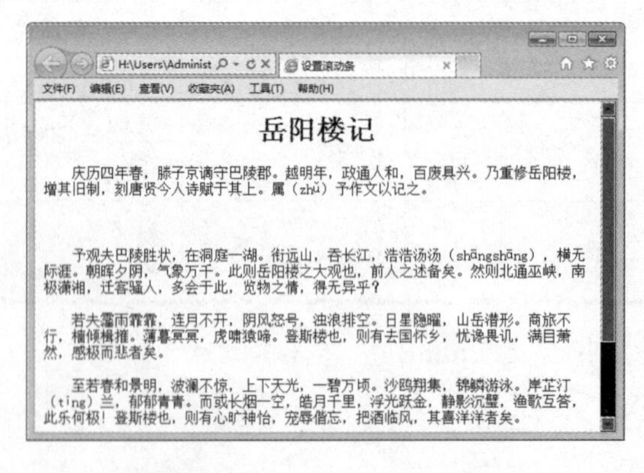

图 15-7　CSS 设置滚动条

注意

overFlow-x:hidden 代码表示显示 X 轴方向上的代码，overFlow-y:scroll 表示显示 y 轴方向上的代码。非常遗憾的是，目前这种滚动设计只限于 IE 浏览器，其他浏览器对此并不支持。相信不久的将来，这会纳入 CSS 3 的样式属性中。

15.3 综合示例1——图片版本的超链接

在网上购物已经成了一种时尚，足不出户就可以购买到称心如意的东西。在网上查看所购买的东西，通常都是通过图片。购买者首先查看图片上的物品是否满意，如果满意，直接单击图片，进入到详细信息介绍页面，在这些页面中，通常都是图片作为超级链接的。

本例将结合前面学习的知识，创建一个图片版本的超级链接。具体步骤如下。

step 01 分析需求。

单独为一个物品进行介绍，最少要包含两个部分，一个是图片，一个是文字。图片是作为超级链接存在的，可以进入下一个页面；文字主要是介绍物品的。实例完成后，其实际效果如图15-8所示。

step 02 构建基本的HTML页面。

创建一个HTML页面，需要创建一个段落p，来包含图片img和介绍信息。代码如下：

```
<!DOCTYPE html>
<html>
<head>
<title>图片版本超级链接</title>
</head>
<body>
<p>
<a href="#" title="单击图片，会进入更详细页面介绍"><img src=xuelian.jpg></a>
雪莲是一种珍贵的中药,在中国的新疆,西藏,青海,四川,云南等地都有出产.中医将雪莲花全草入药,
主治雪盲,牙痛,阳萎,月经不调等病症.此外,中国民间还有用雪莲花泡酒来治疗风湿性关节炎和妇科病
的方法.不过,由于雪莲花中含有有毒成分秋水仙碱,所以用雪莲花泡的酒切不可多服.
</p>
</body>
</html>
```

在IE9.0中浏览，效果如图15-9所示，可以看到页面中显示了一张图片，作为超级链接，下面带有文字介绍。

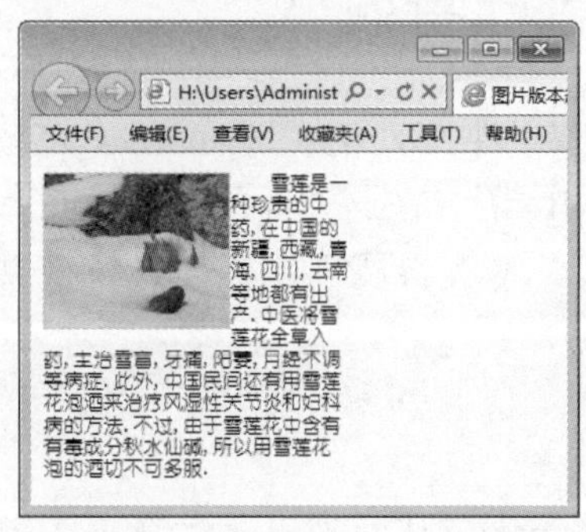

图15-8 图片版本的超级链接

图15-9 创建基本链接

step 03 添加CSS代码，修饰img图片：

```
<style>
img{
    width: 120px;
    height: 100px;
    border: 1px solid #ffdd00;
    float: left;
}
</style>
```

在 IE 9.0 中浏览，效果如图 15-10 所示，可以看到页面中图片变为小图片，其宽度为 120 像素，高度为 100 像素，带有边框，文字在图片左部出现。

step 04 添加 CSS 代码，修饰段落样式：

```
p{
    width: 200px;
    height: 200px;
    font-size: 13px;
    font-family: "幼圆";
    text-indent: 2em;
}
```

在 IE 9.0 中浏览，效果如图 15-11 所示，可以看到，页面中图片变为小图片，段落文字大小为 13 像素，字形为幼圆，段落首行缩进了 2em。

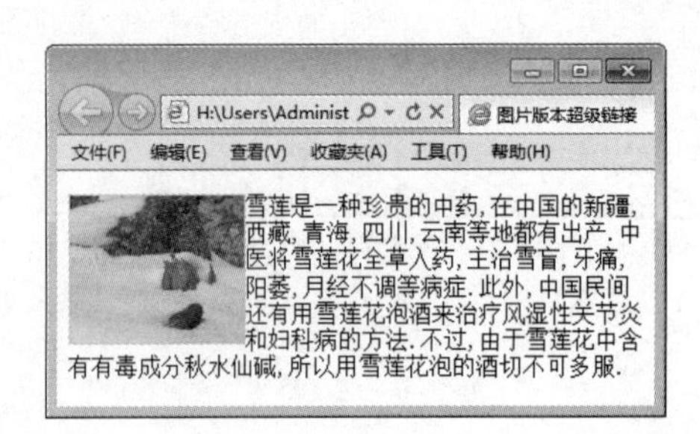

图 15-10 设置图片样式

图 15-11 设置段落样式

15.4 综合示例 2——鼠标特效

在浏览网页时，看到的鼠标指针的形状有箭头、手形和 I 字形，但在 Windows 环境下可以看到的鼠标指针种类要比这个多得多。CSS 弥补了 HTML 语言在这方面的不足，可以通过 cursor 属性设置各种鼠标样式，并且可以自定义鼠标样式。本例将展示鼠标样式特效并自定义一个鼠标样式。

具体步骤如下。

step 01 分析需求。

所谓鼠标特效，在于背景图片、文字和鼠标指针发生变化，从而吸引人注意。本例将创建 3 个超级链接，并设定它们的样式，即可达到效果。示例完成后，在 IE 9.0 浏览器中的效果如图 15-12 和 15-13 所示。

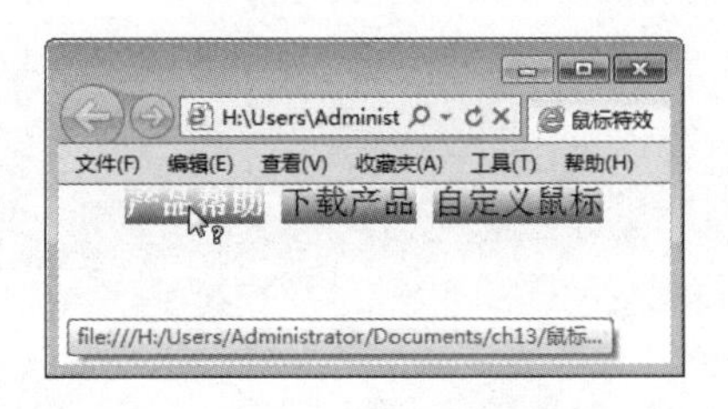

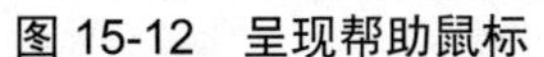
图 15-12 呈现帮助鼠标

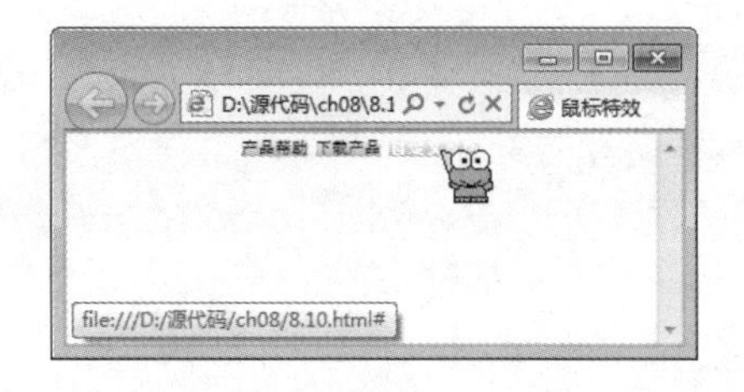

图 15-13 呈现自定义鼠标

step 02 创建 HTML，实现基本超级链接：

```
<!DOCTYPE html>
<html>
<head>
<title>鼠标特效</title>
</head>
<body>
<center>
<a href="#">产品帮助</a>
<a href="#">下载产品</a>
<a href="#">自定义鼠标</a>
</center>
</body>
</html>
```

在 IE 9.0 中浏览，效果如图 15-14 所示，可以看到 3 个超级链接，颜色为蓝色，并带有下划线。

step 03 添加 CSS 代码，修饰整体样式：

```
<style type="text/css">
*{
   margin: 0px;
   padding: 0px;
}
body{
   font-family: "宋体";
   font-size: 12px;
}
-->
</style>
```

在 IE 9.0 中浏览，效果如图 15-15 所示，可以看到超级链接颜色不变，字体大小为 12 像素，字形为宋体。

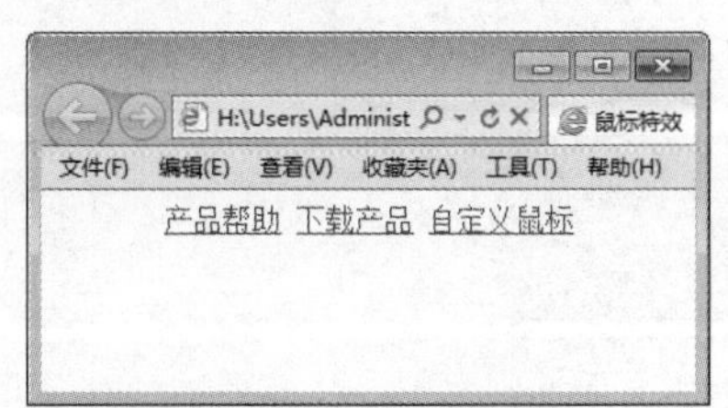

图 15-14 创建超级链接

图 15-15 设置全局样式

step 04 添加CSS代码，修饰链接的基本样式：

```
a, a:visited {
    line-height: 20px;
    color: #000000;
    background-image: url(nav02.jpg);
    background-repeat: no-repeat;
    text-decoration: none;
}
```

在IE 9.0中浏览，效果如图15-16所示，可以看到超级链接引入了背景图片，不带有下划线，并且颜色为黑色。

step 05 添加CSS代码，修饰悬浮样式：

```
a:hover {
    font-weight: bold;
    color: #FFFFFF;
}
```

在IE 9.0中浏览，效果如图15-17所示，可以看到，当鼠标放到超级链接上时，字体颜色变为白色，字体加粗。

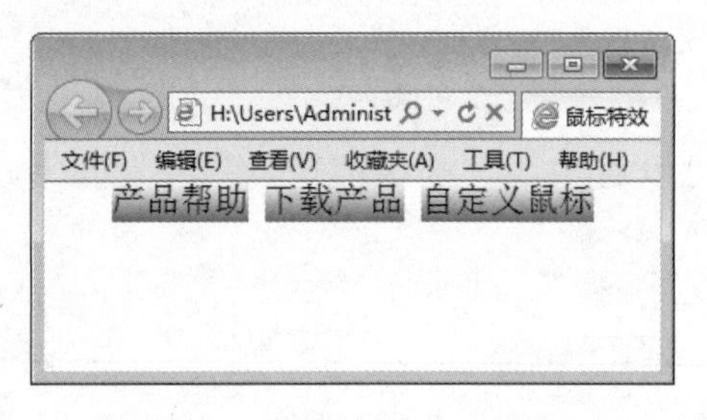

图15-16　设置链接的基本样式

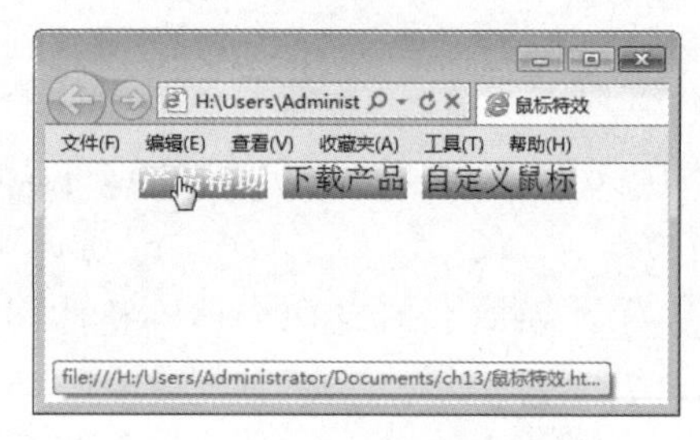

图15-17　设置悬浮样式

step 06 添加CSS代码，设置鼠标指针：

```
<a href="#" style="cursor:help;">产品帮助</a>
<a href="#" style="cursor:wait;">下载产品</a>
<a href="#" style="CURSOR: url('0041.ani')">自定义鼠标</a>
```

在IE 9.0中浏览，效果如图15-18所示，可以看到当鼠标放到超级链接上时，鼠标指针变为问号，提示帮助。

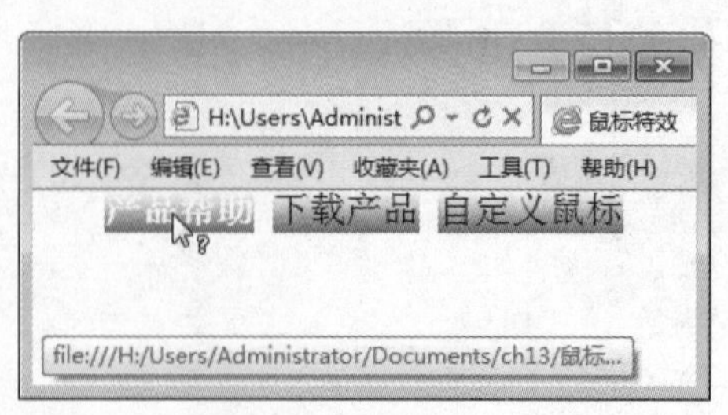

图15-18　设置鼠标指针

15.5 上机练习——制作一个简单的导航栏

网站的每个页面中，基本都存放着一个导航栏，作为浏览者跳转的入口。导航栏一般是由超级链接创建，对于导航栏的样式，可以采用 CSS 来设置。导航栏样式变化的基础是在文字、背景图片和边框方面的变化。

结合前面学习的知识，创建一个实用导航栏。具体步骤如下。

step 01 分析需求。

一个导航栏，通常需要创建一些超级链接，然后对这些超级链接进行修饰。这些超级链接可以是横排，也可以是竖排。链接上可以导入背景图片，或在文字上加下划线等。本例完成后，效果如图 15-19 所示。

step 02 构建 HTML，创建超级链接：

```
<!DOCTYPE html>
<html>
<head>
<title>制作导航栏</title>
</head>
<body>
<a href="#">最新消息</a>
<a href="#">产品展示</a>
<a href="#">客户中心</a>
<a href="#">联系我们</a>
</body>
</html>
```

在 IE 9.0 中浏览，效果如图 15-20 所示，可以看到页面中创建了 4 个超级链接，其排列方式为横排，颜色为蓝色，带有下划线。

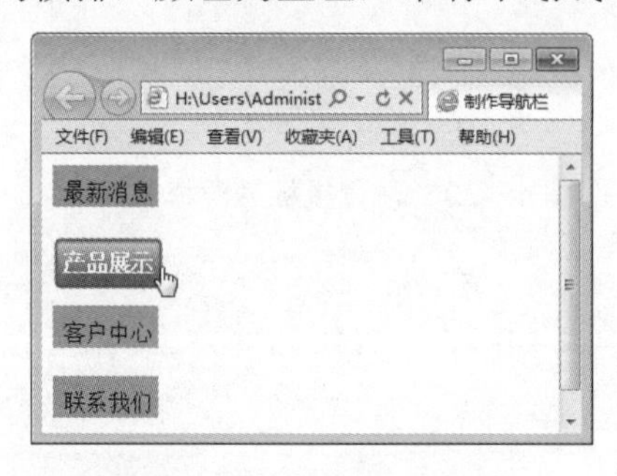

图 15-19 导航栏效果

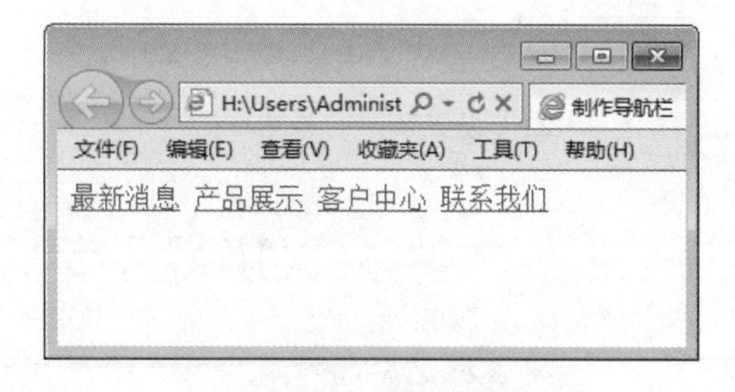

图 15-20 创建超级链接

step 03 添加 CSS 代码，修饰超级链接的基本样式：

```
<style type="text/css">
<!--
a, a:visited {
   display: block;
   font-size: 16px;
   height: 50px;
   width: 80px;
```

```
    text-align: center;
    line-height: 40px;
    color: #000000;
    background-image: url(20.jpg);
    background-repeat: no-repeat;
    text-decoration: none;
}
-->
</style>
```

在 IE 9.0 中浏览，效果如图 15-21 所示，可以看到页面中 4 个超级链接排列方式变为竖排，并且每个链接都导入了一个背景图片，超级链接高度为 50 像素，宽度为 80 像素，字体颜色为黑色，不带有下划线。

step 04 添加 CSS 代码，修饰链接的鼠标悬浮样式：

```
a:hover {
    font-weight: bolder;
    color: #FFFFFF;
    text-decoration: underline;
    background-image: url(hover.gif);
}
```

在 IE 9.0 中浏览，效果如图 15-22 所示，可以看到，当鼠标放到导航栏上的一个超级链接上时，其背景图片发生了变化，文字带有下划线。

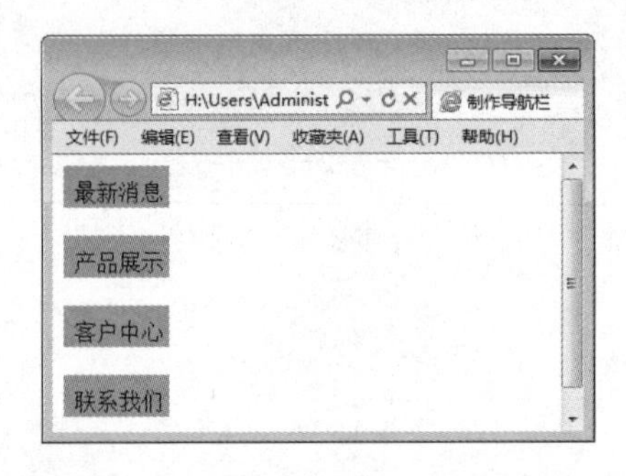

图 15-21　设置链接的基本样式

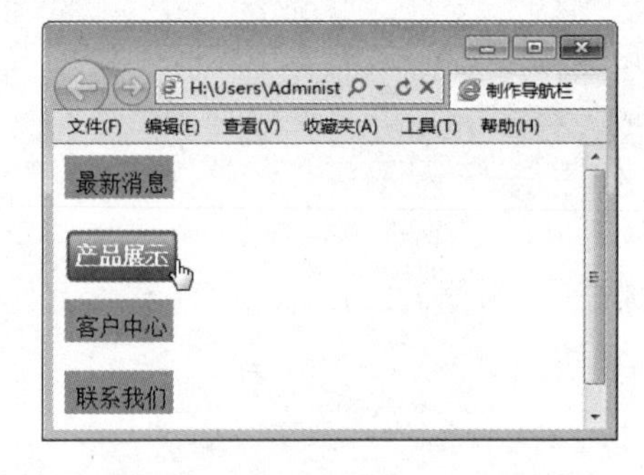

图 15-22　设置鼠标悬浮样式

15.6　专家答疑

疑问 1：丢失了标记中的结尾斜线，会造成什么后果呢？

将导致页面排版失效。结尾斜线也是造成页面失效比较常见的原因。我们很容易忽略结尾斜线之类的东西，特别是在 image 标签等元素中。因为在严格的 DOCTYPE 中这是无效的。要在 img 标签结尾处加上“/”以解决此问题。

疑问 2：设置了超级链接激活状态，怎么看不到结果呢？

当前激活状态“a:active”一般被显示的情况非常少，因此很少使用。因为当用户单击一个超级链接之后，焦点很容易就会从这个链接上转移到其他地方。例如新打开的窗口等，此时该超级链接就不再是“当前激活”状态了。

疑问 3：有的鼠标效果在不同浏览器中怎么不一样呢？

很多时候，浏览器调用的鼠标是操作系统的鼠标效果，因此同一用户浏览器之间的差别很小，但不同操作系统的用户之间还是存在差异的。例如，有些鼠标效果可以在 IE 浏览器显示，但不可以在 FF(火狐)中显示。

第16章

使用CSS 3控制网页导航菜单的样式

网页菜单是网站中必不可少的元素之一，通过网页菜单，可以在页面上自由跳转。网页菜单风格往往影响网站的整体风格，所以网页设计者会花费大量的时间和精力去制作各式各样的网页菜单，来吸引浏览者。利用CSS 3属性和项目列表，可以制作出美观大方的网页菜单。

16.1 使用 CSS 3 来丰富项目的列表样式

在 HTML 5 语言中，项目列表用来罗列显示一系列相关的文本信息，包括有序、无序和自定义列表等，当引入 CSS 3 后，就可以使用 CSS 3 来美化项目列表了。

16.1.1 丰富无序列表样式

无序列表<ul>是网页中常见的元素之一，使用<li>标记罗列各个项目，并且每个项目前面都带有特殊符号，例如黑色实心圆等。在 CSS 3 中，可以通过 list-style-type 属性来定义无序列表前面的项目符号。

对于无序列表，list-style-type 的语法格式如下：

```
list-style-type: disc | circle | square | none
```

其中 list-style-type 参数值的含义如表 16-1 所示。

表 16-1 无序列表的常用符号

参 数	说 明
disc	实心圆
circle	空心圆
square	实心方块
none	不使用任何标号

可以通过表里的参数，为 list-style-type 设置不同的特殊符号，从而改变无序列表的样式。

【例 16.1】(示例文件 ch16\16.1.html)

```
<!DOCTYPE html>
<html>
<head>
<title>美化无序列表</title>
<style>
* {
   margin: 0px;
   padding: 0px;
   font-size: 12px;
}
p {
   margin: 5px 0 0 5px;
   color: #3333FF;
   font-size: 14px;
   font-family: "幼圆";
}
div{
   width: 300px;
   margin: 10px 0 0 10px;
   border: 1px #FF0000 dashed;
```

```
}
div ul {
   margin-left: 40px;
   list-style-type: disc;
}
div li {
   margin: 5px 0 5px 0;
   color: blue;
   text-decoration: underline;
}
</style>
</head>
<body>
<div class="big01">
  <p>娱乐焦点</p>
  <ul>
   <li>换季肌闹“公主病”美肤急救快登场 </li>
   <li>来自12星座的你 认准罩门轻松瘦</li>
   <li>男人30“豆腐渣” 如何延缓肌肤衰老</li>
   <li>打造天生美肌 名媛爱物强K性价比! </li>
   <li>夏裙又有新花样 拼接图案最时髦</li>
  </ul>
</div>
</body>
</html>
```

在IE 9.0中浏览，效果如图16-1所示，可以看到显示了一个导航栏，导航栏中存在着不同的导航信息，每条导航信息前面都是使用实心圆作为每行信息的开始。

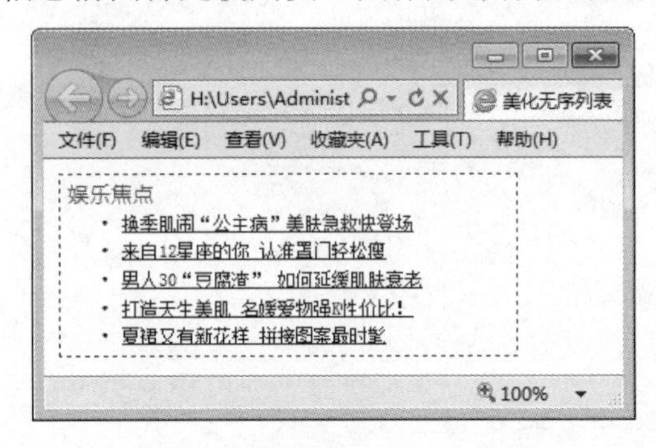

图16-1 无序列表制作导航菜单

在上面的代码中，使用list-style-type设置了无序列表中特殊符号为实心圆，border设置层div边框显示为红色、破折线显示，宽度为1像素。

16.1.2 丰富有序列表样式

有序列表标记<ol>可以创建具有顺序的列表，例如每条信息前面加上1、2、3、4等。如果要改变有序列表前面的符号，同样需要利用list-style-type属性，只不过属性值不同。

对于有序列表，list-style-type语法的格式如下：

```
list-style-type: decimal | lower-roman | upper-roman | lower-alpha
  | upper-alpha | none
```

其中 list-style-type 参数值的含义如表 16-2 所示。

表 16-2　有序列表的常用符号

参　数	说　明
decimal	阿拉伯数字圆
lower-roman	小写罗马数字
upper-roman	大写罗马数字
lower-alpha	小写英文字母
upper-alpha	大写英文字母
none	不使用项目符号

除了列表里的这些常用符号，list-style-type 还具有很多不同的参数值。由于不经常使用，这里不再罗列。

【例 16.2】(示例文件 ch16\16.2.html)

```
<!DOCTYPE html>
<html>
<head>
<title>美化有序列表</title>
<style>
* {
   margin: 0px;
   padding: 0px;
   font-size: 12px;
}
p {
   margin: 5px 0 0 5px;
   color: #3333FF;
   font-size: 14px;
   font-family: "幼圆";
   border-bottom-width: 1px;
   border-bottom-style: solid;

}
div{
   width: 300px;
   margin: 10px 0 0 10px;
   border: 1px #F9B1C9 solid;
}
div ol {
   margin-left: 40px;
   list-style-type: decimal;
}
div li {
   margin: 5px 0 5px 0;
```

```
    color: blue;
}
</style>
</head>
<body>
<div class="big">
  <p>娱乐焦点</p>
  <ol>
    <li>换季肌闹“公主病”美肤急救快登场 </li>
    <li>来自 12 星座的你 认准罩门轻松瘦</li>
    <li>男人 30“豆腐渣” 如何延缓肌肤衰老</li>
    <li>打造天生美肌 名媛爱物强 K 性价比！</li>
    <li>夏裙又有新花样 拼接图案最时髦</li>
  </ol>
</div>
</body>
</html>
```

在 IE 9.0 中浏览，效果如图 16-2 所示，可以看到显示了一个导航栏，导航信息前面都带有相应的数字，表示其顺序。导航栏具有红色边框，并用一条蓝线将题目和内容分开。

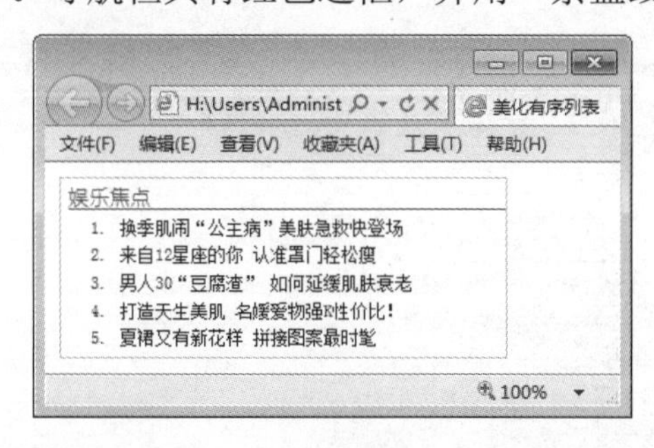

图 16-2 用有序列表制作菜单

上面的代码中，使用 list-style-type: decimal 语句定义了有序列表前面的符号。严格地说，无论<ul>标记还是<ol>标记，都可以使用相同的属性值，而且效果完全相同，即二者通过 list-style-type 可以通用。

16.1.3 丰富自定义列表样式

自定义列表是列表项目中比较特殊的一个列表，相对于无序和有序列表，使用次数大大减少。如果引入 CSS 3 的一些相关属性，可以改变自定义列表的显示样式。

【例 16.3】(示例文件 ch16\16.3.html)

```
<!DOCTYPE html>
<html>
<head>
<style>
*{ margin:0; padding:0;}
body{font-size:12px; line-height:1.8; padding:10px;}
dl{clear:both; margin-bottom:5px;float:left;}
dt,dd{padding:2px 5px;float:left; border:1px solid #3366FF;width:120px;}
```

```
dd{position:absolute; right:5px;}
h1{clear:both;font-size:14px;}
</style>
</head>
<body>
<h1>日志列表</h1>
<div>
    <dl><dt><a href="#">我多久没有笑了</a></dt> <dd>(0/11)</dd> </dl>
    <dl><dt><a href="#">12 道营养健康菜谱</a></dt> <dd>(0/8)</dd> </dl>
    <dl><dt><a href="#">太有才了</a></dt> <dd>(0/6)</dd> </dl>
    <dl><dt><a href="#">怀念童年</a></dt> <dd>(2/11)</dd> </dl>
    <dl><dt><a href="#">三字经</a></dt> <dd>(0/9)</dd> </dl>
    <dl><dt><a href="#">我的小小心愿</a></dt> <dd>(0/2)</dd> </dl>
    <dl><dt><a href="#">想念你，你可知道</a></dt> <dd>(0/1)</dd> </dl>
</div>
</body>
</html>
```

在 IE 9.0 中浏览，效果如图 16-3 所示，可以看到一个日志导航菜单，每个选项都有蓝色边框，并且后面带有浏览次数等。

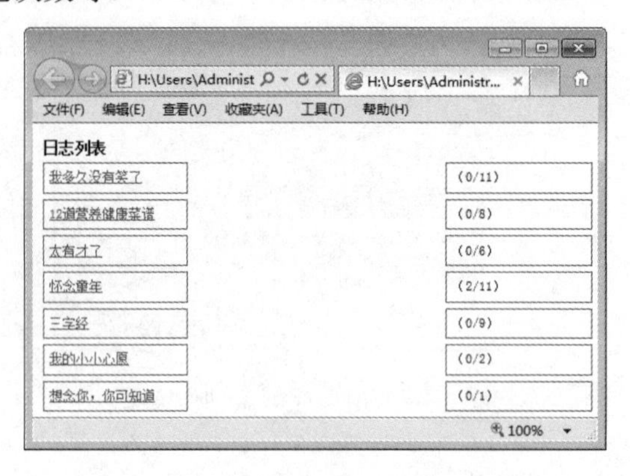

图 16-3　自定义列表制作导航菜单

上面的代码中，通过使用 border 属性设置边框的相关属性，用 font 的相关属性设置文本大小、颜色等。

16.1.4　制作图片列表

使用 list-style-image 属性，可以将每项前面的项目符号替换为任意的图片。list-style-image 属性用来定义作为一个有序或无序列表项标志的图像。图像相对于列表项内容的放置位置通常使用 list-style-position 属性来控制。其语法格式如下：

```
list-style-image: none | url(url)
```

这里，none 表示不指定图像，url 表示使用绝对路径和相对路径指定背景图像。

【例 16.4】(示例文件 ch16\16.4.html)

```
<!DOCTYPE html>
```

```
<html>
<head>
<title>图片符号</title>
<style>
<!--
ul{
    font-family: Arial;
    font-size: 20px;
    color: #00458c;
    list-style-type: none;                              /* 不显示项目符号 */
}
li{
    list-style-image: url(01.jpg);
    padding-left: 25px;                                 /* 设置图标与文字的间隔 */
    width: 350px;
}
-->
</style>
</head>
<body>
<p>娱乐焦点</p>
<ul>
    <li>换季肌闹“公主病”美肤急救快登场</li>
    <li>来自 12 星座的你 认准罩门轻松瘦</li>
    <li>男人 30“豆腐渣” 如何延缓肌肤衰老</li>
    <li>打造天生美肌 名媛爱物强 K 性价比！</li>
    <li>夏裙又有新花样 拼接图案最时髦</li>
</ul>
</body>
</html>
```

在 IE 9.0 中浏览，效果如图 16-4 所示，可以看到一个导航栏，每个导航菜单前面都具有一个小图标。

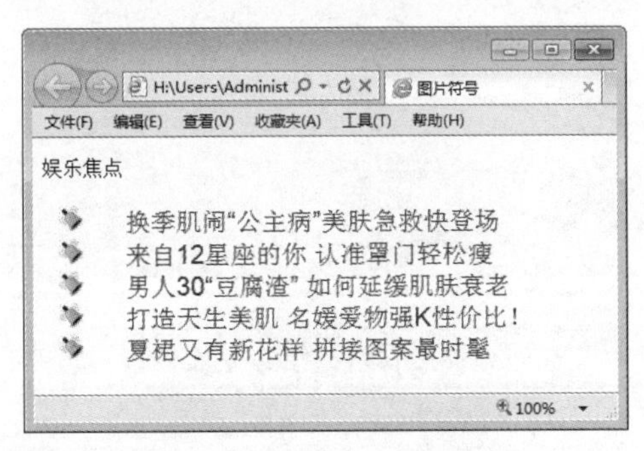

图 16-4　制作图片导航栏

在上面的代码中，使用 list-style-image:url(01.jpg)语句定义了列表前显示的图片，实际上还可以使用 background:url(01.jpg) no-repeat 语句完成这个效果，只不过 background 对图片大小要求比较苛刻。

16.1.5 缩进图片列表

使用图片作为列表符号显示时，图片通常显示在列表的外部，实际上还可以将图片列表中的文本信息对齐，从而显示另外一种效果。在 CSS 3 中，可以通过 list-style-position 来设置图片的显示位置。

list-style-position 属性的语法格式如下：

```
list-style-position: outside | inside
```

其属性值的含义如表 16-3 所示。

表 16-3　列表缩进(list-style-position)属性

属　性	说　明
outside	列表项目标记放置在文本以外，且环绕文本不根据标记对齐
inside	列表项目标记放置在文本以内，且环绕文本根据标记对齐

【例 16.5】(示例文件 ch16\16.5.html)

```
<!DOCTYPE html>

<html>

<head>
<title>图片位置</title>
<style>
.list1{list-style-position: inside;}
.list2{list-style-position: outside;}
.content{
   list-style-image: url(01.jpg);
   list-style-type: none;
   font-size: 20px;
}
</style>
</head>

<body>
<ul class=content>
   <li class=list1>换季肌闹“公主病”美肤急救快登场。</li>
   <li class=list2>换季肌闹“公主病”美肤急救快登场。</li>
</ul>
</body>

</html>
```

在 IE 9.0 中浏览，效果如图 16-5 所示，可以看到一个图片列表，第一个图片列表选项中图片和文字对齐，即放在文本信息以内，第二个图片列表选项没有和文字对齐，而是放在文本信息以外。

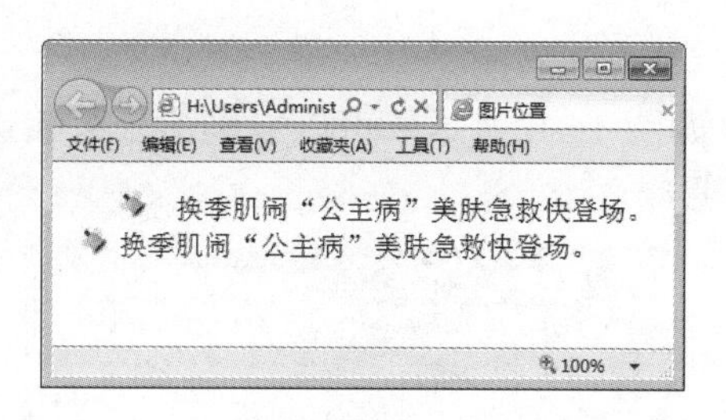

图 16-5 图片缩进

16.1.6 列表的复合属性

在前面的小节中，分别使用了 list-style-type 定义列表的项目符号，使用 list-style-image 定义了列表的图片符号选项，使用 list-style-position 定义了图片的显示位置。实际上在对项目列表进行操作时，可以直接使用一个复合属性 list-style，将前面的三个属性放在一起设置。

list-style 的语法格式如下：

```
{ list-style: style }
```

其中 style 指定或接收以下值(任意次序，最多三个)的字符串，如表 16-4 所示。

表 16-4 list-style 的常用属性

属 性	说 明
图像	可供 list-style-image 属性使用的图像值的任意范围
位置	可供 list-style-position 属性使用的位置值的任意范围
类型	可供 list-style-type 属性使用的类型值的任意范围

【例 16.6】(示例文件 ch16\16.6.html)

```
<!DOCTYPE html>
<html>
<head>
<title>复合属性</title>
<style>
#test1
{
   list-style: square inside url("01.jpg");
}
#test2
{
   list-style: none;
}
</style>
</head>
<body>
<ul>
   <li id=test1>换季肌闹“公主病”美肤急救快登场。</li>
   <li id=test2>换季肌闹“公主病”美肤急救快登场。</li>
</ul>
</body>
```

```
</html>
```

在 IE 9.0 中浏览，效果如图 16-6 所示，可以看到两个列表选项，一个列表选项中带有图片，一个列表中没有符号和图片显示。

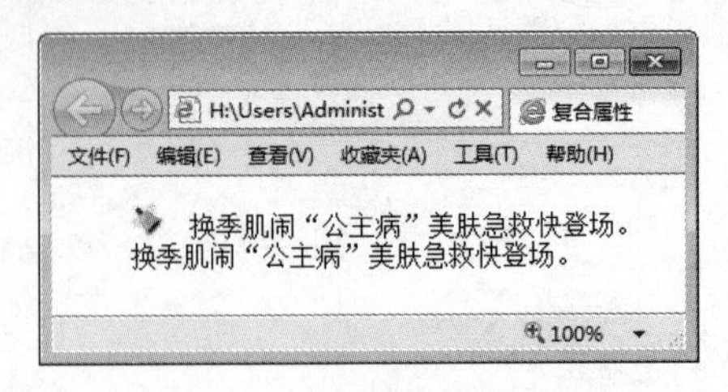

图 16-6　用复合属性指定列表

list-style 属性是复合属性。在指定类型和图像值时，除非将图像值设置为 none 或无法显示 URL 所指向的图像，否则图像值的优先级较高。例如在上面例子中，test1 同时设置了符号为方块符号和图片，但只显示了图片。

list-style 属性也适用于其 display 属性被设置为 list-item 的所有元素。要显示圆点符号，必须显式地设置这些元素的 margin 属性。

16.2　使用 CSS 3 制作网页菜单

使用 CSS 3 除了可以美化项目列表外，还可以制作网页中的菜单，并设置不同显示效果的菜单。

16.2.1　制作无需表格的菜单

在使用 CSS 3 制作导航条和菜单之前，需要将 list-style-type 的属性值设置为 none，即去掉列表前的项目符号。下面通过一个示例，来介绍如何完成一个菜单导航条。具体的操作步骤如下。

step 01 首先创建 HTML 文档，并实现一个无序列表，列表中的选项表示各个菜单。具体代码如下：

```
<!DOCTYPE html>
<html>
<head>
<title>无需表格菜单</title>
</head>
<body>
<div>
    <ul>
        <li><a href="#">网站首页</a></li>
        <li><a href="#">产品大全</a></li>
        <li><a href="#">下载专区</a></li>
        <li><a href="#">购买服务</a></li>
        <li><a href="#">服务类型</a></li>
```

```
    </ul>
</div>
</body>
</html>
```

上面的代码中创建一个 div 层，在层中放置了一个 ul 无序列表，列表中各个选项就是将来所使用的菜单。在 IE 9.0 中浏览，效果如图 16-7 所示，可以看到显示了一个无序列表，每个选项带有一个实心圆。

step 02 利用 CSS 相关的属性，对 HTML 中的元素进行修饰，例如 div 层、ul 列表和 body 页面。代码如下：

```
<style>
<!--
body{
    background-color: #84BAE8;
}
div {
    width: 200px;
    font-family: "黑体";
}
div ul {
    list-style-type: none;
    margin: 0px;
    padding: 0px;
}
-->
</style>
```

上面的代码设置网页背景色，层大小和文字字形，最重要的就是设置列表<ul>的属性，将项目符号设置为不显示。

在 IE 9.0 中浏览，效果如图 16-8 所示，可以看到项目列表变成一个普通的超级链接列表，无项目符号，并带有下划线。

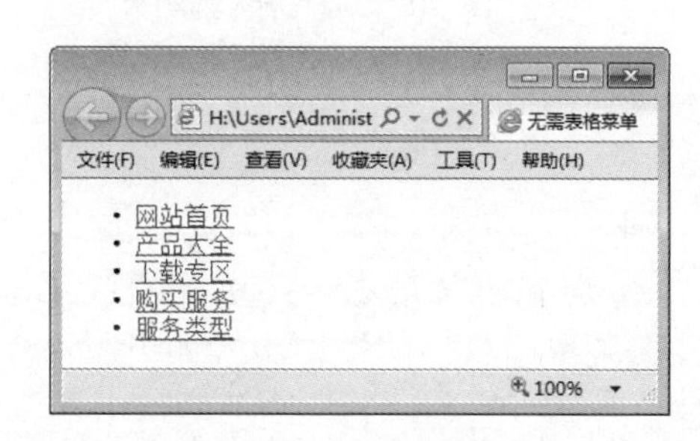

图 16-7 显示项目列表

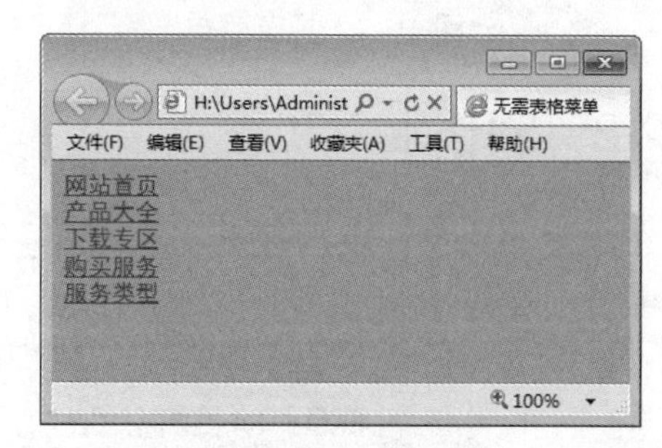

图 16-8 链接列表

step 03 使用 CSS 3 对列表中的各个选项进行修饰，例如去掉超级链接下的下划线，并增加 li 标记下的边框线，从而增强菜单的实际效果：

```
div li {
    border-bottom: 1px solid #ED9F9F;
}
div li a{
```

```
    display: block;
    padding: 5px 5px 5px 0.5em;
    text-decoration: none;
    border-left: 12px solid #6EC61C;
    border-right: 1px solid #6EC61C;
}
```

在 IE 9.0 中浏览，效果如图 16-9 所示，可以看到，每个选项中，超级链接的左方显示了蓝色条，右方显示了蓝色线。每个链接下方显示了一个黄色边框。

step 04 使用 CSS 3 设置动态菜单效果，即当鼠标悬浮在导航菜单上时，显示另外一种样式，具体代码如下：

```
div li a:link, div li a:visited{
    background-color: #F0F0F0;
    color: #461737;
}
div li a:hover{
    background-color: #7C7C7C;
    color: #ffff00;
}
```

上面代码设置了鼠标链接样式、访问后的样式和悬浮时的样式。在 IE 9.0 中浏览，效果如图 10-10 所示，可以看到，鼠标悬浮在菜单上时，会显示灰色。

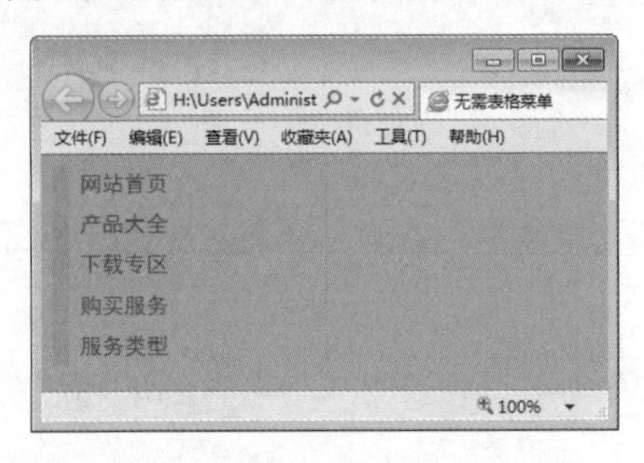

图 16-9 导航菜单

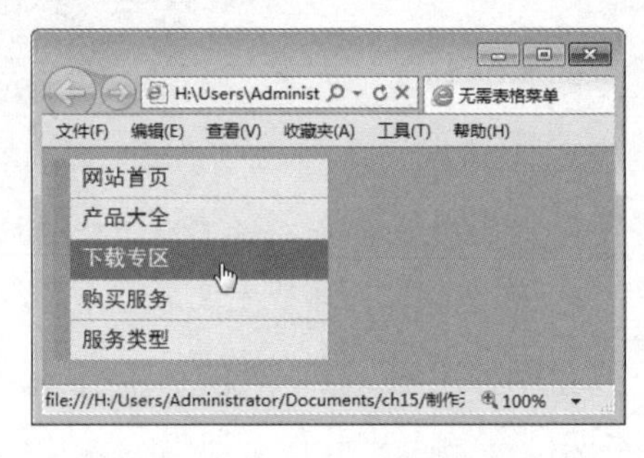

图 16-10 动态导航菜单

16.2.2 制作水平和垂直菜单

在实际网页设计中，根据题材或业务需求不同，垂直导航菜单有时不能满足要求，这时就需要导航菜单水平显示。例如常见的百度首页，其导航菜单就是水平显示。通过 CSS 属性，不但可以创建垂直导航菜单，还可以创建水平导航菜单。具体的操作步骤如下。

step 01 建立 HTML 项目列表结构，将要创建的菜单项都是以列表选项显示出来。具体的代码如下：

```
<!DOCTYPE html>
<html>
<head>
<title>制作水平和垂直菜单</title>
<style>
<!--
body{
```

```
    background-color: #84BAE8;
}
div {
    font-family: "幼圆";
}
div ul {
    list-style-type: none;
    margin: 0px;
    padding: 0px;
}
</style>
</head>
<body>
<div id="navigation">
    <ul>
        <li><a href="#">网站首页</a></li>
        <li><a href="#">产品大全</a></li>
        <li><a href="#">下载专区</a></li>
        <li><a href="#">购买服务</a></li>
        <li><a href="#">服务类型</a></li>
    </ul>
</div>
</body>
</html>
```

在 IE 9.0 中浏览，效果如图 16-11 所示，可以看到，显示的是一个普通的超级链接列表，与上一个例子中显示的基本一样。

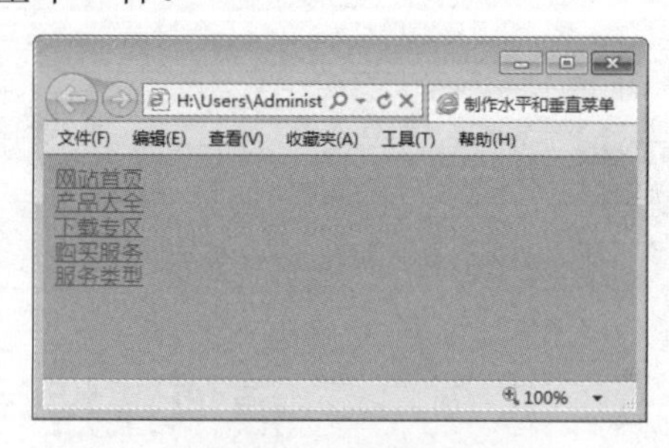

图 16-11　链接列表

step 02 现在是垂直显示导航菜单，需要利用 CSS 属性 float 将其设置为水平显示，并设置选项 li 和超级链接的基本样式，代码如下：

```
div li {
    border-bottom: 1px solid #ED9F9F;
    float: left;
    width: 150px;
}
div li a{
    display: block;
    padding: 5px 5px 5px 0.5em;
    text-decoration: none;
    border-left: 12px solid #EBEBEB;
    border-right: 1px solid #EBEBEB;
}
```

当 float 属性值为 left 时，导航栏为水平显示。其他设置基本与上一个例子相同。在 IE 9.0 中浏览，效果如图 16-12 所示，可以看到，各个链接选项水平地排列在当前页面上。

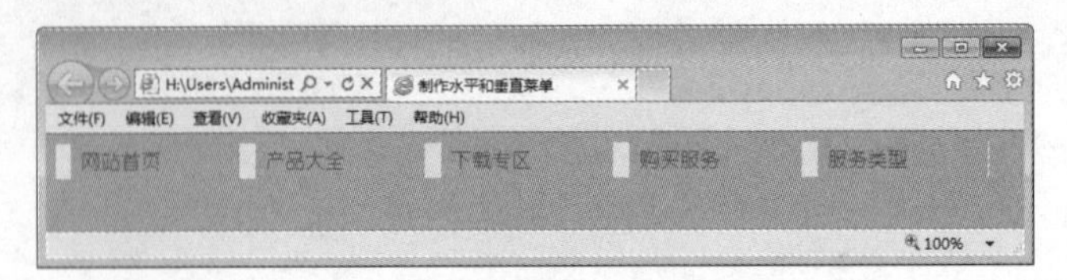

图 16-12　列表水平显示

step 03 设置超级链接<a>的样式，与前面一样，也是设置了鼠标的动态效果。代码如下：

```
div li a:link, div li a:visited{
    background-color: #F0F0F0;
    color: #461737;
}
div li a:hover{
    background-color: #7C7C7C;
    color: #ffff00;
}
```

在 IE 9.0 中浏览，效果如图 16-13 所示，可以看到当鼠标放到菜单上时，会变换为另一种样式。

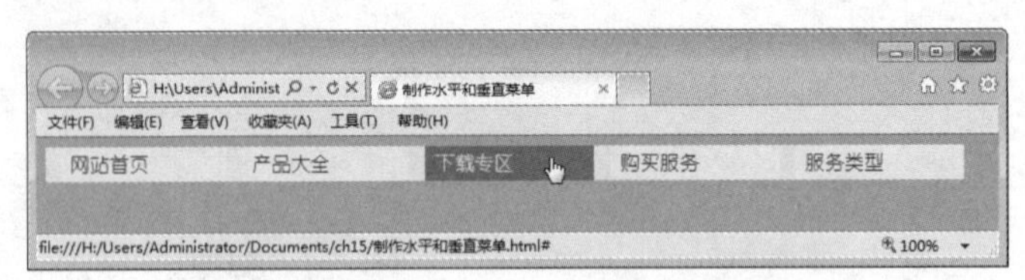

图 16-13　水平菜单显示

16.3　综合示例——模拟搜搜导航栏

本例将结合本章学习的制作菜单知识，轻松地实现搜搜导航栏。具体步骤如下。

step 01 分析需求。

要实现该示例，需要包含三个部分，第一个部分是搜搜图标，第二个部分是水平菜单导航栏，也是本实例的重点，第三个部分是表单部分，包含一个输入框和按钮。该例实现后，其实际效果如图 16-14 所示。

step 02 创建 HTML 网页，实现基本 HTML 元素。

对于本例，需要利用 HTML 标记实现搜搜图标、导航的项目列表、下方的搜索输入框和按钮等。其代码如下：

```
<!DOCTYPE html>
<html>
<head>
<title>搜搜</title>
```

```
</head>
<body>
<center><br><img src="logo_index.png"><br><br><br><br>
<div>
   <ul>
      <li id=h></li>
      <li><a href="#">网页</a></li>
      <li><a href="#">图片</a></li>
      <li><a href="#">视频</a></li>
      <li><a href="#">音乐</a></li>
      <li><a href="#">搜吧</a></li>
      <li><a href="#">问问</a></li>
      <li><a href="#">团购</a></li>
      <li><a href="#">新闻</a></li>
      <li><a href="#">地图</a></li>
      <li id="more"><a href="#">更 多 &gt;&gt;</a></li>
   </ul>
</div>
<p style="height:44px;"> </p>
<div id=s>
<form action="/q?" id="flpage" name="flpage">
   <input type="text" value="" size=50px;/>
   <input type="submit" value="搜搜">
</form>
</div>
</center>
</body>
</html>
```

在 IE 9.0 中浏览，效果如图 16-15 所示，可以看到，显示了一个图片，即搜搜图标，中间显示了一列项目列表，每个选项都是超级链接。下方是一个表单，包含输入框和按钮。

图 16-14　模拟搜搜导航栏

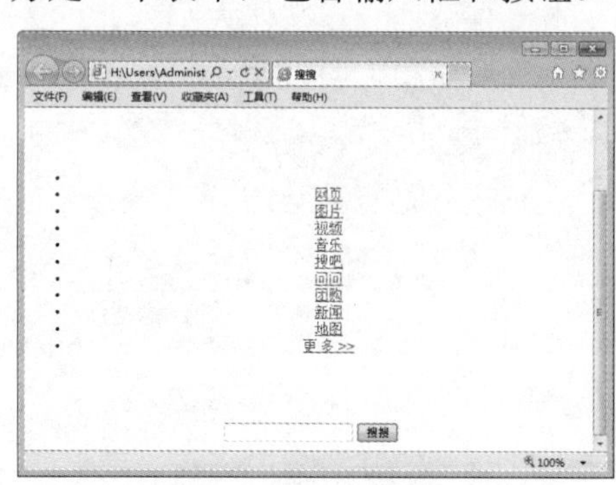

图 16-15　页面框架

step 03 添加 CSS 代码，修饰项目列表。

框架出来之后，就可以修改项目列表的相关样式，即列表水平显示，同时定义整个 div 层属性，例如设置背景色、宽度、底部边框和字体大小等。代码如下：

```
p{margin:0px; padding:0px;}
#div{
   margin: 0px auto;
   font-size: 12px;
```

```
    padding: 0px;
    border-bottom: 1px solid #00c;
    background: #eee;
    width: 800px;height:18px;
}
div li{
    float: left;
    list-style-type: none;
    margin: 0px;
    padding: 0px;
    width: 40px;
}
```

上面的代码中，float 属性设置菜单栏水平显示，list-style-type 设置列表不显示项目符号。

在 IE 9.0 中浏览，效果如图 16-16 所示，可以看到页面整体效果与搜搜首页比较相似，下面就可以在细节上进一步修改了。

step 04 添加 CSS 代码，修饰超级链接：

```
div li a{
    display: block;
    text-decoration: underline;
    padding: 4px 0px 0px 0px;
    margin: 0px;
    font-size: 13px;
}
div li a:link, div li a:visited{
    color: #004276;
}
```

上面的代码设置了超级链接，即导航栏中菜单选项中的相关属性，例如超级链接以块显示、文本带有下划线，字体大小为 13 像素。并设定了鼠标访问超级链接后的颜色。在 IE 9.0 中浏览，效果如图 16-17 所示，可以看到字体颜色发生了改变，字体变小了。

图 16-16　水平菜单栏

图 16-17　设置菜单样式

step 05 添加 CSS 代码，定义对齐方式和表单样式：

```
div li#h{width:180px;height:18px;}
div li#more{width:85px;height:18px;}
#s{
    background-color: #006EB8;
    width: 430px;
}
```

上述代码中，h 定义了水平菜单最前方空间的大小，more 定义了更多的长度和宽度，s 定义了表单背景色和宽度。在 IE 9.0 中浏览，效果如图 16-18 所示，可以看到，水平导航栏和表单对齐，表单背景色为蓝色。

step 06 添加 CSS 代码，修饰访问链接的默认样式：

```
<a href="#" style="text-decoration:none;color:#020202;font-size:14px;">网页
</a>
```

此代码段设置了被访问时的默认样式。在 Firefox 5.0 中的浏览效果如图 16-19 所示，可以看到，“网页”菜单选项的颜色为黑色，不带有下划线。

图 16-18　定义对齐方式

图 16-19　搜搜的最终效果

16.4　上机练习——将段落转变成列表

CSS 的功能非常强大，可以变换不同的样式。可以让列表代替 table 表格制作出表格，同样也可以让一个段落 p 模拟项目列表。下面利用前面介绍的 CSS 知识，将段落变换为一个列表。

具体步骤如下所示。

step 01 创建 HTML，实现基本段落。

从上面的分析可以看出，HTML 中需要包含一个 div 层，几个段落。其代码如下：

```
<!DOCTYPE html>
<html>
<head>
<title>模拟列表</title>
</head>
<body>
<div class="big">
    <p  class="one">·换季肌闹“公主病”美肤急救快登场。</p>
    <p> ·来自 12 星座的你 认准罩门轻松瘦。</p>
    <p  class="one"> ·男人 30“豆腐渣” 如何延缓肌肤衰老。</p>
    <p> ·打造天生美肌 名媛爱物强 K 性价比！</p>
    <p class="one"> ·夏裙又有新花样 拼接图案最时髦</p>
</div>
</body>
</html>
```

在 IE 9.0 中浏览，效果如图 16-20 所示，可以看到显示了 5 个段落，每个段落前面都使用特殊符号“·”来引领每一行。

step 02 添加 CSS 代码，修饰整体 div 层：

```
<style>
.big{
   width: 450px;
   border: #990000 1px solid;
}
</style>
```

此处创建了一个类选择器，其属性定义了层的宽度，层带有边框，以直线形式显示。在 IE 9.0 中浏览，效果如图 16-21 所示，可以看到，段落周围显示了一个矩形区域，其边框显示为红色。

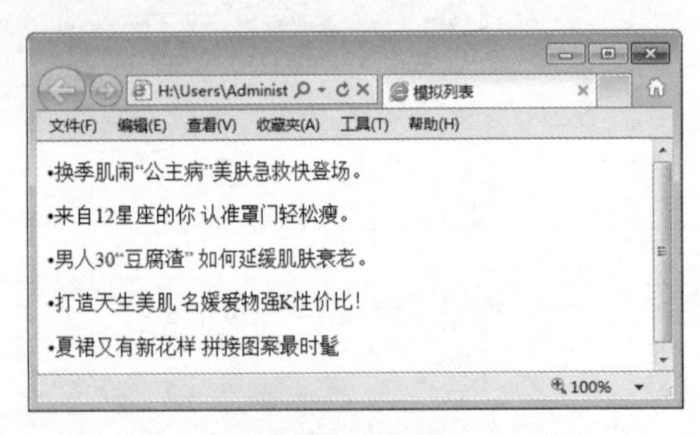

图 16-20　段落显示

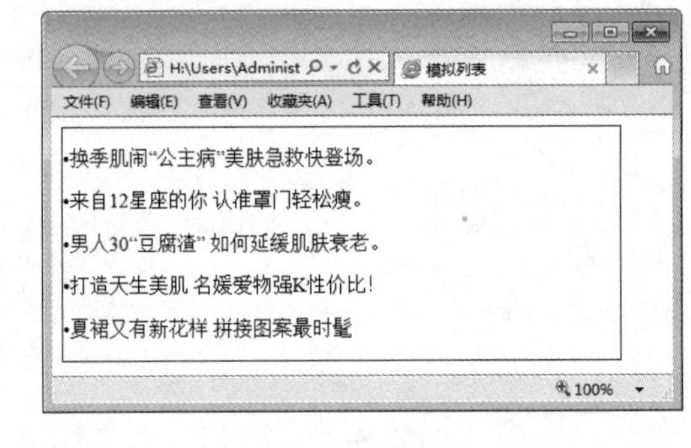

图 16-21　设置 div 层

step 03 添加 CSS 代码，修饰段落属性：

```
p {
   margin: 10px 0 5px 0;
   font-size: 14px;
   color: #025BD1;
}
.one {
   text-decoration: underline;
   font-weight: 800;
   color: #009900;
}
```

上面的代码定义了段落 p 的通用属性，即字体大小和颜色。使用类选择器定义了特殊属性，带有下划线，具有不同的颜色。在 IE 9.0 中浏览，效果如图 16-22 所示，可以看到，与前一个图像相比，其字体颜色发生了变化，并带有下划线。

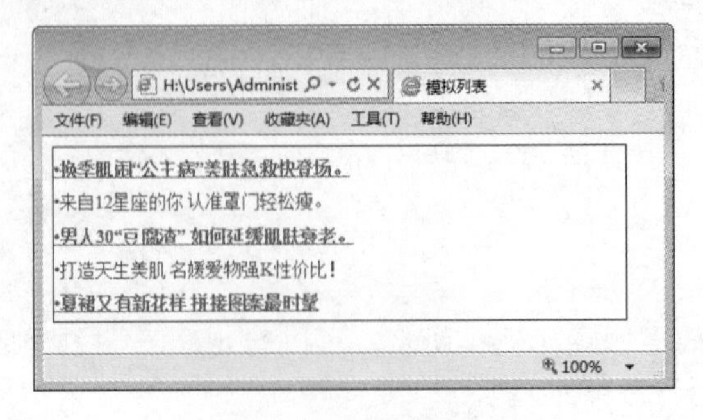

图 16-22　修饰段落属性

16.5　专家答疑

疑问 1：使用项目列表和使用 table 表格相比，项目列表有哪些优势？

采用项目列表制作水平菜单时，如果没有设置<ul>标记的宽度 width 属性，那么当浏览器的宽度缩小时，菜单会自动换行。这是采用<table>标记制作的菜单所无法实现的。所以项目列表被经常被使用，实现各种变换效果。

疑问 2：使用 IE 浏览器打开一个项目列表，设定的项目符号为何没有出现？

IE 浏览器对项目列表的符号支持不是太好，只支持一部分项目符号，这时可以采用 Firefox 浏览器。Firefox 浏览器对项目列表符号的支持力度比较大。

疑问 3：使用 url 引入图像时，加引号好，还是不加引号好呢？

不加引号好。需要将带有引号的修改为不带引号的。例如：

```
background:url("xxx.gif") 改为 background:url(xxx.gif)
```

因为对于部分浏览器来说，加引号反而会引起错误。

第 17 章 掌握 CSS 3 的高级属性

在前面的章节中，已经了解到了 CSS 的三个基本选择器，如果仅仅依靠这三种选择器完成页面制作，会比较繁琐，本章学习的这些高级特性，在提高页面制作效率上会有很大的帮助。CSS 3 的高级属性包括复合选择器、CSS 3 新增选择器、CSS 3 的层叠特性以及继承特性等。

17.1　复合选择器

通过对基本选择器的组合，可以得到更多种类的选择器，从而实现更强、更方便的选择功能，这种通过基本选择器组合得到的选择器，就是复合选择器。

17.1.1　“交集”选择器

“交集”选择器也被称为“组合”选择器，交集选择器由两个选择器直接连接构成，其结果是选中二者各自元素范围的交集。其中第 1 个必须是标记选择器，第 2 个必须是类选择器或 ID 选择器。这两个选择器之间不能有空格，必须连续书写，这种方式构成的选择器，将选中同时满足前后二者定义的元素，也就是前者所定义的标记类型，并且指定了后者的类别或者 id 的元素，因此被称为交集选择器。

【例 17.1】(示例文件 ch17\17.1.html)

```
<!DOCTYPE html>
<html>
<head>
<title>交集选择器</title>
<style type="text/css">
P{color:blue;font-size:18px;}
p.p1{color:red;font-size:24px;} /*交集选择器*/
.p1{color:black; font-size:30px}
</style>
</head>
<body>
<p>使用 p 标记</p>
<p class="p1">指定了 p.p1 类别的段落文本</p>
<h3 class="p1">指定了.p1 类别的标题</h3>
</body>
</html>
```

上面的代码中，定义了 p.p1 的样式，也定义了.p1 的样式，p.p1 的样式会作用在<P class=“p1”>标记上，p.p1 中定义的样式不会影响 h 标签使用了 p1 类的标记，在浏览器中预览，显示效果如图 17-1 所示。

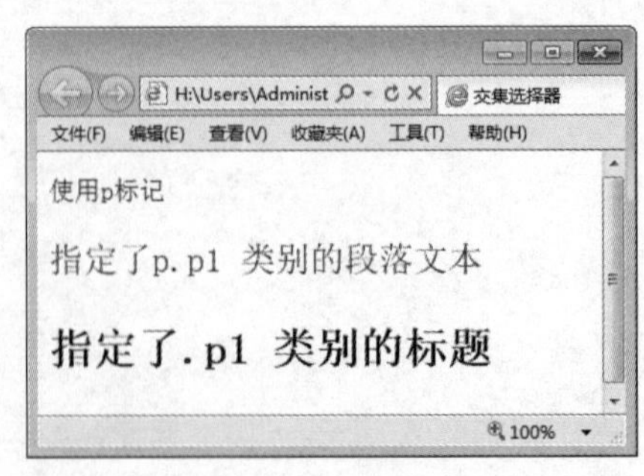

图 17-1　预览效果

17.1.2 “并集”选择器

并集选择器也称为“集体声明”，它的结果是同时选中各个基本选择器所选择的范围。任何形式的选择器(包括标记选择器、类选择器、ID 选择器)都可以作为并集选择器的一部分。并集选择器是多个选择器通过逗号连接而成的。如果某些选择器的风格是完全相同的，那么这时便可以利用并集选择器同时声明风格相同的 CSS 选择器。

【例 17.2】(示例文件 ch17\17.2.html)

```
<!DOCTYPE html>

<html>
<head>
<title>集体声明</title>
<style type="text/css">
h1,h2,p{
   color: red;
   font-size: 20px;
   font-weight: bolder;
}
</style>
</head>
<body>
<h1>此处使用集体声明</h1>
<h2>此处使用集体声明</h2>
<p>此处使用集体声明</p>
</body>
</html>
```

在 IE 9.0 中浏览，效果如图 17-2 所示，可以看到网页上标题 1、标题 2 和段落都以红色字体加粗显示，并且大小为 20px。

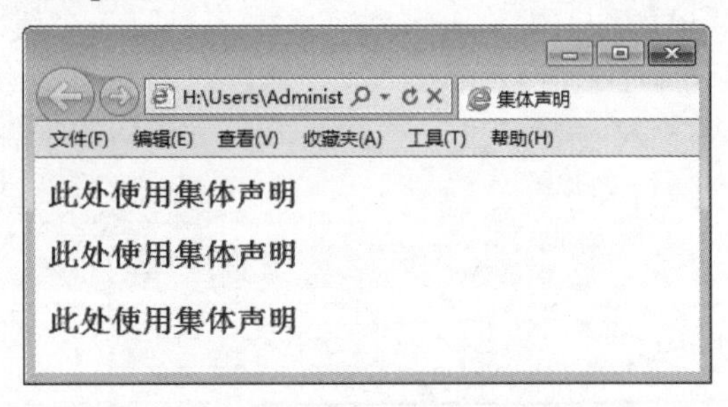

图 17-2　使用集体声明(并集选择器)

17.1.3 后代选择器

后代选择器也被称为“继承选择器”，它的规则是子代标记在没有定义的情况下所有的样式是继承父代标记的，当子代标记重复定义了父代标记已经定义过的声明时，子代标记就执行后面的声明；与父代标记不冲突的地方仍然沿用父代标记的声明。CSS 的继承是指后代元素继承祖先元素的某些属性。

使用示例如下：

```
<div class="test">
    <span><img src="xxx" alt="示例图片"/></span>
</div>
```

对于上面的层而言，如果其修饰样式为下面的代码：

```
.test span img {border: 1px blue solid;}
```

则表示该选择器先找到 class 为 test 的标记，再从他的子标记里查找 span 标记，再从 span 的子标记中找到 img 标记。也可以采用下面的形式：

```
div span img {border: 1px blue solid;}
```

可以看出，其规律是从左往右，依次细化，最后锁定要控制的标记。

【例 17.3】(示例文件 ch17\17.3.html)

```
<!DOCTYPE html>

<html>
<head>
<title>继承选择器</title>
<style type="text/css">
h1{color:red; text-decoration:underline;}
h1 strong{color:#004400; font-size:40px;}
</style>
</head>
<body>
<h1>测试 CSS 的<strong>继承</strong>效果</h1>
<h1>此处使用继承<font>选择器</font>了么？</h1>
</body>
</html>
```

在 IE 9.0 中浏览，效果如图 17-3 所示，可以看到，第一个段落颜色为红色，但是“继承”两个字使用绿色显示，并且大小为 40px，除了这两个设置外，其他的 CSS 样式都是继承父标记<h1>的样式，例如下划线设置。第二个标题中，虽然使用了 font 标记修饰选择器，但其样式都是继承于父类标记 h1。

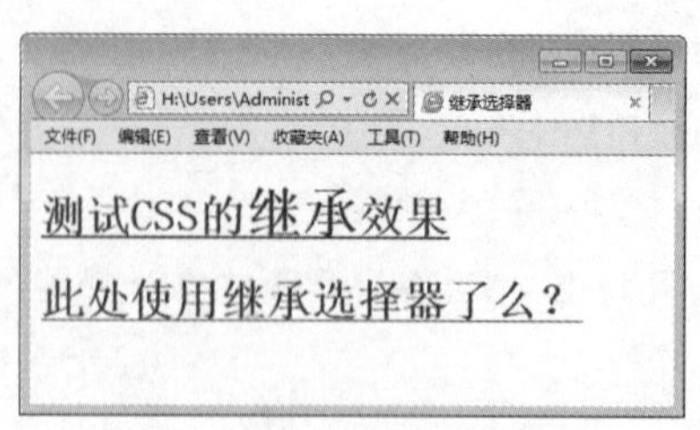

图 17-3　使用继承选择器

17.2　CSS 3 新增的选择器

选择器(Selector)也被称为选择符。所有 HTML 语言中的标记都是通过不同的 CSS 选择器进行控制的。在 CSS 3 中，新增选择器包括属性选择器、结构伪类选择器和 UI 元素状态伪类选择器等。

17.2.1 属性选择器

不通过标记名称或自定义名称，通过直接标记属性来修饰网页，即直接使用属性来控制 HTML 标记样式，这称为属性选择器。

属性选择器就是根据某个属性是否存在或属性值来寻找元素，因此能够实现某些非常有意思和强大的效果。从 CSS 2 中就已经出现了属性选择器，但在 CSS 3 版本中，又新加了三个属性选择器。也就是说，现在 CSS 3 中共有 7 个属性选择器，共同构成了 CSS 的功能强大的标记属性过滤体系。

在 CSS 3 版本中，常见的属性选择器如表 17-1 所示。

表 17-1　CSS 3 的属性选择器

属性选择器格式	说　明
E[foo]	选择匹配 E 的元素，且该元素定义了 foo 属性。注意，E 选择器可以省略，表示选择定义了 foo 属性的任意类型元素
E[foo="bar"]	选择匹配 E 的元素，且该元素将 foo 属性值定义为了"bar"。注意，E 选择器可以省略，用法与上一个选择器类似
E[foo~="bar"]	选择匹配 E 的元素，且该元素定义了 foo 属性，foo 属性值是一个以空格符分隔的列表，其中一个列表的值为"bar"。 注意，E 选择符可以省略，表示可以匹配任意类型的元素。例如，a[title~="b1"]匹配<a title="b1 b2 b3"></a>，而不匹配<a title="b2 b3 b5"></a>
E[foo|="en"]	选择匹配 E 的元素，且该元素定义了 foo 属性，foo 属性值是一个用连字符(-)分隔的列表，值开头的字符为"en"。注意，E 选择符可以省略，表示可以匹配任意类型的元素。例如，[lang|="en"]匹配<body lang="en-us"></body>，而不是匹配<body lang="f-ag"></body>
E[foo^="bar"]	选择匹配 E 的元素，且该元素定义了 foo 属性，foo 属性值包含了前缀为"bar"的子字符串。注意，E 选择符可以省略，表示可以匹配任意类型的元素。例如，body[lang^="en"]匹配<body lang="en-us"></body>，而不匹配<body lang="f-ag"></body>
E[foo$="bar"]	选择匹配 E 的元素，且该元素定义了 foo 属性，foo 属性值包含后缀为"bar"的子字符串。注意 E 选择符可以省略，表示可以匹配任意类型的元素。例如，img[src$="jpg"]匹配<img src="p.jpg"/>，而不匹配<img src="p.gif"/>
E[foo*="bar"]	选择匹配 E 的元素，且该元素定义了 foo 属性，foo 属性值包含"bar"的子字符串。注意，E 选择器可以省略，表示可以匹配任意类型的元素。例如，img[src*="jpg"]匹配<img src="p.jpg"/>，而不匹配<img src="p.gif"/>

下面给出使用属性选择器的例子。

【例 17.4】(示例文件 ch17\17.4.html)

```
<!DOCTYPE html>

<html>
<head>
<title>属性选择器</title>
<style>
[align]{color:red}
[align="left"]{font-size:20px;font-weight:bolder;}
[lang^="en"]{color:blue;text-decoration:underline;}
[src$="gif"]{border-width:5px;border-color:#ff9900}
</style>
</head>
<body>
<p align=center>这是使用属性定义样式</p>
<p align=left>这是使用属性值定义样式</p>
<p lang="en-us">此处使用属性值前缀定义样式</p>
<p>下面使用了属性值后缀定义样式
<img src="2.gif" border="1"/>
</body>
</html>
```

在 IE 9.0 中浏览，效果如图 17-4 所示，可以看到第一个段落使用属性 align 定义样式，其字体颜色为红色。第二个段落使用属性值 left 修饰样式，并且大小为 20px，加粗显示，其字体颜色为红色，这是因为该段落使用了 align 这个属性。第三个段落显示红色，且带有下划线，这是因为属性 lang 的值前缀为 en。最后一个图片以边框样式显示，这是因为属性值后缀为 gif。

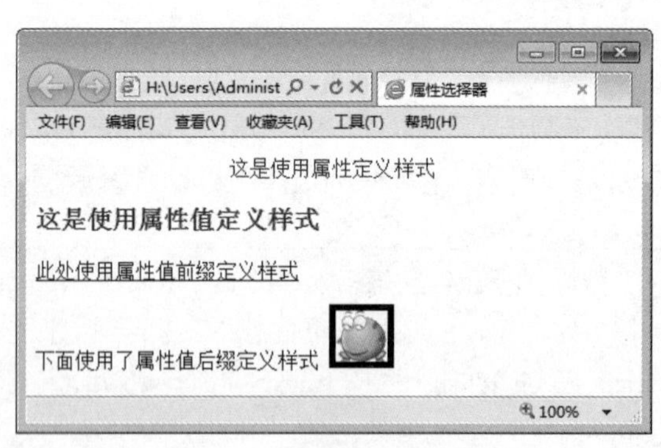

图 17-4 使用属性选择器

17.2.2 结构伪类选择器

结构伪类(Structural pseudo-classes)是 CSS 3 新增的类型选择器。顾名思义，结构伪类就是利用文档结构树(DOM)实现元素过滤，也就是说，通过文档结构的相互关系来匹配特定的元素，从而减少文档内对 class 属性和 ID 属性的定义，使得文档更加简洁。

在 CSS 3 版本中，新增结构伪类选择器，如表 17-2 所示。

表 17-2 结构伪类选择器

选 择 器	含 义
E:root	匹配文档的根元素，对于 HTML 文档，就是 HTML 元素
E:nth-child(n)	匹配其父元素的第 n 个子元素，第一个编号为 1
E:nth-last-child(n)	匹配其父元素的倒数第 n 个子元素，第一个编号为 1
E:nth-of-type(n)	与:nth-child()作用类似，但是仅匹配使用同种标签的元素
E:nth-last-of-type(n)	与:nth-last-child()作用类似，但是仅匹配使用同种标签的元素
E:last-child	匹配父元素的最后一个子元素，等同于:nth-last-child(1)
E:first-of-type	匹配父元素下使用同种标签的第一个子元素，等同于:nth-of-type(1)
E:last-of-type	匹配父元素下使用同种标签的最后一个子元素，等同于:nth-last-of-type(1)
E:only-child	匹配父元素下仅有的一个子元素， 等同于:first-child:last-child 或:nth-child(1):nth-last-child(1)
E:only-of-type	匹配父元素下使用同种标签的唯一一个子元素， 等同于:first-of-type:last-of-type 或:nth-of-type(1):nth-last-of-type(1)
E:empty	匹配一个不包含任何子元素的元素，注意，文本节点也被看作子元素

下面给出使用结构伪类选择器的例子。

【例 17.5】(示例文件 ch17\17.5.html)

```
<!DOCTYPE html>

<html>
<head><title>结构伪类</title>

<style>
tr:nth-child(even){
   background-color: #f5fafe
}
tr:last-child{font-size: 20px;}
</style>

</head>

<body>
<table border=1 width=80%>
   <th>编号</th><th>名称</th><th>价格</th>
   <tr><td>001</td><td>芹菜</td><td>1.2 元/kg</td></tr>
   <tr><td>002</td><td>白菜</td><td>0.65 元/kg</td></tr>
   <tr><td>003</td><td>西红柿</td><td>1.8 元/kg</td></tr>
   <tr><td>004</td><td>萝卜</td><td>0.78 元/kg</td></tr>
</table>
</body>
</html>
```

在 IE 9.0 中浏览，效果如图 17-5 所示，可以看到，表格中奇数行显示指定颜色，并且最后一行字体以 20px 显示，其原因就是采用了结构伪类选择器。

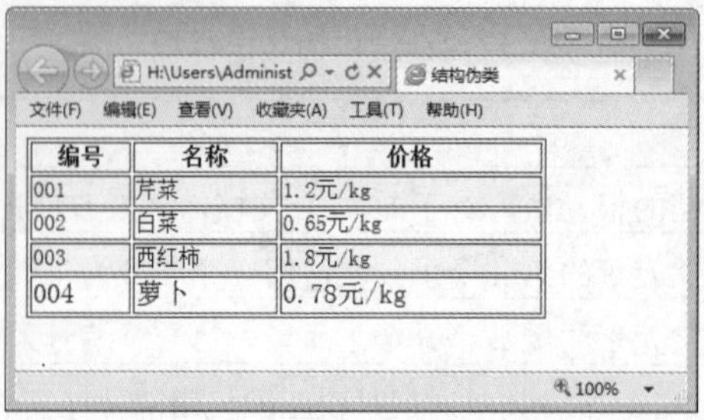

图 17-5 使用结构伪类选择器

17.2.3 UI 元素状态伪类选择器

UI 元素状态伪类(The UI element states pseudo-classes)也是 CSS 3 新增的选择器。其中 UI 即 User Interface(用户界面)的简称。UI 设计是指对软件的人机交互、操作逻辑、界面美观的整体设计。好的 UI 设计不仅会让软件变得有个性、有品位，还会让软件的操作变得舒适、简单、自由，充分体现软件的定位和特点。

UI 元素的状态一般包括：可用、不可用、选中、未选中、获得焦点、失去焦点、锁定、待机等。CSS 3 定义了 3 种常用的状态伪类选择器，详细说明如表 17-3 所示。

图 17-3 UI 元素状态伪类选择器

选 择 器	说 明
E:enabled	选择匹配 E 的所有可用 UI 元素。注意，在网页中，UI 元素一般是指包含在 form 元素内的表单元素。例如，input:enabled 匹配 <form><input type=text/><input type=button disabled=disabled/></form>代码中的文本框，而不匹配代码中的按钮
E:disabled	选择匹配 E 的所有不可用元素，注意，在网页中，UI 元素一般是指包含在 form 元素内的表单元素。例如，input:disabled 匹配 <form><input type=text/><input type=button disabled=disabled/></form>代码中的按钮，而不匹配代码中的文本框
E:checked	选择匹配 E 的所有可用 UI 元素。注意，在网页中，UI 元素一般是指包含在 form 元素内的表单元素。例如，input:checked 匹配<form><input type=checkbox/><input type=radio checked=checked/></form>代码中的单选按钮，但不匹配该代码中的复选框

下面给出使用链接 CSS 文件的例子。

【例 17.6】(示例文件 ch17\17.6.html)

```
<!DOCTYPE html>
<html>
<head>
<title>UI 元素状态伪类选择器</title>
<style>
input:enabled{border:1px dotted #666; background:#ff9900;}
input:disabled{border:1px dotted #999; background:#F2F2F2;}
</style>
</head>
<body>
```

```
<center>
<h3 align=center>用户登录</h3>
<form method="post" action="">
用户名：<input type=text name=name><br>
密  码：<input type=password name=pass disabled="disabled"><br>
<input type=submit value=提交>
<input type=reset value=重置>
</form>
<center>
</body>
</html>
```

在 IE 9.0 中的浏览效果如图 17-6 所示，可以看到，表格中可用的表单元素都显示浅黄色，而不可用的元素显示灰色。

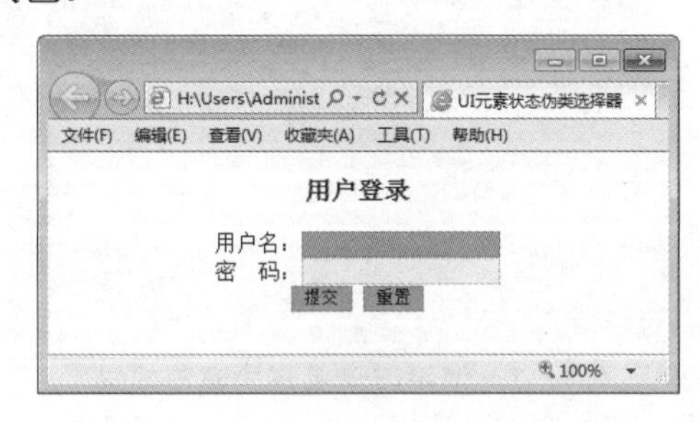

图 17-6 使用 UI 元素状态伪类选择器

17.3 CSS 的继承特性

继承是一种机制，它允许样式不仅可以应用于某个特定的元素，还可以应用于它的后代。从表现形式上说，它使被包含的标记具有其外层标签的样式性质。在 CSS 3 中，继承相对比较简单，具体地说，就是指定的 CSS 属性向下传递给子孙元素的过程。

17.3.1 继承关系

在 CSS 中，也不是所有的属性都支持继承。如果每个属性都支持继承的话，对于开发者来说，有时候带来的方便可能没有带来的麻烦多。开发者需要把不需要的 CSS 属性一个个地关掉。CSS 研制者为我们考虑得很周到，只有那些能给我们带来轻松书写的属性才可以被继承。以下属性是可以被继承的：

- 文本相关的属性是可以被继承的，例如 font-family、font-size、font-style、font-weight、font、line-height、text-align、text-indent、word-spacing。
- 列表相关的属性是可以被继承的，例如 list-style-image、list-style-position、list-style-type、list-style。
- 颜色相关的属性是可以继承的，例如 color。

【例 17.7】(示例文件 ch17\17.7.html)

```
<!DOCTYPE html>
```

```
<head>
<title>继承关系</title>
<style type="text/css">
p{color:red;}
</style>
</head>
<body>
<p>嵌套使<span>用 CSS</span>标记的方法</p>
</body>
</html>
```

在该例中，p 标签里面嵌套了一个 span 标签，可以说 p 是 span 的父标签，在样式的定义中，只定义 p 标签的样式，运行结果如图 17-7 所示。

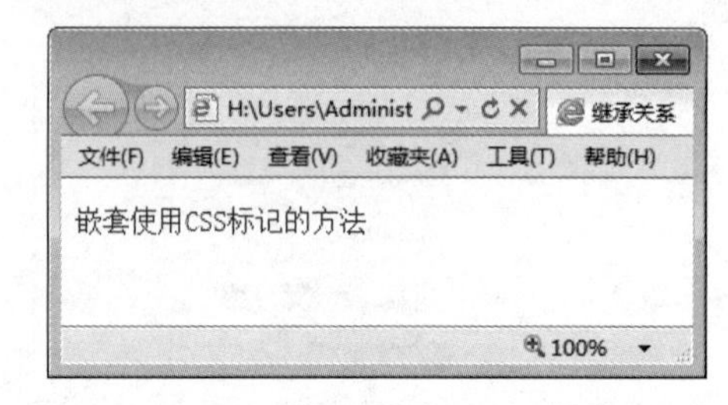

图 17-7　使用继承关系的预览效果

可以看见，span 标签中的字也变成了红色，这就是由于 span 继承了 p 的样式。

17.3.2　CSS 继承的运用

运用继承，可以让开发者更方便轻松地书写 CSS 样式，否则就需要对每个内嵌标签都要书写样式；使用继承同时减少了 CSS 文件的大小，可提高下载速度。下面通过一个例子来深入理解继承的应用。

【例 17.8】(示例文件 ch17\17.8.html)

```
<!DOCTYPE html>
<head>
<title>继承关系的运用</title>
<style>
h1{
    color: blue;
    text-decoration: underline;
}
em{
    color: red;
}
li{
    font-weight: bold;
}
</style>
</head>
<body>
<h1>继承<em>关系的</em>运用</h1>
<ul>
```

```
    <li>第一层行一
        <ul>
            <li>第二层行一</li>
            <li>第二层行二
                <ul>
                    <li>第二层行二下第三层行一</li>
                    <li>第二层行二下第三层行二</li>
                    <li>第二层行二下第三层行三</li>
                </ul>
            </li>
            <li>第二层行三</li>
        </ul>
    </li>
    <li>第一层行二:
        <ol>
            <li>第一层行二下第二层行一</li>
            <li>第一层行二下第二层行二</li>
            <li>第一层行二下第二层行三</li>
        </ol>
    </li>
</ul>
</body>
</html>
```

在 IE 9.0 中浏览，效果如图 17-8 所示，从图中可以看出，em 标签继承了 h1 的下划线，所有 li 都继承了加粗属性。

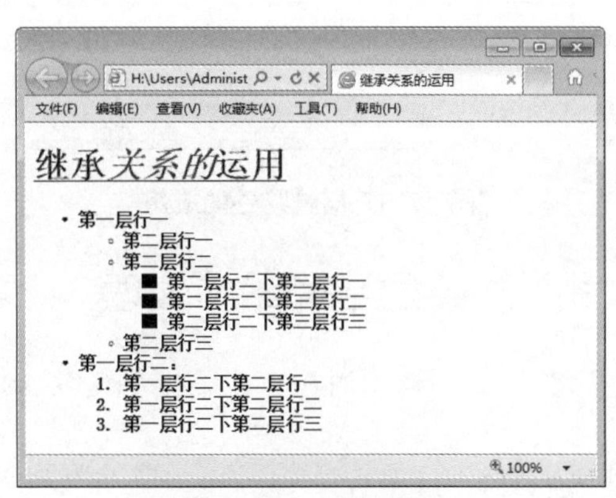

图 17-8　继承关系的应用

17.4　CSS 的层叠特性

CSS 意思本身就是层叠样式表，所以“层叠”是 CSS 的一个最为重要的特征。“层叠”可以被理解为覆盖的意思，是 CSS 中样式冲突的一种解决方法。

17.4.1　同一选择器被多次定义的处理

当同一选择器被多次定义后，就需要用 CSS 的层叠特性来进行处理了，下面给出一个具体的示例，来看一下这种情况的处理方式。

【例 17.9】(示例文件 ch17\17.9.html)

```
<!DOCTYPE html>
<head>
<title>层叠特性</title>
<style>
h1{color: blue;}
h1{color: red;}
h1{color: green;}
</style>
</head>
<body>
<h1>层叠实例一</h1>
</body>
</html>
```

在代码中，为 h1 标签定义了三次颜色：蓝、红、绿，这时候就产生了冲突，在 CSS 规则中，最后有效的样式将覆盖前边的样式，具体到本例，就是最后的绿色生效，在 IE 9.0 中浏览，效果如图 17-9 所示。

图 17-9　层叠特性的应用

17.4.2　同一标签运用不同类型选择器的处理

当遇到同一标签运用不同类型选择器的时候，也需要利用 CSS 的层叠特性进行处理，下面给出一个具体的示例。

【例 17.10】(示例文件 ch17\17.10.html)

```
<!DOCTYPE html>
<head>
<title>层叠特性</title>
<style type="text/css">
p{
   color: black;
}
.red{
   color: red;
}
.purple {
   color: purple;
}
#p1{
```

```
    color: blue;
}
</style>
</head>
<body>
<p>这是第 1 行文本</p>
<p class="red">这是第 2 行文本</p>
<p id="p1" class="red">这是第 3 行文本</p>
<p style="color:green;" id="p1">这是第 4 行文本</p>
<p class="purple red">这是第 5 行文本</p>
</body>
</html>
```

在 IE 9.0 中浏览，效果如图 17-10 所示。

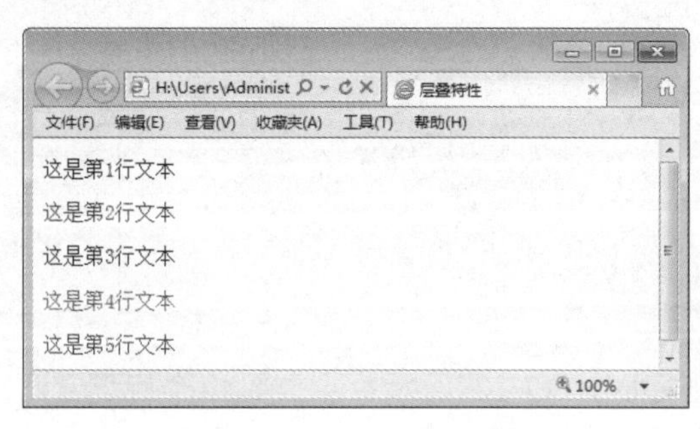

图 17-10　层叠特性的应用

在代码中，有 5 个 p 标签，并声明了 4 个选择器，第一行 p 标签没有使用类别选择器或者 ID 选择器，所以第一行的颜色就是 p 标记选择器确定的颜色(黑色)。第二行使用了类别选择器，这就与 p 标记选择器产生了冲突，这将根据优先级的先后确定到底显示谁的颜色。由于类别选择器优先于标记选择器，所以第二行的颜色就是红色。第三行由于 ID 选择器优先于类别选择器，所以显示蓝色。第四行由于行内样式优先于 ID 选择器，所以显示绿色。在第五行，是两个类选择器，它们的优先级是一样的，这时候就按照层叠覆盖处理，颜色是样式表中最后定义的那个选择器，所以显示紫色。

17.5　综合示例——制作新闻菜单

在网上浏览新闻，是每个上网者都喜欢做的事情。一个布局合理，样式美观大方的新闻菜单，是吸引人的主要途径之一。本例使用 CSS 来控制 HTML 标记，创建新闻菜单。具体步骤如下。

step 01 分析需求。

创建一个新闻菜单，需要包含两个部分，一个是父菜单，用来表明新闻类别，一个是子菜单，介绍具体的新闻消息。创建菜单的方式很多，可以使用 table 创建，也可以使用列表创建，同样，还可以使用段落 p 创建。本示例采用 p 标记结合 div 创建。示例完成后，效果如图 17-11 所示。

step 02 分析局部和整体，构建 HTML 网页。

在一个新闻菜单中，可以有三个层次，一个新闻父菜单、一个新闻焦点、一个新闻子菜单，分别使用 div 创建。其 HTML 代码如下：

```
<!DOCTYPE html>
<html>
<head>
<title>导航菜单</title>
</head>
<body>
    <div class="big">
        <h2>时事热点 </h2>
        <div class="up">
            <a href="#">7 月周周爬房团报名</a>
        </div>
        <div class="down">
            <p>・50 万买下两居会员优惠  全世界大学排名  工薪阶层留学美国</p>
            <p>・家电 | 买房上焦点打电话送礼  楼市松动百余项目打折</p>
            <p>・财经 | 油价大跌   CPI 新高</p>
        </div>
    </div>
</body>
</html>
```

在 IE 9.0 中浏览，效果如图 17-12 所示。会看到一个标题、一个超级链接和三个段落，以普通样式显示，其布局只存在上下层次。

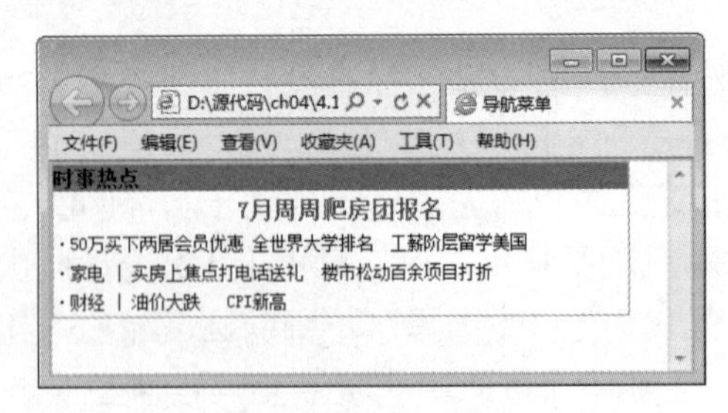

图 17-11　新闻菜单显示

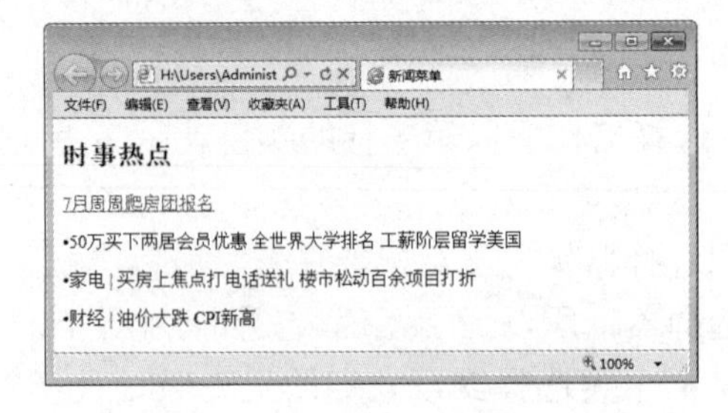

图 17-12　无 CSS 标记显示

step 03 添加 CSS 代码，修饰整体样式。

对于 HTML 页面，需要有一个整体样式，其代码如下：

```
<style>
*{
   padding: 0px;
   margin: 0px;
}
body{
   font-family: "宋体";
   font-size: 12px;
}
.big{
   width: 400px;
   border: #33CCCC 1px solid;
}
</style>
```

在 IE 9.0 中浏览，效果如图 17-13 所示。可以看到全局层 div 会以边框显示，宽度为 400 像素，其颜色为浅绿色，body 文档内容中字形采用宋体，大小为 12，并且定义内容和层之间空隙为零，层和层之间空隙为零。

step 04 添加 CSS 代码，修饰新闻父菜单。

对新闻父类菜单进行 CSS 控制，其代码如下：

```
h2{
   background-color: olive;
   display: block;
   width: 400px;
   height: 18px;
   line-height: 18px;
   font-size: 14px;
}
```

在 IE 9.0 中浏览，效果如图 17-14 所示。可以看到超级链接“时事热点”会以矩形方框显示，其背景色为橄榄色，字体大小为 14，行高为 18。

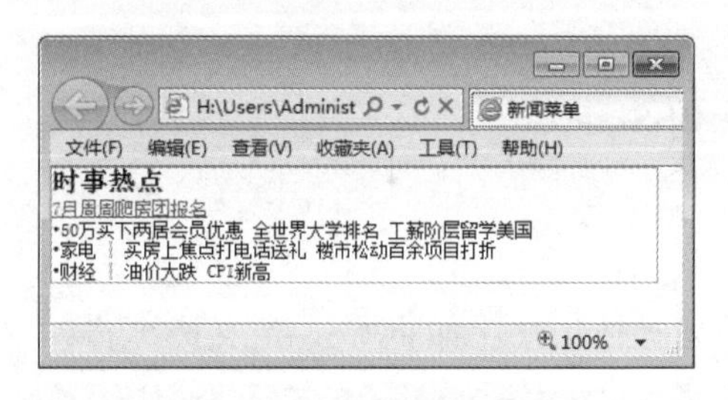

图 17-13　整体样式添加

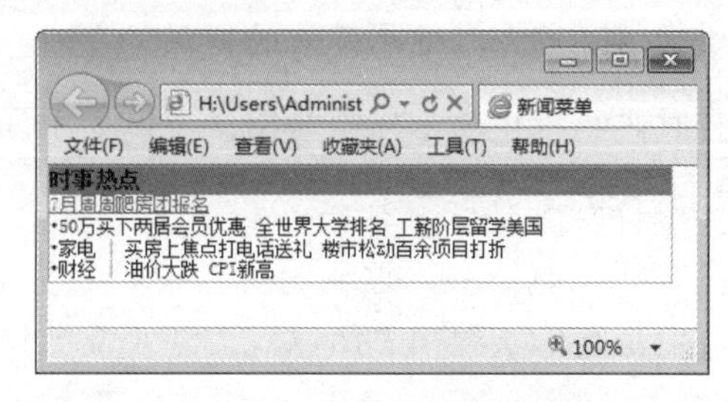

图 17-14　修饰超级链接

step 05 添加 CSS 菜单，修饰子菜单：

```
.up{
   padding-bottom: 5px;
   text-align: center;
}
p{line-height: 20px;}
```

在 IE 9.0 中浏览，效果如图 17-15 所示。可以看到，“7 月周周爬房团报名”居中显示，即在第二层 div 中使用类标记 up 修饰。所有段落之间间隙增大，即为 p 标记设置了行高。

step 06 添加 CSS 菜单，修饰超级链接：

```
a{
   font-size: 16px;
   font-weight: 800;
   text-decoration: none;
   margin-top: 5px;
   display: block;
}
a:hover{
   color: #FF0000;
   text-decoration: underline;
}
```

在 IE 9.0 中浏览，效果如图 17-16 所示。可以看到，“7 月周周爬房团报名”字体变大，并且加粗，无下划线显示，当鼠标放在此超级链接上时，将会以红色字体显示，并且下面带有下划线。

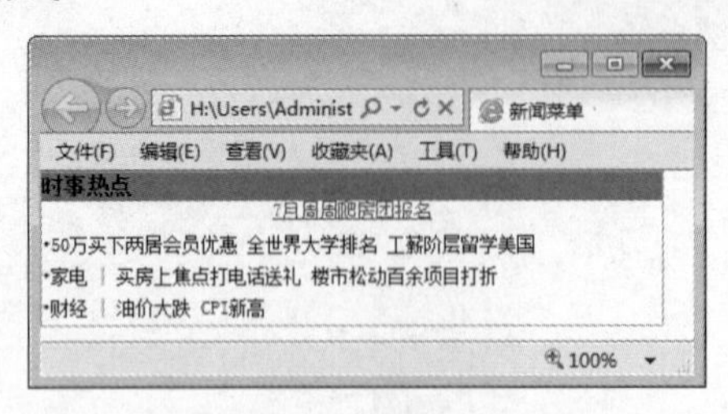

图 17-15 子菜单样式显示

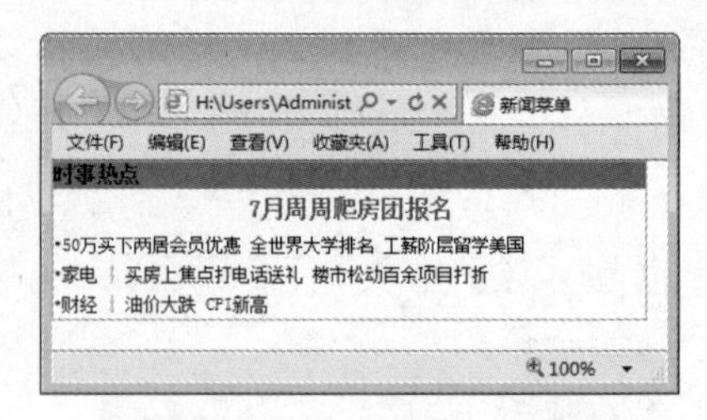

图 17-16 超级链接修饰显示

17.6 专家答疑

疑问：如何应对继承带来的错误？

有时候继承也会带来一些错误，例如下面这条 CSS 定义：

```
Body{color: red;}
```

在有些浏览器中，这句定义会使除表格之外的文本变成红色。从技术上来说，这是不正确的，但是它确实存在。所以我们经常需要借助于某些技巧，比如将 CSS 定义成这样：

```
Body,table,th,td{color: red;}
```

这样，表格内的文字也会变成红色。

第 18 章 CSS 3 定位与 DIV 布局核心技术

网页设计中，能否很好地定位网页中的每个元素，是网页整体布局的关键。一个布局混乱、元素定位不准确的页面，是每个浏览者都不喜欢的。而把每个元素都精确地定位到合理位置，才是构建美观大方页面的前提。

18.1 了解块级元素和行内级元素

通过块元素，可以把 HTML 中的<p>和<h1>之类的文本标签定义成类似 DIV 分区的效果，而通过内联元素，可以把元素设置成“行内”元素，这两种元素的 CSS 作用比较小，但是也有一定的使用价值。

18.1.1 块级元素和行内级元素的应用

块元素是指在没有 CSS 样式作用下，新的块元素会另起一行按顺序排列下去。DIV 就是块元素之一。块元素使用 CSS 中的 block 定义，具体的特点如下：

- 总是在新行上开始。
- 行高以及顶和底边距都可控制。
- 如果用户不设置宽度的话，则会默认为整个容器的 100%；而如果我们设置了值，就是按照我们设置的值显示。

常用的<p>、<h1>、<form>、<ul>和<li>标签都是块元素，块元素的用法比较简单，下面给出一个块元素应用示例。

【例 18.1】(示例文件 ch18\18.1.html)

```
<!DOCTYPE html>

<html>
<head>
<title>块元素</title>
<style>
.big{
   width: 800px;
   height: 105px;
   background-image: url(07.jpg);
}
a{
   font-size: 12px;
   display: block;
   width: 100px;
   height: 20px;
   line-height: 20px;
   background-color: #F4FAFB;
   text-align: center;
   text-decoration: none;
   border-bottom: 1px dotted #6666FF;
   color: black;
}
a:hover{
   font-size: 13px;
   display: block;
   width: 100px;
   height: 20px;
```

```
    line-height: 20px;
    text-align: center;
    text-decoration: none;
    color: green;
}
</style>
</head>
<body>
    <div class="big">
    <p>
        <a href="#">管理应用</a><a href="#">财务管理</a><a href="#">在线管理</a>
        <a href="#">客户关系管理</a><a href="#">一体化管理</a>
    </p>
    </div>
</body>
</html>
```

在 IE 9.0 中浏览，效果如图 18-1 所示，可以看到，左边显示了一个导航栏，右边显示了一个图片。其导航栏就是以块元素形式显示的。

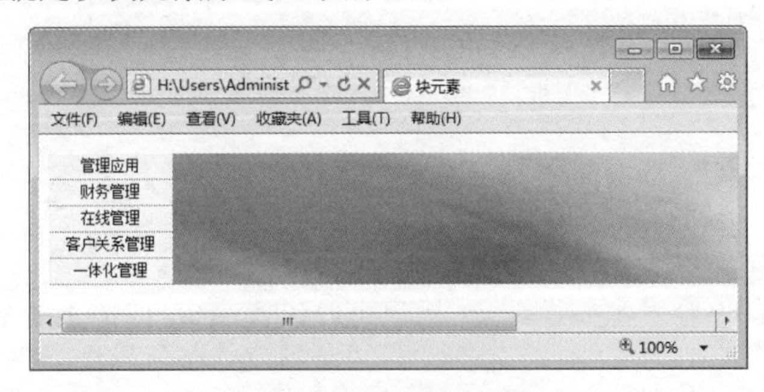

图 18-1　块元素的显示

通过 display:inline 语句，可以把元素定义为行内元素，行内元素的特点如下：

- 与其他元素都在同一行上。
- 行高以及顶和底边距不可改变。
- 宽度就是它的文字或图片的宽度，不可改变。

常见的行内元素有<span>、<a>、<label>、<input>、<img>和<strong>等，行内元素的应用也比较简单。

【例 18.2】(示例文件 ch18\18.2.html)

```
<!DOCTYPE html>

<html>
<head>
<title>行内元素</title>
<style type="text/css">
.hang {
    display: inline;
}
</style>
</head>
<body>
```

```
<div>
    <a href="#" class="hang">这是 a 标签</a>
    <span class="hang">这是 span 标签</span>
    <strong class="hang">这是 strong 标签</strong>
    <img class="hang" src=6.jpg/>
</div>
</body>
</html>
```

在 IE 9.0 中浏览，效果如图 18-2 所示，可以看到页面中的三个 HTML 元素都在同一行显示，包括超级链接、文本信息。

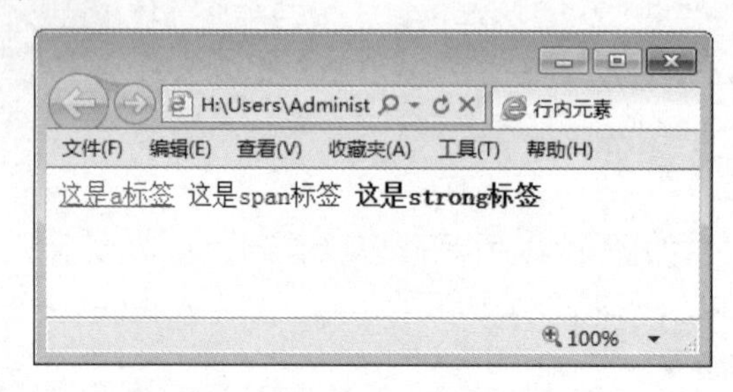

图 18-2 行内元素的显示

18.1.2 div 元素和 span 元素的区别

div 标记和 span 标记二者的区别在于，div 是一个块级元素，会自动换行。span 标记是一个行内标记，其前后都不会发生换行。div 标记可以包含 span 标记元素，但 span 标记一般不包含 div 标记。

【例 18.3】(示例文件 ch18\18.3.html)

```
<!DOCTYPE html>

<html>
<head>
    <title>div 与 span 的区别</title>
</head>

<body>
    <p>div 自动分行：</p>
    <div><b>宁静</b></div>
    <div><b>致远</b></div>
    <div><b>明治</b></div>
    <p>span 同一行：</p>
    <span><b>老虎</b></span>
    <span><b>狮子</b></span>
    <span><b>老鼠</b></span>
</body>
</html>
```

在 IE 9.0 中浏览，效果如图 18-3 所示，可以看到 div 层所包含的元素进行了自动换行，而对于 span 标记，三个 HTML 元素是在同一行显示的。

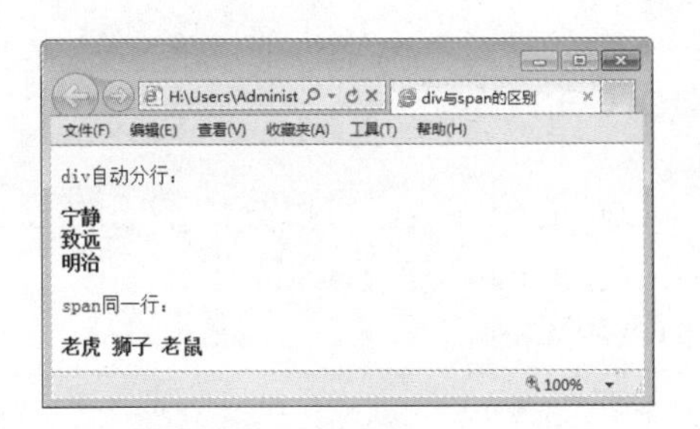

图 18-3 div 与 span 元素的区别

18.2 盒子模型

将网页上的每个 HTML 元素，都视为长方形的盒子，这是网页设计上的一大创新。在控制页面方面，盒子模型有着至关重要的作用，熟练掌握盒子模型及盒子模型的各个属性，是控制页面中每个 HTML 元素的前提。

18.2.1 盒子模型的概念

在 CSS 3 中，所有的页面元素都包含在一个矩形框内，称为盒子。盒子模型是由 margin (边界)、border(边框)、padding(空白)和 content(内容)几个属性组成的。此外，在盒子模型中，还具备高度和宽度两个辅助属性。盒子模型如图 18-4 所示。

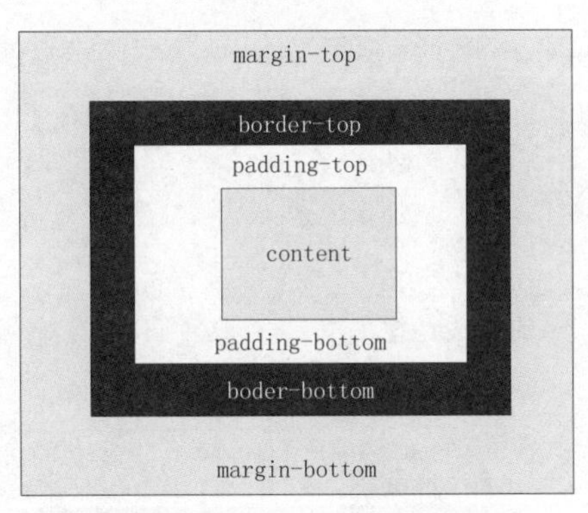

图 18-4 盒子模型的效果

从图 18-4 中可以看出，盒子模型包含如下 4 个部分。

- content(内容)：内容是盒子模型中必需的一部分，内容可以是文字、图片等元素。
- padding(空白)：也称内边距或补白，用来设置内容和边框直接的距离。
- border(边框)：可以设置内容边框线的粗细、颜色和样式等，前面已经介绍过。
- margin(边界)：外边距，用来设置内容与内容之间的距离。

一个盒子的实际高度(宽度)是由 content+padding+border+margin 组成的。在 CSS 3 中，可以通过设定 width 和 height，来控制 content 的大小，并且对于任何一个盒子，都可以分别设定 4 条边的 border、padding 和 margin。

18.2.2 定义网页的 border 区域

border 边框是内边距和外边距的分界线，可以分离不同的 HTML 元素。border 有三个属性，分别是边框样式(style)、颜色(color)和宽度(width)。

【例 18.4】(示例文件 ch18\18.4.html)

```
<!DOCTYPE html>
<html>
<head>
<title>border 边框</title>
<style type="text/css">
.div1{
   border-width: 10px;
   border-color: #ddccee;
   border-style: solid;
   width: 410px;
}
.div2{
   border-width: 1px;
   border-color: #adccdd;
   border-style: dotted;
   width: 410px;
}
.div3{
   border-width: 1px;
   border-color: #457873;
   border-style: dashed;
   width: 410px;
}
</style>
</head>
<body>
   <div class="div1">
      这是一个宽度为 10px 的实线边框。
   </div>
   <br /><br />
   <div class="div2">
      这是一个宽度为 1px 的虚线边框。
   </div>
   <br /><br />
   <div class="div3">
      这是一个宽度为 1px 的点状边框。
   </div>
</body>
</html>
```

在 IE 9.0 中浏览，效果如图 18-5 所示，可以看到，显示了三个不同风格的盒子，第一个盒子的边框线宽度为 10 像素，边框样式为实线，颜色为紫色；第二个盒子的边框线宽度为 1 像素，边框样式是虚线，颜色为浅绿色，第三个盒子的边框宽度为 1 像素，边框样式是点状线，颜色为绿色。

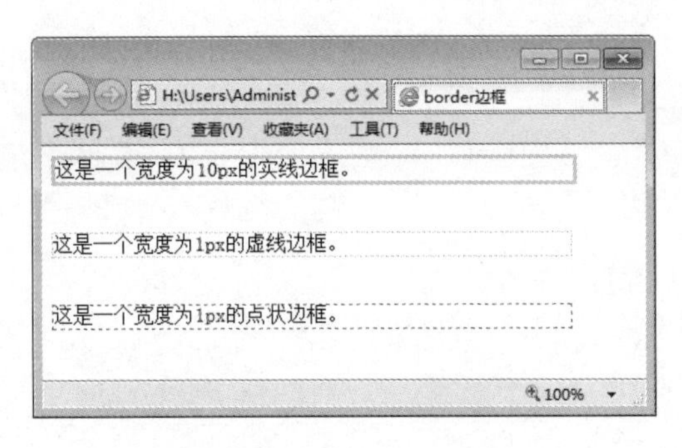

图 18-5 设置盒子的边框

18.2.3 定义网页的 padding 区域

在 CSS 3 中，可以通过设置 padding 属性来定义内容与边框之间的距离，即内边距的距离。语法格式如下：

```
padding: length
```

padding 属性值可以是一个具体的长度，也可以是一个相对于上级元素的百分比，但不可以使用负值。padding 属性能为盒子定义上、下、左、右间隙的宽度，也可以单独定义各方位的宽度。常用形式如下：

```
padding: padding-top | padding-right | padding-bottom | padding-left
```

如果提供 4 个参数值，将按顺时针的顺序作用于四边。如果只提供 1 个参数值，将用于全部的四条边；如果提供 2 个值，则第一个作用于上下两边，第 2 个作用于左右两边。如果提供 3 个值，则第 1 个用于上边，第 2 个用于左、右两边，第 3 个用于下边。

其具体含义如表 18-1 所示。

表 18-1 padding 属性的子属性

属 性	描 述
padding-top	设定上间隙
padding-bottom	设定下间隙
padding-left	设定左间隙
padding-right	设定右间隙

【例 18.5】(示例文件 ch18\18.5.html)

```
<!DOCTYPE html>
<html>
<head>
<title>padding</title>
<style type="text/css">
.wai{
   width: 400px;
   height: 250px;
   border: 1px #993399 solid;
```

```
}
img{
   max-height: 120px;
   padding-left: 50px;
   padding-top: 20px;
}
</style>
</head>
<body>
<div class="wai">
   <img src="07.jpg" />
      <p>这张图片的左内边距是 50px，顶内边距是 20px</p>
   </div>
</body>
</html>
```

在 IE 9.0 中浏览，效果如图 18-6 所示，可以看到，在一个 div 层中，显示了一张图片，此图片可以看作一个盒子模型，并定义了图片的左内边距和上内边距的效果。可以看出，内边距其实是对象 img 和外层 div 之间的距离。

图 18-6　设置内边距

18.2.4　定义网页的 margin 区域

margin 边界用来设置页面中元素和元素之间的距离，即定义元素周围的空间范围，是页面排版中一个比较重要的概念。语法格式如下所示：

```
margin: auto | length
```

其中 auto 表示根据内容自动调整，length 表示由浮点数字和单位标识符组成的长度值或百分数。margin 属性包含的 4 个子属性控制一个页面元素的四周的边距样式，如表 18-2 所示。

表 18-2　margin 属性的子属性

属　性	描　述
margin-top	设定上边距
margin-bottom	设定下边距
margin-left	设定左边距
margin-right	设定右边距

如果希望很精确地控制块的位置，需要对 margin 有更深入的了解。margin 设置可以分为行内元素块之间设置、非行内元素块之间设置和父子块之间的设置。

1. 行内元素 margin 设置

【例 18.6】(示例文件 ch18\18.6.html)

```
<!DOCTYPE html>

<html>
<head>
<title>行内元素设置 margin</title>
<style type="text/css">
<!--
span{
   background-color: #a2d2ff;
   text-align: center;
   font-family: "幼圆";
   font-size: 12px;
   padding: 10px;
   border: 1px #ddeecc solid;
}
span.left{
   margin-right: 20px;
   background-color: #a9d6ff;
}
span.right{
   margin-left: 20px;
   background-color: #eeb0b0;
}
-->
</style>
</head>
<body>
   <span class="left">行内元素 1</span>
   <span class="right">行内元素 2</span>
</body>
</html>
```

在 IE 9.0 中浏览，效果如图 18-7 所示，可以看到一个蓝色盒子和一个红色盒子，二者之间的距离使用 margin 设置，其距离是左边盒子的右边距 margin-right 加上右边盒子的左边距 margin-left。

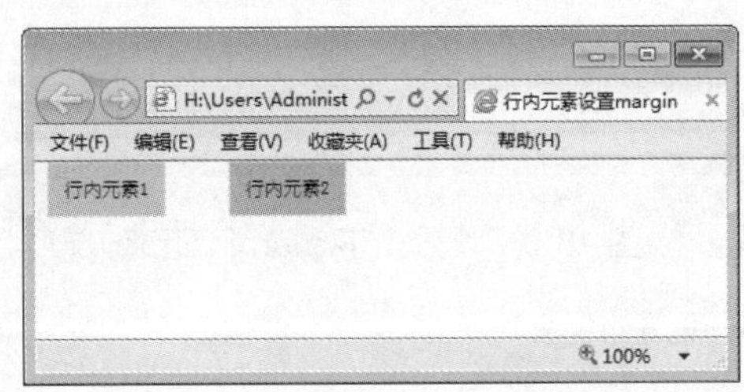

图 18-7 行内元素的 margin 设置

2. 非行内元素块之间的 margin 设置

如果不是行内元素，而是产生换行效果的块级元素，情况就可能发生变化。两个换行块级元素之间的距离不再是 margin-bottom 和 margin-top 的和，而是两者中的较大者。

【例 18.7】(示例文件 ch18\18.7.html)

```
<!DOCTYPE html>

<html>
<head>
<title>块级元素的 margin</title>
<style type="text/css">
<!--
h1{
   background-color: #ddeecc;
   text-align: center;
   font-family: "幼圆";
   font-size: 12px;
   padding: 10px;
   border: 1px #445566 solid;
   display: block;
}
-->
</style>
</head>
<body>
   <h1 style="margin-bottom:50px;">距离下面块的距离</h1>
   <h1 style="margin-top:30px;">距离上面块的距离</h1>
</body>
</html>
```

在 IE 9.0 中浏览，效果如图 18-8 所示，可以看到两个 h1 盒子，二者上下之间存在距离，其距离为 margin-bottom 和 margin-top 中较大的值，即 50 像素。如果修改下面 h1 盒子元素的 margin-top 为 40 像素，会发现执行结果没有任何变化。如果修改其值为 60 像素，会发现下面的盒子会向下移动 10 个像素。

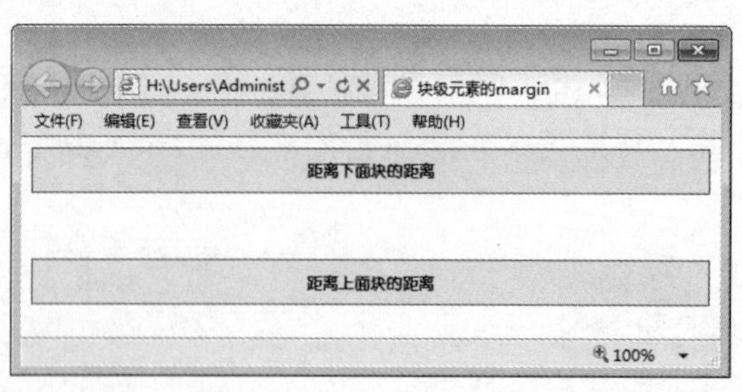

图 18-8 设置上下 margin 距离

3. 父子块之间的 margin 设置

当一个 div 块包含在另一个 div 块中间时，二者便会形成一个典型的父子关系。其中子块的 margin 设置将会以父块的 content 为参考。

【例 18.8】(示例文件 ch18\18.8.html)

```
<!DOCTYPE html>
<html>
<head>
<title>包含块的 margin</title>
<style type="text/css">
<!--
div{
   background-color: #fffebb;
   padding: 10px;
   border: 1px solid #000000;
}
h1{
   background-color: #a2d2ff;
   margin-top: 0px;
   margin-bottom: 30px;
   padding: 15px;
   border: 1px dashed #004993;
   text-align: center;
   font-family: "幼圆";
   font-size: 12px;
}
-->
</style>
</head>
<body>
   <div>
      <h1>子块 div</h1>
   </div>
</body>
</html>
```

在 IE 9.0 中浏览，效果如图 18-9 所示，可以看到，子块 h1 盒子距离父 div 下边界为 40 像素(子块 30 像素的外边距加上父块 10 像素的内边距)，其他 3 边距离都是父块的 padding 距离，即 10 像素。

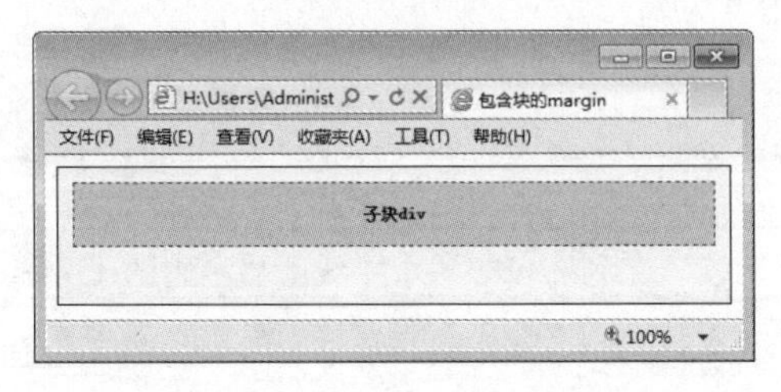

图 18-9　设置包括盒子的 margin 距离

在上例中，如果设定了父元素的高度 height 值，并且父块高度值小于子块的高度加上 margin 的值，此时 IE 浏览器会自动扩大，保持子元素的 margin-bottom 的空间以及父元素的 padding-bottom。而 Firefox 就不会这样，会保证父元素的 height 高度的完全吻合，而这时子元素将超过父元素的范围。当将 margin 设置为负数时，会使得被设为负数的块向相反的方向移动，甚至覆盖在另外的块上。

18.3 CSS 3 新增的弹性盒模型

CSS 3 引入了新的盒模型处理机制，即弹性盒模型。该模型决定元素在盒子中的分布方式以及如何处理盒子的可用空间。通过弹性盒模型，可以轻松地设计出自适应浏览器窗口的流动布局或自适应字体大小的弹性布局。

CSS 3 为了弹性盒模型，新增了 8 个属性，如表 18-3 所示。

表 18-3　CSS 3 新增的盒子模型属性

属　性	说　明
box-orient	定义盒子分布的坐标轴
box-align	定义子元素在盒子内垂直方向上的空间分配方式
box-direction	定义盒子的显示顺序
box-flex	定义子元素在盒子内的自适应尺寸
box-flex-group	定义自适应子元素群组
box-lines	定义子元素分布显示
box-ordinal-group	定义子元素在盒子内的显示位置
box-pack	定义子元素在盒子内的水平方向上的空间分配方式

18.3.1 定义盒子的布局取向(box-orient)

box-orient 属性用于定义盒子元素内部的流动布局方向，即是横着排还是竖着走。语法格式如下：

```
box-orient: horizontal | vertical | inline-axis | block-axis | inherit
```

其参数值的含义如表 18-4 所示。

表 18-4　box-orient 属性值

属 性 值	说　明
horizontal	盒子元素从左到右在一条水平线上显示它的子元素
vertical	盒子元素从上到下在一条垂直线上显示它的子元素
inline-axis	盒子元素沿着内联轴显示它的子元素
block-axis	盒子元素沿着块轴显示它的子元素

弹性盒模型是 W3C 标准化组织于 2009 年发布的，目前还没有主流浏览器对其支持，不过采用 Webkit 和 Mozilla 渲染引擎的浏览器都自定义了一套私有属性，用来支持弹性盒模型。下面的代码中会存在一些 Firefox 浏览器的私有属性定义。

【例 18.9】(示例文件 ch18\18.9.html)

```
<!DOCTYPE html>
<html>
<head>
<title>box-orient</title>
<style>
div{height:50px;text-align:center;}
.d1{background-color:#F6F;width:180px;height:500px}
.d2{background-color:#3F9;width:600px;height:500px}
.d3{background-color:#FCd;width:180px;height:500px}
body{
    display: box; /*标准声明，盒子显示*/
    display: -moz-box; /*兼容Mozilla Gecko引擎浏览器*/
    orient: horizontal; /*定义元素为盒子显示*/
    -mozbox-box-orient: horizontal; /*兼容Mozilla Gecko引擎浏览器*/
    box-orient: horizontal; /*CSS 3标准化设置*/
}
</style>
</head>
<body>
<div class=d1>左侧布局</div>
<div class=d2>中间布局</div>
<div class=d3>右侧布局</div>
</body>
</html>
```

上面的代码中，CSS 样式首先定义了每个 div 层的背景色和大小，在 body 标记选择器中，定义了 body 容器中元素以盒子模型显示，并使用 box-orient 定义元素水平并列显示。

在 Firefox 5.0 中浏览，效果如图 18-10 所示，可以看到显示了三个层，三个 div 层并列显示，分别为“左侧布局”、“中间布局”和“右侧布局”。

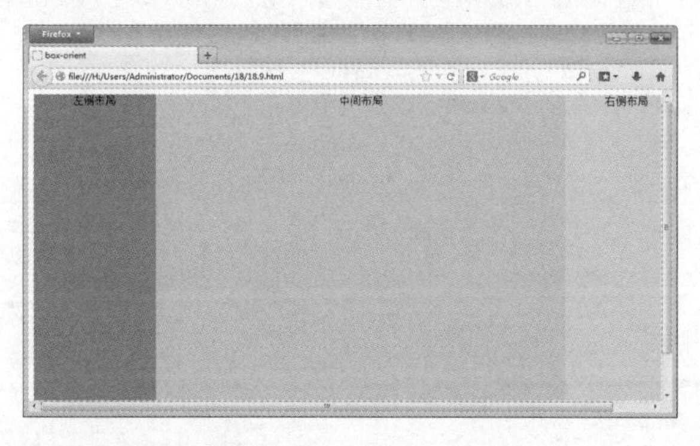

图 18-10　盒子元素水平并列显示

18.3.2　定义盒子的布局顺序(box-direction)

box-direction 用来确定子元素的排列顺序，也可以说是内部元素的流动顺序。

语法格式如下：

```
box-direction: normal | reverse | inherit
```

其参数值如表 18-5 所示。

表 18-5 box-direction 属性

属性值	说明
normal	正常显示顺序，即如果盒子元素的 box-orient 属性值为 horizontal，则其包含的子元素按照从左到右的顺序显示，即每个子元素的左边总是靠近前一个子元素的右边；如果盒子元素的 box-orient 属性值为 vertical，则其包含的子元素按照从上到下的顺序显示
reverse	反向显示，盒子所包含的子元素的显示顺序将与 normal 相反
inherit	继承上级元素的显示顺序

【例 18.10】(示例文件 ch18\18.10.html)

```
<!DOCTYPE html>

<html>
<head>
<title>box-direction</title>

<style>

div{height:50px;text-align:center;}
.d1{background-color:#F6F;width:180px;height:500px}
.d2{background-color:#3F9;width:600px;height:500px}
.d3{background-color:#FCd;width:180px;height:500px}

body{
   display:box; /*标准声明，盒子显示*/
   display:-moz-box; /*兼容 Mozilla Gecko 引擎浏览器*/
   orient:horizontal; /*定义元素为盒子显示*/
   -mozbox-box-orient:horizontal; /*兼容 Mozilla Gecko 引擎浏览器*/
   box-orient:horizontal; /*CSS 3 标准声明*/
   -moz-box-direction: reverse;
   box-direction: reverse;
}
</style>

</head>

<body>
<div class=d1>左侧布局</div>
<div class=d2>中间布局</div>
<div class=d3>右侧布局</div>
</body>
</html>
```

可以发现此示例代码与上一个示例代码基本相同，只不过多了一个 box-direction 属性设置，此处设置布局进行反向显示。

在 Firefox 5.0 中浏览，效果如图 18-11 所示，可以发现，与上一个图形相比较，左侧布局和右侧布局进行了互换。

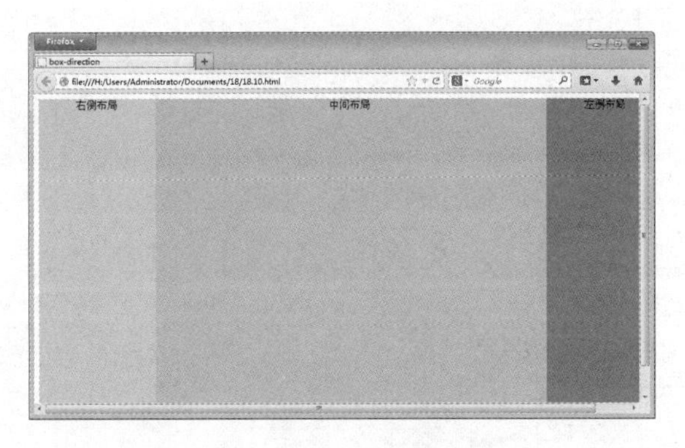

图 18-11　盒子布局顺序的设置

18.3.3　定义盒子布局的位置(box-ordinal-group)

box-ordinal-group 属性设置盒子中每个子元素在盒子中的具体位置。语法格式如下：

```
box-ordinal-group: <integer>
```

参数值 integer 是一个自然数，从 1 开始，用来设置子元素的位置序号。子元素将分别根据这个属性从小到大进行排列。在默认情况下，子元素将根据元素的位置进行排列。如果没有指定 box-ordinal-group 属性值的子元素，则其序号默认都为 1，并且序号相同的元素将按照它们在文档中加载的顺序进行排列。

【例 18.11】(示例文件 ch18\18.11.html)

```
<!DOCTYPE html>
<html>
<head>
<title>
box-ordinal-group
</title>
<style>
body{
   margin: 0;
   padding: 0;
   text-align: center
   background-color: #d9bfe8;
}
.box{
   margin: auto;
   text-align: center;
   width: 988px;
   display: -moz-box;
   display: box;
   box-orient: vertical;
   -moz-box-orient: vertical;
}
.box1{
   -moz-box-ordinal-group: 2;
   box-ordinal-group: 2;
}
```

```
.box2{
    -moz-box-ordinal-group: 3;
    box-ordinal-group: 3;
}
.box3{
    -moz-box-ordinal-group: 1;
    box-ordinal-group: 1;
}
.box4{
    -moz-box-ordinal-group: 4;
    box-ordinal-group: 4;
}
</style>
</head>
<body>
<div class=box>
    <div class=box1><img src="1.jpg"/></div>
    <div class=box2><img src="2.jpg"/></div>
    <div class=box3><img src="3.jpg"/></div>
    <div class=box4><img src="4.jpg"/></div>
</div>
</body>
</html>
```

在上面的样式代码中，类选择器 box 中代码 display: box 设置了容器以盒子方向显示，box-orient: vertical 代码设置排列方向从上到下。在下面的 box1、box2、box3 和 box4 类选择器中通过 box-ordinal-group 属性都设置了显示顺序。

在 Firefox 5.0 中浏览，效果如图 18-12 所示，可以看到第三个层次显示在第一个和第二个层次之上。

图 18-12　设置层的显示顺序

18.3.4　定义盒子的弹性空间(box-flex)

box-flex 属性能够灵活地控制子元素在盒子中的显示空间。显示空间包括子元素的宽度和高度，而不只是子元素所在栏目的宽度，也可以说是子元素在盒子中的所占的面积。

语法格式如下：

```
box-flex: <number>
```

<number>属性值一个整数或者小数。当盒子中包含多个定义了 box-flex 属性的子元素时，浏览器将会把这些子元素的 box-flex 属性值相加，然后根据它们各自的值占总值的比例来分配盒子剩余的空间。

【例 18.12】 (示例文件 ch18\18.12.html)

```
<!DOCTYPE html>

<html>
<head>
<title>box-flex</title>
<style>
body{
    margin: 0;
    padding: 0;
    text-align: center;
}
.box{
    height: 50px;
    text-align: center;
    width: 960px;
    overflow: hidden;
    display: box; /*标准声明，盒子显示*/
    display: -moz-box; /*兼容 Mozilla Gecko 引擎浏览器*/
    orient: horizontal; /*定义元素为盒子显示*/
    -mozbox-box-orient: horizontal; /*兼容 Mozilla Gecko 引擎浏览器*/
    box-orient: horizontal; /*CSS 3 标准声明*/
}
.d1{
    background-color: #F6F;
    width: 180px;
    height: 500px;
}
.d2,.d3{
    border: solid 1px #CCC;
    margin: 2px;
}
.d2{
    -moz-box-flex: 2;
    box-flex: 2;
    background-color: #3F9;
    height: 500px;
}
.d3{
    -moz-box-flex: 4;
    box-flex: 4;
    background-color: #FCd;
    height: 500px;
}
.d2 div,.d3 div{display: inline;}
</style>
```

```
</head>

<body>
<div class=box>
    <div class=d1>左侧布局</div>
    <div class=d2>中间布局</div>
    <div class=d3>右侧布局</div>
</div>
</body>
</html>
```

在上面的 CSS 样式代码中，使用 display:box 语句设定容器内元素以盒子方式布局，box-orient: horizontal 语句设定盒子之间在水平方向上并列显示，类选择器 d1 中使用 width 和 height 设定显示层的大小，而在 d2 和 d3 中，使用 box-flex 分别设定两个盒子的显示面积。

在 Firefox 5.0 中浏览，效果如图 18-13 所示。

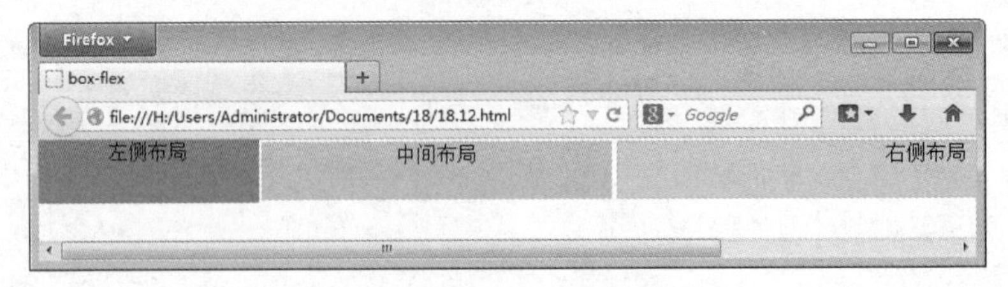

图 18-13　设置盒子的面积

18.3.5　管理盒子空间(box-pack 和 box-align)

当弹性元素和非弹性元素混合排版时，可能会出现所有子元素的尺寸大于或小于盒子的尺寸，从而出现盒子空间不足或者富余的情况，这时就需要一种方法来管理盒子的空间。如果子元素的总尺寸小于盒子的尺寸，则可以使用 box-align 和 box-pack 属性进行管理。

box-pack 属性可以用于设置子容器在水平轴上的空间分配方式，语法格式如下：

```
box-pack: start | end | center | justify
```

参数值的含义如表 18-6 所示。

表 18-6　box-pack 属性

属 性 值	说　明
start	所有子容器都分布在父容器的左侧，右侧留空
end	所有子容器都分布在父容器的右侧，左侧留空
justify	所有子容器平均分布(默认值)
center	平均分配父容器剩余的空间(能压缩子容器的大小，并且有全局居中的效果)

box-align 属性用于管理子容器在竖轴上的空间分配方式，语法格式如下：

```
box-align: start | end | center | baseline | stretch
```

参数值的含义如表 18-7 所示。

表 18-7　box-align 属性

属 性 值	说　明
start	子容器从父容器顶部开始排列，富余空间显示在盒子底部
end	子容器从父容器底部开始排列，富余空间显示在盒子顶部
center	子容器横向居中，富余空间在子容器两侧分配，上面一半下面一半
baseline	所有盒子沿着它们的基线排列，富余的空间可前可后显示
stretch	每个子元素的高度被调整到适合盒子的高度显示。即所有子容器和父容器保持同一高度

【例 18.13】(示例文件 ch18\18.13.html)

```
<!DOCTYPE html>
<html>
<head>
<title>box-pack</title>
<style>
body,html{
   height: 100%;
   width: 100%;
}
body{
   margin: 0;
   padding: 0;
   display: box; /*标准声明，盒子显示*/
   display: -moz-box; /*兼容 Mozilla Gecko 引擎浏览器*/
   -mozbox-box-orient: horizontal; /*兼容 Mozilla Gecko 引擎浏览器*/
   box-orient: horizontal; /*CSS 3 标准声明*/
   -moz-box-pack: center;
   box-pack: center;
   -moz-box-align: center;
   box-align: center;
   background: #04082b url(a.jpg) no-repeat top center;
}
.box{
   border: solid 1px red;
   padding: 4px;
}
</style>
</head>
<body>
   <div class=box>
      <img src=yueji.jpg>
   </div>
</body>
</html>
```

上面的代码中，display: box 定义了容器内元素以盒子形式显示，box-orient: horizontal 定义了盒子水平显示，box-pack: center 定义了盒子两侧空间平均分配，box-align: center 定义上下两侧平均分配，即图片盒子居中显示。

在 Firefox 5.0 中浏览，效果如图 18-14 所示，可以看到中间盒子在容器中部显示。

图 18-14　设置盒子在中间显示

18.3.6　盒子空间的溢出管理(box-lines)

弹性布局中，盒子内的元素很容易出现空间溢出的现象，与传统的盒子模型一样，CSS 3 允许使用 overflow 属性来处理溢出内容的显示。当然，还可以使用 box-lines 属性来避免空间溢出的问题。语法格式如下：

```
box-lines: single|multiple
```

参数值 single 表示子元素都单行或单列显示，multiple 表示子元素可以多行或多列显示。

【例 18.14】(示例文件 ch18\18.14.html)

```
<!DOCTYPE html>
<html>
<head>
<title>box-lines</title>
<style>
.box{
   border: solid 1px red;
   width: 600px;
   height: 400px;
   display: box; /*标准声明，盒子显示*/
   display: -moz-box; /*兼容 Mozilla Gecko 引擎浏览器*/
   -mozbox-box-orient: horizontal; /*兼容 Mozilla Gecko 引擎浏览器*/
   -moz-box-lines: multiple;
   box-lines: multiple;
}
.box div{
   margin: 4px;
   border: solid 1px #aaa;
   -moz-box-flex: 1;
   box-flex: 1;
}
.box div img{width: 120px;}
</style>
</head>
<body>
<div class=box>
   <div><img src="b.jpg"></div>
```

```
    <div><img src="c.jpg"></div>
    <div><img src="d.jpg"></div>
    <div><img src="e.jpg"></div>
    <div><img src="f.jpg"></div>
</div>
</body>
```

在 Firefox 5.0 中浏览，效果如图 18-15 所示，可以看到，右边盒子还是发生溢出现象。这是因为目前各大主流浏览器还没有明确支持这种用法，所以导致 box-lines 属性被实际应用时显示无效。相信在未来的一段时间内，各个浏览器会支持该属性。

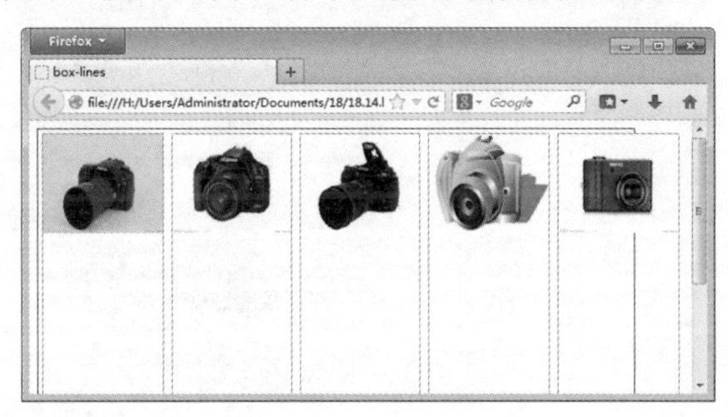

图 18-15　溢出管理

18.4　综合示例——图文排版效果

一个宣传页需要包括文字和图片信息。本示例将结合前面学习的盒子模型及其相关属性，创建一个旅游宣传页。具体步骤如下。

step 01 分析需求。

整个宣传页面需要一个 div 层包含并带有边框，DIV 层包括两个部分，上部空间包含一个图片，下面显示文本信息并且带有底边框，下部空间显示两张图片。实例完成后，效果如图 18-16 所示。

step 02 构建 HTML 页面，使用 DIV 搭建框架：

```
<!DOCTYPE html>
<html>
<head>
<title>图文排版</title>
</head>
<body>
<div class="big">
   <div class="up">
      <img src="top.jpg" border="0" />
      <p>·反季游正流行 众信旅游暑期邀你到南半球过冬 </p>
      <p>·西安世园会暨旅游推介会今日在沈阳举行！</p>
      <p>·澳大利亚旅游局中国区首代邓李宝茵八月底卸任</p>
      <p>·“彩虹部落”土族:旅游经济支撑下的文化记忆恢复(组图)</p>
   </div>
   <div class="down">
      <img src="bottom1.jpg" border="0" />    
```

```
        <img src="bottom2.jpg" border="0" />
    </div>
</div>
</body>
</html>
```

在 IE 9.0 中浏览，效果如图 18-17 所示，可以看到页面自上向下显示图片、段落信息和图片。

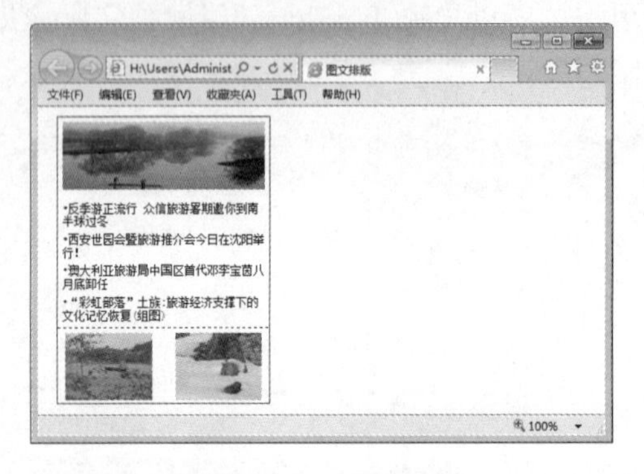

图 18-16　旅游宣传页

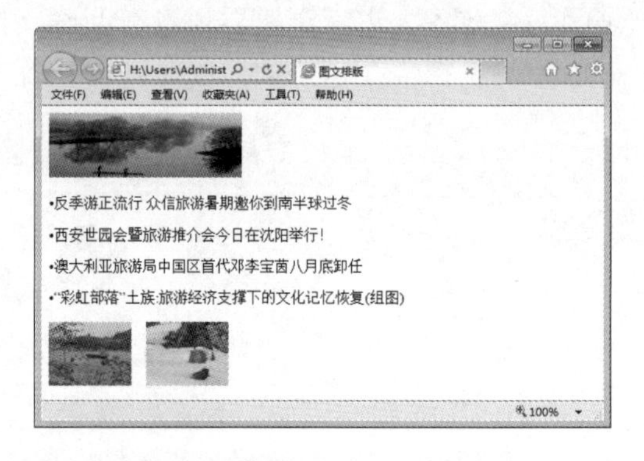

图 18-17　构建 HTML 文档

step 03 添加 CSS 代码，修饰整体 div：

```
<style>
*{
    padding: 0px;
    margin: 0px;
}
body{
    font-family: "宋体";
    font-size: 12px;
}
.big{
    width: 220px;
    border: #0033FF 1px solid;
    margin: 10px 0 0 20px;
}
</style>
```

CSS 样式代码在 body 选择器设置了字形和字体大小，并在 big 类选择器中，设置了整个层的宽度、边框样式和外边距。

在 IE 9.0 中浏览，效果如图 18-18 所示，可以看到，页面图片信息和文本都在一个矩形盒子内显示，其边框颜色为蓝色，大小为 1 像素。

step 04 添加 CSS 代码，修饰字体和图片：

```
.up p{
    margin: 5px;
}
.up img{
    margin: 5px;
    text-align: center;
}
```

```
.down{
   text-align: center;
   border-top: #FF0000 1px dashed;
}
.down img{
   margin-top: 5px;
}
```

上面的代码定义了段落、图片的外边距，例如 margin-top: 5px 设置了下面图片的外边距为 5 像素，两个图片距离是 10 像素。

在 IE 9.0 中浏览，效果如图 18-19 所示，可以看到，文字居中显示，下面带有一个红色虚线，宽度为 1 像素。

图 18-18　设置整体 DIV 样式

图 18-19　设置各个元素的外边距

18.5　上机练习——淘宝导购菜单

网上购物已经成为一种时尚，其中淘宝网是网上购物网站影响比较大的网站之一。淘宝网的宣传页面到处都是。本示例结合前面学习的知识，创建一个淘宝网宣传导航页面。

具体步骤如下。

step 01 分析需求。

根据实际效果，需要创建一个 div 层，包含三个部分，即左边导航栏，中间图片显示区域，右边导航栏，然后使用 CSS 设置导航栏字体和边框。

示例完成后，具体效果如图 18-20 所示。

step 02 构建 HTML 页面，使用 div 搭建框架：

```
<!DOCTYPE html>
<html>
<head>
<title>淘宝网</title>
</head>
<body>
<div class="wrap">
   <div class="area">
      <div class="tab_area">
         <ul>
```

```
            <li class="current"><a href="#">男 T 恤</a></li>
            <li><a href="#">男衬衫</a></li>
            <li><a href="#">休闲裤</a></li>
            <li><a href="#">牛仔裤</a></li>
            <li><a href="#">男短裤</a></li>
            <li><a href="#">西裤</a></li>
            <li><a href="#">皮鞋</a></li>
            <li><a href="#">休闲鞋</a></li>
            <li ><a href="#">男凉鞋</a></li>
        </ul>
    </div>
    <div class="tab_area1">
        <ul>
            <li><a href="#">女 T 恤</a></li>
            <li><a href="#">女衬衫</a></li>
            <li><a href="#">开衫</a></li>
            <li ><a href="#">女裤</a></li>
            <li><a href="#">女包</a></li>
            <li ><a href="#">男包</a></li>
            <li ><a href="#">皮带</a></li>
            <li><a href="#">登山鞋</a></li>
            <li ><a href="#">户外装</a></li>
        </ul>
    </div>
</div>
<div class="img_area">
    <img src=nantxu.jpg/>
</div>
</div>
</body>
</html>
```

在 Firefox 5.0 中浏览，效果如图 18-21 所示，三部分内容分别自上而下显示，第一部分是导航菜单栏，第二部分也是一个导航菜单栏，第三部分是一个图片信息。

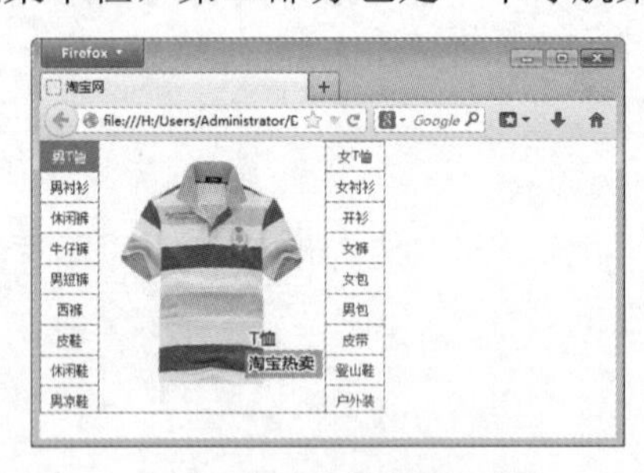

图 18-20　淘宝宣传页

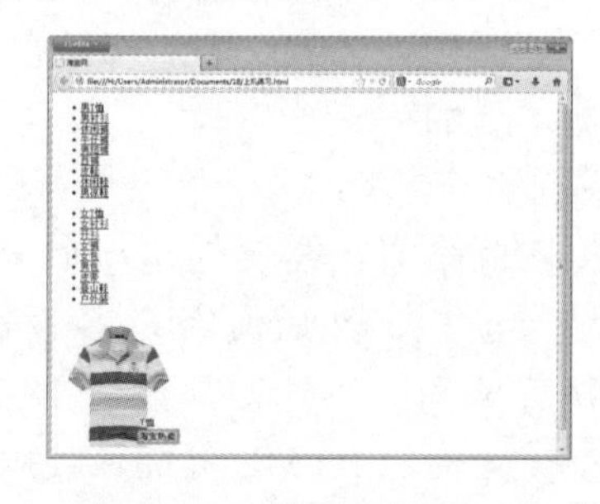

图 18-21　基本 HTML 显示

step 03 添加 CSS 代码，修饰整体样式：

```
<style type="text/css">
body, p, ul, li{margin:0; padding:0;}
body{font: 12px arial,宋体,sans-serif;}
.wrap{
    width: 318px;
    height: 248px;
```

```
    background-color: #FFFFFF;
    float: left;
    border: 1px solid #F27B04;
}
.area{width:318px; float:left;}
.tab_area{
    width: 53px;
    height: 248px;
    border-right: 1px solid #F27B04;
    overflow: hidden;
}
.tab_area1{
    width: 53px;
    height: 248px;
    border-left: 1px solid #F27B04;
    overflow: hidden;
    position: absolute;
    left: 265px;
    top: 1px;
}
.img_area{
    width: 208px;
    height: 248px;
    overflow: hidden;
    position: absolute;
    top: -2px;
    left: 55px;
}
</style>
```

上面的 CSS 样式代码中，设置了 body 页面字体、段落、列表和列表选项的样式。需要注意的是，类选择器 tab_area 定义了左边的列表选项，即左边的导航菜单，其宽度为 53 像素，高度为 248 像素，边框为黄色。类选择 tab_area1 定义了右边的列表选项，即右边导航菜单，其宽度和高度与左侧菜单相同，但此次使用 position 定义了这个 div 层显示的绝对位置，语句为“position:absolute; left:265px; top:1px;”。类选择器 img_area 定义了中间图片显示样式，也是使用 position 绝对定位。

在 Firefox 5.0 中的浏览效果如图 18-22 所示，可以看到网页中显示了三个部分，左右两侧为导航菜单栏，中间是图片。

step 04 添加 CSS 代码，修饰列表选项：

```
img{border:0;}
li{list-style:none;}
a{font-size:12px; text-decoration:none}
a:link,a:visited{color:#999;}
.tab_area ul li,.tab_area1 ul li{
    width: 53px;
    height: 27px;
    text-align: center;
    line-height: 26px;
    float: left;
    border-bottom: 1px solid #F27B04;
}
```

```
.tab_area ul li a,.tab_area1 ul li a{color: #3d3d3d;}
.tab_area ul li.current,.tab_area1 ul li.current{
   height: 27px;
   background-color: #F27B04;
}
.tab_area ul li.current a,.tab_area1 ul li.current a{
   color: #fff;
   font-size: 12px;
   font-weight: 400;
   line-height: 27px
}
```

上面的CSS样式代码，完成了对字体大小、颜色、是否带有下划线等属性定义。

在 Firefox 5.0 中浏览，效果如图 18-23 所示，可以看到，网页中左右两个导航菜单，相对于前面的效果，字体颜色发生了变化，大小也发生了变化。

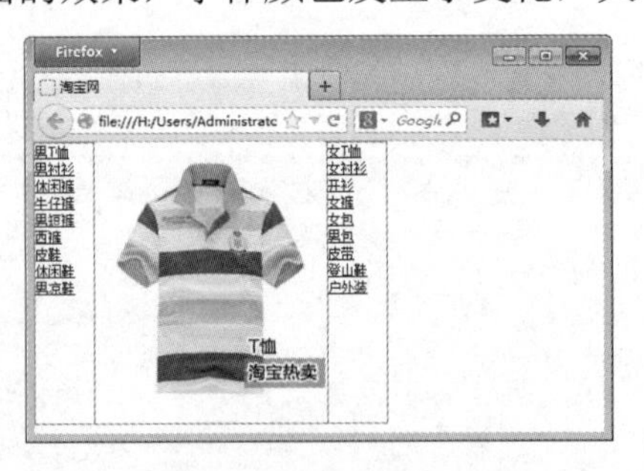

图 18-22　设置整体布局样式

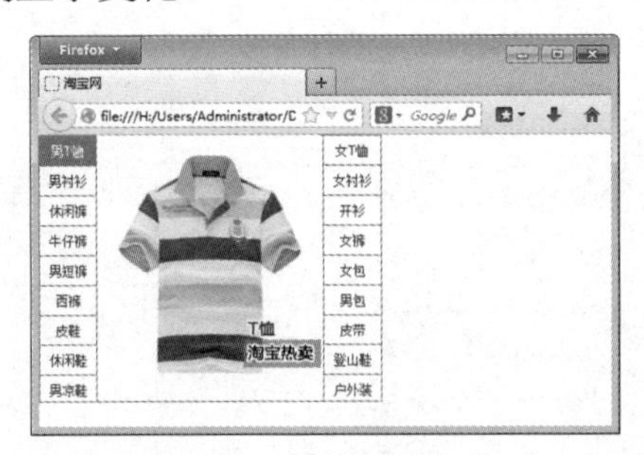

图 18-23　修饰列表选项

18.6　专 家 答 疑

疑问 1：如何理解 margin 的加倍问题？

当 div 层被设置为 float 时，在 IE 下设置的 margin 会加倍。这是 IE 都存在的 Bug。其解决办法是，在这个 div 里面加上 display: inline;。例如：

```
<div id="imfloat"></div>
```

相应的 CSS 为：

```
#iamfloat{
   float: left;
   margin: 5px;
   display: inline;
}
```

疑问 2：margin: 0 auto 表示什么含义？

margin: 0 auto 定义元素向上补白 0 像素，左右为自动使用。这样按照浏览器解析习惯是可以让页面居中显示的，一般这个语句会用在 body 标记中。在使用 margin: 0 auto 语句使页面居中时，一定要给元素一个高度并且不要让元素浮动，即不要加 float，否则会失效。

第 19 章

CSS 3 + DIV 盒子的浮动与定位

网页设计中，能否很好地定位网页中的每个元素，是网页整体布局的关键。一个布局混乱、元素定位不准的页面，是每个浏览者都不喜欢的。而把每个元素都精确定位到合理位置，才是构建美观大方页面的前提。本章就来学习 CSS + DIV 盒子的浮动与定位。

19.1 定 义 DIV

使用 DIV 进行网页排版，是现在流行的一种趋势。例如使用 CSS 属性，可以轻易设置 DIV 位置，演变出多种不同的布局方式。

19.1.1 什么是 DIV

<div>标记作为一个容器标记，被广泛地应用在<html>语言中。利用这个标记，加上 CSS 的控制，可以很方便地实现各种效果。<div>标记早在 HTML 3.0 时代就已经出现，但那时并不常用，直到 CSS 的出现，才逐渐发挥出它的优势。

19.1.2 创建 DIV

<div>(division)简而言之，就是一个区块容器标记，即<div>与</div>之间相当于一个容器，可以容纳段落、标题、表格、图片，乃至章节、摘要和备注等各种 HTML 元素。

因此，可以把<div>与</div>中的内容视为一个独立的对象，用于 CSS 的控制。声明时，只需要对<div>进行相应的控制，其中的各标记元素都会因此而改变。

【例 19.1】(示例文件 ch19\19.1.html)

```
<!DOCTYPE html>

<html>
<head>
<title>div 层</title>
<style type="text/css">
<!--
div{
    font-size: 18px;
    font-weight: bolder;
    font-family: "幼圆";
    color: #FF0000;
    background-color: #eeddcc;
    text-align: center;
    width: 300px;
    height: 100px;
    border: 1px #992211 dotted;
}
-->
</style>
</head>
<body>
<center>
    <div>这是 div 层</div>
</center>
</body>
</html>
```

本例通过 CSS 对 div 块进行控制，绘制了一个 div 容器，容器中放置了一段文字。

在 IE 9.0 中浏览，效果如图 19-1 所示，可以看到一个矩形方块的 div 层，居中显示，字体显示为红色，边框为浅红色，背景色为浅黄色。

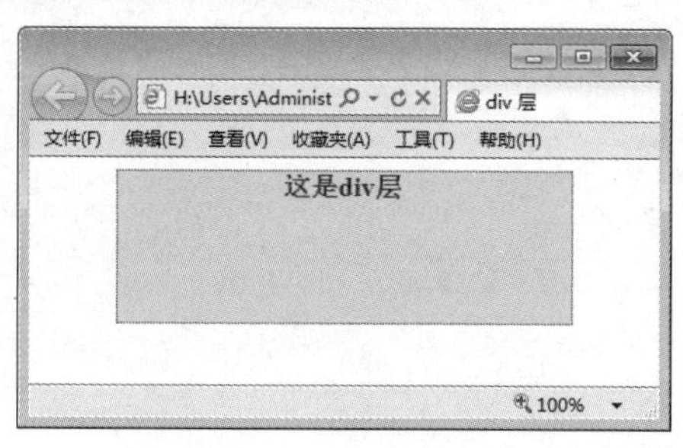

图 19-1　div 层显示

19.2　盒子的定位

网页中，各种元素需要有自己合理的，从而能搭建整个页面的结构。在 CSS 3 中，可以通过 position 属性对页面中的元素进行定位。

语法格式如下：

```
position: static | absolute | fixed | relative
```

其参数含义如表 19-1 所示。

表 19-1　position 属性

参 数 名	说　明
static	元素定位的默认值，无特殊定位，对象遵循 HTML 定位规则，不能通过 z-index 进行层次分级
relative	相对定位，对象不可重叠，可以通过 left、right、bottom 和 top 等属性在正常文档中偏移位置，可以通过 z-index 进行层次分级
absolute	生成绝对定位的元素，相对于 static 定位以外的第一个父元素进行定位。元素的位置通过 left、top、right 以及 bottom 属性进行规定
fixed	fixed 生成绝对定位的元素，相对于浏览器窗口进行定位。元素的位置通过 left、top、right 以及 bottom 属性进行规定

19.2.1　静态定位

静态定位就是指没有使用任何移动效果的定义方式，语法格式如下所示：

```
position: static
```

【例 19.2】(示例文件 ch19\19.2.html)

```
<!DOCTYPE html>
```

```
<html>
<head>
<style type="text/css">
h2.pos_left{
    position: static;
    left: -20px
}
h2.pos_right{
    position: static;
    left: 20px
}
</style>
</head>
<body>
<h2>这是位于正常位置的标题</h2>
<h2 class="pos_left">这个标题相对于其正常位置不会向左移动</h2>
<h2 class="pos_right">这个标题相对于其正常位置不会向右移动</h2>
</body>
</html>
```

在 IE 9.0 中浏览，效果如图 19-2 所示，可以看到，页面显示了三个标题，最上面的标题正常显示，下面两个标题即使设置了向左或向右移动，但结果还是以方式正常显示，这就是静态定位。

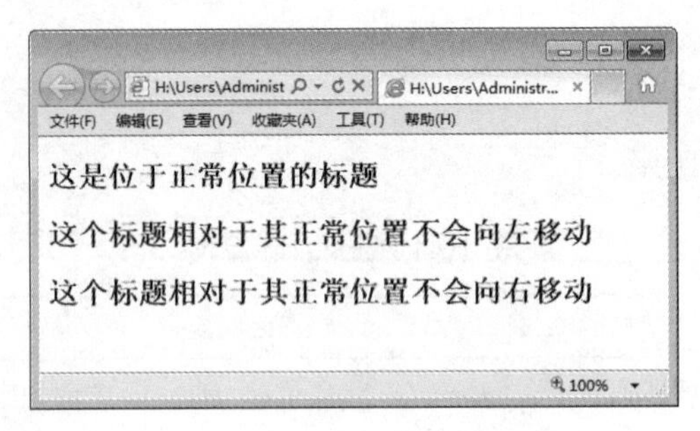

图 19-2　静态定位显示

19.2.2　相对定位

如果对一个元素进行相对定位，首先它将出现在它所在的位置上。然后通过设置垂直或水平位置，让这个元素“相对于”它的原始起点进行移动。再一点，相对定位时，无论是否进行移动，元素仍然占据原来的空间。因此，移动元素会导致它覆盖其他框。

相对定位的语法格式如下：

```
position: relative
```

【例 19.3】(示例文件 ch19\19.3.html)

```
<!DOCTYPE html>
<html>
<head>
<style type="text/css">
h2.pos_left{
```

```
    position: relative;
    left: -20px
}
h2.pos_right{
    position: relative;
    left: 20px
}
</style>
</head>
<body>
<h2>这是位于正常位置的标题</h2>
<h2 class="pos_left">这个标题相对于其正常位置向左移动</h2>
<h2 class="pos_right">这个标题相对于其正常位置向右移动</h2>
</body>
</html>
```

在 IE 9.0 中浏览，效果如图 19-3 所示，可以看到，页面显示了三个标题，最上面的标题正常显示，下面两个标题分别以正常标题为原点，向左或向右分别移动了 20 像素。

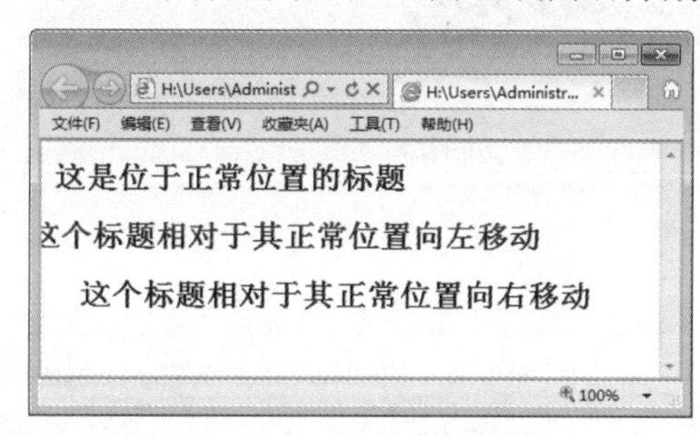

图 19-3　相对定位显示

19.2.3　绝对定位

绝对定位是参照浏览器的左上角，配合 top、left、bottom 和 right 进行定位的，如果没有设置上述的 4 个值，则默认依据父级的坐标原点为原始点。绝对定位可以通过上、下、左、右来设置元素，使之处在任何一个位置。

绝对定位与相对定位的区别在于：绝对定位的坐标原点为上级元素的原点，与上级元素有关；相对定位的坐标原点为本身偏移前的原点，与上级元素无关。

在父层 position 属性为默认值时：上、下、左、右的坐标原点以 body 的坐标原点为起始位置。绝对定位的语法格式如下：

```
position: absolute
```

只要将上面的代码加入到样式中，使用样式的元素就能够以绝对定位的方式显示了。

【例 19.4】(示例文件 ch19\19.4.html)

```
<!DOCTYPE html>
<html>
<head>
<title>绝对定位</title>
</head>
```

```
<body>
    <div style="background-color: Black; width:200px; height:200px">
        <h2 style="position:absolute; left:80px; top:80px; width:110px;
          height:50px; background-color:Red;">这是绝对定位</h2>
    </div>
</body>
</html>
```

在 IE 9.0 中浏览，效果如图 19-4 所示，可以看到，红色元素框以浏览器左上角为原点，坐标位置为(80px, 80px)，宽度为 110 像素，高度为 50 像素。

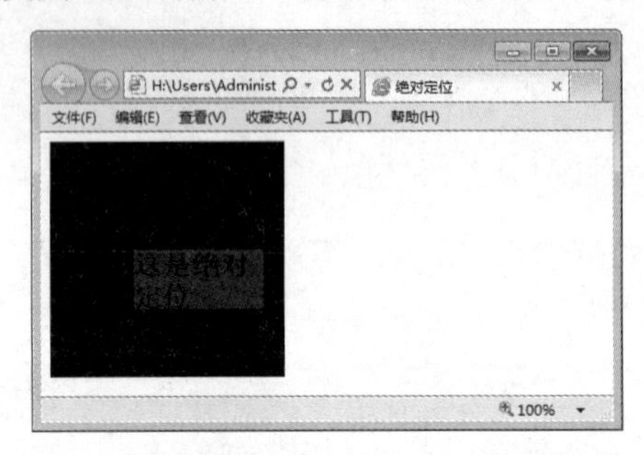

图 19-4　绝对定位

19.2.4　固定定位

固定定位的参照位置不是上级元素块，而是浏览器窗口。所以可以使用固定定位来设定类似传统框架样式布局，以及广告框架或导航框架等。使用固定定位的元素可以脱离页面，无论页面如何滚动，始终处在页面的同一位置上。

固定定位的语法格式如下：

```
position: fixed
```

【例 19.5】(示例文件 ch19\19.5.html)

```
<!DOCTYPE html>
<html>
<head>
<title>CSS 固定定位</title>
<style type="text/css">
...
* {
    padding: 0;
    margin: 0;
}
#fixedLayer {
    width: 100px;
    line-height: 50px;
    background: #FC6;
    border: 1px solid #F90;
    position: fixed;
    left: 10px;
    top: 10px;
}
```

```
</style>
</head>
<body>
<div id="fixedLayer">固定不动</div>
<p>我动了</p>
<p>我动了</p>
<p>我动了</p>
<p>我动了</p>
<p>我动了</p>
<p>我动了</p>
<p>我动了</p>
<p>我动了</p>
<p>我动了</p>
<p>我动了</p>
<p>我动了</p>
<p>我动了</p>
</body>
</html>
```

在 IE 9.0 中浏览，效果如图 19-5 所示，可以看到，拉到滚动条时，无论页面内容怎么变化，其黄色框“固定不动”，始终处在页面左上角顶部。

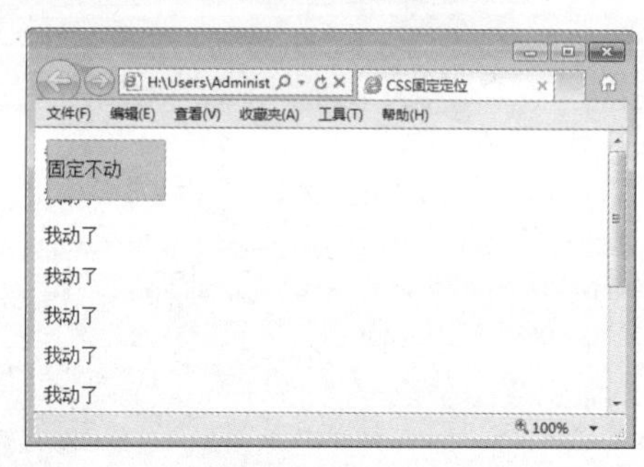

图 19-5 固定定位

19.2.5 盒子的浮动

除了使用 position 进行定位外，还可以使用 float 定位。float 定位只能在水平方向上定位，而不能在垂直方式上定位。float 属性表示浮动属性，它用来改变元素块的显示方式。

float 属性的语法格式如下：

```
float: none | left | right
```

属性值如表 19-2 所示。

表 19-2 float 属性

属 性 值	说 明
none	元素不浮动
left	浮动在左面
right	浮动在右面

实际上，使用 float 可以实现两列布局，也就是让一个元素在左浮动，一个元素在右浮动，并控制好这两个元素的宽度。

【例 19.6】(示例文件 ch19\19.6.html)

```
<!DOCTYPE html>
<html>
<head>
<title>float 定位</title>
<style>
* {
   padding: 0px;
   margin: 0px;
}
.big {
   width: 600px;
   height: 100px;
   margin: 0 auto 0 auto;
   border: #332533 1px solid;
}
.one {
   width: 300px;
   height: 20px;
   float: left;
   border: #996600 1px solid;
}
.two {
   width: 290px;
   height: 20px;
   float: right;
   margin-left: 5px;
   display: inline;
   border: #FF3300 1px solid;
}
</style>
</head>
<body>
<div class="big">
   <DIV class="one">
      <p>非诚勿扰</p>
   </DIV>
   <DIV class="two">
      <p>开心一刻</p>
   </DIV>
</div>
</body>
</html>
```

在 IE 9.0 中的浏览效果如图 19-6 所示，可以看到，显示了一个大矩形框，大矩形框中存在两个小的矩形框，并且并列显示。

使用 float 属性不但能改变元素的显示位置，同时还会对相邻内容造成影响。定义了 float 属性的元素会覆盖到其他元素上，而被覆盖的区域将处于不可见状态。使用该属性能够实现内容环绕图片的效果。

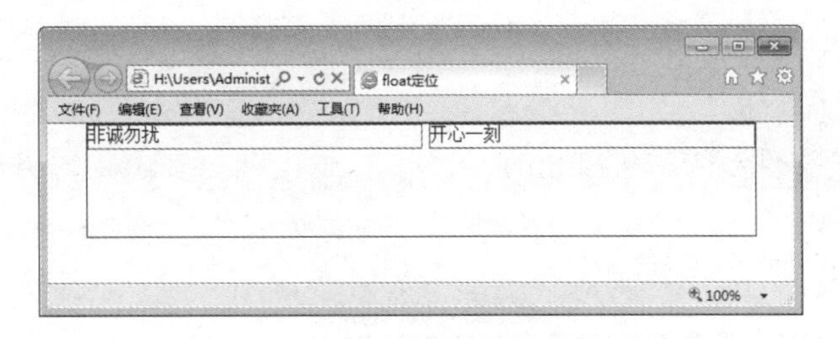

图 19-6 float 浮动布局

如果不想让 float 下面的其他元素浮动环绕在该元素周围，可以使用 CSS 3 的 clear 属性来清除这些浮动元素。

clear 属性的语法格式如下：

```
clear: none | left | right | both
```

其中，none 表示允许两边都可以有浮动对象，both 表示不允许有浮动对象，left 表示不允许左边有浮动对象，right 表示不允许右边有浮动对象。使用 float 以后，在必要的时候就需要通过 clear 语句清除 float 带来的影响，以免出现“其他 DIV 跟着浮动”的效果。

19.3 其他 CSS 布局定位方式

在了解了盒子的定位之后，下面再来介绍其他的 CSS 布局定位方式。

19.3.1 溢出(overflow)定位

如果元素框被指定了大小，而元素的内容不适合该大小，例如元素内容较多，元素框显示不下，此时就可以使用溢出属性 overflow 来控制这种情况。

overflow 属性的语法格式如下：

```
overflow: visible | auto | hidden | scroll
```

各属性值及其说明如表 19-3 所示。

表 19-3 overflow 属性

属 性 值	说 明
visible	若内容溢出，则溢出内容可见
hidden	若内容溢出，则溢出内容隐藏
scroll	保持元素框大小，在框内应用滚动条显示内容
auto	等同于 scroll，表示在需要时应用滚动条

overflow 属性适用于下列情况：

- 当元素有负边界时。
- 框宽宽于上级元素内容区，换行不被允许。
- 元素框宽于上级元素区域的宽度。

- 元素框高于上级元素区域高度。
- 元素定义了绝对定位

【例 19.7】(示例文件 ch19\19.7.html)

```
<!DOCTYPE html>
<html>
<head>
    <title>overflow 属性</title>
    <style>
    div{
        position: absolute;
        color: #445633;
        height: 200px;
        width: 30%;
        float: left;
        margin: 0px;
        padding: 0px;
        border-right: 2px dotted #cccccc;
        border-bottom: 2px solid #cccccc;
        padding-right: 10px;
        overflow: auto;
    }
    </style>
</head>
<body>
    <div>
        <p>综艺节目排名</p><p>1 非诚勿扰</p><p>2 康熙来了</p>
        <p>3 快乐大本营</p><p>4  娱乐大风暴</p><p>5 天天向上</p><p>6 爱情连连看</p>
        <p>7 锵锵三人行</p><p>8 我们约会吧</p>
    </div>
</body>
</html>
```

在 IE 9.0 中浏览，效果如图 19-7 所示，可以看到，在一个元素框中显示了多个元素，拉动显示的滚动条，可以查看全部元素。如果 overflow 设置为 hidden，则会隐藏多余元素。

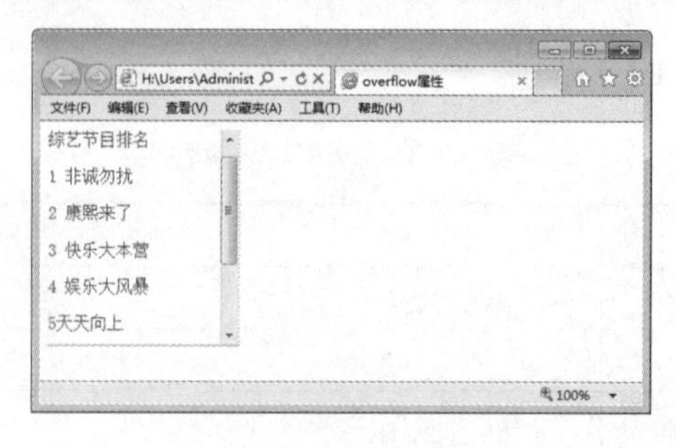

图 19-7　溢出定位

19.3.2　隐藏(visibility)定位

visibility 属性指定是否显示一个元素生成的元素框。这意味着元素仍占据其本来的空间，不过可以完全不可见，即设定了元素的可见性。

visibility 属性的语法格式如下：

```
visibility: inherit | visible | collapse | hidden
```

其属性值如表 19-4 所示。

表 19-4　visibility 属性

属 性 值	说　明
visible	元素可见
hidden	元素隐藏
collapse	主要用来隐藏表格的行或列。隐藏的行或列能够被其他内容使用。对于表格外的其他对象，其作用等同于 hidden

如果元素 visibility 属性的值设定为 hidden，则表现为元素隐藏，即不可见。但是，元素不可见并不等同于元素不存在，它仍旧会占有部分页面位置，影响页面的布局，就如同可见一样。换句话说，元素仍然处于页面中的某个位置上，只是无法看到它而已。

【例 19.8】(示例文件 ch19\19.8.html)

```
<!DOCTYPE html>
<html>
<head>
<title>float 属性</title>
<style type="text/css">
    .div{
        padding:5px;
    }
    .pic{
        float:left;
        padding:20px;
        visibility:visible;
    }
    h1{
        font-weight:bold;
        text-align:center
    }
</style>
</head>
<body>
<h1>插花</h1>
<div class="div">
    <div class="pic">
        <img src="08.jpg"  width=150px height=100px />
    </div>
    <p>插花就是把花插在瓶、盘、盆等容器里，而不是栽在这些容器中。所插的花材，或枝、或花、或叶，均不带根，只是植物体上的一部分，并且不是随便乱插的，而是根据一定的构思来选材，遵循一定的创作法则，插成一个优美的形体(造型)，借此表达一种主题，传递一种感情和情趣，使人看后赏心悦目，获得精神上的美感和愉快。</p>
    <p>在我国插花的历史源远流长，发展至今已为人们日常生活所不可缺少。一件成功的插花作品，并不是一定要选用名贵的花材、高价的花器。一般看来并不起眼的绿叶一个花蕾，甚至路边的野花野草常见的水果、蔬菜，都能插出一件令人赏心悦目的优秀作品来。使观赏者在心灵上产生共鸣的是创作者唯一的目的、如果不能产生共鸣那么这件作品也就失去了观赏价值。具体地说、即插花作品在视觉上首
```

```
先要立即引起一种感观和情感上的自然反应，如果未能立刻产生反应，那么摆在眼前的这些花材将无法吸引观者的目光。在插花作品中引起观赏者情感产生反应的要素有三点：一是创意[或称立意)、指的是表达什么主题，应选什么花材；二是构思(或称构图)，指的是这些花材怎样巧妙配置造型，在作品中充分展现出各自的美：三是插器，指的是与创意相配合的插花器皿。三者有机配合，作品便会给人以美的享受。</p>
</div>
</body>
</html>
```

在 IE 9.0 中浏览，效果如图 19-8 所示，可以看到，图片在左边显示，并被文本信息所环绕。此时 visibility 属性为 visible，表示图片可以看见。

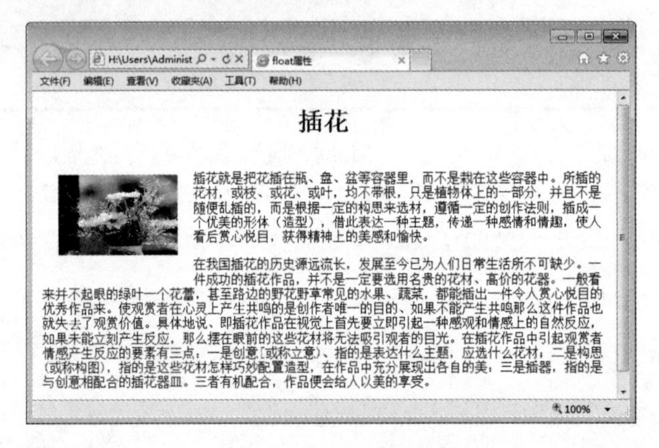

图 19-8　隐藏定位显示

19.3.3　z-index 空间定位

z-index 属性用于调整定位时重叠块的上下位置，与它的名称一样，想象页面为 x-y 轴，垂直于页面的方向为 z 轴，z-index 值大的页面位于其值小的页面的上方，如图 19-9 所示。

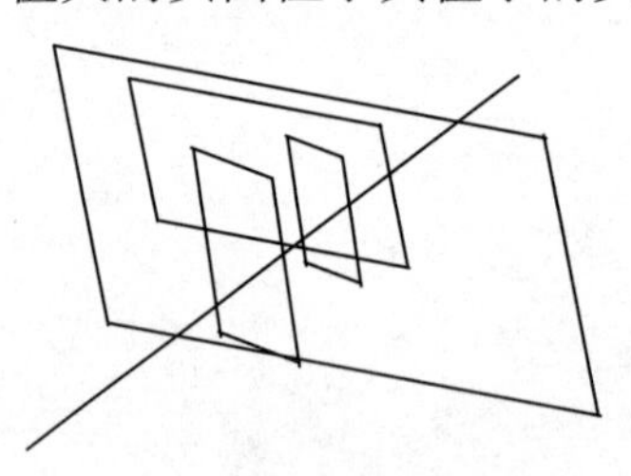

图 19-9　z-index 空间定位模型

【例 19.9】(示例文件 ch19\19.9.html)

```
<!DOCTYPE html>
<html>
<title>z-index 属性</title>
<style type="text/css">
<!--
body{
   margin: 10px;
   font-family: Arial;
```

```
    font-size: 13px;
}
#block1{
    background-color: #ff0000;
    border: 1px dashed#000000;
    padding: 10px;
    position: absolute;
    left: 20px;
    top: 30px;
    z-index: 1;      /*高低值 1*/
}
#block2{
    background-color: #ffc24c;
    border: 1px dashed#000000;
    padding: 10px;
    position: absolute;
    left: 40px;
    top: 50px;
    z-index: 0;        /*高低值 0*/
}
#block3{
    background-color: #c7ff9d;
    border: 1px dashed#000000;
    padding: 10px;
    position: absolute;
    left: 60px;
    top: 70px;
    z-index: -1;   /*高低值-1*/
}
-->
</style>
</head>
<body>
    <div id="block1">AAAAAAAAAA</div>
    <div id="block2">BBBBBBBBBB</div>
    <div id="block3">CCCCCCCCCC</div>
</body>
</html>
```

在上面的例子中，对 3 个有重叠关系的块分别设置了 z-index 的值，设置效果如图 19-10 所示。

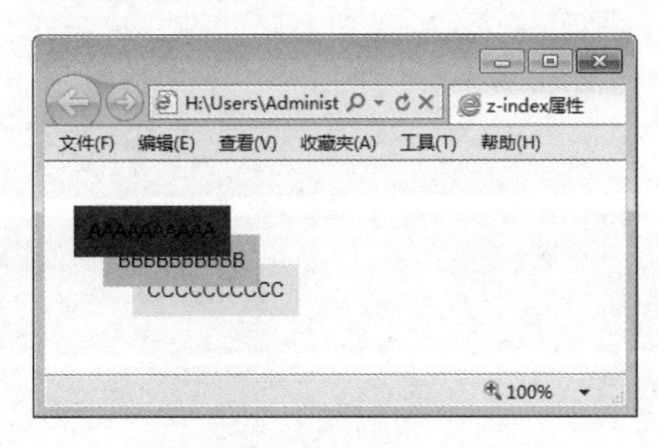

图 19-10　z-index 空间定位

19.4　新增的 CSS 3 多列布局

在 CSS 3 没有推出之前，网页设计者如果要设计多列布局，不外乎有两种方式，一种是浮动布局；另一种是定位布局。浮动布局比较灵活，但容易发生错位。定位布局可以精确地确定位置，不会发生错位，但无法满足模块的适应能力。为了解决多列布局的难题，CSS 3 新增了多列自动布局，目前支持多列自动布局的浏览器为火狐浏览器。

19.4.1　设置列宽度

在 CSS 3 中，可以使用 column-width 属性定义多列布局中每列的宽度，可以单独使用，也可以与其他多列布局属性组合使用。

column-width 的语法格式如下：

```
column-width: [<length> | auto]
```

其中属性值<length>是由浮点数和单位标识符组成的长度值，不可为负值。auto 根据浏览器计算值自动设置。

下面给出一个设计列宽度的例子。

【例 19.10】(示例文件 ch19\19.10.html)

```
<!DOCTYPE html>
<html>
<head>
<title>多列布局属性</title>
<style>
body{
    -moz-column-width: 300px; /*兼容 Webkit 引擎，指定列宽是 300 像素*/
    column-width: 300px;  /*CSS 3 标准化，指定列宽是 300 像素*/
}
h1{
    color: #333333;
    background-color: #DCDCDC;
    padding: 5px 8px;
    font-size: 20px;
    text-align: center;
    padding: 12px;
}
h2{
    font-size: 16px;
    text-align: center;
}
p{color:#333333;font-size:14px;line-height:180%;text-indent:2em;}
</style>
</head>
<body>
<h1>支付宝新动向</h1>
<h2>支付宝进军农村支付市场</h2>
<p>12 月 19 日下午消息，支付宝公司确认，已于今年 7 月成立了新农村事业部，意在扩展三四线城市
```

```
和农村的非电商类的用户规模。</p>
<p>支付宝方面表示，支付宝的新农村事业部目前在农村的拓展将分两路并进，分别是农村便民支付普及和农村金融服务合作。</p>
<p>农村便民支付普及方面，支付宝计划与各大农商行、电信经销网点合作，为农村用户提供各种支付应用的指导和咨询服务，从而实现网络支付的农村普及。</p>
….
</body>
</html>
```

在上面代码的 body 标记选择器中，使用 column-width 指定了要显示的多列布局的每列的宽带。下面分别定义标题 h1、h3 和段落 p 的样式，例如字体大小、字体颜色、行高和对齐方式等。

在 Firefox 中浏览，效果如图 19-11 所示，可以看到页面文章分为两列显示，列宽相同。

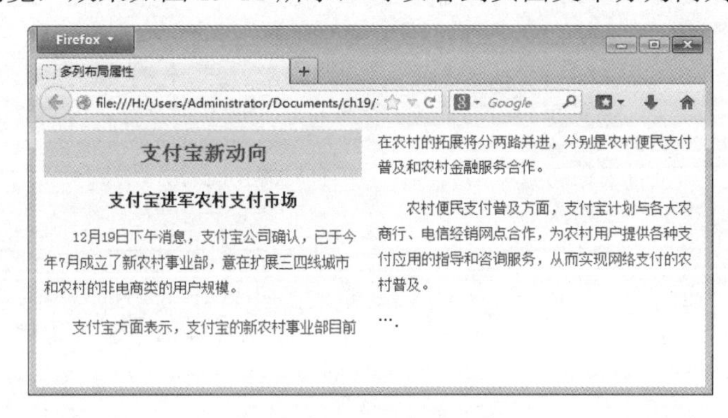

图 19-11 设置列宽度

19.4.2 设置列数

在 CSS 3 中，可以直接使用 column-count 指定多列布局的列数，而不需要通过列宽度自动调整列数。

column-count 语法格式如下：

```
column-count: auto | <integer>
```

上面的属性值<integer>表示值是一个整数，用于定义栏目的列数，取值为大于 0 的整数。不可以为负值。auto 属性值表示根据浏览器计算值自动设置。

下面给出一个设计页面列数的例子。

【例 19.11】(示例文件 ch19\19.11.html)

```
<!DOCTYPE html>
<html>
<head>
<title>多列布局属性</title>
<style>
body{
    -moz-column-count: 4; /*Webkit 引擎定义多列布局列数*/
    column-count: 3; /*CSS 3 标准定义多列布局列数*/
}
h1{
```

```
    color: #333333;
    background-color: #DCDCDC;
    padding: 5px 8px;
    font-size: 20px;
    text-align: center;
    padding: 12px;
}
h2{
    font-size: 16px;
    text-align: center;
}
p{color:#333333;font-size:14px;line-height:180%;text-indent:2em;}
</style>
</head>
<body>
<h1>支付宝新动向</h1>
<h2>支付宝进军农村支付市场</h2>
<p>12 月 19 日下午消息，支付宝公司确认，已于今年 7 月成立了新农村事业部，意在扩展三四线城市和农村的非电商类的用户规模。</p>
<p>支付宝方面表示，支付宝的新农村事业部目前在农村的拓展将分两路并进，分别是农村便民支付普及和农村金融服务合作。</p>
<p>农村便民支付普及方面，支付宝计划与各大农商行、电信经销网点合作，为农村用户提供各种支付应用的指导和咨询服务，从而实现网络支付的农村普及。</p>
<p>比如，新农村事业部会与一些贷款公司和涉农机构合作。贷款机构将资金通过支付宝借贷给农户，资金不流经农户之手而是直接划到卖房处。比如，农户需要贷款购买化肥，那贷款机构的资金直接通过支付宝划到化肥商家处。
这种贷后资金监控合作模式能够确保借款资金定向使用，降低法律和坏账风险。此外，可以减少涉事公司大量人工成本，便于公司信息数据统计，并完善用户的信用记录。
支付宝方面认为，三四线城市和农村市场已经成为电商和支付企业的下一个金矿。2012 年淘宝天猫的交易额已经突破 1 万亿，其中三四线以下地区的增长速度超过 60%，远高于一二线地区。</p>
</body>
</html>
```

上面的 CSS 代码除了 column-count 属性设置外，其他样式属性与上一个例子基本相同，就不介绍了。

在 Firefox 中浏览，效果如图 19-12 所示，可以看到页面根据指定的情况，显示了 4 列布局，其布局宽度由浏览器自动调整。

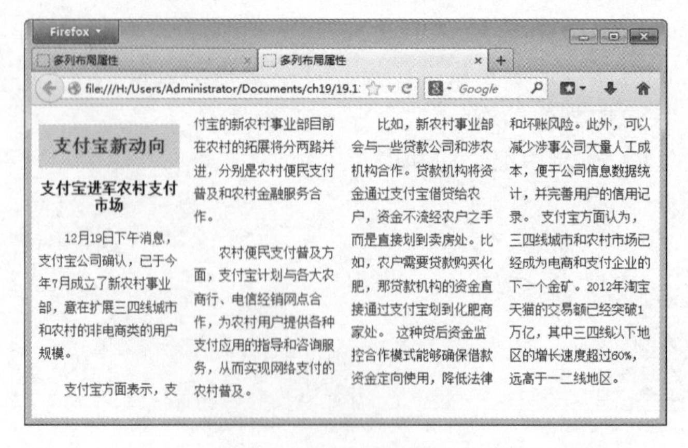

图 19-12　设置列数

19.4.3 设置列间距

在多列布局中，可以根据内容和喜好的不同，调整多列布局中列之间的距离，从而完成整体版式规划。在 CSS 3 中，column-gap 属性用于定义两列之间的间距。

column-gap 的语法格式如下：

```
column-gap: normal | <length>
```

其中，属性值 normal 表示根据浏览器默认设置进行解析，一般为 1em；属性值<length>表示值是由浮点数和单位标识符组成的长度值，不可为负值。

下面给出一个设置列间距的例子。

【例 19.12】(示例文件 ch19\19.12.html)

```
<!DOCTYPE html>
<html>
<head>
<title>多列布局属性</title>
<style>
body{
   -moz-column-count: 2; /*Webkit 引擎定义多列布局列数*/
   column-count: 2; /*CSS 3 定义多列布局列数*/
   -moz-column-gap: 5em; /*Webkit 引擎定义多列布局列间距*/
   column-gap: 5em; /*CSS 3 定义多列布局列间距*/
   line-height: 2.5em;
}
h1{
   color: #333333;
   background-color: #DCDCDC;
   padding: 5px 8px;
   font-size: 20px;
   text-align: center;
   padding: 12px;
}
h2{
   font-size: 16px;
   text-align: center;
}
p{color:#333333;font-size:14px;line-height:180%;text-indent:2em;}
</style>
</head>
<body>
<h1>支付宝新动向</h1>
<h2>支付宝进军农村支付市场</h2>
<p>12 月 19 日下午消息，支付宝公司确认，已于今年 7 月成立了新农村事业部，意在扩展三四线城市和农村的非电商类的用户规模。</p>
<p>支付宝方面表示，支付宝的新农村事业部目前在农村的拓展将分两路并进，分别是农村便民支付普及和农村金融服务合作。</p>
<p>农村便民支付普及方面，支付宝计划与各大农商行、电信经销网点合作，为农村用户提供各种支付应用的指导和咨询服务，从而实现网络支付的农村普及。</p>
</body>
</html>
```

上面的代码中，使用-moz-column-count 私有属性设定了多列布局的列数，-moz-column-gap 私有属性设定列间距为 5em，行高为 2.5em。

在 Firefox 中浏览，效果如图 19-13 所示，可以看到，页面还是分为两个列，但列之间的距离比原来增大了不少。

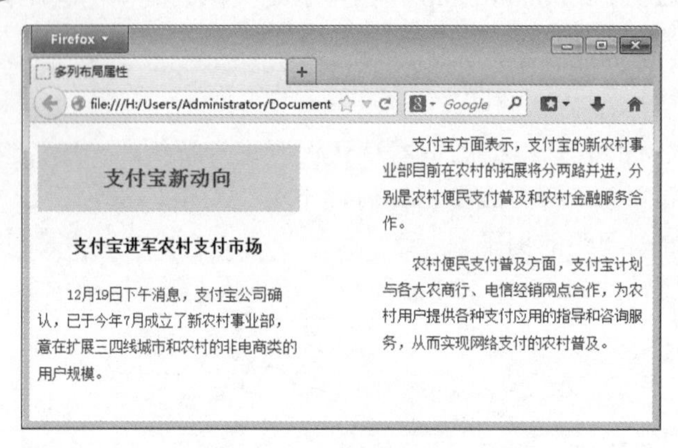

图 19-13 设置列间距

19.4.4 设置列边框样式

在 CSS 3 中，边框样式使用 column-rule 属性来定义，包括边框宽度、边框颜色和边框样式等。

column-rule 的语法格式如下：

```
column-rule: <length> | <style> | <color>
```

其中属性值的含义如表 12-5 所示。

表 12-5 column-rule 属性

属性值	含义
<length>	由浮点数和单位标识符组成的长度值，不可为负值。 用于定义边框宽度，其功能与 column-rule-width 属性相同
<style>	定义边框样式，其功能与 column-rule-style 属性相同
<color>	定义边框颜色，功能与 column-rule-color 属性相同

下面给出一个设置列边框样式的例子。

【例 19.13】(示例文件 ch19\19.13.html)

```
<!DOCTYPE html>
<html>
<head>
<title>多列布局属性</title>
<style>
body{
    -moz-column-count: 3;
    column-count: 3;
```

```
    -moz-column-gap: 3em;
    column-gap: 3em;
    line-height: 2.5em;
    -moz-column-rule: dashed 2px gray; /*Webkit 引擎定义多列布局边框样式*/
    column-rule: dashed 2px gray; /*CSS 3 定义多列布局边框样式*/
}
h1{
    color: #333333;
    background-color: #DCDCDC;
    padding: 5px 8px;
    font-size: 20px;
    text-align: center;
    padding: 12px;
}
h2{
    font-size: 16px;
    text-align: center;
}
p{color:#333333;font-size:14px;line-height:180%;text-indent:2em;}
</style>
</head>
<body>
<h1>支付宝新动向</h1>
<h2>支付宝进军农村支付市场</h2>
<p>12 月 19 日下午消息，支付宝公司确认，已于今年 7 月成立了新农村事业部，意在扩展三四线城市和农村的非电商类的用户规模。</p>
<p>支付宝方面表示，支付宝的新农村事业部目前在农村的拓展将分两路并进，分别是农村便民支付普及和农村金融服务合作。</p>
<p>农村便民支付普及方面，支付宝计划与各大农商行、电信经销网点合作，为农村用户提供各种支付应用的指导和咨询服务，从而实现网络支付的农村普及。</p>
</body>
</html>
```

在 body 标记选择器中定义了多列布局的列数、列间距和列边框样式，其边框样式是灰色破折线样式，宽度为 2 像素。

在 Firefox 中浏览，效果如图 19-14 所示，可以看到，页面列之间添加了一个边框，其样式为虚线。

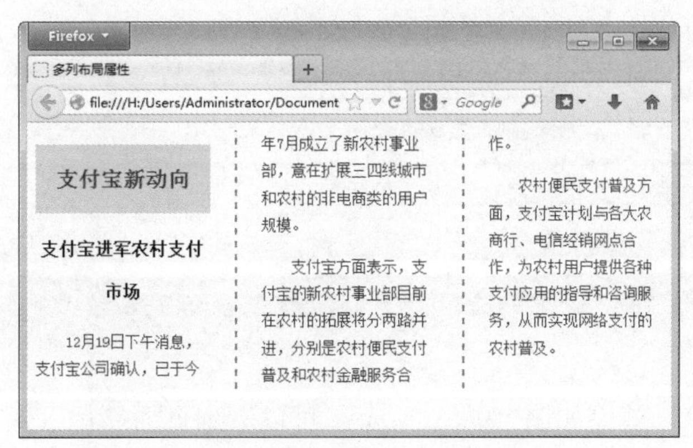

图 19-14 设置列边框的样式

19.5　综合示例——定位网页布局样式

一个美观大方的页面，必然是一个布局合理的页面。左右布局是网页中比较常见的一种方式，即根据信息种类不同，将信息分别在当前页面左右侧显示。本例将利用前面学习的知识，创建一个左右布局的页面。具体步骤如下。

step 01 分析需求。

首先需要将整个页面分为左右两个模块，左模块放置一类信息，右模块放置一类信息。可以设定其宽度和高度。

step 02 创建 HTML 页面，实现基本列表。

创建 HTML 页面，同时用 DIV 在页面中划分左边 div 层和右边 div 层两个区域，并且将信息放入到相应的 div 层中，注意 div 层内引用 CSS 样式名称：

```
<!DOCTYPE html>

<html>
<head>
<title>布局</title>
</head>
<body>
<center>
<div class="big">
  <p class=pp>女人</p>
  <div class="left">
    <h1>女人</h1>
    <p> ·男人性福告白：女人的性感与年龄成正比 09:59 </p>
    <p> ·六类食物能有效对抗紫外线 11:15 </p>
    <p> ·打造夏美人 受 OL 追捧的清爽发型 10:05 </p>
    <p> ·美丽帮帮忙：别让大油脸吓跑男人 09:47 </p>
    <p> ·简约雪纺清凉衫 百元搭出欧美范儿 14:51 </p>
    <p> ·花边连衣裙超勾人 7 月穿搭出新意 11:04 </p>
  </div>
  <div class="right">
    <h1>健康</h1>
    <p> ·女性养生：让女人老得快的 10 个原因 19:18 </p>
    <p> ·养生盘点：喝豆浆的九大好处和七大禁忌 09:14</p>
    <p> ·养生警惕：14 个护肤心理“错”觉 19:57</p>
    <p> ·柿子番茄骨汤 8 种营养师最爱的食物 15:16</p>
    <p> ·夏季养生指南：“夫妻菜”宜常吃 10:48 </p>
    <p> ·10 条食疗养生方法，居家宅人的养生经 13:54 </p>
  </div>
</div>
</center>
</body>
</html>
```

在 IE 9.0 中浏览，效果如图 19-15 所示，可以看到页面显示了两个模块，分别是“女人”和“健康”，二者上下排列。

step 03 添加 CSS 代码，修饰整体样式和 div 层：

```
<style>
*{
   padding: 0px;
   margin: 0px;
}body {
   font: "宋体";
   font-size: 18px;
}
.big{
   width: 570px;
   height: 210px;
   border: #C1C4CD 1px solid;
}
</style>
```

在 IE 9.0 中浏览，效果如图 19-16 所示，可以看到，页面字体比原来的字体变小了，并且大的 div 显示了边框。

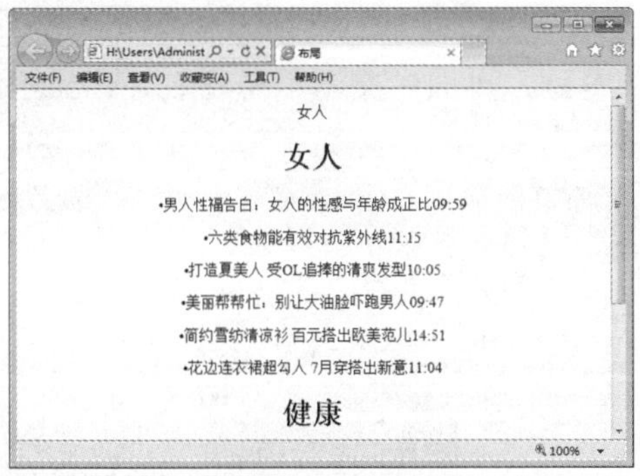

图 19-15　上下排列

图 19-16　修饰整体样式

step 04 添加 CSS 代码，设置两个层左右并列显示：

```
.left{
   width: 280px;
   float: right; //设置右边悬浮
   border: #C1C4CD 1px solid;
}
.right{
   width: 280px;
   float: left; //设置左边悬浮
   margin-left: 6px;
   border: #C1C4CD 1px solid;
}
```

在 IE 9.0 中浏览，效果如图 19-17 所示，可以看到，页面中，文本信息左右并列显示，但字体没有发生变化。

step 05 添加 CSS 代码，定义文本样式：

```
h1{
   font-size: 14px;
   padding-left: 10px;
   background-color: #CCCCCC;
```

```
    height: 20px;
    line-height: 20px;
}
p{
    margin: 5px;
    line-height: 18px;
    color: #2F17CD;
}
.pp{
    width: 570px;
    text-align: left;
    height: 20px;
    background-color: D5E7FD;
    position: relative;
    left: -3px;
    top: -3px;
    font-size: 16px;
    text-decoration: underline;
}
```

在 IE 9.0 中浏览，效果如图 19-18 所示，可以看到，页面中文本信息左右并列显示，其字体颜色为蓝色，行高为 18 像素。

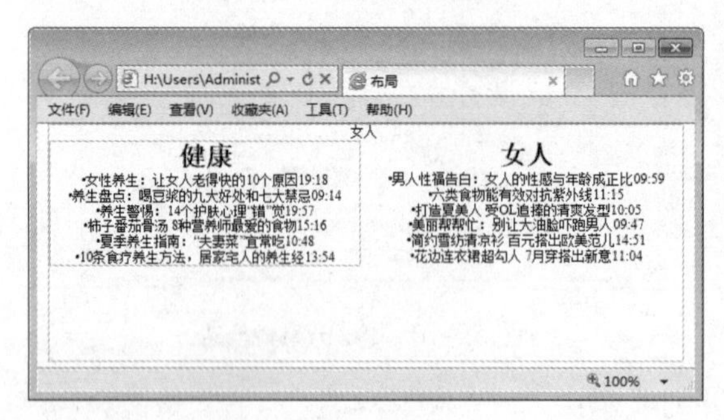

图 19-17　设置左右悬浮

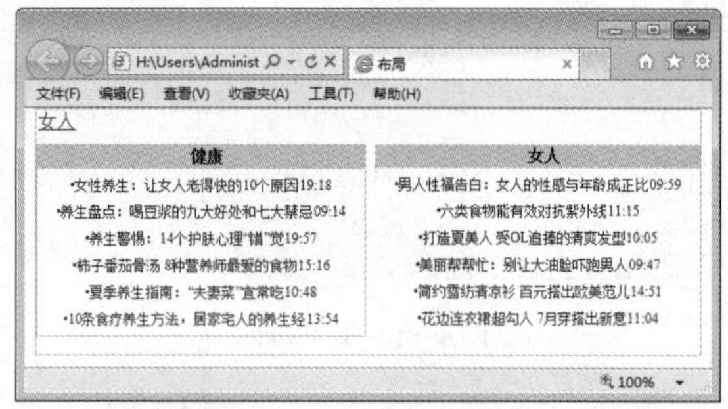

图 19-18　文本修饰样式

19.6　上机练习——制作阴影文字效果

下面结合前面所学的知识，来制作阴影文字效果。具体的操作步骤如下。

step 01 打开记事本文件，在其中输入如下代码：

```
<!DOCTYPE html>

<html>
<head>
<title>文字阴影效果</title>
<style type="text/css">
<!--
body{
    margin: 15px;
    font-family: 黑体;
    font-size: 60px;
```

```
    font-weight: bold;
}
#block1{
    position: relative;
    z-index: 1;
}
#block2{
    /*阴影颜色*/
    color: #AAAAAA;
    /*移动阴影*/
    position: relative;
    top: -1.06em;
    /*阴影重叠关系*/
    left: 0.1em;
    z-index: 0;
}
-->
</style>
</head>
<body>
<div id="father">
    <div id="block1">定位阴影效果</div>
    <div id="block2">定位阴影效果</div>
</div>
</body>
</html>
```

step 02 在 IE 9.0 中浏览，效果如图 19-19 所示，可以看到，文字显示为阴影效果。

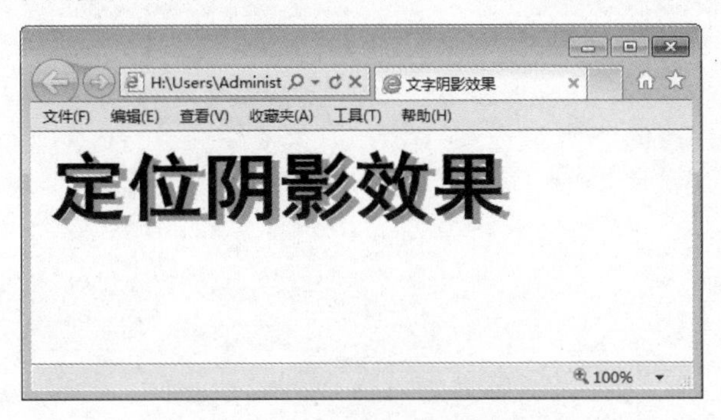

图 19-19 文字阴影效果

19.7 专 家 答 疑

疑问 1：div 如何居中显示？

如果想让 div 居中显示，需要把 margin 的属性参数设置为块参数的一半数值。举例说，如果 div 的宽度和高度分别为 500px 和 400px，在需要设置以下参数：

```
margin-left: -250px;
margin-top: -200px;
```

疑问 2：position 设置对 CSS 布局有何影响？

CSS 属性中常见的 4 个属性是 top、right、bottom 和 left，表示的是块在页面中的具体位置，但是这些属性的设置必须与 position 配合使用，才会产生效果。当 position 属性设置为 relative 时，上述 CSS 的 4 个属性表示各个边界离原来位置的距离；当 position 属性设置为 absolute 时，表示的是块的各个边界离页面边框的距离。然而，当 position 属性设置为 static 时，则上述 4 个属性的设置不能生效，子块的位置也不会发生变化。

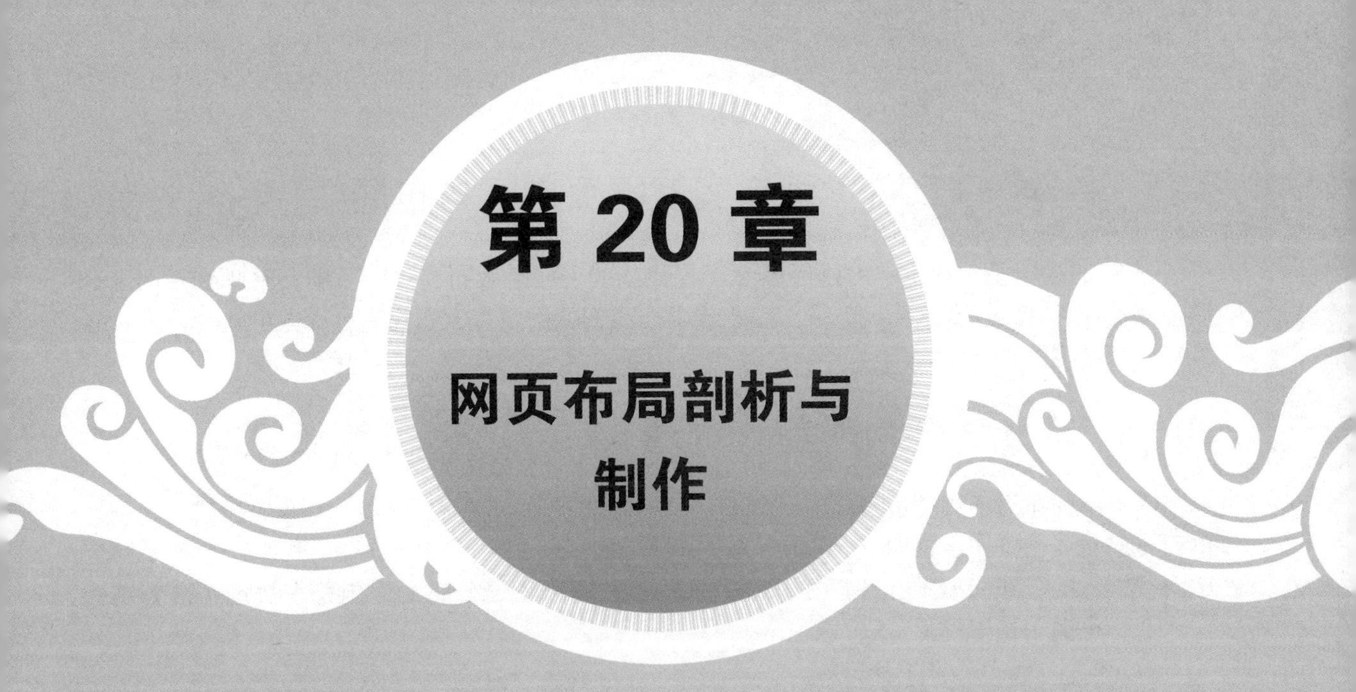

使用 CSS + DIV 布局，可以使网页结构清晰化，并将内容、结构与表现相分离，以方便设计人员对网页进行改版和引用数据。本章就来对网页布局进行剖析，并制作相关的网页布局样式。

20.1　固定宽度网页剖析与布局

CSS 的排版是一种全新的排版理念，与传统的表格排版布局完全不同，首先在页面上分块，然后应用 CSS 属性重新定位。在本节中，我们就固定宽度布局进行深入的讲解，使读者能够熟练掌握这些方法。

20.1.1　示例 1——网页单列布局模式

网页单列布局模式是最简单的一种布局形式，也被称为“网页 1-1-1 型布局模式”。制作单列布局网页的操作步骤如下。

step 01 打开记事本文件，在其中输入如下代码，该段代码的作用是在页面中放置第一个圆角矩形框：

```
<!DOCTYPE html>
<head>
<title>单列网页布局</title>
</head>
<body>
<div class="rounded">
    <h2>页头</h2>
    <div class="main">
        <p>
        锄禾日当午，汗滴禾下土<br/>
        锄禾日当午，汗滴禾下土</p>
    </div>
    <div class="footer">
        <p></p>
    </div>
</div>
</body>
</html>
```

代码中这组<div>……</div>之间的内容是固定结构的，其作用就是实现一个可以变化宽度的圆角框。在 IE 9.0 中浏览，效果如图 20-1 所示。

step 02 设置圆角框的 CSS 样式。为了实现圆角框效果，加入如下样式代码：

```
<style>
body {
    background: #FFF;
    font: 14px 宋体;
    margin: 0;
    padding: 0;
}
.rounded {
    background: url(images/left-top.gif) top left no-repeat;
    width: 100%;
}
.rounded h2 {
```

```
    background: url(images/right-top.gif) top right no-repeat;
    padding: 20px 20px 10px;
    margin: 0;
}
.rounded .main {
    background: url(images/right.gif) top right repeat-y;
    padding: 10px 20px;
    margin: -20px 0 0 0;
}
.rounded .footer {
    background: url(images/left-bottom.gif) bottom left no-repeat;
}
.rounded .footer p {
    color: red;
    text-align: right;
    background: url(images/right-bottom.gif) bottom right no-repeat;
    display: block;
    padding: 10px 20px 20px;
    margin: -20px 0 0 0;
    font: 0/0;
}
</style>
```

在代码中定义了整个盒子的样式，如文字大小等，其后的 5 段以.rounded 开头的 CSS 样式都是为实现圆角框进行的设置。

这段 CSS 代码在后面的制作中，都不需要调整，直接放置在<style></style>之间即可，在 IE 9.0 中浏览，效果如图 20-2 所示。

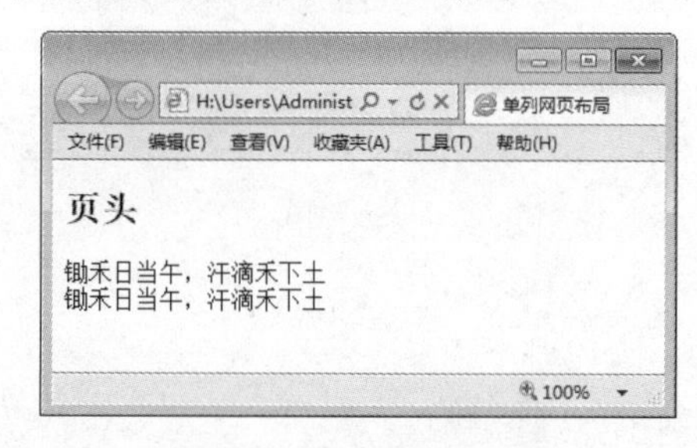

图 20-1　初步使用 DIV

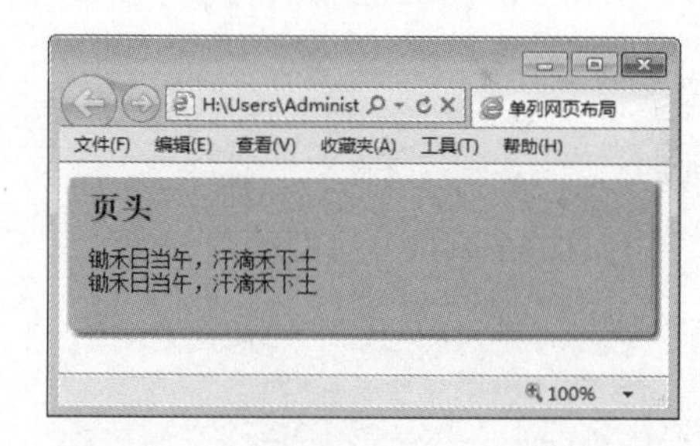

图 20-2　设置圆角框的 CSS 样式后

step 03 设置网页固定宽度。为该圆角框单独设置一个 id，把针对它的 CSS 样式放到这个 id 的样式定义部分。设置 margin 实现在页面里居中，并用 width 属性确定固定宽度，代码如下：

```
#header {
    margin: 0 auto;
    width: 760px;
}
```

注意：这个宽度不要设置在“.rounded”相关的 CSS 样式中，因为该样式会被页面中的各个部分公用，如果设置了固定宽度，其他部分就不能正确显示了。

另外，在 HTML 部分的<div class=“rounded”>...</div>外面套一个 div，代码如下：

```
<div id="header">
    <div class="rounded">
        <h2>页头</h2>
        <div class="main">
            <p>
            锄禾日当午，汗滴禾下土<br/>
            锄禾日当午，汗滴禾下土</p>
        </div>
        <div class="footer">
            <p></p>
        </div>
    </div>
</div>
```

在 IE 9.0 中浏览，效果如图 20-3 所示。

图 20-3　套一个 div 后

step 04 设置其他圆角矩形框。将放置的圆角框再复制出两个，并分别设置 id 为“content”和“footer”，分别代表“内容”和“页脚”。完整的页面框架代码如下：

```
<div id="header">
    <div class="rounded">
        <h2>页头</h2>
        <div class="main">
            <p>
            锄禾日当午，汗滴禾下土<br/>
            锄禾日当午，汗滴禾下土</p>
        </div>
        <div class="footer">
            <p></p>
        </div>
    </div>
</div>
<div id="content">
    <div class="rounded">
        <h2>正文</h2>
        <div class="main">
            <p>
            锄禾日当午，汗滴禾下土<br />
            锄禾日当午，汗滴禾下土</p>
        </div>
        <div class="footer">
            <p>
            查看详细信息&gt;&gt;
            </p>
        </div>
```

```
    </div>
</div>
<div id="pagefooter">
    <div class="rounded">
        <h2>页脚</h2>
        <div class="main">
            <p>
            锄禾日当午，汗滴禾下土</p>
        </div>
        <div class="footer">
            <p></p>
        </div>
    </div>
</div>
```

修改 CSS 样式代码如下：

```
#header,#pagefooter,#content{
    margin: 0 auto;
    width: 760px;
}
```

从 CSS 代码中可以看到，3 个 div 的宽度都设置为固定值 760 像素，并且通过设置 margin 的值来实现居中放置，即左右 margin 都设置为 auto。在 IE 9.0 中的浏览效果如图 20-4 所示。

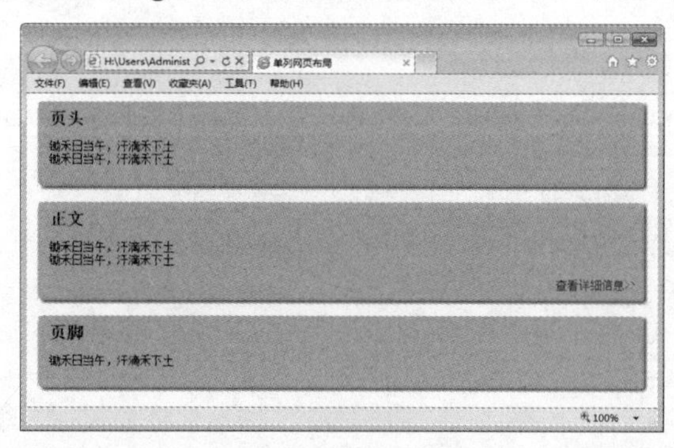

图 20-4　最终效果

20.1.2　示例 2——网页 1-2-1 型布局模式

网页 1-2-1 型布局模式是网页制作中最常用的一种模式，模式结构如图 20-5 所示。

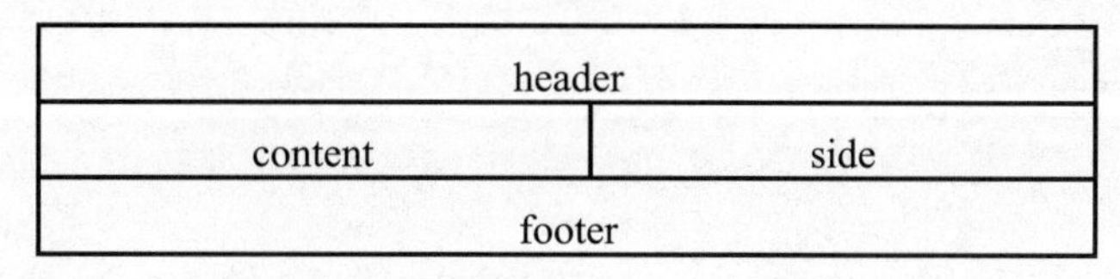

图 20-5　网页 1-2-1 型布局模式的结构

这里，在布局结构中增加了一个“side”栏。但是在通常状况下，两个 div 只能竖直排列。为了让 content 和 side 能够水平排列，必须把它们放到另一个 div 中，然后使用浮动或者绝对定位的方法，使 content 和 side 并列起来。

制作网页 1-2-1 型布局的操作步骤如下。

step 01 修改网页单列布局的结果代码。这一步用上小节完成的结果作为素材，在 HTML 中把 content 部分复制出一个新的，这个新的 id 设置为 side。然后在它们的外面套一个 div，命名为“container”，修改部分的框架代码如下：

```
<div id="container">
    <div id="content">
        <div class="rounded">
            <h2>正文 1</h2>
            <div class="main">
                <p>
                锄禾日当午，汗滴禾下土<br />
                锄禾日当午，汗滴禾下土</p>
            </div>
            <div class="footer">
                <p>
                查看详细信息&gt;&gt;
                </p>
            </div>
        </div>
    </div>
    <div id="side">
        <div class="rounded">
            <h2>正文 2</h2>
            <div class="main">
                <p>
                锄禾日当午，汗滴禾下土<br />
                锄禾日当午，汗滴禾下土</p>
            </div>
            <div class="footer">
                <p>
                查看详细信息&gt;&gt;
                </p>
            </div>
        </div>
    </div>
</div>
```

修改 CSS 样式代码如下：

```
#header,#pagefooter,#container{
    margin: 0 auto;
    width: 760px;
}
#content{}
#side{}
```

从上述代码中可以看出，#container、#header、#pagefooter 并列使用相同的样式，#content、#side 的样式暂时先空着，这时的效果如图 20-6 所示。

step 02 实现正文 1 与正文 2 的并列排列。这里有两种方法来实现，首先使用绝对定位法来实现，具体的代码如下：

```
#header,#pagefooter,#container{
    margin: 0 auto;
    width: 760px;
}
#container{
    position: relative;
}
#content{
    position: absolute;
    top: 0;
    left: 0;
    width: 500px;
}
#side{
    margin: 0 0 0 500px;
}
```

在上述代码中，为了使#content 能够使用绝对定位，必须考虑用哪个元素作为它的定位基准。显然应该是 container 这个 div。因此将#container 的 position 属性设置为 relative，使它成为下级元素的绝对定位基准，然后将#content 这个 div 的 position 设置为 absolute，即绝对定位，这样它就脱离了标准流，#side 就会向上移动占据原来#content 所在的位置。将#content 的宽度和#side 的左 margin 设置为相同的数值，就正好可以保证它们并列紧挨着放置，且不会相互重叠。运行结果如图 20-7 所示。

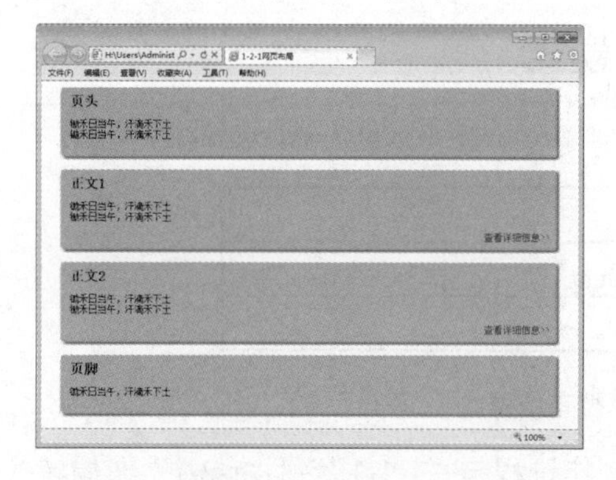

图 20-6 初步使用 DIV

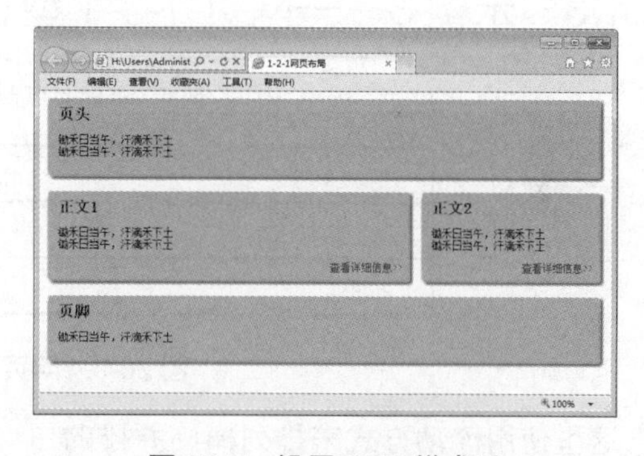

图 20-7 设置 CSS 样式后

step 03 实现正文 1 与正文 2 的并列排列，使用浮动法来实现。在 CSS 样式部分稍做修改，加入如下样式代码：

```
#content{
    float: left;
    width: 500px;
}
#side{
    float: left;
    width: 260px;
}
```

运行结果如图 20-8 所示。

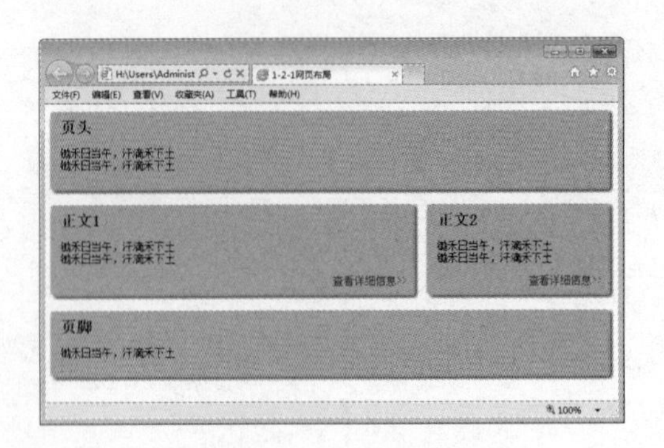

图 20-8　最终效果

使用浮动法修改正文布局模式非常灵活，例如要 side 从页面右边移动左边，即交换与 content 的位置，只需要稍微修改一下 CSS 代码，即可以实现，代码如下：

```
#content{
   float: right;
   width: 500px;
}
#side{
   float: left;
   width: 260px;
}
```

20.1.3　示例 3——网页 1-3-1 型布局模式

网页 1-3-1 型布局模式也是网页制作中最常用的模式，模式结构如图 20-9 所示。

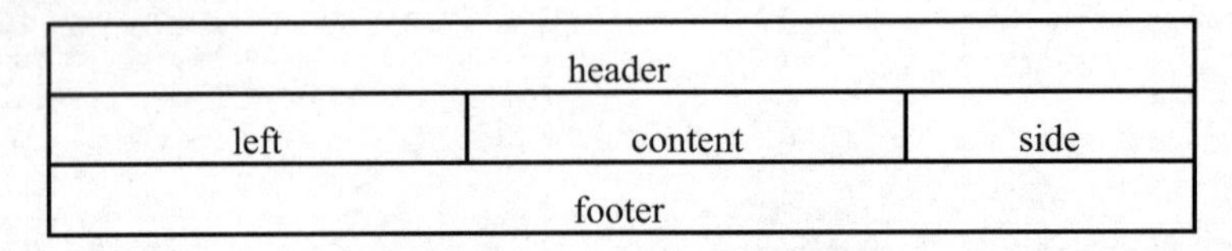

图 20-9　网页 1-3-1 型布局模式

这里使用浮动方式来排列横向并排的 3 栏，制作过程与“1-1-1”到“1-2-1”布局转换一样，只要控制好#left、#content、#side 这 3 栏都使用浮动方式，3 列的宽度之和正好等于总宽度即可。具体过程不再详述，制作完之后的代码如下：

```
<!DOCTYPE html>
<head>
<title>1-3-1 固定宽度布局</title>
<style type="text/css">
body {
   background: #FFF;
   font: 14px 宋体;
   margin: 0;
   padding: 0;
}
.rounded {
   background: url(images/left-top.gif) top left no-repeat;
```

```
    width: 100%;
}
.rounded h2 {
    background: url(images/right-top.gif) top right no-repeat;
    padding: 20px 20px 10px;
    margin: 0;
}
.rounded .main {
    background: url(images/right.gif) top right repeat-y;
    padding: 10px 20px;
    margin: -20px 0 0 0;
}
.rounded .footer {
    background: url(images/left-bottom.gif) bottom left no-repeat;
}
.rounded .footer p {
    color: red;
    text-align: right;
    background: url(images/right-bottom.gif) bottom right no-repeat;
    display: block;
    padding: 10px 20px 20px;
    margin: -20px 0 0 0;
    font: 0/0;
}
#header,#pagefooter,#container{
    margin: 0 auto;
    width: 760px;
}
#left{
    float: left;
    width: 200px;
}
#content{
    float: left;
    width: 300px;
}
#side{
    float: left;
    width: 260px;
}

#pagefooter{
    clear: both;
}
</style>
</head>
<body>
<div id="header">
    <div class="rounded">
        <h2>页头</h2>
        <div class="main">
            <p>
            锄禾日当午，汗滴禾下土<br/>
            锄禾日当午，汗滴禾下土</p>
```

```
        </div>
        <div class="footer">
            <p></p>
        </div>
    </div>
</div>
<div id="container">
    <div id="left">
        <div class="rounded">
            <h2>正文</h2>
            <div class="main">
                <p>
                锄禾日当午，汗滴禾下土<br />
                锄禾日当午，汗滴禾下土
                </p>
            </div>
            <div class="footer">
                <p>
                查看详细信息&gt;&gt;
                </p>
            </div>
        </div>
    </div>
    <div id="content">
        <div class="rounded">
            <h2>正文 1</h2>
            <div class="main">
                <p>
                锄禾日当午，汗滴禾下土<br />
                锄禾日当午，汗滴禾下土
                </p>
            </div>
            <div class="footer">
                <p>
                查看详细信息&gt;&gt;
                </p>
            </div>
        </div>
    </div>
    <div id="side">
        <div class="rounded">
            <h2>正文 2</h2>
            <div class="main">
                <p>
                锄禾日当午，汗滴禾下土<br />
                锄禾日当午，汗滴禾下土
                </p>
            </div>
            <div class="footer">
                <p>
                查看详细信息&gt;&gt;
                </p>
            </div>
        </div>
```

```
    </div>
</div>
<div id="pagefooter">
    <div class="rounded">
        <h2>页脚</h2>
        <div class="main">
            <p>
            锄禾日当午，汗滴禾下土
            </p>
        </div>
        <div class="footer">
            <p></p>
        </div>
    </div>
</div>
</body>
</html>
```

在 IE 9.0 浏览器中浏览，效果如图 20-10 所示。

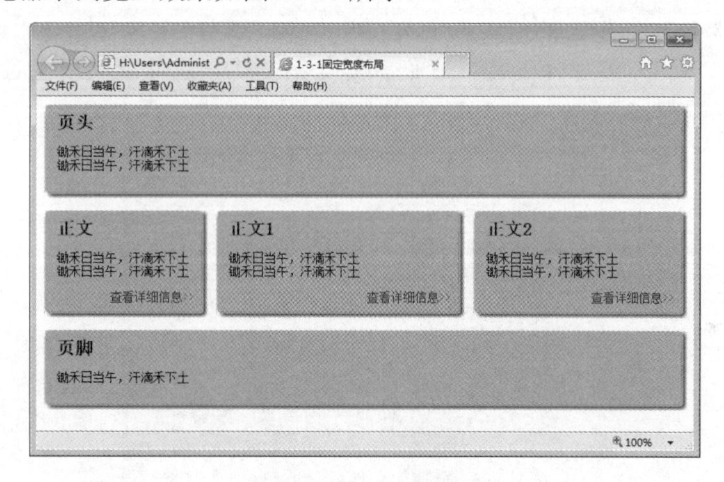

图 20-10　最终效果

20.2　自动缩放网页 1-2-1 型布局模式

变宽度的布局要比固定宽度的布局复杂一些，根本原因在于宽度不确定，导致很多参数无法确定，必须使用一些技巧来完成。对于一个“1-2-1”变宽度的布局样式，会产生两种不同的情况：第一是这两列按照一定的比例同时变化；第二是一列固定，另一列变化。

20.2.1　示例 4——“1-2-1”等比例变宽布局

对于等比例变宽布局样式，可以在前面制作的固定宽度网页布局样式中的“1-2-1”浮动法布局的基础上完成本案例。

原来的“1-2-1”浮动布局中的宽度都是用像素数值确定的固定宽度，下面就来对它进行改造，使它能够自动调整各个模块的宽度。

具体的代码如下。

```
#header,#pagefooter,#container{
    margin: 0 auto;
    Width: 768px; /*删除原来的固定宽度*/
    width: 85%;  /*改为比例宽度*/
}
#content{
    float: right;
    Width: 500px; /*删除原来的固定宽度*/
    width: 66%;  /*改为比例宽度*/
}
#side{
    float: left;
    width: 260px; /*删除原来的固定宽度*/
    width: 33%;  /*改为比例宽度*/
}
```

在 IE 9.0 浏览器中预览，效果如图 20-11 所示。在这个页面中，网页内容的宽度为浏览器窗口宽度的 85%，页面中左侧的边栏的宽度和右侧的内容栏的宽度保持 1:2 的比例，可以看到，无论浏览器窗口宽度如何变化，它们都等比例变化。这样就实现了各个 div 的宽度都会等比例适应浏览器窗口。

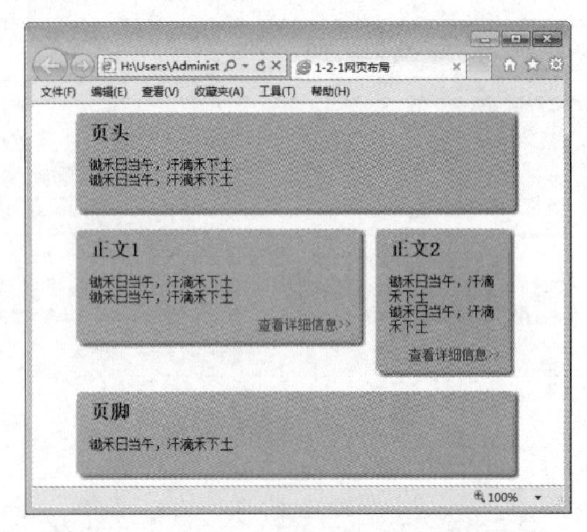

图 20-11　实现“1-2-1”等比例变宽布局

注意

在实际应用中还需要注意以下两点：

- 确保不要使一列或多个列的宽度太大，以至于其内部的文字行宽太宽，造成阅读困难。
- 圆角框的最宽宽度的限制，这种方法制作的圆角框如果超过一定宽度，就会出现裂缝。

20.2.2　示例 5——“1-2-1”单列变宽布局

“1-2-1”单列变宽布局样式是常用的网页布局样式，用户可以通过 margin 属性变通地实现单列变宽布局。这里仍然在“1-2-1”浮动法布局的基础上进行修改，修改之后的代码如下：

```
#header,#pagefooter,#container{
   margin: 0 auto;
   width: 85%;
   min-width: 500px;
   max-width: 800px;
}
#contentWrap{
   margin-left: -260px;
   float: left;
   width: 100%;
}
#content{
   margin-left: 260px;
}
#side{
   float: right;
   width: 260px;
}
#pagefooter{
   clear: both;
}
```

在 IE 9.0 浏览器中的预览效果如图 20-12 所示。

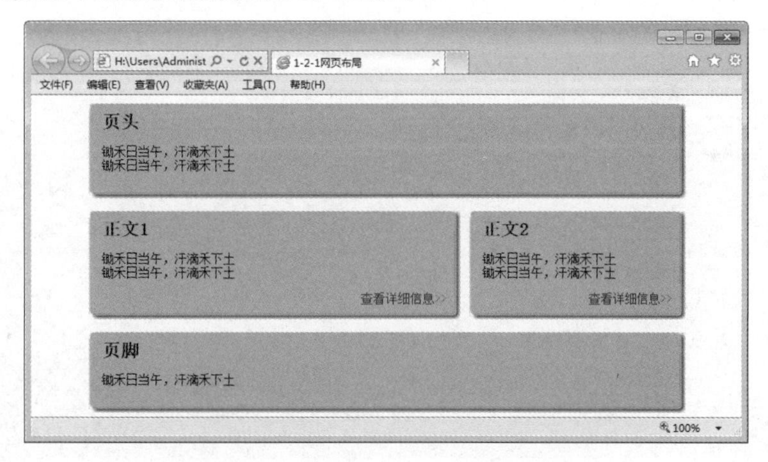

图 20-12　实现“1-2-1”单列变宽布局

20.3　自动缩放网页 1-3-1 型布局模式

基本的“1-3-1”布局可以产生很多不同的变化方式，例如：

- 三列都按比例来适应宽度。
- 一列固定，其他两列按比例适应宽度。
- 两列固定，其他一列适应宽度。

对于后两种情况，又可以根据特殊的一列与另外两列的不同位置，产生出多种变化。

20.3.1 示例6——“1-3-1”三列宽度等比例布局

对于“1-3-1”布局的第一种情况，即三列按固定比例伸缩适应总宽度，与前面介绍的“1-2-1”的布局完全一样，只要分配好每一列的百分比就可以了。这里就不再介绍具体的制作过程了。

20.3.2 示例7——“1-3-1”单侧列宽度固定的变宽布局

对于一列固定、其他两列按比例适应宽度的情况，可以使用浮动方法进行制作。解决的方法与“1-2-1”单列固定一样，这里把活动的两个看成一个，在容器里面再套一个div，即由原来的一个wrap变为两层，分别叫作outerWrap和innerWrap。这样，outerWrap就相当于上面“1-2-1”方法中的wrap容器。新增加的innerWrap是以标准流方式存在的，宽度会自然伸展，由于设置200像素的左侧margin，因此它的宽度就是总宽度减去200像素了。innerWrap里面的navi和content就会都以这个新宽度为宽度基准。

实现的具体代码如下：

```
<!DOCTYPE html>
<head>
<title>“1-3-1”单侧列宽度固定的变宽布局</title>
<style type="text/css">
body {
    background: #FFF;
    font: 14px 宋体;
    margin: 0;
    padding: 0;
}
.rounded {
    background: url(images/left-top.gif) top left no-repeat;
    width: 100%;
}
.rounded h2 {
    background: url(images/right-top.gif) top right no-repeat;
    padding: 20px 20px 10px;
    margin: 0;
}
.rounded .main {
    background: url(images/right.gif) top right repeat-y;
    padding: 10px 20px;
    margin: -20px 0 0 0;
}
.rounded .footer {
    background: url(images/left-bottom.gif) bottom left no-repeat;
}
.rounded .footer p {
    color: red;
    text-align: right;
    background: url(images/right-bottom.gif) bottom right no-repeat;
    display: block;
```

```
    padding: 10px 20px 20px;
    margin: -20px 0 0 0;
    font: 0/0;
}
#header,#pagefooter,#container{
    margin: 0 auto;
    width: 85%;
}
#outerWrap{
    float: left;
    width: 100%;
    margin-left: -200px;
}
#innerWrap{
    margin-left: 200px;
}
#left{
    float: left;
    width: 40%;
}
#content{
    float: right;
    width: 59.5%;
}
#content img{
    float: right;
}
#side{
    float: right;
    width: 200px;
}
#pagefooter{
    clear: both;
}
</style>
</head>
<body>
<div id="header">
    <div class="rounded">
        <h2>页头</h2>
        <div class="main">
            <p>锄禾日当午，汗滴禾下土</p>
        </div>
        <div class="footer">
            <p></p>
        </div>
    </div>
</div>
<div id="container">
    <div id="outerWrap">
        <div id="innerWrap">
            <div id="left">
                <div class="rounded">
                    <h2>正文</h2>
```

```
                    <div class="main">
                        <p>
                        锄禾日当午，汗滴禾下土<br/>
                        锄禾日当午，汗滴禾下土</p>

                    </div>
                    <div class="footer">
                        <p>查看详细信息&gt;&gt;</p>
                    </div>
                </div>
            </div>
            <div id="content">
                <div class="rounded">
                    <h2>正文 1</h2>
                    <div class="main">
                        <p>锄禾日当午，汗滴禾下土</p>
                    </div>
                    <div class="footer">
                        <p>查看详细信息&gt;&gt;</p>
                    </div>
                </div>
            </div>
        </div>
    </div>
    <div id="side">
        <div class="rounded">
            <h2>正文 2</h2>
            <div class="main">
                <p>
                锄禾日当午，汗滴禾下土<br/>
                锄禾日当午，汗滴禾下土</p>
            </div>
            <div class="footer">
                <p>查看详细信息&gt;&gt;</p>
            </div>
        </div>
    </div>
</div>
<div id="pagefooter">
    <div class="rounded">
        <h2>页脚</h2>
        <div class="main">
            <p>锄禾日当午，汗滴禾下土</p>
        </div>
        <div class="footer">
            <p></p>
        </div>
    </div>
</div>
</body>
</html>
```

在 IE 9.0 中浏览，当页面收缩时，可以看到如图 20-13 所示的运行结果。

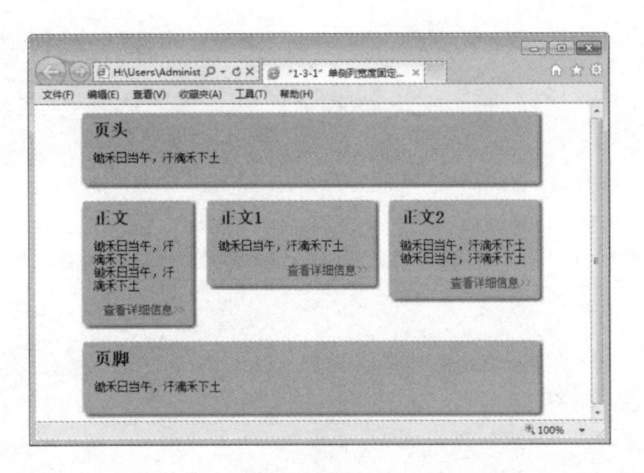

图 20-13　实现“1-3-1”单侧列宽度固定的变宽布局

20.3.3　示例 8——“1-3-1”中间列宽度固定的变宽布局

这种布局的形式是固定列被放在中间，它的左右各有一列，并按比例适应总宽度，这是一种很少见的布局形式。实现“1-3-1”中间列宽度固定的变宽布局的代码如下：

```
<!DOCTYPE html>
<head>
<title>“1-3-1”中间列宽度固定的变宽布局</title>
<style type="text/css">
body {
    background: #FFF;
    font: 14px 宋体;
    margin: 0;
    padding: 0;
}
.rounded {
    background: url(images/left-top.gif) top left no-repeat;
    width: 100%;
}
.rounded h2 {
    background: url(images/right-top.gif) top right no-repeat;
    padding: 20px 20px 10px;
    margin: 0;
}
.rounded .main {
    background: url(images/right.gif) top right repeat-y;
    padding: 10px 20px;
    margin: -20px 0 0 0;
}
.rounded .footer {
    background: url(images/left-bottom.gif) bottom left no-repeat;
}
.rounded .footer p {
    color: red;
    text-align: right;
    background: url(images/right-bottom.gif) bottom right no-repeat;
    display: block;
```

```
    padding: 10px 20px 20px;
    margin: -20px 0 0 0;
    font: 0/0;
}
#header,#pagefooter,#container{
    margin: 0 auto;
    width: 85%;
}
#naviWrap{
    width: 50%;
    float: left;
    margin-left: -150px;
}
#left{
    margin-left: 150px;
}
#content{
    float: left;
    width: 300px;
}
#content img{
    float: right;
}
#sideWrap{
    width: 49.9%;
    float: right;
    margin-right: -150px;
}
#side{
    margin-right: 150px;
}
#pagefooter{
    clear: both;
}
</style>
</head>
<body>
<div id="header">
    <div class="rounded">
        <h2>页头</h2>
        <div class="main">
            <p>锄禾日当午，汗滴禾下土</p>
        </div>
        <div class="footer">
            <p></p>
        </div>
    </div>
</div>
<div id="container">
    <div id="naviWrap">
        <div id="left">
            <div class="rounded">
                <h2>正文</h2>
                <div class="main">
```

```
                <p>锄禾日当午，汗滴禾下土</p>
            </div>
            <div class="footer">
                <p>查看详细信息&gt;&gt;</p>
            </div>
        </div>
    </div>
</div>
<div id="content">
    <div class="rounded">
        <h2>正文 1</h2>
        <div class="main">
            <p>锄禾日当午，汗滴禾下土</p>
        </div>
        <div class="footer">
            <p>查看详细信息&gt;&gt;</p>
        </div>
    </div>
</div>
<div id="sideWrap">
    <div id="side">
        <div class="rounded">
            <h2>正文 2</h2>
            <div class="main">
                <p>锄禾日当午，汗滴禾下土</p>
            </div>
            <div class="footer">
                <p>查看详细信息&gt;&gt;</p>
            </div>
        </div>
    </div>
</div>
</div>
<div id="pagefooter">
    <div class="rounded">
        <h2>页脚</h2>
        <div class="main">
            <p>锄禾日当午，汗滴禾下土</p>
        </div>
        <div class="footer">
            <p></p>
        </div>
    </div>
</div>
</body>
</html>
```

在 IE 9.0 中浏览，效果如图 20-14 所示。

在上述代码中，页面中间列的宽度是 300 像素，两边列等宽(不等宽的道理是一样的)，即总宽度减去 300 像素后，剩余宽度的 50%，制作的关键是如何实现(100%-300px)/2 的宽度。现在需要在 left 和 side 两个 div 外面分别套一层 div，把它们“包裹”起来，依靠嵌套的两个 div，实现相对宽度和绝对宽度的结合。

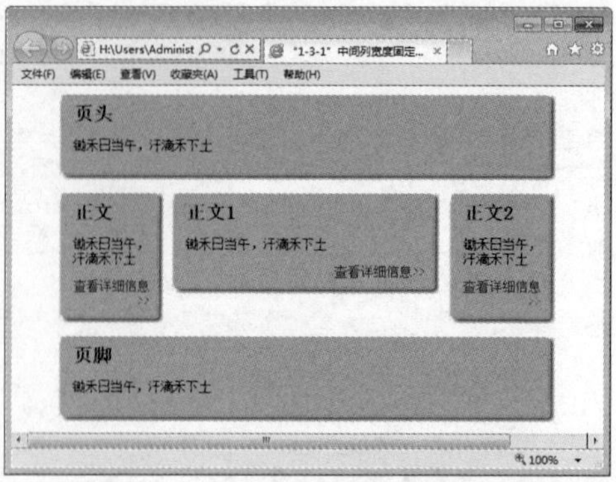

图 20-14　实现“1-3-1”中间列宽度固定的变宽布局

20.3.4　示例 9——“1-3-1”双侧列宽度固定的变宽布局

这里 3 列中的左右两列宽度固定，中间列宽度自适应变宽布局。这种布局的实际应用很广泛，下面还是通过浮动定位进行了解，关键思想就是把 3 列的布局看作是嵌套的两列布局，利用 margin 的负值来实现 3 列浮动：

```
<!DOCTYPE html>
<head>
<title>“1-3-1”双侧列宽度固定的变宽布局</title>
<style type="text/css">
body {
   background: #FFF;
   font: 14px 宋体;
   margin: 0;
   padding: 0;
}
.rounded {
   background: url(images/left-top.gif) top left no-repeat;
   width: 100%;
}
.rounded h2 {
   background: url(images/right-top.gif) top right no-repeat;
   padding: 20px 20px 10px;
   margin: 0;

}
.rounded .main {
   background: url(images/right.gif) top right repeat-y;
   padding: 10px 20px;
   margin: -20px 0 0 0;
}
.rounded .footer {
   background: url(images/left-bottom.gif) bottom left no-repeat;
}
.rounded .footer p {
   color: red;
   text-align: right;
   background: url(images/right-bottom.gif) bottom right no-repeat;
```

```
    display: block;
    padding: 10px 20px 20px;
    margin: -20px 0 0 0;
    font: 0/0;
}
#header,#pagefooter,#container{
    margin: 0 auto;
    width: 85%;
}
#side{
    width: 200px;
    float: right;
}
#outerWrap{
    width: 100%;
    float: left;
    margin-left: -200px;
}
#innerWrap{
    margin-left: 200px;
}
#left{
    width: 150px;
    float: left;
}
#contentWrap{
    width: 100%;
    float: right;
    margin-right: -150px;
}
#content{
    margin-right: 150px;
}
#content img{
    float: right;
}
#pagefooter{
    clear: both;
}
</style>
</head>
<body>
<div id="header">
    <div class="rounded">
        <h2>页头</h2>
        <div class="main">
            <p>
            锄禾日当午，汗滴禾下土</p>
        </div>
        <div class="footer">
            <p></p>
        </div>
    </div>
</div>
```

```
<div id="container">
    <div id="outerWrap">
        <div id="innerWrap">
            <div id="left">
                <div class="rounded">
                    <h2>正文</h2>
                    <div class="main">
                        <p>锄禾日当午，汗滴禾下土</p>
                    </div>
                    <div class="footer">
                        <p>查看详细信息&gt;&gt;</p>
                    </div>
                </div>
            </div>
            <div id="contentWrap">
                <div id="content">
                    <div class="rounded">
                        <h2>正文 1</h2>
                        <div class="main">
                            <p>锄禾日当午，汗滴禾下土</p>
                        </div>
                        <div class="footer">
                            <p>查看详细信息&gt;&gt;</p>
                        </div>
                    </div>
                </div>
            </div><!-- end of contetnwrap-->
        </div><!-- end of inwrap-->
    </div><!-- end of outwrap-->
    <div id="side">
        <div class="rounded">
            <h2>正文 2</h2>
            <div class="main">
                <p>锄禾日当午，汗滴禾下土</p>
            </div>
            <div class="footer">
                <p>查看详细信息&gt;&gt;</p>
            </div>
        </div>
    </div>
</div>
<div id="pagefooter">
    <div class="rounded">
        <h2>页脚</h2>
        <div class="main">
            <p>锄禾日当午，汗滴禾下土</p>
        </div>
        <div class="footer">
            <p></p>
        </div>
    </div>
</div>
</body>
</html>
```

在 IE 9.0 中浏览，效果如图 20-15 所示。

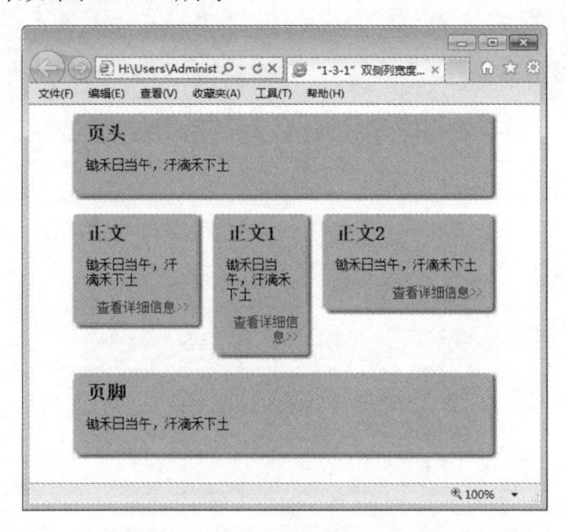

图 20-15 实现“1-3-1”双侧列宽度固定的变宽布

在上述代码中，先把左边和中间两列看作一组活动列，而右边的一列作为固定列，使用前面的“改进浮动”法就可以实现。然后，再把两列各自当作独立的列，左侧列为固定列，再次使用“改进浮动”法，就可以最终完成整个布局。

20.3.5 示例 10——“1-3-1”中列和左侧列宽度固定的变宽布局

这种布局的中间列和它一侧的列是固定宽度，另一侧列宽度自适应。很显然，这种布局就很简单了，同样使用改进浮动法来实现。由于两个固定宽度列是相邻的，因此就不用使用两次改进浮动法了，只需要一次就可以做到。

实现“1-3-1”中列和左侧列宽度固定的变宽布局代码如下：

```
<!DOCTYPE html>
<head>
<title>1-3-1 中列和左侧列宽度固定的变宽布局</title>
<style type="text/css">
body {
    background: #FFF;
    font: 14px 宋体;
    margin: 0;
    padding: 0;
}
.rounded {
    background: url(images/left-top.gif) top left no-repeat;
    width: 100%;
}
.rounded h2 {
    background: url(images/right-top.gif) top right no-repeat;
    padding: 20px 20px 10px;
    margin: 0;
}
.rounded .main {
    background: url(images/right.gif) top right repeat-y;
```

```
    padding: 10px 20px;
    margin: -20px 0 0 0;
}
.rounded .footer {
    background: url(images/left-bottom.gif) bottom left no-repeat;
}
.rounded .footer p {
    color: red;
    text-align: right;
    background: url(images/right-bottom.gif) bottom right no-repeat;
    display: block;
    padding: 10px 20px 20px;
    margin: -20px 0 0 0;
    font: 0/0;
}
#header,#pagefooter,#container{
    margin: 0 auto;
    width: 85%;
}

#left{
    float: left;
    width: 150px;
}
#content{
    float: left;
    width: 250px;
}
#content img{
    float: right;
}
#sideWrap{
    float: right;
    width: 100%;
    margin-right: -400px;
}
#side{
    margin-right: 400px;
}
#pagefooter{
    clear: both;
}
</style>
</head>
<body>
<div id="header">
    <div class="rounded">
        <h2>页头</h2>
        <div class="main">
            <p>锄禾日当午，汗滴禾下土</p>
        </div>
        <div class="footer">
            <p></p>
        </div>
```

```
    </div>
</div>
<div id="container">
    <div id="left">
        <div class="rounded">
            <h2>正文</h2>
            <div class="main">
                <p>锄禾日当午，汗滴禾下土</p>
            </div>
            <div class="footer">
                <p>查看详细信息&gt;&gt;</p>
            </div>
        </div>
    </div>
    <div id="content">
        <div class="rounded">
            <h2>正文 1</h2>
            <div class="main">
                <p>锄禾日当午，汗滴禾下土</p>
            </div>
            <div class="footer">
                <p>查看详细信息&gt;&gt;</p>
            </div>
        </div>
    </div>
    <div id="sideWrap">
        <div id="side">
            <div class="rounded">
                <h2>正文 2</h2>
                <div class="main">
                    <p>锄禾日当午，汗滴禾下土</p>
                </div>
                <div class="footer">
                    <p>查看详细信息&gt;&gt;</p>
                </div>
            </div>
        </div>
    </div>
</div>
<div id="pagefooter">
    <div class="rounded">
        <h2>页脚</h2>
        <div class="main">
            <p>锄禾日当午，汗滴禾下土</p>
        </div>
        <div class="footer">
            <p></p>
        </div>
    </div>
</div>
</body>
</html>
```

在 IE 9.0 中浏览，效果如图 20-16 所示。

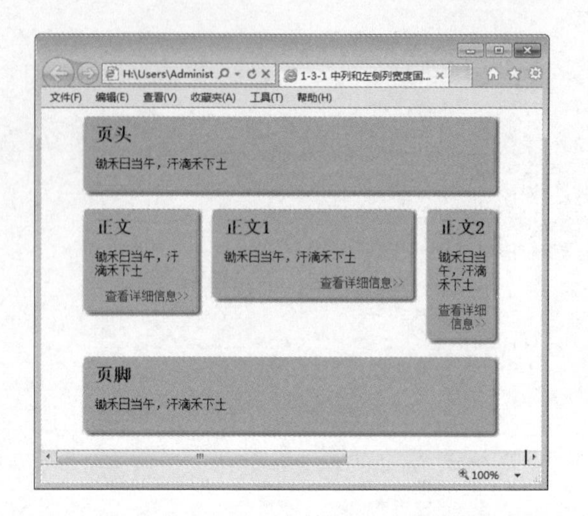

图 20-16　实现“1-3-1”中列和左侧列宽度固定的变宽布局

在上面的代码中，把左侧的 left 和 content 列的宽度分别固定为 150 像素和 250 像素，右侧的 side 列宽度变化。那么 side 列的宽度就等于“100%-150px-250px”。因此根据改进浮动法，在 side 列的外面再套一个 sideWrap 列，使 sideWrap 的宽度为 100%，并通过设置负的 margin，使它向右平移 400 像素。然后再对 side 列设置正的 margin，限制右边界，这样就可以实现希望的效果了。

20.4　分列布局背景色的使用

在前面的各种布局案例中，所有的例子都没有设置背景色，但是在很多页面布局中，对各列的背景色是有要求的，例如希望每一列都有各自的背景色。

20.4.1　示例 11——设置固定宽度布局的列背景色

这里用固定宽度网页剖析与布局小节中的 1-3-1 网页布局 HTML 文件作为框架基础，直接修改其 CSS 样式表就可以了，具体的 CSS 代码如下：

```
body{
    font: 14px 宋体;
    margin: 0;
}
#header,#pagefooter {
    background: #CF0;
    width: 760px;
    margin: 0 auto;
}
h2{
    margin: 0;
    padding: 20px;
}
p{
    padding: 20px;
```

```
    text-indent: 2em;
    margin: 0;
}
#container {
    position: relative;
    width: 760px;
    margin: 0 auto;
    background: url(images/16-7.gif);
}
#left {
    width: 200px;
    position: absolute;
    left: 0px;
    top: 0px;
}
#content {
    right: 0px;
    top: 0px;
    margin-right: 200px;
    margin-left: 200px;
}
#side {
    width: 200px;
    position: absolute;
    right: 0px;
    top: 0px;
}
```

在 IE 9.0 的浏览效果如图 20-17 所示。在上述代码中，left、content、side 没有使用背景色，是因为各列的背景色只能覆盖到其内容的下端，而不能使每一列的背景色都扩展到最下端，因为每个 div 只负责自己的高度，根本不管它旁边的列有多高，要使并列的各列的高度相同，是很困难的，通过给 container 设定一个宽度为 760px 的背景，这个背景图按样式中的 left、content、side 宽度进行颜色制作，变相实现给三列加背景的功能。

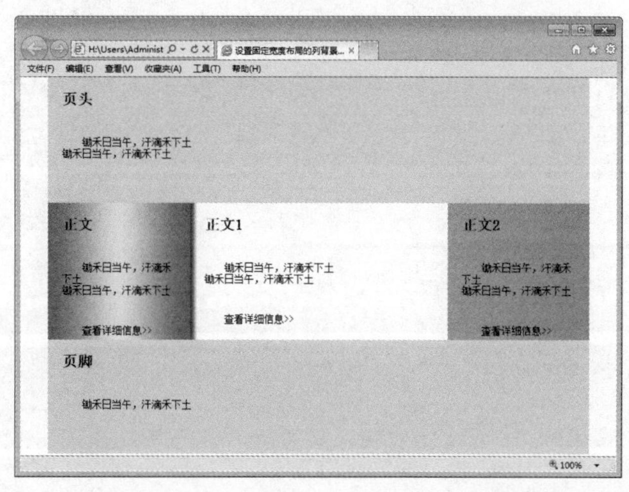

图 20-17　设置固定宽度布局的列背景色

20.4.2 示例 12——设置特殊宽度变化布局的列背景色

宽度变化的布局分栏背景色因为列宽不确定，无法在图像处理软件中制作这个背景图，那么应该怎么办呢？由于这种变化组合很多，以下分情况进行举例说明：

(1) 两侧列宽度固定，中间列变化的布局。

(2) 3 列的总宽度为 100%，也就是说两侧不露出 body 的背景色。

(3) 中间列最高。这种情况下，中间列的高度最高，可以设置自己的背景色，左侧可以使用 container 来设置背景图像，可以利用 body 来实现右侧栏的背景，CSS 样式代码如下：

```
body{
   font: 14px 宋体;
   margin: 0;
   background-color: blue;
}
#header,#pagefooter {
   background: #CF0;
   width: 100%;
   margin: 0 auto;
}
h2{
   margin: 0;
   padding: 20px;
}
p{
   padding: 20px;
   text-indent: 2em;
   margin: 0;
}
#container {
   width: 100%;
   margin: 0 auto;
   background: url(images/background-left.gif) repeat-y top left;
   position: relative;
}
#left {
   width: 200px;
   position: absolute;
   left: 0px;
   top: 0px;
}
#content {
   right: 0px;
   top: 0px;
   margin-right: 200px;
   margin-left: 200px;
   background-color: #F00;
}
#side {
   width: 200px;
   position: absolute;
   right: 0px;
```

```
    top: 0px;
}
```

在 IE 9.0 中的浏览效果如图 20-18 所示。

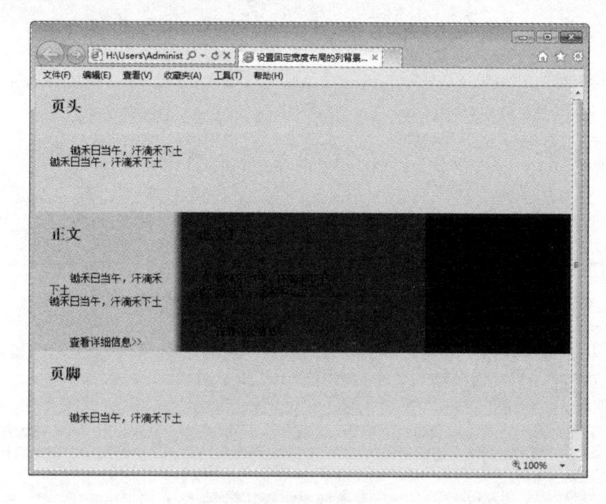

图 20-18　设置特殊宽度变化布局的列背景色

20.4.3　示例 13——设置单列宽度变化布局的列背景色

上面例子虽然实现了分栏的不同背景色，但是它的限制条件太多了。有没有更通用一些的方法呢？

仍然假设布局是中间活动、两侧列宽度固定的布局。由于 container 只能设置一个背景图像，因此可以在 container 里面再套一层 div，这样，两层容器就可以各设置一个背景图像，一个左对齐，一个右对齐，各自竖直方向平铺。由于左右两列都是固定宽度，因此所有图像的宽度分别等于左右两列的宽度就可以了。CSS 代码如下：

```
body{
    font: 14px 宋体;
    margin: 0;
}
#header,#pagefooter {
    background: #CF0;
    width: 85%;
    margin: 0 auto;
}
h2{
    margin: 0;
    padding: 20px;
}
p{
    padding: 20px;
    text-indent: 2em;
    margin: 0;
}
#container {
    width: 85%;
    margin: 0 auto;
```

```
    background: url(images/background-right.gif) repeat-y top right;
    position: relative;
}
#innerContainer {
    background: url(images/background-left.gif) repeat-y top left;
}
#left {
    width: 200px;
    position: absolute;
    left: 0px;
    top: 0px;
}
#content {
    right: 0px;
    top: 0px;
    margin-right: 200px;
    margin-left: 200px;
    background-color: #9F0;
}
#side {
    width: 200px;
    position: absolute;
    right: 0px;
    top: 0px;
}
```

在 IE 9.0 中浏览，效果如图 20-19 所示。

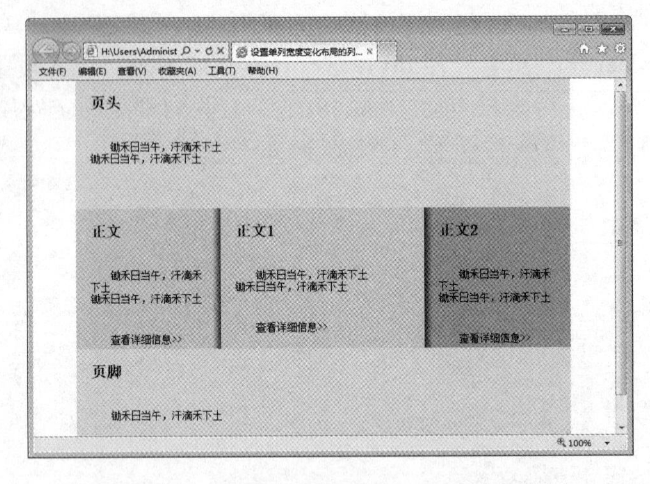

图 20-19　设置单列宽度变化布局的列背景色

在代码中，3 列总宽度为浏览器窗口宽度的 85%，左右列各 200 像素，中间列自适应。header、footer 和 container 的宽度改为 85%，然后在 container 里面套一个 innerContainer，这样用 container 设置 side 背景，innerContainer 设置 left 背景，content 设置自己的背景。

20.4.4　示例 14——设置多列等比例宽度变化布局的列背景

对于 3 列按比例同时变化的布局，上面的方法就无能为力了，这时仍然使用制作背景图的方法。假设 3 列按照“1:2:1”的比例同时变化，也就是左、中、右 3 列所占的比例分别为 25%、50 % 和 25 %。先制作一个足够宽的背景图像，背景图像同样按照“1:2:1”设置 3 列的颜色。页面代码如下：

```
<!DOCTYPE html>
<head>
<title>设置多列等比例宽度变化布局的列背景</title>
<style type="text/css">
body{
   font: 14px 宋体;
   margin: 0;
}
#header,#pagefooter {
   background: #CF0;
   width: 85%;
   margin: 0 auto;
}
h2{
   margin: 0;
   padding: 20px;
}
p{
   padding: 20px;
   text-indent: 2em;
   margin: 0;
}
#container {
   width: 85%;
   margin: 0 auto;
   background: url(images/16-10.gif) repeat-y 25% top;
   position: relative;
}

#innerContainer {
   background: url(images/16-10.gif) repeat-y 75% top;
}
#left {
   width: 25%;
   position: absolute;
   left: 0px;
   top: 0px;
}
#content {
   right: 0px;
   top: 0px;
   margin-right: 25%;
   margin-left: 25%;
}
#side {
   width: 25%;
   position: absolute;
   right: 0px;
   top: 0px;
}
```

```
</style>
</head>
<body>
<div id="header">
    <h2>页头</h2>
    <p>锄禾日当午，汗滴禾下土</p>
</div>
<div id="container">
    <div id="innerContainer">
        <div id="left">
            <h2>正文</h2>
            <p>锄禾日当午，汗滴禾下土</p>
        </div>
        <div id="content">
            <h2>正文 1</h2>
            <p>锄禾日当午，汗滴禾下土</p>
        </div>
        <div id="side">
            <h2>正文 2</h2>
            <p>锄禾日当午，汗滴禾下土</p>
        </div>
    </div>
</div>
<div id="pagefooter">
    <h2>页脚</h2>
    <p>锄禾日当午，汗滴禾下土</p>
</div>
</body>
</html>
```

在 IE 9.0 中浏览，效果如图 20-20 所示。

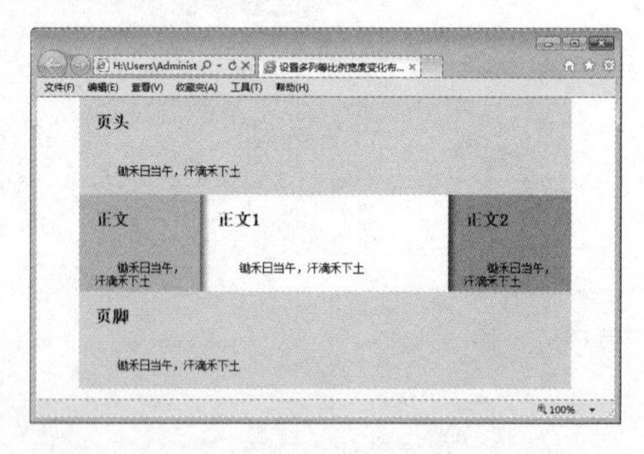

图 20-20　设置多列等比例宽度变化布局的列背景

20.5　专 家 答 疑

疑问 1：如何把 3 个 div 都紧靠页面的侧边？

在实际网页制作中，经常需要解决这样的问题，即把 3 个 div 都紧靠页面的左侧或者右侧，该怎么办呢？方法很简单，只需要修改几个 div 的 margin 值即可，具体的步骤如下：如果要使它们紧贴浏览器窗口左侧，可以将 margin 设置为“0 auto 0 0”，即只保留右侧的一根

“弹簧”，就会把内容挤到左边了。反之，如果要使它们紧贴浏览器窗口右侧，可以将margin 设置为“0 0 0 auto”，即只保留左侧的一根“弹簧”，就会把内容挤到最右边了。

疑问 2：自动缩放网页布局中，网页框架百分比的关系是什么？

对于框架中百分比的关系问题，初学者往往比较困惑，以 20.2.1 小节中的样式做个说明，container 等外层 div 的宽度设置为 85%是相对于浏览器窗口而言的比例；而后面 content 和 side 这两个内层 div 的比例是相对于外层 div 而言的。这里分别设置为 66%和 33%，二者相加为 99%，而不是 100%，这是为了避免由于舍入误差造成总宽度大于它们的容器的宽度。而使某个 div 被挤到下一行中，如果希望精确，写成 99%也可以。

第 21 章 制作企业门户类网页

一般小型企业门户网站的规模不是太大，通常包含 3~5 个栏目，例如产品、客户和联系我们等栏目，并且有的栏目甚至只包含一个页面。此类网站通常都是为了展示公司形象、说明一下公司的业务范围和产品特色等。

21.1 构思布局

本示例是模拟一家小型软件公司的网站，其公司主要承接电信方面的各种软件项目。网站上包括首页、产品信息、客户信息和联系我们等栏目。示例中采用红色和白色配合使用，红色部分显示导航菜单，白色显示文本信息。在 IE 9.0 中浏览，其效果如图 21-1 所示。

图 21-1　计算机网站的首页

21.1.1　设计分析

作为一家软件公司网站的首页，其页面应需要简单、明了，给人以清晰的感觉。页头部分主要放置导航菜单和公司 Logo 信息等，其 Logo 可以是一张图片或者文本信息等；页面主体分为两个部分，页面主体左侧是公司介绍，对于公司介绍，可以在首页上概括性地描述；页面主体右侧是新闻、产品和客户信息等，其中产品和客户的链接信息以列表形式对重要信息进行介绍，也可以通过页面顶部的导航菜单进入相应的页面介绍。

对于网站的其他子页面，篇幅可以比较短，其重点是介绍软件公司业务、联系方式、产品信息等，页面需要与首页风格相同。

21.1.2　排版架构

从上面效果图可以看出，页面结构并不是太复杂，采用的是上中下结构，页面主体部分又嵌套了一个左右版式结构，其效果如图 21-2 所示。

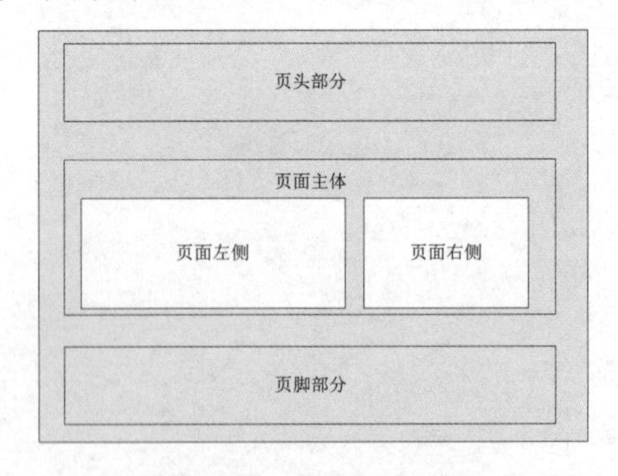

图 21-2　页面总体框架

在 HTML 页面中，通常使用 DIV 层对应上面不同的区域，可以是一个 DIV 层对应一个区域，也可以是多个 DIV 层对应同一个区域。本例的 DIV 代码如下：

```
<div id="container">  /*页面布局容器*/
    <div id="top">
    </div><!--end top-->
    <div id="header">
```

```
    </div><!--end header-->
    <div id=me>/*导航菜单*/
    </div>
    <div id="content">
        <div id="text">/*页面主体左侧内容*/
        </div><!--end text-->
        <div id="column">/*页面主体右侧内容*/
        </div><!--end column-->
    </div><!--end content-->
    <div id="footer">/*页脚部分*/
    </div><!--end footer-->
</div><!--end container-->
```

上面的代码中，ID 名称为 container 的层是整个页面的布局容器，层 top、层 header 和层 me 共同组成了页头部分，层 top 用于显示页面 logo，层 header 用于显示页头文本信息，层 me 用于显示页头导航菜单信息。页面主体是 content 层，它包含了两个层，text 层和 column 层，text 层是页面主体左侧内容，显示公司介绍信息；column 层是页面主体右侧内容，显示公司常用的导航链接。footer 层是页脚部分，用于显示版权信息和地址信息。

在 CSS 文件中，对应层 container 和层 content 的 CSS 代码如下：

```
#container
{
    margin: 0pt auto;
    width: 770px;
    position: relative;
}
#content {
    background: transparent url('images/content.gif') repeat-y;
    clear: both;
    margin-top: 5px;
    width: 770px;
}
```

上面的代码中，#container 选择器定义了整个布局容器的宽度、外边距和定位方式。#content 选择器定义了背景图片、宽度和顶部边距。

21.2 模 块 分 割

当页面整体架构完成后，就可以动手制作不同的模块区域了。其制作流程采用自上而下，从左到右的顺序。完成后，再对页面样式进行整体调整。

21.2.1 Logo 与导航菜单

一般情况下，Logo 信息和导航菜单都放在页面顶部，作为页头部分。其中 Logo 信息作为公司标志，通常放在页面的左上角或右上角；导航菜单放在页头部分和页面主体二者之间，用于链接其他的页面。

在 IE 9.0 中浏览，效果如图 21-3 所示。

图 21-3　页面 Logo 和导航菜单

在 HTML 文件中，用于实现页头部分的 HTML 代码如下：

```
<div id="top">
</div><!--end top-->
<div id="header">
   <h1>计算机 网站</h1>
</div><!--end header-->
<div id=me>
   <ul id="menu">
      <li><a href="#" class="actual">首页</a></li>
      <li><a href="#" >产品</a></li>
      <li><a href="#">客户</a></li>
      <li><a href="#">联系方式</a></li>
   </ul>
</div>
```

上面的代码中，层 top 用于显示页面 Logo，层 header 用于显示页头的文本信息，例如公司名称；层 me 用于显示页头导航菜单。在层 me 中，有一个无序列表，用于制作导航菜单，每个选项都是由超级链接组成的。

在 CSS 样式文件中，对应上面标记的 CSS 代码如下：

```
#top {
   background: transparent url('images/top.jpg') no-repeat;
   height: 50px;
}
#top p {
   margin: 0pt;
   padding: 0pt;
}
#header {
   background: transparent url('images/header.jpg') no-repeat;
   height: 150px;
   margin-top: 5px;
}
#menu {
   position: absolute;
   top: 180px;
   left: 15px;
}
#header h1 {
   margin: 5px 0pt 0pt 50px;
   padding: 0pt;
   font-size: 1.7em;
}
#header h2 {
   margin: 10px 0pt 0pt 90px;
```

```
    padding: 0pt;
    font-size: 1.2em;
    color: rgb(223, 139, 139);
}
ul#menu {
    margin: 0pt;
}
#menu li {
    list-style-type: none;
    float: left;
    text-align: center;
    width: 104px;
    margin-right: 3px;
    font-size: 1.05em;
}
#menu a {
    background: transparent url('images/menu.gif') no-repeat;
    overflow: hidden;
    display: block;
    height: 28px;
    padding-top: 3px;
    text-decoration: none;
    twidth: 100%;
    font-size: 1em;
    font-family: Verdana,"Geneva CE",lucida,sans-serif;
    color: rgb(255, 255, 255);
}
#menu li > a, #menu li > strong {
    width: auto;
}
#menu a.actual {
    background: transparent url('images/menu-actual.gif') no-repeat;
    color: rgb(149, 32, 32);
}
#menu a:hover {
    color: rgb(149, 32, 32);
}
```

上面的代码中，#top 选择器定义了背景图片和层高度；#header 定义了背景图片、高度和顶部外边距；#menu 定义了层定位方式和坐标位置。

其他选择分别定义了上面三个层中元素的显示样式，例如段落显示样式、标题显示样式、超级链接样式等。

21.2.2 左侧的文本介绍

在页面主体中，其左侧的版式主要介绍公司相关信息。左侧文本采用的是左浮动并且固定宽度的版式设计，重点在于调节宽度，使不同浏览器之间能够效果一致，并且颜色上配合 Logo 和左侧的导航菜单，使整个网站和谐、大气。

在 IE 9.0 中浏览，效果如图 21-4 所示。

图 21-4　页面左侧的文本介绍

在 HTML 文件中，创建页面左侧内容介绍的代码如下：

```
<div id="content">
   <div id="text">
      <h3 class="headlines">
         <a href="#" title="testing">欢迎来到我们的网站 </a>
      </h3>
      <p><img src="images/fotos.jpg" alt="fotos" align="right" />
远大公司成立于 1998 年，注册资本 1700 万元。是国家认定的高新技术企业、软件企业，是专业的电信系统仿软件和应用服务供应商。</p>
      <p>公司坚持走自立创新、稳步发展的道路，以创立品牌为自己的基本策略，以产品自身的品质，先进的技术和良好的服务取信于用户。2002 年至今公司先后有多个软件产品获得了河南省信息产业厅颁发的《软件产品登记证书》和国家版权局颁发的《软件著作权登记证书》。同时远大的进步和发展，也得到了政府部门的大力支持和关注，获得国家科技部和省、市政府部门技术创新基金无偿资助百余万元。并正式获得中国质量体系认证中心颁发的 ISO9001:2008 质量管理体系认证证书。</p>
      <p> </p>
   </div><!--end text-->
</div>
```

上面代码中，层 content 是页面主体，层 text 是页面主体中左侧的部分。层 text 包含了标题和段落信息，段落中包含一张图片。

在 CSS 文件中，对应于上面 HTML 标记的 CSS 代码如下：

```
#text {
   background: rgb(255, 255, 255) url('text-top.gif') no-repeat;
   width: 518px;
   color: rgb(0, 0, 0);
   float: left;
}
#text h1, #text h2, #text h3, #text h4 {
   color: rgb(140, 9, 9);
}
#text h3.headlines a {
   color: rgb(140, 9, 9);
}
```

上面的代码中，#text 选择器定义了背景图片、背景颜色、字体颜色和页面左浮动。其下面的选择器定义了标题显示样式，例如字体颜色等。#text h3.headlines a 选择器定义了标题 3、类 headlines 和超级链接的显示样式。

21.2.3 右侧的导航链接

在页面主体右侧的版式中，其文本信息不是太多，但非常重要。是首页用于链接其他页面的导航链接，例如客户详细信息、最新消息等。同样，右侧需要设置为固定宽度并且向左浮动的版式。在 IE 9.0 中浏览，页面效果如图 21-5 所示。

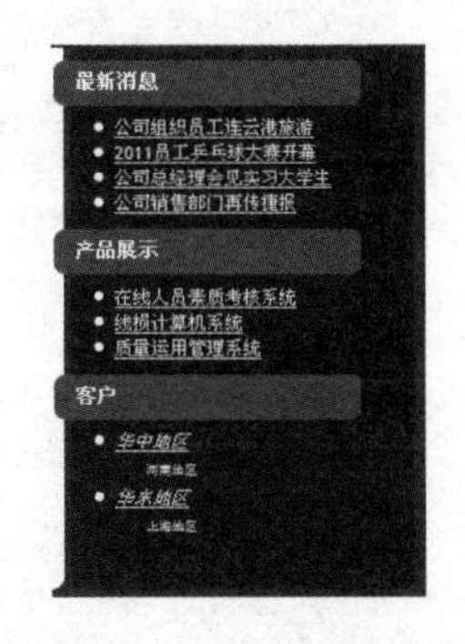

图 21-5 页面右侧的链接

从图中的效果可以看出，需要包含几个无序列表和标题，其中列表选项为超级链接。HTML 文件中用于创建页面主体右侧版式的代码如下：

```
<div id="column">
    <h3><span>最新消息</span></h3>
    <ul class="category_list">
        <li><a href="#">公司组织员工连云港旅游</a></li>
        <li><a href="#">2011 员工乒乓球大赛开幕</a></li>
        <li><a href="#">公司总经理会见实习大学生</a></li>
        <li><a href="#">公司销售部门再传捷报</a></li>
    </ul>
    <h3><span>产品展示</span></h3>
    <ul class="recent_articles">
        <li><a href="#">在线人员素质考核系统</a></li>
        <li><a href="#">线损计算机系统</a></li>
        <li><a href="#">质量运用管理系统</a></li>
    </ul>
    <h3><span>客户</span></h3>
    <ul class="wet_recent_comments">
        <li><a href="#"><cite>华中地区</cite></a><p>河南地区</p></li>
        <li><a href="#"><cite>华东地区</cite></a><p>上海地区</p></li>
    </ul>
</div><!--end column-->
<div id="content-bottom"> </div>
```

在上面的代码中，创建了两个层，分别为 column 层和 content-bottom 层。其中 column 层用于显示页面主体中右侧链接，并包含了三个标题和三个超级链接。content-bottom 层用于消除上面层的 float 浮动效果。

在 CSS 文件中，用于修饰上面 HTML 标记的 CSS 代码如下：

```
#column {
    background: rgb(142, 14, 14) url('images/column.gif') no-repeat;
    float: right;
    width: 247px;
}
#column p { font-size: 0.7em; }
#column ul { font-size: 0.8em; }
#column h3 {
    background: transparent url('images/h3-column.gif') no-repeat;
    position: relative;
    left: -18px;
    height: 26px;
```

```
    width: 215px;
    margin-top: 10px;
    padding-top: 6px;
    padding-left: 6px;
    font-size: 0.9em;
    z-index: 1;
    font-family: Verdana,"Geneva CE",lucida,sans-serif;
}
#column h3 span { margin-left: 10px; }
#column span.name {
    text-align: right;
    color: rgb(223, 58, 0);
    margin-right: 5px;
}
#column a { color: rgb(255, 255, 255); }
#column a:hover { color: rgb(80, 210, 122); }
p.comments {
    text-align: right;
    font-size: 0.8em;
    font-weight: bold;
    padding-right: 10px;
}
#content-bottom {
    background: transparent url('images/content-bottom.gif')
                no-repeat scroll left bottom;
    clear: both;
    display: block;
    width: 770px;
    height: 13px;
    font-size: 0pt;
}
```

上面的代码中，#column 选择器定义背景图片、背景颜色、页面右浮动和宽度。#content-bottom 选择器定义背景图片、宽度、高度、字体大小和以块显示，并且使用 clear 消除前面层使用 float 的影响。其他选择器主要定义 column 层中其他元素的显示样式，例如无序列表样式，列表选项样式和超级链接样式等。

21.2.4 版权信息

版权信息一般放置在页面底部，用于介绍页面的作者、地址信息等，是页脚的一部分。页脚部分与其他网页部分一样，需要保持简单、清晰的风格。

在 IE 9.0 中浏览，效果如图 21-6 所示。

图 21-6 页脚部分

从上面的效果图可以看出，此页脚部分非常简单，只包含了一个作者信息的超级链接，因此设置起来比较方便，其代码如下：

```
<div id="footer">
```

```
   <p id="ivorius"><a href="#">网页设计者：李四工作室</a></p>
</div><!--end footer-->
```

上面的代码中，层 footer 包含了一个段落信息，其中段落的 id 是 ivorius。

在 CSS 文件中，用于修饰上面 HTML 标记的样式代码如下：

```
#footer {
   background:
    transparent url('images/footer.png') no-repeat scroll left bottom;
   margin-top: 5px;
   padding-top: 2px;
   height: 33px;
}
#footer p { text-align: center; }
#footer a { color: rgb(255, 255, 255); }
#footer a:hover { color: rgb(223, 58, 0); }
p#ivorius {
   float: right;
   margin-right: 13px;
   font-size: 0.75em;
}
p#ivorius a { color: rgb(80, 210, 122); }
```

上面的代码中，#footer 选择器定义了页脚背景图片、内外边距的顶部距离和高度。其他选择器定义了页脚部分文本信息的对齐方式、超级链接样式等。

21.3 整体调整

前面的各个小节中，完成了首页中不同部分的制作，其整个页面基本上都已经成形。在制作完成后，需要根据页面实际效果做一些细节上的调整，从而更加完善页面整体效果。例如各块之间的 padding 和 margin 值是否与页面整体协调，各个子块之间是否协调统一等。页面效果调整前，在 IE 9.0 中浏览，效果如图 21-7 所示。

图 21-7 页面调整前的效果

从图 21-7 中可以发现，页面段落没有缩进，页面右侧列表选项之间距离太小等。这时可以利用 CSS 属性调整，其代码如下所示：

```
p { margin: 0.4em 0.5em; font-size: 0.85em;text-indent:2em; }
a { color: rgb(25, 126, 241); text-decoration: underline; }
a:hover { color: rgb(223, 58, 0); text-decoration: none; }
a img { border: medium none ; }
ul, ol { margin: 0.5em 2.5em; }
h2 { margin: 0.6em 0pt 0.4em 0.4em; }
h3, h4, h5 { margin: 1em 0pt 0.4em 0.4em; }
* { margin: 0pt; padding: 0pt; }
body {
   background: rgb(61, 62, 63) url('images/body.gif') repeat;
   color: white;
   font-size: 1em;
   font-family: "Trebuchet MS",Tahoma,"Geneva CE",lucida;
}
```

上面的代码中，全局选择器“*”设置了内外边距距离，body 标记选择器设置了背景颜色、图片、字体大小，字体颜色和字形等。其他选择器分别设置了段落、超级链接、标题和列表等样式信息。

第 22 章 制作在线购物类网页

在线购物网站是当前比较流行的一类网站。随着网络购物、互联网交易的普及，如淘宝、阿里巴巴、亚马逊等类型的在线网站在近几年的风靡，越来越多的公司和企业着手架设在线购物网站平台。

22.1 整体布局

在线购物类网页主要实现网络购物、交易等功能，因此所要体现的组件相对较多，主要包括产品搜索、账户登录、广告推广、产品推荐、产品分类等内容。本示例最终的网页效果图如图 22-1 所示。

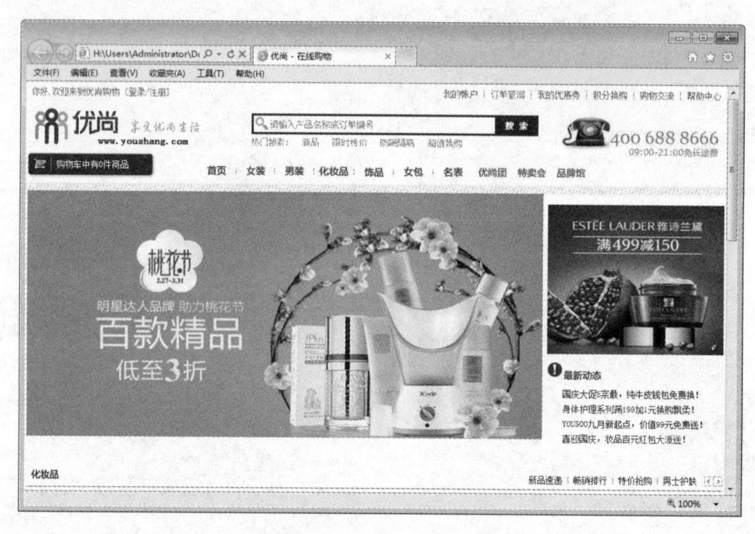

图 22-1 网页效果图

22.1.1 设计分析

购物网站一个重要的特点就是突出产品，突出购物流程、优惠活动、促销活动等信息。首先要用逼真的产品图片吸引用户，结合各种吸引人的优惠活动、促销活动增强用户的购买欲望，最后在购物流程上，要方便快捷，比如货款支付情况，要给用户多种选择的可能，让各种情况的用户都能在网上顺利支付。

在线购物类网站的主要特性体现在如下几个方面。

- 商品检索方便：要有商品搜索功能，有详细的商品分类。
- 有产品推广功能：增加广告活动位，帮助特色产品推广。
- 热门产品推荐：消费者的搜索很多带有盲目性，所以可以设置热门产品推荐位。
- 对于产品要有简单准确的展示信息。
- 页面整体布局要清晰、有条理，让浏览者知道在网页中如何快速地找到自己需要的信息。

22.1.2 排版架构

本示例的在线购物网站整体上是上下的架构。上部为网页头部、导航栏，中间为网页主要内容，包括 Banner、产品类别区域，下部为页脚信息。网页整体架构如图 22-2 所示。

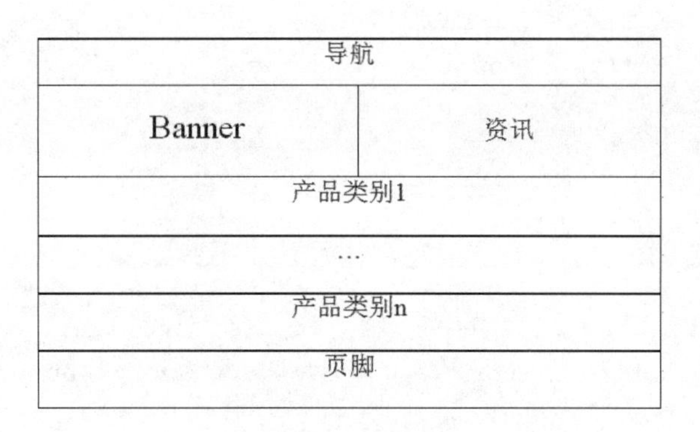

图 22-2　网页架构

22.2　模 块 分 割

当页面整体架构完成后，就可以动手制作不同的模块区域了。制作流程采用自上而下，从左到右的顺序。

模块主要包括 4 个部分，分别为导航区、Banner 资讯区、产品类别和页脚。

22.2.1　Logo 与导航区

导航使用水平结构，与其他类别网站相比，是前边有一个购物车显示情况功能，把购物车功能放到这里，用户更能方便快捷地查看购物情况。本示例中网页头部的效果如图 22-3 所示。

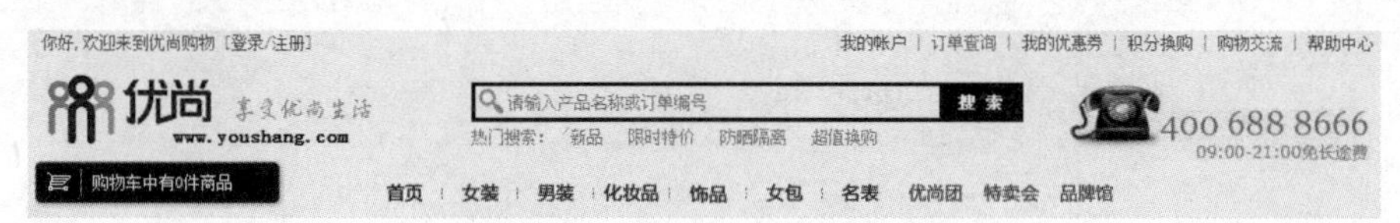

图 22-3　页面 Logo 和导航菜单

其具体的 HTML 框架代码如下：

```
<!-----------------------------NAV------------------------------------->
<div id="nav"><span><a href="#">我的账户</a> | <a href="#"
style="color:#5CA100;">订单查询</a> | <a href="#">我的优惠券</a> | <a
href="#">积分换购</a> | <a href="#">购物交流</a> | <a href="#">帮助中心
</a></span> 你好,欢迎来到优尚购物  [<a href="#">登录</a>/<a href="#">注册</a>]
</div>
<!-----------------------------Logo------------------------------------>
<div id="logo">
   <div class="logo_left">
      <a href="#"><img src="images/logo.gif" border="0" /></a>
   </div>
   <div class="logo_center">
      <div class="search">
         <form action="" method="get">
            <div class="search_text">
```

```
                <input type="text" value="请输入产品名称或订单编号"
                  class="input_text"/>
              </div>
              <div class="search_btn">
                <a href="#"><img src="images/search-btn.jpg" border="0" />
                </a>
              </div>
           </form>
        </div>
        <div class="hottext">热门搜索：  <a href="#">新品
</a>   <a href="#">限时特价</a>   <a href="#">
防晒隔离</a>   <a href="#">超值换购</a>
        </div>
    </div>
    <div class="logo_right">
        <img src="images/telephone.jpg" width="228" height="70" />
    </div>
</div>
<!------------------------------MENU------------------------------------->
<div id="menu">
    <div class="shopingcar"><a href="#">购物车中有 0 件商品</a></div>
    <div class="menu_box">
    <ul>
        <li><a href="#"><img src="images/menu1.jpg" border="0" /></a></li>
        <li><a href="#"><img src="images/menu2.jpg" border="0" /></a></li>
        <li><a href="#"><img src="images/menu3.jpg" border="0" /></a></li>
        <li><a href="#"><img src="images/menu4.jpg" border="0" /></a></li>
        <li><a href="#"><img src="images/menu5.jpg" border="0" /></a></li>
        <li><a href="#"><img src="images/menu6.jpg" border="0" /></a></li>
        <li style="background:none;">
           <a href="#"><img src="images/menu7.jpg" border="0" /></a>
        </li>
        <li style="background:none;">
           <a href="#"><img src="images/menu8.jpg" border="0" /></a>
        </li>
        <li style="background:none;">
           <a href="#"><img src="images/menu9.jpg" border="0" /></a>
        </li>
        <li style="background:none;">
           <a href="#"><img src="images/menu10.jpg" border="0" /></a>
        </li>
    </ul>
    </div>
</div>
```

上述代码主要包括三个部分，分别是 NAV、Logo、MENU。其中 NAV 区域主要用于定义购物网站中的账户、订单、注册、帮助中心等信息；Logo 部分主要用于定义网站的 Logo、搜索框信息、热门搜索信息以及相关的电话等；MENU 区域主要用于定义网页的导航菜单。

在 CSS 样式文件中，对应上述代码的 CSS 代码如下：

```
#menu{
   margin-top: 10px;
   margin: auto;
   width: 980px;
```

```
    height: 41px;
    overflow: hidden;
}
.shopingcar{
    float: left;
    width: 140px;
    height: 35px;
    background: url(../images/shopingcar.jpg) no-repeat;
    color: #fff;
    padding: 10px 0 0 42px;
}
.shopingcar a{color: #fff;}
.menu_box{
    float: left;
    margin-left: 60px;
}
.menu_box li{
    float: left;
    width: 55px;
    margin-top: 17px;
    text-align: center;
    background: url(../images/menu_fgx.jpg) right center no-repeat;
}
```

代码中，#menu 选择器定义了导航菜单的对齐方式、高度、宽度、背景图片等信息。

22.2.2 Banner 与资讯区

购物网站的 Banner 区域与企业型比较起来差别很大，企业型 Banner 区多是突出企业文化，而购物网站 Banner 区主要放置主推产品、优惠活动、促销活动等。本示例中网页 Banner 与资讯区的效果如图 22-4 所示。

图 22-4 页面 Banner 和资讯区

其具体的 HTML 代码如下：

```
<div id="banner">
    <div class="banner_box">
        <div class="banner_pic">
            <img src="images/banner.jpg" border="0" />
        </div>
        <div class="banner_right">
            <div class="banner_right_top">
                <a href="#"><img src="images/event_banner.jpg" border="0" />
                </a>
            </div>
```

```
            <div class="banner_right_down">
                <div class="moving_title">
                    <img src="images/news_title.jpg" />
                </div>
                <ul>
                    <li>
                     <a href="#"><span>国庆大促 5 宗最，纯牛皮钱包免费换！</span></a>
                    </li>
                    <li><a href="#">身体护理系列满 199 加 1 元换购飘柔！</a></li>
                    <li>
                     <a href="#"><span>YOUSOO 九月新起点，价值 99 元免费送！</span>
                     </a>
                    </li>
                    <li><a href="#">喜迎国庆，妆品百元红包大派送！</a></li>
                </ul>
            </div>
        </div>
    </div>
</div>
```

在上述代码中，Banner 分为两个部分，左边放大尺寸图，右侧放小尺寸图和文字消息。在 CSS 样式文件中，对应上述代码的 CSS 代码如下：

```
#banner{
    background: url(../images/banner_top_bg.jpg) repeat-x;
    padding-top: 12px;
}
.banner_box{
    width: 980px;
    height: 369px;
    margin: auto;
}
.banner_pic{
    float: left;
    width: 726px;
    height: 369px;
    text-align: left;
}
.banner_right{float:right; width:247px;}
.banner_right_top{margin-top: 15px;}
.banner_right_down{margin-top: 12px;}
.banner_right_down ul{
    margin-top: 10px;
    width: 243px;
    height: 89px;
}
.banner_right_down li{
    margin-left: 10px;
    padding-left: 12px;
    background: url(../images/icon_green.jpg) left no-repeat center;
    line-height: 21px;
}
.banner_right_down li a{color: #444;}
.banner_right_down li a span{color: #A10288;}
```

上面的代码中，#banner 选择器定义了背景图片、背景图片的对齐方式、链接样式等。

22.2.3 产品类别区域

产品类别也是图文混排的效果，购物网站大量运用图文混排方式。如图 22-5 所示为化妆品类别区域。如图 22-6 所示为女包类别区域。

图 22-5　化妆品产品类别

图 22-6　女包产品类别

具体的 HTML 代码如下：

```
<div class="clean"></div>
<div id="content2">
    <div class="con2_title">
        <b><a href="#"><img src="images/ico_jt.jpg" border="0" /></a></b>
        <span><a href="#">新品速递</a>
          | <a href="#">畅销排行</a>
          | <a href="#">特价抢购</a>
          | <a href="#">男士护肤</a>  
        </span>
        <img src="images/con2_title.jpg" />
    </div>
    <div class="line1"></div>
    <div class="con2_content">
        <a href="#">
            <img src="images/con2_content.jpg" width="981" height="405"
              border="0" />
        </a>
    </div>
    <div class="scroll_brand">
        <a href="#"><img src="images/scroll_brand.jpg" border="0" /></a>
    </div>
    <div class="gray_line"></div>
```

```
</div>
<div id="content4">
   <div class="con2_title">
      <b><a href="#"><img src="images/ico_jt.jpg" border="0" /></a></b>
      <span><a href="#">新品速递</a>
        | <a href="#">畅销排行</a>
        | <a href="#">特价抢购</a>
        | <a href="#">男士护肤</a>  
      </span>
      <img src="images/con4_title.jpg" width="27" height="13" />
   </div>
   <div class="line3"></div>
   <div class="con2_content">
      <a href="#">
         <img src="images/con4_content.jpg" width="980" height="207"
           border="0" />
      </a>
   </div>
   <div class="gray_line"></div>
</div>
```

在上述代码中，content2 用于定义化妆品产品类别；content4 用于定义女包产品类别。在 CSS 样式文件中，对应上述代码的 CSS 代码如下：

```
#content2{
   width: 980px;
   height: 545px;
   margin: 22px auto;
   overflow: hidden;
}
.con2_title{
   width: 973px;
   height: 22px;
   padding-left: 7px;
   line-height: 22px;
}
.con2_title span{
   float: right;
   font-size: 10px;
}
.con2_title a{
   color: #444;
   font-size: 12px;
}
.con2_title b img{
   margin-top: 3px;
   float: right;
}
.con2_content{
   margin-top: 10px;
}
.scroll_brand{
   margin-top: 7px;
}
```

```
#content4{
    width: 980px;
    height: 250px;
    margin: 22px auto;
    overflow: hidden;
}
#bottom{
    margin: auto;
    margin-top: 15px;
    background: #F0F0F0;
    height: 236px;
}
.bottom_pic{
    margin: auto;
    width: 980px;
}
```

上述 CSS 代码定义了产品类别的背景图片、高度、宽度、对齐方式等。

22.2.4　页脚区域

本例页脚使用一个 div 标签放置一个版权信息图片，比较简洁，如图 22-7 所示。

关于我们 | 联系我们 | 配送范围 | 如何付款 | 批发团购 | 品牌招商 | 诚聘人才

优尚 版权所有

图 22-7　页脚区域

用于定义页脚部分的代码如下：

```
<div id="copyright">
    <img src="images/copyright.jpg" />
</div>
```

在 CSS 样式文件中，对应上述代码的 CSS 代码如下：

```
#copyright{
    width: 980px;
    height: 150px;
    margin: auto;
    margin-top: 16px;
}
```

22.3　专 家 答 疑

1. 在 Firefox 浏览器下，多层嵌套时，内层设置了浮动，外层设置背景时，背景为何不显示呢？

这主要是内层设置浮动后，外层高度在 Firefox 下变为 0，所以应该在外层与内层间再嵌一层，设置浮动和宽度，然后再给这个层设置背景。

2. 在IE浏览器中，如何解决双边距问题？

浮动元素的外边距会加倍，但与第一个浮动元素相邻的其他浮动元素外边距不会加倍。其解决方法是：在此浮动元素上增加display: inline样式。

3. 元素定义外边距时，应注意哪些问题？

在对元素使用绝对定位时，如果需要定义元素外边距，在IE中，外边距不会视为元素的一部分，因此在对此元素使用绝对定位时，外边距无效。但在Firefox中，外边距会视为元素的一部分，因此在对此元素使用绝对定位时，外边距有效(例如margin_top会与top相加)。